普通高等教育“十二五”系列教材

# 能源监测与评价

编著　黄素逸　闫金定　关　欣
主审　靳世平

中国电力出版社
CHINA ELECTRIC POWER PRESS

## 内 容 提 要

能源是国民经济的基础，节能是我国的基本国策，能源的监测与评价则是实现节能减排的重要手段。本书详细地阐述了有关能量与能源的基本概念、能源监测技术、能源有效利用的分析方法、能源建设项目的不确定性及能源方案的技术经济评价以及能源系统工程等。在此基础上重点介绍了高耗能企业的节能监测，包括冶金、建材、炼油、化工、电力、机械加工等诸多领域，取材新颖、内容丰富。

本书可作为高等学校能源动力类专业的教材，也可供有关企业工程技术人员及管理人员参考。

**图书在版编目（CIP）数据**

能源监测与评价/黄素逸，闫金定，关欣编著. —北京：中国电力出版社，2013.7（2022.1 重印）

普通高等教育“十二五”规划教材

ISBN 978-7-5123-4474-7

Ⅰ.①能… Ⅱ.①黄…②闫…③关… Ⅲ.①能源－监测－高等学校－教材②能源－评价－高等学校－教材 Ⅳ.①TK01

中国版本图书馆 CIP 数据核字（2013）第 108475 号

中国电力出版社出版、发行

（北京市东城区北京站西街 19 号 100005 http：//www.cepp.sgcc.com.cn）

北京雁林吉兆印刷有限公司印刷

各地新华书店经售

*

2013 年 7 月第一版 2022 年 1 月北京第二次印刷

787 毫米×1092 毫米 16 开本 16 印张 391 千字

定价 **48.00** 元

# 前　言

能源是国民经济的命脉，与人民生活和人类的生存环境休戚相关，在社会可持续发展中起着举足轻重的作用。经过几十年的努力，我国能源发展成就显著，基本满足了国民经济和社会发展的需要。

“十二五”是我国建成小康社会的关键时期，新时期、新阶段能源发展既有新的机遇，也面临更为严峻的挑战。主要表现在：消费需求不断增长，资源与环境约束日益加剧；结构矛盾比较突出，可持续发展面临挑战；国际市场剧烈波动，安全隐患不断增加；能源效率亟待提高，节能降耗任务艰巨；科技水平相对落后，自主创新任重道远；体制约束依然严重，各项改革有待深化；农村能源问题突出，滞后面貌亟待改观。

节能，从能源的角度顾名思义就是节约能源消费，即从能源生产开始，一直到最终消费为止，在开采、运输、加工、转换、使用等各个环节上都要减少损失和浪费，提高其有效利用程度。节能，从经济的角度则是指通过合理利用、科学管理、技术进步和经济结构合理化等途径，以最少的能耗取得最大的经济效益。同时节能还必须考虑环境和社会效益。

节能是我国的一项基本国策。能源的监测与评价既是能源建设中必须考虑的问题，也和节能休戚相关。目前国内还缺少一本有关能源监测与评价方面的教材。本书旨在为广大读者介绍有关能源监测与评价方面的知识。书中首先阐述了有关能量与能源的基本概念及评价的基本知识，然后对能源监测技术进行了比较详细地介绍，包括热工监测技术、燃料与燃烧的监测技术和电工监测技术。讨论了与能源评价和能源经济有关的问题，包括能源有效利用的分析方法、能源建设项目的不确定性及能源技术方案的经济评价，以及能源系统工程等。本书的重点是高耗能企业的节能监测，包括冶金、建材、炼油、化工、电力、机械加工等诸多领域，不但介绍了这些行业的基本状况，还较为详细地叙述了相关的节能技术和节能监测的项目，可为这些行业的节能降耗提供参考。

本书在取材上力求资料新颖、涉猎面广，文字表述力求简洁，以达到既为读者提供更多新的能源信息，又通俗易懂的目的。

由于作者水平有限，且能源科学发展迅速，创新不断，书中错误和不妥之处在所难免，诚恳读者批评指正。

黄素逸　闫金定　关　欣

2012年11月

# 目录

# 第一章　能　源　概　论

## 第一节　能量与能源

### 一、能量形式

能量是一切物质运动、变化和相互作用的度量。能量从实质上讲就是利用自然界的某一自发变化的过程来推动另一人为的过程。例如，水力发电就是利用水会自发地从高处流往低处的这一自发过程，使水的势能转化为动能，再推动水轮机转动，水轮机又带动发电机，通过发电机将机械能转换为电能供人类利用。显然能量利用的优劣、利用效率的高低与具体过程密切相关。而且利用能量的结果必然和能量系统的始末状态相联系，例如，水力发电系统通过消耗一部分水能来获得电能，系统的始末状态（如水位、流量等）都发生了变化。

对能量的分类方法没有统一的标准，到目前为止，人类认识的能量有如下 6 种形式。

1. 机械能

机械能是与物体宏观机械运动或空间状态相关的能量，前者称为动能，后者称为势能。它们都是人类最早认识的能量形式。具体而言，动能是指系统（或物体）由于做机械运动而具有的做功能力。如果质量为 $m$ 的物体的运动速度为 $v$，则该物体的动能 $E_k$ 可以用式（1-1）计算，即

$$E_k = \frac{1}{2}mv^2 \tag{1-1}$$

势能与物体的状态有关，除了受重力作用的物体因其位置高度不同而具有所谓重力势能外，还有弹性势能（即物体由于弹性变形而具有的做功本领）和表面能（即不同类物质或同类物质不同相的分界面上，由于表面张力的存在而具有的做功能力）。重力势能 $E_p$ 可以用式（1-2）计算，即

$$E_p = mgH \tag{1-2}$$

式中　$m$——物体的质量；
　　$g$——重力加速度；
　　$H$——高度。

弹性势能 $E_\tau$ 的计算式为

$$E_\tau = \frac{1}{2}kx^2 \tag{1-3}$$

式中　$k$——物体的弹性系数；
　　$x$——物体的变形量。

表面能 $E_s$ 的计算式为

$$E_s = \sigma S \tag{1-4}$$

式中　$\sigma$——表面张力系数；
　　$S$——相界面的面积。

2. 热能

热能是能量的一种基本形式，所有其他形式的能量都可以完全转换为热能，而且绝大多

数的一次能源都是先经过热能形式而被利用的，因此热能在能量利用中具有重要意义。构成物质的微观分子运动的动能和势能总和称为热能。这种能量的宏观表现是温度的高低，它反映了分子运动的激烈程度。若系统熵的变化为 $\mathrm{d}s$，则热能 $E_q$ 可表示成

$$E_q = \int T\mathrm{d}s \tag{1-5}$$

3. 电能

电能是和电子流动与积累有关的一种能量，通常由电池中的化学能转换而来，或通过发电机由机械能转换得到；反之，电能也可以通过电动机转换为机械能，从而显示出电能做功的本领。如果驱动电子流动的电动势为 $U$，电流强度为 $I$，则其电能 $E_e$ 可表示为

$$E_e = UI \tag{1-6}$$

4. 辐射能

辐射能是指物体以电磁波形式发射的能量。物体会因各种原因发出辐射能，其中从能量利用的角度而言，因热的原因而发出的辐射能（又称热辐射能）是最有意义的，例如，地球表面所接受的太阳能就是最重要的热辐射能。物体的辐射能 $E_r$ 计算式为

$$E_r = \varepsilon c_0 \left(\frac{T}{100}\right)^4 \tag{1-7}$$

式中　$\varepsilon$——物体的发射率；
　　$c_0$——黑体辐射系数；
　　$T$——物体的绝对温度。

5. 化学能

化学能是物质结构能的一种，即原子核外进行化学变化时放出的能量。按化学热力学定义，物质或物系在化学反应过程中以热能形式释放的内能成为化学能。人类利用最普遍的化学能是燃烧碳和氢，而这两种元素正是煤、石油、天然气、薪柴等燃料中最主要的可燃元素。燃料燃烧时的化学能通常用燃料的发热值表示。

单位质量（对固体、液体燃料）或体积（气体燃料）的燃料在完全燃烧，且燃烧产物冷却到燃烧前的温度时，所放出的热量称为燃料的发热量（发热值或热值），单位为 kJ/kg 或 kJ/$m^3$。应用上又将发热量分为高位发热量和低位发热量。高位发热量是指燃料完全燃烧，且燃烧产物中的水蒸气全部凝结成水时所放出的热量；低位发热量是燃料完全燃烧，而燃烧产物中的水蒸气仍以汽态存在时所放出的热量。显然，低位发热量在数值上等于高位发热量减去水的汽化潜热。由于燃烧设备，如锅炉中燃料燃烧，燃料中原有的水分及氢燃烧后生成的水均呈蒸汽状态随烟气排出，因此低位发热量接近实际可利用的燃料发热量，所以在热力计算中均以低位发热量作为计算依据。表 1-1 为各种不同燃料低位发热量的概略值。

**表 1-1　　各种不同燃料低位发热量的概略值**

| | | | |
|---|---|---|---|
| 固体燃料 | 天然固体燃料（MJ/kg） | 木材 | 13.8 |
| | | 泥煤 | 15.89 |
| | | 褐煤 | 18.82 |
| | | 烟煤 | 27.18 |
| | 加工的固体燃料（MJ/kg） | 木炭 | 29.27 |
| | | 焦炭 | 28.43 |
| | | 焦块 | 26.34 |

续表

| 液体燃料 | 天然液体燃料（MJ/kg） | 石油（原油） | 41.82 |
| --- | --- | --- | --- |
| | 加工成的液体燃料（MJ/kg） | 汽油 | 45.99 |
| | | 液化石油气 | 50.18 |
| | | 煤油 | 45.15 |
| | | 重油 | 43.91 |
| | | 焦油 | 37.22 |
| | | 甲苯 | 40.56 |
| | | 苯 | 40.14 |
| | | 酒精 | 26.76 |
| 气体燃料 | 天然气体燃料（$MJ/m^3$） | 天然气 | 37.63 |
| | 加工成的气体燃料（$MJ/m^3$） | 焦炉煤气 | 18.82 |
| | | 高炉煤气 | 3.76 |
| | | 发生炉煤气 | 5.85 |
| | | 水煤气 | 10.45 |
| | | 油气 | 37.65 |
| | | 丁烷气 | 125.45 |

6. 核能

核能是蕴藏在原子核内部的物质结构能。轻质量原子核（氘、氚等）和重质量原子核（铀等）其核子之间的结合力比中等质量原子核的结合力小，这两类原子核在一定的条件下可以通过核聚变和核裂变转变为在自然界中更稳定的中等质量原子核，同时释放出巨大的结合能。这种结合能就是核能。

**二、能量性质**

能量性质主要有状态性、可加性、传递性、转换性、做功性和贬值性。

1. 状态性

能量取决于物质所处的状态，物质的状态不同，所具有的能量也不同（包括数量和质量）。其基本状态参数可以分为两类：一类与物质的量无关，不具有可加性，称为强度量，如温度、压力、速度、电动势和化学势等；另一类与物质的量相关，具有可加性，称为广延量，如体积、动量、电荷量和物质的量等。对能量利用中常用的工质，其状态参数为温度 $T$、压力 $p$ 和体积 $V$，因此它的能量 $E$ 的状态可表示为

$$E = f(p,T) \text{ 或 } E = f(p,V)$$

2. 可加性

物质的量不同，所具有的能量也不同，即可相加；不同物质所具有的能量也可相加，即一个体系所获得的总能量为输入该体系多种能量之和，故能量的可加性可表示为

$$E = E_1 + E_2 + \cdots + E_n = \sum E_i \qquad (1-8)$$

3. 传递性

能量可以从一个地方传递到另一个地方，也可以从一种物质传递到另一种物质。例如，对传热来讲，能的传递性可表示为

$$Q = KA\Delta t \tag{1-9}$$

式中 $Q$——传递的热量；

$K$——传热系数；

$A$——传热面积；

$\Delta t$——传热的平均温差。

4. 转换性

各种形式的能可以互相转换，其转换方式、转换数量、难易程度均不尽相同，即它们之间的转换效率是不一样的。研究能量转换方式和规律的科学是热力学，其核心任务就是如何提高能量转换的效率。

5. 做功性

利用能量来做功，是利用能量的基本手段和主要目的。这里所说的功是广义功，但通常主要是针对机械功而言的。各种能量转换为机械功的本领是不一样的，转换程度也不相同。通常按转换程度，可以把能分为无限制转换（全部转换）能、有限制转换（部分转换）能和不转换（废）能，又分别称为高质能、低质能和废能，显然这一分类也是以转换为功的程度来衡量的。能的做功性，通常也以能级 $\xi$ 来表示，即

$$\xi = \frac{E_x}{E} \tag{1-10}$$

式中 $E_x$——㶲。

6. 贬值性

根据热力学第二定律，能量不仅有量的多少，还有质的高低之分。能量在传递与转换等过程中，由于多种不可逆因素的存在，总伴随着能量的损失，表现为能量质量和品质的降低，即做功能力的下降，直至达到与环境状态平衡而失去做功本领，成为废能，这就是能量质量贬值。例如，最常见的温差传热与有摩擦做功，就是两个典型的不可逆过程，在这两个不可逆过程中，能量都会贬值。能量的贬值性，即能的质量损失（或称内部损失、不可逆损失），其贬值程度可用参与能量交换的所有物体熵的变化（熵增）来反映，即能的贬值 $E_0$ 可表示为

$$E_0 = T_0 \Delta S \tag{1-11}$$

式中 $T_0$——环境温度；

$\Delta S$——系统的熵增。

**三、能量转换**

能量转换是能量最重要的属性，也是能量利用中的最重要环节。人们通常所说的能量转换是指能量形态上的转换，如燃料的化学能通过燃烧转换成热能，热能通过热机再转换成机械能等。然而广义地说，能量转换还应当包括以下两项内容：

（1）能量在空间上的转移，即能量的传输。

（2）能量在时间上的转移，即能量的储存。

任何能量转换过程都必须遵守自然界的普遍规律——能量守恒定律，即

输入能量－输出能量＝储存能量的变化

在国民经济和日常生活中用得最多、最普遍的能量形式是热能、机械能和电能。它们都可以由其他形态的能量转换而来，它们之间也可以互相转换。显然，任何能量转换过程都需要一定的转换条件，并在一定的设备或系统中实现。表 1 - 2 给出了能量转换过程及实现转

换所需的设备或系统。不同能源与热能的转换及利用情况如图 1 - 1 所示。

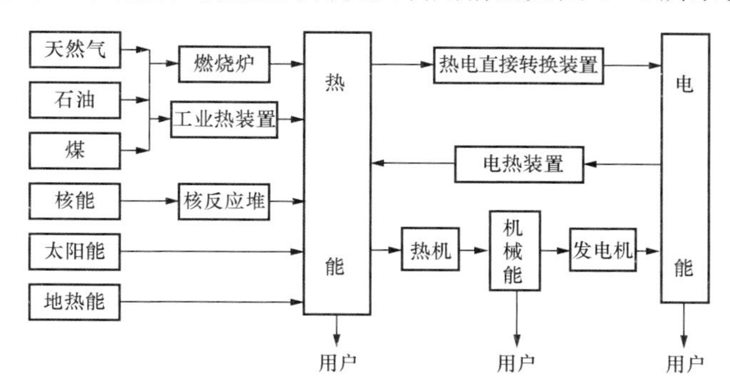


图 1 - 1　不同能源与热能的转换及利用情况

**表 1 - 2　　能量转换过程及实现转换所需的设备或系统**

| 能源 | 能量形态转换过程 | 转换设备或系统 |
|---|---|---|
| 石油、煤炭、天然气等化石燃料 | 化学能→热能<br>化学能→热能→机械能<br>化学能→热能→机械能→电能 | 炉子、燃烧器<br>各种热力发动机<br>热机、发电机、磁流体发电、压电效应 |
| 氢和酒精等二次能源 | 化学能→热能→电能<br>化学能→电能 | 热力发电、热电子发电<br>燃料电池 |
| 水能、风能潮汐能、海流能、波浪能 | 机械能→机械能<br>机械能→机械能→电能 | 水车、水轮机、风力机<br>水轮发电机组、风力发电机组、潮汐发电装置、海流能发电装置、波浪能发电装置 |
| 太阳能 | 辐射能→热能<br>辐射能→热能→机械能<br>辐射能→热能→机械能→电能<br>辐射能→热能→电能<br>辐射能→电能<br>辐射能→化学能<br>辐射能→生物能<br>辐射能→电能 | 热水器、采暖、制冷、太阳灶、光化学反应<br>太阳热发动机<br>太阳热发电<br>热力发电、热电子发电<br>太阳电池、光化学电池<br>光化学反应（水分解）<br>光合成 |
| 海洋温差能 | 热能→机械能→电能 | 海洋温度差发电（热力发动机） |
| 海洋盐分（能） | 化学能→电能<br>化学能→机械能→电能<br>化学能→热能→机械能→电能 | 浓度发电<br>渗透压发电<br>浓度差发电 |
| 地热能 | 热能→机械能→电能<br>热能→电能 | 热力发电机—发电机<br>热电发电 |
| 核能 | 核分裂→热能→机械能→电能<br>核分裂→热能<br>核分裂→热能→电能<br>核分裂→电磁能→电能<br>核聚变→热能→机械能→电能 | 核发电、磁流体发电<br>核能炼钢<br>热力发电、热电子发电<br>光电池<br>核聚变发电 |

### 四、能量传递

能量利用是通过能量传递来实现的，故能量利用过程通常也是能量传递的过程。

1. 能量传递的条件

能量传递是有条件的，其传递的推动力是所谓“势差”。例如，传热要有温差、导电要有电位差、流动要有压差或势差、扩散要有浓度差、化学反应要有化学势差等。

2. 能量传递的规律

能量传递遵循一定的规律，即能量传递的速率正比于传递的动力而反比于传递的阻力，由此有

$$\text{传递速率} = \frac{\text{传递动力}}{\text{传递阻力}} \tag{1-12}$$

例如，对导电有 $I=\frac{U}{R}$；对于传热则有 $Q=\frac{\Delta t}{R_t}$；其中，$I$ 为电流强度；$R$ 为电阻；$R_t$ 为热阻。

3. 能量传递的形式

能量传递包括转移与转换两种形式。转移是某种形态的能，从一地到另一地，从一物到另一物；转换则是由一种形态变为另一形态。这两种形式往往是一起或交替存在共同完成能量传递。

4. 能量传递的途径

能量传递的途径基本有两条：由物质交换和质量迁移而携带的能量称为携带能，在体系边界面上的能量交换称为交换能。对开口系这两种途径同时存在，对封闭系则主要靠交换。

5. 能量传递的方法

在体系边界面上的能量交换，通常主要以两种方法进行：传热，由温差引起的能量交换，这是能量传递的微观形式；做功，由非温差引起的能量交换，这是能量传递的宏观形式。

6. 能量传递的方式

通过能量交换而实现的能量传递，即传热和做功。传热的三种基本方式是热传导、热对流和热辐射；做功（这里指机械功）的三种基本方式是容积功、转动轴功和流动功（推动功）。

7. 能量传递的结果

能量传递的结果主要体现在两方面，即能量使用过程中所起的作用以及能量传递的最终去向。例如，以生产为例，能量在使用过程中的作用主要是用于物料并最终成为产品的一部分；或用于某一过程，包括工艺过程、运输过程和动力过程，并成为过程的推动力，使过程能够进行、生产得以实现。能量传递的最终去向通常转移到产品，或散失于环境，包括直接损失和用于过程后再进入环境这两种情况。

8. 能量传递的实质

能量传递的实质实际上就是能量利用的实质。如果把产品的使用也包括在内，能量的最终去向只能是唯一的，即最终进入环境，也就是，能量的利用是通过能量的传递，使能量由能源最终进入环境。其结果是能量被利用了，能源被消耗了。作为能量而言，它是守恒的，不会消失；故就能量利用的本质而言，人类利用的不是能量的数量而是能量的质量（品质、

品位），即能的质量急剧降低，直至进入环境，最终成为废能。

### 五、能源分类

能源可简单地理解为含有能量的资源。从广义上讲，在自然界里有一些自然资源本身就拥有某种形式的能量，它们在一定条件下能够转换成人们所需要的能量形式，这种自然资源显然就是能源，如煤、石油、天然气、太阳能、风能、水能、地热能、核能等。但生产和生活过程中由于需要或为便于运输和使用，常将上述能源经过一定的加工、转换使之成为更符合使用要求的能量来源，如煤气、电力、焦炭、蒸汽、沼气、氢能等，它们也称为能源，因为它们同样能为人们提供所需的能量。

由于能源形式多样，因此通常有多种不同的分类方法，或按能源的来源、形成、使用分类，或从技术、环境保护角度进行分类。不同的分类方法都是从不同的侧重面来反映各种能源的特征。

1. 按地球上的能量来源分类

地球上能源的成因不外乎以下三方面：

（1）地球本身蕴藏的能源，如核能、地热能等。

（2）来自地球外天体的能源，如宇宙射线及太阳能，以及由太阳能引起的水能、风能、波浪能、海洋温差能、生物质能、光合作用、化石燃料（如煤、石油、天然气等）等。

（3）地球与其他天体相互作用的能源，如潮汐能。

2. 按被利用的程度分类

从被开发利用的程度、生产技术水平和经济效果等方面对能源进行分类则有：

（1）常规能源，其开发利用时间长、技术成熟、能大量生产并广泛使用，如煤炭、石油、天然气、薪柴燃料、水能等，常规能源有时又称为传统能源。

（2）新能源，其开发利用较少或正在研究开发之中，如太阳能、地热能、潮汐能、生物质能等，核能通常也被看成新能源，尽管核燃料提供的核能在世界一次能源的消费中已占15%，但从被利用的程度上看还远不能和已有的常规能源比；另外，核能利用的技术非常复杂，可控核聚变反应至今未能实现，这也是将核能仍视为新能源的主要原因之一。不过也有不少学者认为应将核裂变作为常规能源，核聚变作为新能源。新能源有时又被称为非常规能源或替代能源。

3. 按获得的方法分类

（1）一次能源。自然界存在的，可供直接利用的能源，如煤、石油、天然气、风能、水能等。

（2）二次能源。由一次能源直接或间接加工、转换而来的能源，如电、蒸汽、焦炭、煤气、氢等，它们使用方便，易于利用，是高品质的能源。

4. 按能否再生分类

（1）可再生能源。它不会随其本身的转化或人类的利用而日益减少，如水能、风能、潮汐能、太阳能等。

（2）非再生能源。它随人类的利用而越来越少，如石油、煤、天然气、核燃料等。

5. 按能源本身的性质分类

（1）含能体能源。其本身就是可提供能量的物质，如石油、煤、天然气、氢等，它们可以直接储存，因此便于运输和传输，含能体能源又被称为载体能源。

（2）过程性能源。它是指由可提供能量的物质的运动所产生的能源，如水能、风能、潮汐能、电能等；其特点是无法直接储存。

6. 按是否能作为燃料分类

（1）燃料能源。它可以作为燃料使用，如各种矿物燃料、生物质燃料以及二次能源中的汽油、柴油、煤气等。

（2）非燃料能源。它是不可作为燃料使用的能源，其含义仅指其不能燃烧，而非不能起燃料的某些作用，如加热等。

7. 按对环境的污染情况分类

（1）清洁能源。对环境无污染或污染很小的能源，如太阳能、水能、海洋能等。

（2）非清洁能源。对环境污染较大的能源，如煤、石油等。

## 六、能源评价

能源多种多样，各有优缺点。为了正确地选择和使用能源，必须对各种能源进行正确的评价。通常能源评价包括以下几方面。

1. 储量

储量是能源评价中的一个非常重要的指标。作为能源的一个必要条件是，储量要足够丰富。对储量常有不同的理解：一种理解认为，对煤和石油等化石燃料而言，储量是指地质资源量；对太阳能、风能、地热能等新能源而言则是指资源总量。另一种理解是，储量是指有经济价值的可开采的资源量或技术上可利用的资源量。在有经济价值的可开采的资源量中又分为普查量、详查量和精查量等几种情况。在油气开采中，通常又将累计探明的可采储量与可采资源量之比称为可采储资比，用以说明资源的探明程度。储量丰富且探明程度高的能源才有可能被广泛应用。

2. 能量密度

能量密度是指在一定的质量、空间或面积内，从某种能源中所能得到的能量。显然，如果能量密度很小，就很难用作主要能源。例如，太阳能和风能的能量密度就很小，各种常规能源的能量密度都比较大，核燃料的能量密度最大。几种能源的能量密度见表 1 - 3。

**表 1 - 3 几种能源的能量密度**

| 能源类别 | 能量密度 | 能源类别 | 能量密度 |
|---|---|---|---|
| 风能（风速 3m/s） | 0.02（$kW/m^2$） | 天然铀 | $5.0\times10^8$（kJ/kg） |
| 水能（流速 3m/s） | 20（$kW/m^2$） | 铀$^{235}$（核裂变） | $7.0\times10^{10}$（kJ/kg） |
| 波浪能（波高 2m） | 30（$kW/m^2$） | 氘（核聚变） | $3.5\times10^{11}$（kJ/kg） |
| 潮汐能（潮差 10m） | 100（$kW/m^2$） | 氢 | $1.2\times10^5$（kJ/kg） |
| 太阳能（晴天平均） | 1（$kW/m^2$） | 甲烷 | $5.0\times10^4$（kJ/kg） |
| 太阳能（昼夜平均） | 0.16（$kW/m^2$） | 汽油 | $4.4\times10^4$（kJ/kg） |

3. 储能的可能性

储能的可能性是指能源不用时是否可以储存起来，需要时是否又能立即供应。在这方面化石燃料容易做到，太阳能、风能则比较困难。由于大多数情况下，用能是不均衡的，比如白天用电多，深夜用电少；冬天需要热，夏天却需要冷；因此在能量的利用中，储能是很重要的一环。

4. 供能的连续性

供能的连续性是指能否按需要和所需的速度连续不断地供给能量。显然，太阳能和风能就很难做到供能的连续性。太阳能白天有，夜晚无；风力则时大时小，且随季节变化大。因此常常需要有储能装置来保证供能的连续性。

5. 能源的地理分布

能源的地理分布和能源的使用关系密切。能源的地理分布不合理，则开发、运输、基本建设等费用都会大幅度地增加。例如，我国煤炭资源多在西北地区，水能资源多在西南地区，工业区却在东部沿海，因此能源的地理分布对使用很不利，带来“北煤南运”、“西电东送”等诸多问题。

6. 开发费用和利用能源的设备费用

各种能源的开发费用以及利用该种能源的设备费用相差悬殊。例如，太阳能、风能不需要任何成本即可得到。各种化石燃料从勘探、开采到加工却需要大量投资。但利用能源的设备费用则正好相反，利用太阳能、风能、海洋能的设备费用按每千瓦计远高于利用化石燃料的设备费用。核电站的核燃料费用远低于燃油电站，但其设备费用却高得多。因此在对能源进行评价时，开发费用和利用能源的设备费用是必须考虑的重要因素，并需进行经济分析和评估。

7. 运输费用与损耗

运输费用与损耗是能源利用中必须考虑的一个问题。例如，太阳能、风能和地热能都很难输送出去，但煤、油等化石燃料很容易从产地输送至用户。核电站的核燃料运输费用极少，因为核燃料的能量密度是煤的几百万倍，而燃煤电站的输煤就是一笔很大的费用。此外，运输中的损耗也不可忽视。

8. 能源的可再生性

在能源日益匮乏的今天，评价能源时不能不考虑能源的可再生性。例如，太阳能、风能、水能等都可再生，煤、石油、天然气则不能再生。在条件许可和经济上基本可行的情况下应尽可能地采用可再生能源。

9. 能源的品位

能源的品位有高低之分，例如，水能能够直接转变为机械能和电能，它的品位比先由化学能转变为热能，再由热能转换为机械能的化石燃料必然要高些。另外，在热机中，热源的温度越高，冷源的温度越低，则循环的热效率就越高，因此温度高的热源品位比温度低的热源品位高。在使用能源时，特别要防止高品位能源降级使用，并根据使用需要适当安排不同品位能源。

10. 对环境的影响

使用能源一定要考虑对环境的影响。化石燃料对环境的污染大；太阳能、氢能、风能对环境基本上没有污染。在使用能源时应尽可能地采取各种措施防止对环境的污染。

在对各种能源进行选择、评价时还必须考虑国情，例如，我国能源结构以煤为主的格局；我国经济发展不平衡、人口众多的实际情况。此外，也应依据国家的有关政策、法规，例如，我国能源开发与节约并重的基本方针；同时充分考虑技术与设备的难易程度，只有这样才能对能源进行正确的评价和选择。

## 第二节 能源与环境

### 一、环境问题

全球环境恶化主要表现在大气和江海污染加剧、大面积土地退化、森林面积急剧减少、淡水资源日益短缺、大气层臭氧空洞扩大、生物多样化受到威胁等多方面，同时温室气体的过量排放导致全球气候变暖，使自然灾害发生的频率和烈度大幅度增加。

能源作为人类赖以生存的基础，在其开采、输送、加工、转换、利用和消费过程中，都直接或间接地改变着地球上的物质平衡和能量平衡，必然对生态系统产生各种影响，成为环境污染的主要根源。能源对环境的污染主要表现在温室效应、酸雨、破坏臭氧层、热污染、放射性污染等。

能源对环境的影响是一种综合的影响。表 1-4 给出了各种能源在生产、加工和利用中对环境的影响。

### 二、能源问题

能源是国民经济的命脉，在社会可持续发展中起着举足轻重的作用。从 20 世纪 70 年代以来，能源就与人口、粮食、环境、资源被列为世界上的五大问题。

1. 世界能源所面临的问题

世界经济的现代化，得益于化石能源，如石油、天然气、煤炭与核裂变能的广泛应用。因而它是建筑在化石能源基础之上的一种经济。然而，由于这一经济的资源载体将在 21 世纪上半叶迅速地接近枯竭。例如，按石油储量的综合估算，可支配的化石能源的极限，大约为 1180 亿～1510 亿 t，以 1995 年世界石油的年开采量 33.2 亿 t 计算，石油储量在 2050 年左右宣告枯竭。天然气储备估计在 131 800～152 900$Mm^3$。年开采量维持在 2300$Mm^3$，将在 57～65 年内枯竭。煤的储量约为 5600 亿 t。1995 年煤炭开采量为 33 亿 t，可以供应 169 年。铀的年开采量目前为每年 6 万 t，根据 1993 年世界能源委员会的估计可维持到 21 世纪 30 年代中期。

世界性的能源问题主要反映在能源短缺及供需矛盾所造成的能源危机。第一次能源危机是 20 世纪 70 年代世界上的一次经济大危机，它使此前 20 年靠廉价石油发家的西方发达国家受到极大的冲击，严重地影响了这些国家的政治、经济和人民生活。例如，1973 年中东战争期间，由于阿拉伯国家的石油禁运，当年美国由于缺少 1.16 亿 t 标准煤的能源，致使经济损失达 930 亿美元；日本由于缺少 0.6 亿 t 标准煤的能源，使生产损失达 485 亿美元，致使 1974 年日本国民经济总产值不但没有增长，而且下降了，此前日本的生产总值每年递增 10%。由此可见，20 世纪 70 年代的能源危机，实质上是石油危机。

石油燃烧效率高、污染低，便于携带、使用、储存，又是多种化工产品的重要原料，特别在交通运输方面又是不可替代的燃料。20 世纪 50 年代以来长期的低油价更使石油主宰了以后的能源市场。由于政治和经济等多方面原因，70 年代中期，石油经两次提价，廉价石油已成为珍贵石油。由于石油是一种非再生能源，储量有限。一方面石油生产国为保持长期油价优势，采取限量生产的政策；另一方面发达的用油国，由于受到石油危机的冲击和价格的压力，多方面采取了节油政策并研究石油代用技术。与此同时天然气工业也迅速崛起。尽管在近期内世界上大多数国家还能依靠石油输出国供应石油，并更多地使用天然气，但需求

表 1-4 各种能源在生产、加工和利用中对环境的影响

| 能源 | 对土地资源的影响 | | | 对水资源的影响 | | | 对空气资源的影响 | | |
|---|---|---|---|---|---|---|---|---|---|
| | 生产 | 加工 | 利用 | 生产 | 加工 | 利用 | 生产 | 加工 | 利用 |
| 煤 | 地面破坏、侵蚀、沉降 | 固体废物 | 飞灰、渣的排放 | 酸性矿水、淤泥排出 | 废水、污染物排出 | 提高水温 | | | 氧化硫、氧化氮、颗粒物 |
| 油 | 废水排放 | | | 油泄漏、漏气、废水 | 油泄漏、漏气 | 提高水温 | 蒸发损失 | 蒸发损失 | 氧化硫、一氧化硫、氧化氮、烃类 |
| 天然气 | 废水排放 | | | | | 提高水温 | 泄漏 | 杂质 | 一氧化碳、氧化氮 |
| 铀 | 地面破坏、少量放射性固体废物 | 固体废物 | 放射性废物排放 | 排出物中很少量的放射性 | 放射性废物排放 | 提高水温、释放少量短半衰期核素 | 排放很少量的放射性 | | 释放少量短半衰期核素 |
| 水电 | | | 淹没损失 | | | | | | |
| 地热 | | | 地面沉降、地震活动 | | | 废水排出、提高水温 | | | 硫化氢、氧化硫 |
| 油页岩 | 地面破坏、沉降 | 大批的废物 | | | 需要大量水，排放有机、无机污染物 | 提高水温 | | 硫化氢 | 氧化氮、一氧化碳、烃类 |
| 煤的气化 | 地面破坏、侵蚀、沉降 | 固体废物 | 飞灰、渣的排放 | 酸性矿水、淤泥排出 | | 提高水温 | | | 氧化氮、一氧化碳 |

的增加反过来又会刺激油价上涨；因此从长远的角度看，无论如何依靠大量采用廉价石油作为主要能源，来促进国民经济迅速增长的情况将不会出现，而且继续依靠石油来满足不断增长的能源需求的日子也不会持续太长。这正是世界能源所面临的主要问题之一。

世界能源面临的另一问题是，随着经济的发展和生活水平的提高，人们对环境质量的要求也越来越高，相应的环境保护标准和法规也越来越严格。由于能源是环境的主要污染源，因此为了保护环境，世界各国不得不在能源开发、运输、转换、利用的各个环节上投入更多的资金和科技力量，从而使能源消费的费用迅速增加。

随着化石燃料资源的消耗，易于探明和开采的燃料，特别是石油和天然气，已逐渐减少。因此能源资源的勘探、开采也越来越难，投入资金多，建设周期长、科技含量高，既是今后能源开发的特点，也是世界性的能源问题。

2. 我国能源面临的问题

我国的能源问题主要反映在以下几方面：

(1) 人均能源资源相对不足，资源质量较差，探明程度低。我国常规能源资源的总储量就其绝对量而言，是较为丰富的，然而，由于我国人口众多，就可采储量而言，人均能源资源占有量仅相当于世界平均水平的 1/2，且化石能源勘探程度低，资源不足，例如，人均煤炭探明可采储量仅为世界人均平均值的 1/2，石油仅为 1/10 左右。有关专家估计，若按目前的开采水平，我国石油资源和东部的煤炭资源将在 2030 年耗尽，水力资源的开发也将达到极限。按各种燃料的热值计算，在目前的探明储量下，世界能源资源中，固体燃料和液、气体燃料的比例为 4∶1，我国则远远落后于这一比值。目前，在世界能源产量中，高质量的液、气体能源所占比例为 60.8%，而我国仅为 19.1%。

(2) 能源生产消费以煤为主。例如 1998 年，原煤在一次能源生产中所占比重为 74.2%，在能源消费结构中，所占比重为 75.6%，从而给环境保护带来极大的压力。

(3) 能源工业技术水平低下，劳动生产率较低。以煤炭和电力工业为例，1998 年我国煤炭工业职工总数约占世界煤炭职工人数的 52%，而煤炭产量仅占世界总产量的 21.5%，人均年产煤量仅为 200t，而世界其他采煤国总计的人均年产煤量为 1017t。全国 4600 套火力发电机组中，5 万 kW 以下的机组 3370 台占到 73%，其装机总容量仅为 4350 万 kW，仅占总容量的 16%。

(4) 能源资源分布不均，交通运力不足，制约了能源工业发展。我国能源资源西富东贫，大多远离人口集中、经济发达的东南沿海地区。这种格局大大增加了能源输运的压力，形成了西电东送、北煤南运的输送格局。多年来，由于运力不足造成了大量的煤炭积压，严重制约了煤炭工业的发展，也造成了电力供应的紧张。

(5) 能源供需形势依然紧张。我国的能源生产经过 50 年的努力，取得了十分显著的成绩，能源紧张的矛盾明显缓解。然而与经济的长远发展需要相比，仍存在着较大的差距，特别是洁净高效能源，缺口依然很大。2003 年，拉闸限电、成品油价格大幅上涨、煤炭供应不足，三大能源供应同时出现紧张局面就是证明。

(6) 能耗水平高，能源利用率低下。据有关部门调查测算，我国能源系统的总效率不及发达国家的一半。工业产品单耗比工业发达国家高出 30%～90%。例如火力发电标准煤耗，我国是国外先进水平的 1.25 倍，吨水泥煤耗是国外的 1.64 倍。目前我国第一产业能耗水平为 0.90t 标准煤，第二产业为 6.58t 标准煤，第三产业为 0.91t 标准煤。产业结构的不合理、能源品质低下、管理落后等是造成能耗水平较高的重要原因。

(7) 农村能源问题日趋突出，影响越来越大，其主要表现在三个方面：①农村生活用能严重短缺。过度的燃烧薪柴造成大面积植被破坏，引起了水土流失和土壤有机质减少。据估计，目前全国农村生活用能短缺至少20%。②随着农业生产机械化的发展，农业生产的能耗量急剧增长。③乡镇工业能耗直线上升，能源利用率严重低下。

(8) 能源环境问题日趋严重，制约了经济社会发展。以城市为中心的环境污染进一步加剧，并开始向农村蔓延，生态破坏的范围仍在继续扩大。目前，在污染环境的各因素中，70%以上的总悬浮颗粒物、90%以上的二氧化硫、60%以上的氮氧化合物、85%以上的化石燃料产生的二氧化碳均来自煤炭。

(9) 能源开发逐步西移，开发难度和费用增加。随着中部地区能源资源的日渐枯竭，开发条件的逐步恶化，我国能源开发呈现出逐步西移的态势，特别是水能资源开发和油气资源的勘察。

(10) 从能源安全角度考虑，面临严重挑战。能源安全是指保障能源可靠和合理的供应，特别是石油和天然气的供应。从1993年开始，我国成为石油净进口国。此后几年内，我国的石油进口量每年递增1000万t左右，而且逐年加大，2003年递增量达到2000万t。近几年，原油进口增幅更为明显。2004年，我国原油进口达1.227亿t，同比增长34.8%，首次突破1亿t大关。2006年，我国原油进口量达1.452亿t，同比增长14.2%；2007年，我国原油产量仅增长了1.6%，达到1.8665亿t。在国际风云变幻的世界上，保障石油的可靠供应对国家安全至关重要，这是我国能源领域面临的一项重大挑战。

(11) 能源建设周期长，投资超预算。能源建设是一种基础设施建设，建设时间长，难度大，投资多。一个大型煤矿、一个相当规模的油田、一个大型水电站、一座核电站从勘探到投产，一般都要8～10年，这种建设周期拖长、投资超预算的情况，延缓了能源工业的发展。

(12) 能源价格未能反映其经济成本和能源资源的稀缺性。尽管我国能源较为紧张，资源相对贫乏，但能源价格却更类似于资源丰富的美国。例如，煤炭价格偏低，而且目前的市场价格还不能完全反映煤炭中硫分和灰分的含量；小煤矿因为不受安全法规和职工福利的制约，可以低价出售质量差的煤炭，影响了优质煤炭的价格。天然气的生产和销售目前还受到严格控制，化肥工业不仅有供气的优先权，还享受价格补贴。我国国内原油的价格也低于国际市场。此外，在一些能源使用部门中，能源占生产成本的比例很小，不利于节能和提高能源利用率。

## 三、我国能源可持续发展的对策

为了实现我国能源的可持续发展，应充分运用以下三方面的手段：加强政府的宏观管理和行政管理、运用市场机制的调节作用、利用经济增长的机遇。

政府行为在能源可持续发展中起着关键性的作用，它包括制定科学的能源政策和颁布相应的法规，采用行政手段进行能源管理。例如，根据国情制定开发与节约并重的能源工业的长期方针，确立优先发展水电、油气并举、大力开发天然气的能源政策，颁布《节约能源法》等。采用行政手段关闭能耗大、污染严重的小煤窑、土法炼油厂等。根据我国能源消费情况的变化，以及经济发展和当前的技术水平，对耗能越来越多的行业，如采暖行业、建筑行业、家电行业制定或完善能源效率标准。

运用市场机制包括很多方面，例如，取消煤炭运输补贴，降低铁路运输分配量的比例，以鼓励多运优质煤炭；逐步放开天然气供应价格，使其真正反映消费者的支付意愿；取消煤气及区域集中供热的补贴，调整其价格，使之完全反映生产成本；建立一个透明的石油和天然气的价格体系，允许国外投资者进入石油和天然气工业的全过程，以加快发展石油的替代燃料；根据煤炭的含硫量及灰含量在试点地区征收煤炭污染税等。

当前为了解决我国能源所面临的问题，应当采取以下对策：

（1）努力改善能源结构。为了解决我国一次能源以煤为主的结构，减轻能源对环境的压力，必须努力改善能源结构，包括优先发展优质、洁净能源，如水能和天然气；在经济发达而又缺能的地区，适当建设核电站；进口一部分石油和天然气等。

（2）提高能源利用率，厉行节约。提高能源利用率、厉行节约的范围十分广泛，主要措施有：

1）对一次能源生产，应降低自身能耗。对一次能源使用，应合理加工、综合利用，以达到最大经济效益。

2）开发和推广节能的新工艺、新设备和新材料，如连续铸钢、平板玻璃浮选法生产、化纤高温湿法纺织、连续蒸煮造纸等。

3）发展煤矿、油田、气田、炼油厂、电站的节能技术，提高生产过程中的余热、余压利用。

4）加强节能技术改造工作，如限期淘汰低效率、高能耗的设备；更新工业锅炉、风机、水泵、电动机、内燃机等量大面广的机电产品；改造工业炉窑和中、低压发电机组；改造城市道路、减少车辆耗油。

5）调整高耗能工业的产品结构。

6）设计和推广节能型的房屋建筑。

7）节约商业用能，推广冷冻食品、冷库储藏的节能新技术。

8）制定并实施鼓励和促进节能的经济政策，包括能源价格、节能信贷、税收优惠、节能奖罚等。

（3）加速实施洁净煤技术。所谓洁净煤技术是指从煤炭开发到利用的全过程中旨在减少污染和提高利用效率的加工、燃烧、转换和污染控制等新技术的总称，是世界煤炭利用技术的发展方向。由于煤炭在相当长一段时间内仍是我国最主要的一次能源，因此除了发展煤坑口发电，以输送电力来代替煤的运输外，加速实施洁净煤技术是解决我国能源问题的重要举措。

（4）合理利用石油和天然气，改造石油加工和调整油品结构。石油和天然气不仅是重要的化石燃料，而且是宝贵的化工原料，因此应合理利用石油和天然气，禁止直接燃烧原油并逐步压缩商品燃料油的生产。石油炼制和加工应大型化，要根据油品轻质化的趋势调整油品结构，进行油品的深加工，提高经济效益。

（5）加快电力发展速度。在国民经济中，电力必须先行。应根据区域经济的发展规划，建立合理的电源结构，提高水电的比重。加强区域电网，增加电网容量，扩大电网之间的互联和大电网的优化调度。

（6）积极开发利用新能源。我国应积极开发利用太阳能、地热能、风能、生物质能、潮汐能、海洋能等新能源，以补充常规能源的不足。在农村和牧区，应逐步因地制宜地建立新能源示范区。

（7）建立合理的农村能源结构，扭转农村严重缺能局面。因地制宜地发展小水电、太阳灶、太阳能热水器、风力发电、风力提水、沼气池、地热采暖、地热养殖，种植快速生长的树木等是解决我国农村能源的主要措施。此外，提高农村生活用能的质量也是非常重要的，如推广节柴灶和烧民用型煤，前者可使热效率提高 15%～30%，后者除热效率可比烧散煤节约 20%～30%以外，还可使烟尘和 $SO_2$ 减少 40%～60%，CO 减少 80%。

（8）改善城市民用能源结构，提高居民生活质量。煤气是今后城市生活能源的主要形式，供暖、供热水也将是城市居民的普遍要求，因此大力发展城市煤气、实现集中供热和热电联产是城市能源的发展方向。

（9）重视能源的环境保护。防止能源对环境的污染将是能源利用中长期的，也是最困难的任务。为此必须从现在起就做出不懈的努力。

改革开放以来，我国经济迅猛发展，综合国力大大增强，基础设施日趋完善，科技水平不断提高，这些都为 21 世纪我国能源可持续发展创造了良好的条件。

# 第二章　能源监测技术

## 第一节　热工监测技术

### 一、温度测量技术

（一）概述

温度既是人们日常生活中最熟悉的参数，也是科学研究和工农业生产过程中一个很重要的测量参数。温度的测量及控制对保证产品质量、提高生产效率、节约能源、生产安全、促进国民经济的发展都起到非常重要的作用。

温度测量主要是利用各种温度传感器。温度传感器是通过物质随温度变化而改变的某种特性来间接测量温度的。不少材料、元件的特性都随温度的变化而变化，所以能作温度传感器的材料相当多。在温度传感器中，随温度而引起材料性质变化的指标有体积、电阻、电容、电动势、磁阻、频率、光学特性及热噪声等。随着科学技术的发展，新型温度传感器材料还会不断涌现。

按测量时温度传感器与被测量物体或系统的接触方式可以分为接触式测温和非接触式测温。接触式测温时温度传感器需要与被测介质保持热接触，使两者进行充分的热交换而达到同一温度。这一类传感器主要有电阻式传感器、热电偶、PN结温度传感器等。非接触式测温时温度传感器无需与被测介质接触，而是通过被测介质的热辐射传到温度传感器，以达到测温的目的。这一类传感器主要有红外测温传感器。温度传感器的种类与测温范围见表2-1。

**表2-1　温度传感器的种类与测温范围**

| 测温原理 | 种类 | 测温范围（℃） | 主要特征 |
|---|---|---|---|
| 体积 | 玻璃制水银温度计 | −20～350 | 无需用电 |
| | 玻璃制有机液体温度计 | −100～100 | |
| | 双金属温度计 | 0～300 | |
| | 液体压力温度计 | −200～350 | |
| | 气体压力温度计 | −250～550 | |
| 电阻 | 铜电阻 | −50～150 | 精确度中等，价格低 |
| | 铂电阻 | −200～600 | 精确度高，价格贵 |
| | 热敏电阻，低温 | −200～0 | 精确度低，灵敏度高，价格最低 |
| | 一般 | −50～30 | |
| | 中温 | 0～700 | |
| 热电效应 | 铜—康铜 | −250～400 | 测量范围宽，精确度高，需要冷端补偿 |
| | 铁—康铜热电偶 | −200～1100 | |
| | 镍铬—考铜 | −200～800 | |
| | 镍铬—镍硅 | −250～1250 | |
| | 铂铑10—铂 | −50～1600 | |
| | 铂铑30—铂铑 | 100～1900 | |

续表

| 测温原理 | 种类 | 测温范围（℃） | 主要特征 |
|---|---|---|---|
| PN结特性 | 半导体二极管<br>晶体管<br>半导体集成电路 | −150～150（Si）<br>−150～150<br>−40～150 | 灵敏度高，线性度好，二极管一类价格低 |
| 压电反应 | 石英晶体振荡器 | −100～200 | 可作标准使用 |
| 频率 | SAW振荡元件 | 0～200 | 可作标准使用 |
| 光学 | 光学高温度计 | 900～2000 | 非接触测量 |
| 热辐射 | 辐射源温度传感器 | 100～2000 | 非接触测量 |
| 磁性 | 热铁素体<br>Fe-Ni-Cu合金 | −80～150<br>0～350 | 在特定温度下变化 |
| 电容 | $BaSrT_2O_3$ 陶瓷 | −270～150 | 温度与电容是倒数关系 |
| 物质颜色 | 示温涂料<br>液晶 | 0～1300<br>0～100 | 检测温度不连续<br>颜色连续变化 |

（二）热电偶测温

1. 热电偶测温原理

热电偶是最常用的温度传感器。热电偶工作原理是基于赛贝克（Seeback）效应，即两种不同的导体两端连接成回路，如果两连接端温度不同，在回路内将产生热电流的物理现象。

如图2-1所示，热电偶由两根不同导线（称为热电极）组成，它们的一端是互相焊接的，形成热电偶的测量端（也称工作端），另一端（称为参比端或自由端）则与显示仪表相连。把测量端插入待测温度的介质中，如果热电偶的测量端与参比端存在温度差，则显示仪表将指出热电偶产生的热电动势。

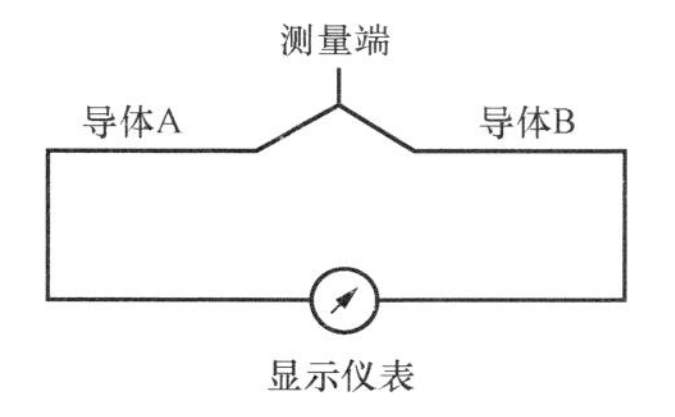


图2-1 热电偶示意图

热电偶产生的热电动势的大小，与热电极的长度和直径无关，只与热电极的材料和两端温度有关。当测量端与参比端的温差相等时，热电动势为零。也就是说，当热电偶两个电极的材料确定后，热电动势的大小只由两结点温度决定，与电极中间温度无关。如果参比端温度恒定，热电偶的热电动势仅仅是测量端温度的单值函数，测量出热电动势的大小，就可以得到测量端的温度，这就是热电偶的基本工作原理。

热电偶测温的主要优点有：

（1）测量精确度高：热电偶与被测对象直接接触，不受中间介质的影响。

（2）热响应时间快：热电偶对温度变化反应灵敏。

（3）测量范围大：常用的热电偶从−50～1600℃均可连续测量，某些特殊热电偶最低可测到−269℃（如金铁—镍铬低温热电偶），最高可达3000℃（如钨—铼热电偶）。

（4）性能可靠，机械强度好。

（5）使用寿命长，安装方便。热电偶通常由两种不同的金属丝组成，而且不受大小和开头的限制，外有保护套管，用起来非常方便。

2. 热电偶的类型

热电偶的类型及其特征参数见表 2-2。

**表 2-2** **热电偶的类型及其特征参数**

| 适用范围 | 类型 | 测温范围（℃） | 热电动势（mV） | 优　　点 |
| --- | --- | --- | --- | --- |
| 低温 | T 型 | −200～350 | −5.603（−200℃）<br>17.81（350℃） | 最适用于−200～100℃<br>不适应弱氧化性环境 |
| 中温 | E 型 | −200～800 | −8.82（−200℃）<br>61.02（800℃） | 热电动势大 |
| | J 型 | −200～750 | −7.89（−200℃）<br>42.28（750℃） | 热电动势大<br>适应还原性环境 |
| 高温 | K 型 | −200～1200 | −5.981（−200℃）<br>48.828（1200℃） | 适应氧化性环境<br>线性度好 |
| 超高温 | B 型 | 500～1700 | 1.241（500℃）<br>12.426（1700℃） | 可用到高温适应氧化，<br>不适应还原性环境 |
| | R 型 | 0～1600 | 0（0℃）<br>18.842（1600℃） | |
| | S 型 | 0～1600 | 0（0℃）<br>16.771（1600℃） | |

3. 热电偶的结构

常用热电偶的结构主要有装配式和铠装式两种。装配式热电偶一般由热电极、绝缘管、保护套管和接线盒等部分组成；铠装式热电偶则是将热电偶丝、绝缘材料和金属保护套管三者组合装配后，经过拉伸加工而成的一种坚实的组合体，如图 2-2 所示。其感温形式可以分成不露头式、露头式和戴帽式三种（见图 2-3）。铠装式热电偶的优点是：体积小、热惯性小、时间常数小，特别是露头的铠装式热电偶的时间常数仅为 0.05s，适用于动态测温。另外，其机械强度高，可以做成各种形状，用于各种复杂的测温场合。

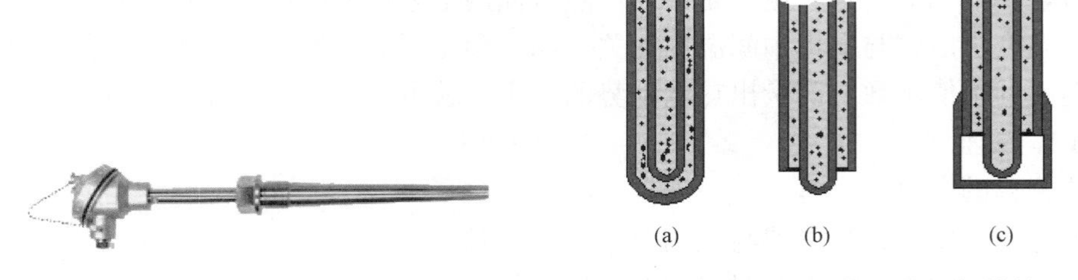


图 2-2　铠装式热电偶

图 2-3　不同形式的铠装式热电偶结构示意图
(a) 不露头式；(b) 露头式；(c) 戴帽式

由于热电偶的材料一般都比较贵重（特别是采用贵金属时），而测温点到仪表的距离都很远，为了节省热电偶材料，降低成本，通常采用补偿导线把热电偶延伸到温度比较稳定的控制室内，连接到仪表端子上。不同的热电偶需要不同的补偿导线，带有补偿导线的热电偶测温结构如图 2-4 所示。需要强调的是，只有当引入的补偿导线两端（点 1 和点 2）温度相等时，热电偶的热电动势才不会因为补偿导线的存在而受到影响。补偿导线的分类型号与分度号见表 2-3。

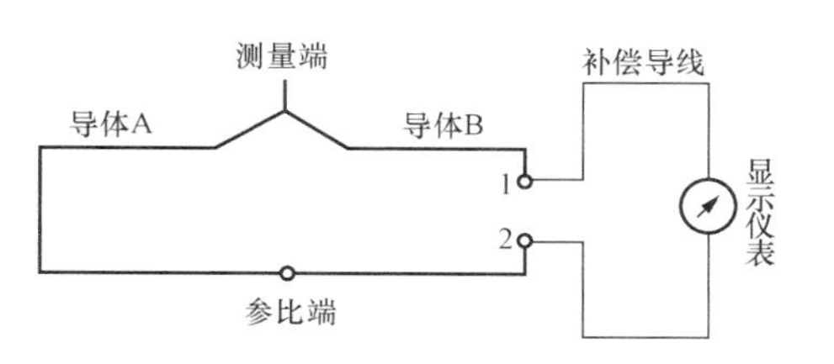

图 2-4 带有补偿导线的热电偶测温结构

热电偶测量端的 A、B 两种金属丝，一般要求焊接成点，不仅要焊接牢固，还要光洁，无夹杂、裂纹。其焊接方法主要有电弧焊和炭精隐弧焊。

**表 2-3 补偿导线的分类型号与分度号**

| 补偿导线型号 | 配用热电偶分度号 | 补偿导线合金丝 | | 补偿导线颜色 | |
|---|---|---|---|---|---|
| | | 正极 | 负极 | 正极 | 负极 |
| SC | S（铂铑-铂） | SPC（铜） | SNC（铜镍） | 红 | 绿 |
| KC | K（镍铬-镍硅） | KPC（铜） | KNC（铜镍） | 红 | 蓝 |
| KX | K（镍铬-镍硅） | KPX（镍铬） | KNX（镍硅） | 红 | 黑 |
| EX | E（镍铬-铜镍） | EPX（镍铬） | ENX（铜镍） | 红 | 棕 |
| JX | J（铁-铜镍） | JPX（铁） | JNX（铜镍） | 红 | 紫 |
| TX | T（铜-铜镍） | TPX（铜） | TNX（铜镍） | 红 | 白 |
| WC3/25 | WRe3-WRe25（钨铼 3-钨铼 25） | WPC3/25 | WNC3/25 | 红 | 黄 |
| WC5/26 | WRe5-WRe26（钨铼 5-钨铼 26） | WPC5/26 | WNC5/26 | 红 | 橙 |

4. 热电偶测温的应用

（1）固体内部和表面温度的测量。工程上经常需要了解如炉窑、燃烧室、热气体管道以及其他热工设备的传热、热流状况和分析机械零部件的热负荷等，这就需要测量固体内部和表面的温度，热电偶是主要的测量手段之一。

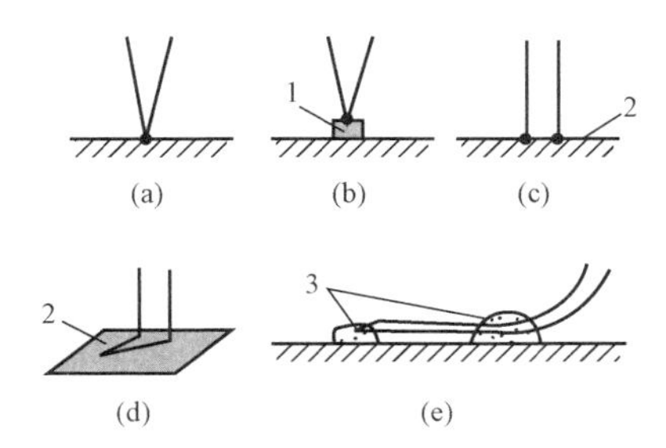

图 2-5 热电偶表面测温的焊接和粘接敷设方法
1—导热垫；2—固体表面；3—粘接剂

为了使测温准确，热电偶必须和固体紧密接触，此时可以采用粘接敷设或焊接的方法，如果长期测量，热电偶最好是焊接在被测物体的表面上。热电偶表面测温的焊接和粘接敷设方法见图 2-5。

除了采用金属丝的热电偶测量物体表面温度外，还可采用薄膜热电偶，它们是在绝缘的基底上采用粘接或真空溅射蒸发的方法形成热电极的膜片状测温元件。薄膜热电偶的基底常用有机薄膜、云母、玻璃纤维或陶瓷材料制成，热电极材料常用铜-康铜、镍铬-镍硅、铂铑 10-铂，工作温度在 500～1000℃。

（2）高温低速气流温度的测量。有静态法和动态法两种方式：

1）静态法测量高温低速气流温度。用静态法测量高温低速气流时，由于热电偶与气流两者之间换热能力差，长时间达不到热平衡状态，使热电偶不能反映真实气体温度，因此要对普通热电偶做必要的改进。以下介绍几种常用的测量高温低速气流温度的热电偶。

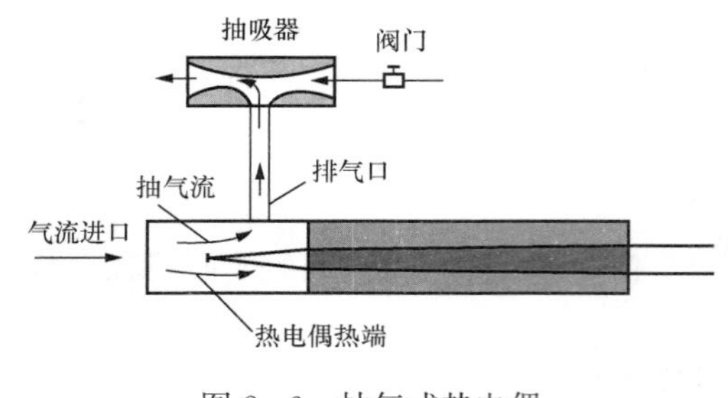

图 2-6 抽气式热电偶

图 2-6 是一种抽气式热电偶。为消除气流速度波动对测温产生的影响，抽气式热电偶装有一抽吸器，抽吸器以水、蒸汽、压缩空气为动力产生抽吸力，只要保证抽吸力恒定，就可以保证通过热电偶热端时的气流速度恒定。

带水冷套的抽气式热电偶适用于大型锅炉火焰气流和粗管排烟气流的温度测量（见图 2-7）。除了抽气作用外，它的头部还有一个防止辐射的屏蔽帽头和屏蔽罩，后部就是一个水冷套管。但值得注意的是，水冷套管的引入会严重降低热电偶附近的气流温度，还会改变气流温度场的分布。

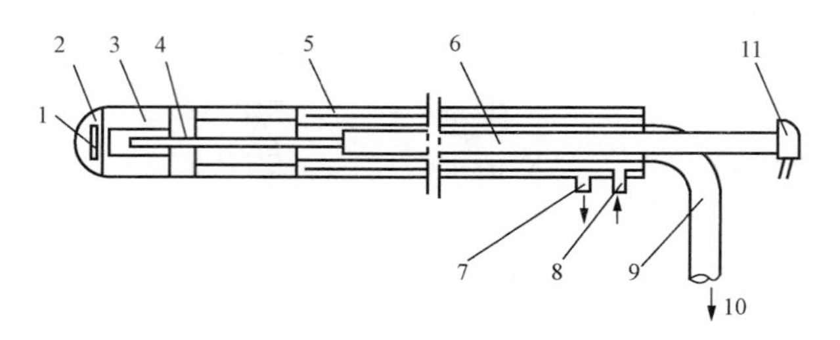

图 2-7 带水冷套的抽气式热电偶工作原理图

1—进气口；2—屏蔽帽头；3—屏蔽罩；4—热电偶；5—水冷套管；
6—热电偶耐热钢保护套管；7—冷却水出口；8—冷却水入口；
9—抽气管；10—抽气口；11—热电偶接线盒

带水冷套的抽气式热电偶的测量精确度不仅取决于抽气速度的大小和屏蔽效果，而且最佳抽气速度还受气流温度、热电偶直径以及屏蔽结构形状的影响。为此，定义了抽气式热电偶的效率

$$\eta = \frac{t_t - t_t'}{t_g - t_t'} \tag{2-1}$$

式中 $t_t$——抽气式热电偶的指示温度，℃；

$t_t'$——不抽气并去掉屏蔽罩之后的热电偶指示温度，℃；

$t_g$——气体的真实温度，℃。

抽气式热电偶效率、抽气速度和气流温度的关系可根据有关的经验曲线选定，大致规律为：在同一被测气流温度下，抽气速度越高，效率越高，但效率的增长速度平缓。因此当抽气速度达到一定值以后，再增大速度收效不大，还会导致速度误差增加。在同一抽气速度下，气流温度越高，效率越低。因为温度增高，辐射损失增大。在气流温度、抽气速度相同的条件下，带二层屏蔽罩的效率高于带一层屏蔽罩的效率。

另一种测量气流温度的方法是采用组合式热电偶。用组合式热电偶测量高温低速气流温度的原理是，热电偶热端直径不同，使气流对各热电偶的换热系数不同，以及它们对周围物体的辐射换热量也不同，测温指示温度就存在差别。再用传热学理论推导，可将气流的实际温度推算出来。因此可以用两只或三只型号相同但热丝直径不同的热电偶，去测量同一点的气流温度。

2）动态法测量高温气流温度。静态方法测温实质是热电偶与被测气流达到热平衡之后来度量气流的温度，各类热电偶只能在量程范围内工作，否则就会损坏。而采用动态法，可以测量超过热电偶量程范围的温度。例如，国内外已经达到用镍铬—镍硅热电偶测量出2000～3000℃的高温，甚至是高达10 000℃的等离子体的温度。

动态法测温原理是，将裸露的热电偶迅速插入气流中，热端在气流的加热下温度升高，但是达到该热电偶允许使用的上限温度之前就迅速将其抽出，利用热电偶从插入气流到抽出这段时间的输出变化曲线（见图2-8），测出气流的真实温度。

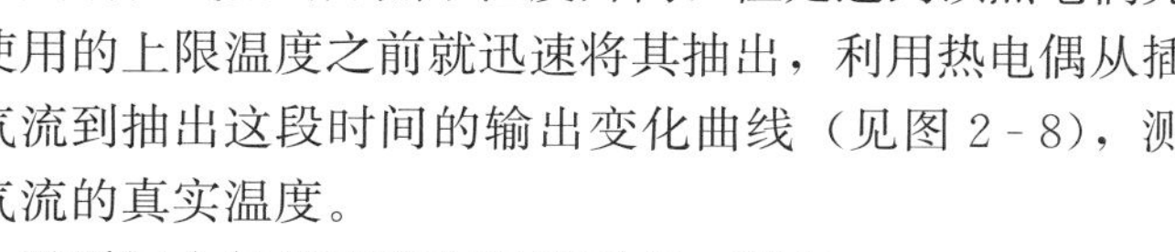

设瞬间内气流速度和温度不变，则有

$$t_g = t_{t0} + \beta \frac{dt_t}{d\tau} \tag{2-2}$$

图2-8 热电偶温度随输出时间的变化曲线

1—实测部分；2—推算部分

式中 $t_g$——被测气流的真实温度；

$t_t$——热电偶热端的瞬时温度；

$t_{t0}$——热电偶热端的初始温度；

$\beta$——热电偶时间常数；

$\tau$——热电偶升温到 $t_t$ 所经历的时间。

（3）高速气流温度的测量。当气体流速增高后，热电偶受到气体分子的冲击，气体分子的动能转化为热能，使热电偶温度升高。实践证明，气流速度为80m/s时，测温值升高2℃；气流速度为195m/s时，测温值升高20℃。因此用普通热电偶测高速气流温度时，测得的并非气流的真实温度。此时可采用带滞止罩的热电偶测量高速气流温度。

（4）低温测量。工程上称－100℃以下为低温。低温测量是低温技术不可缺少的部分，它在工业生产和科学研究中有着广泛的应用。各种金属和非金属材料在低温条件下很敏感，性能会发生很大的变化。所以许多在常温或高温下能正常工作的热电偶却不能在低温条件下正常工作。低温测量主要采用低温热电偶、热电阻温度计和半导体温度传感器。在测量过程中要注意它们的温度应用范围。

（三）热电阻测温

1. 热电阻测温的工作原理

热电偶用于500℃以下的温度测量其灵敏度较低，故在－200～600℃的温度范围内多采用热电阻测温，尤其在低温测量中更是如此。热电阻测温的工作原理是基于金属导体和非金属半导体的电阻值随着温度的变化而变化的特性。众所周知，大多数金属导体的电阻随温度变化的关系为

$$R_t = R_0[1 + \alpha(t - t_0)] \tag{2-3}$$

式中 $R_t$、$R_0$——热电阻在被测温度 $t$ 和 $t_0$ 时的电阻值，Ω；

$\alpha$——热电阻的电阻温度系数，1/℃。

对于另一类的半导体热敏电阻的测温原理是基于半导体的电阻值随着温度的变化而变化的特性。不同的半导体有不同的物理特性，由此根据其工作原理，热敏电阻有三大类，即负温度系数热敏电阻（Negative Temperature Coefficient，NTC）、正温度系数热敏电阻（Positive Temperature Coefficient，PTC）和临界温度系数热敏电阻（Critical Temperature

Coefficient，CTR)。其中，NTC的电阻值随温度的升高而变小，是应用最广泛的热敏电阻。

在工作温度范围内，NTC的电阻随温度变化的关系为

$$R_{\mathrm{T}} = R_0 \exp\left[B\left(\frac{1}{T} - \frac{1}{T_0}\right)\right] \tag{2-4}$$

式中 $R_{\mathrm{T}}$、$R_0$——被测温度 $T$（K）和 $T_0$（K）时的热敏电阻值，Ω；

$B$——材料系数，通常为2000～6000K，取决于热敏电阻的材料。

热敏电阻的电阻温度系数 $\alpha$ 可定义为

$$\alpha = \frac{1}{R_{\mathrm{T}}}\frac{\mathrm{d}R_{\mathrm{T}}}{\mathrm{d}T} = \frac{1}{R_{\mathrm{T}}}R_0\left\{\exp\left[B\left(\frac{1}{T} - \frac{1}{T_0}\right)\right]B\left(-\frac{1}{T^2}\right)\right\} = -\frac{B}{T^2} \tag{2-5}$$

式(2-5)表明，$\alpha$ 随温度降低而迅速增大。如果 $B$ 值为4000K，当 $T$=293.15K时，$\alpha$=0.047℃$^{-1}$，约为铂电阻 $\alpha$ 值的12倍，因此与热电阻相比，NTC具有灵敏度高的特点。热敏电阻的 $R_0$ 通常可达数百千欧，测温系统的引线电阻几乎没有影响。另外，热敏电阻还具有体积小的优点。

2. 金属热电阻温度计

使用较多的金属热电阻材料有铂、铜和镍，它们的主要性能见表2-4。其中铂是一种较为理想的热电阻材料，它的物理化学性质能在高温和氧化环境中保持稳定，并且在很宽的温度范围内保持良好的性能特征。铜作为热电阻材料的优点是电阻温度系数大、线性度好、易加工、来源广、价格便宜；缺点是电阻率小、易氧化、机械强度低。镍热电阻的灵敏度高，在常温下化学稳定性高，但是提纯困难，不易获得。我国主要生产铂电阻和铜电阻。

**表2-4 铂、铜和镍热电阻的主要性能**

| 材料 | 铂 | 铜 | 镍 |
|---|---|---|---|
| 温度测量范围（℃） | −200～650 | −50～150 | −60～180 |
| 电阻丝直径（mm） | 0.03～0.07 | 0.1左右 | 0.05左右 |
| 电阻率（Ω·mm²/m） | 0.0981～0.106 | 0.017 | 0.118～0.138 |
| 平均电阻温度系数（×10⁻³℃⁻¹） | 3.92～3.98 | 4.25～4.28 | 6.21～6.34 |
| 化学稳定性 | 适应氧化性环境 | 超过100℃容易氧化 | 超过180℃容易氧化 |
| 特性 | 线性度好，性能稳定，精确度高 | 线性度好，性能稳定性差，灵敏度高 | 线性度好 |
| 应用 | 可以作为标准 | 一般测量使用 | 低温，无水分、无腐蚀性介质 |

在金属热电阻温度计中，铂电阻温度计测温范围最大，为−200～850℃。由于铂电阻温度计的阻值与温度呈非线性关系，故其阻值随温度的变化关系通常分段处理，即

−200～0℃时

$$R_t = R_0[1 + At + Bt^2 + ct^3(t - 100)] \tag{2-6a}$$

0～850℃时

$$R_t = R_0(1 + At + Bt^2) \tag{2-6b}$$

式中 $R_t$——温度为 $t$ 时的电阻值，Ω；

$R_0$——温度为0℃时的电阻值，Ω。

铜电阻温度计的阻值与温度之间呈线性关系，电阻温度系数比较大，一般的测温范围为−50～150℃，测温在上限时，铜电阻容易氧化。由于铜电阻温度计的价格比铂电阻温度计低很多，因此很适合测量那些精确度要求不高、温度又较低的场合。

金属热电阻在应用中可分为普通型热电阻、铠装热电阻、薄膜热电阻和隔爆型热电阻等。铠装热电阻是将电阻体、引线、绝缘材料、不锈钢套管等组合在一起形成一个坚实体，它的外径一般为2～8mm，最小可达1mm；与普通型热电阻相比，铠装热电阻具有体积小、内部无空气隙、测量滞后小、机械性能好、耐振、抗冲击、能弯曲、寿命长等优点。薄膜热电阻一般采用很薄的导热性能好的氧化铍作基底，热电阻采用电阻丝或用蒸发以及喷涂的方法形成的微米级薄膜，测温范围在400℃以下，采用薄膜热电阻能更正确和快速地反映被测端面的实际温度，适用于测量轴瓦或其他机件的端面温度。隔爆型热电阻通过特殊结构的接线盒，把其外壳内部爆炸性混合气体因受到火花或电弧等影响而发生的爆炸局限在接线盒内，以防引起生产现场爆炸。

热电阻测温系统一般由热电阻、连接导线和显示仪表等组成，如图2-9所示。热电阻是通过其阻值随温度变化来测量温度的，因此，热电阻体的引出线等各种导线电阻的变化会给温度测量带来影响。为消除导线电阻的影响一般采用三线制或四线制的连线方式，而不是采用简单的两线制连接方式，如图2-10所示。

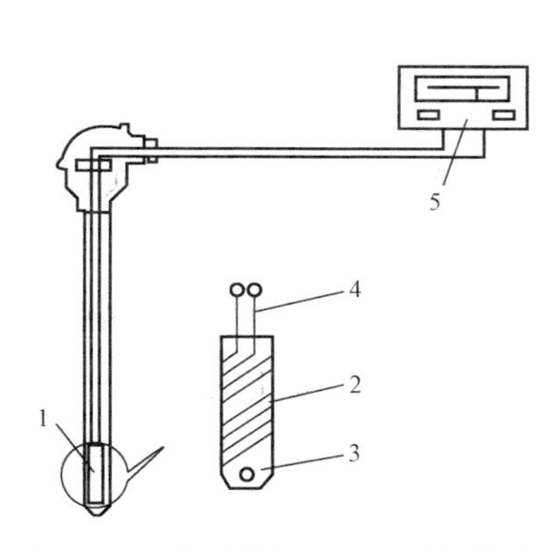


图2-9 典型热电阻测温系统结构

1—感温元件；2—铂丝；3—骨架；
4—引出线；5—显示仪表

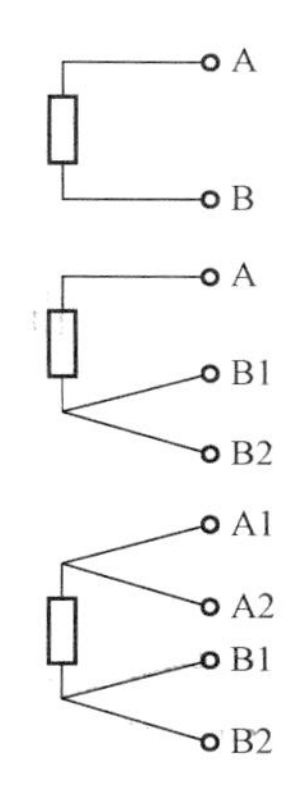


图2-10 热电阻连线方式

3. 半导体热敏电阻温度计

半导体热敏电阻温度计主要以铁、镍、锰、钼、钛、镁、铜等一些金属氧化物为原料，在低温测量中用锗、硅、砷化镓等掺杂后做成半导体。

半导体热敏电阻的种类和型号很多。除了测温外，正温度系数热敏电阻PTC具有响应时间短，使用寿命长的优点，使用时只发热，不发红，无明火，不易燃烧，常用作恒温、调温和控温传感器；临界温度系数热敏电阻CTR则是一种具有开关特性的负温度系数热敏电阻，它是钒、钡、锶、磷等元素氧化物的混合烧结体，是一种半玻璃状的半导体，也称为玻璃态热敏电阻。表2-5给出了半导体热敏电阻常用型号的主要特征参数。

表 2-5　　半导体热敏电阻常用型号的主要特征参数

| 型号 | 主要用途 | 主要参数 | | | 外形、方式 |
|---|---|---|---|---|---|
| | | 标称阻值（kΩ） | 额定功率（W） | 时间常数（s） | |
| MF-11 | 温度补偿 | 0.01～16 | 0.50 | ≤60 | 片状、直热 |
| MF-13 | 测温、控温 | 0.82～300 | 0.25 | ≤85 | 杆状、直热 |
| MF-16 | 温度补偿 | 10～1000 | 0.50 | ≤115 | 杆状、直热 |
| RRC2 | 测温、控温 | 6.8～1000 | 0.40 | ≤20 | 杆状、直热 |
| RRC7B | 测温、控温 | 3～100 | 0.03 | ≤0.5 | 珠状、直热 |
| RRW2 | 稳幅 | 6.8～500 | 0.03 | ≤0.5 | 珠状、直热 |

在应用上常将作为感温元件的半导体热敏电阻和相关的测量电路集成在一芯片上构成集成电路温度传感器。集成电路温度传感器具有线性好、精确度适中、灵敏度高、体积小、成本低廉、使用方便等优点。集成电路温度传感器主要适用于－50～150℃范围内温度的测量，输出形式分为电压输出和电流输出两种。

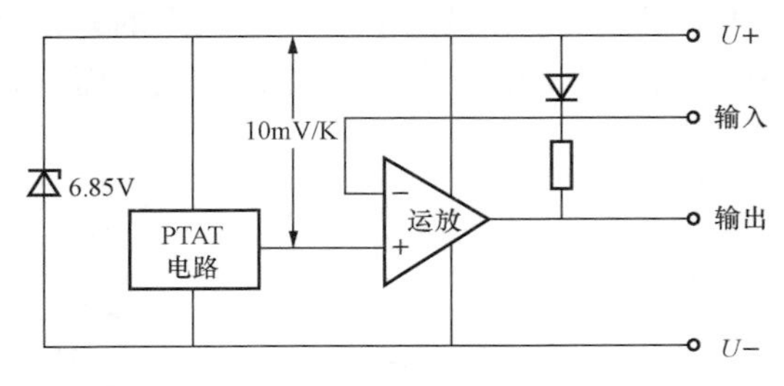


图 2-11　四端电压输出型集成电路温度传感器电路原理

电压输出型集成电路温度传感器电路原理如图 2-11 所示，其主要优点是：直接输出电压，且输出阻抗低，易于和读出或控制电路接口，灵敏度一般为 10mV/K，0℃时输出为 0，25℃时输出 2.982V。

电流输出型集成电路温度传感器以电流作为输出量，其输出阻抗很大，适用于多点温度测量。

（四）红外热成像测温

1. 红外热成像测温原理

自然界中的一切物体，只要其温度高于 0K，就会向外发射辐射能，因此从原理上讲，只要能收集并探测这些辐射能，就可以获得物体的热图像，从而推测出物体的温度。

红外热成像系统的工作原理如图 2-12 所示，光学系统先将现场的红外辐射能汇集起来，经光谱滤波和光机扫描，聚集到探测器的红外元件的阵列上，探测器将强弱不同的辐射信号变成电信号，然后经放大和视频处理，形成视频信号，再送至显示器。

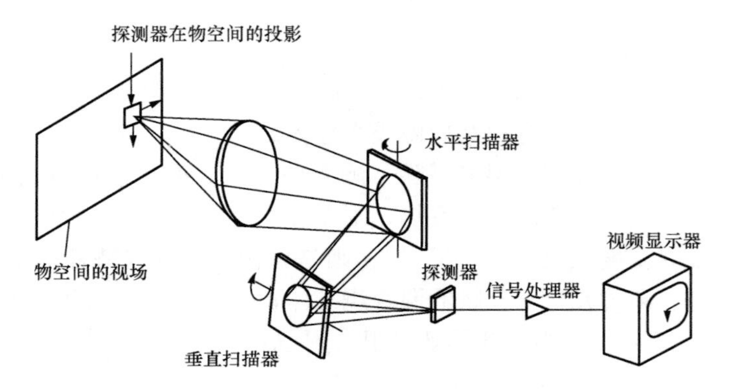


图 2-12　红外热成像系统的工作原理

2. 红外热成像系统的类型

红外热成像系统可以分成两种类型，即光机扫描型和非光机扫描型。光机扫描型红外热成像系统的特点是通过光机扫描使单元探测器依次扫过被测温对象的各部分，形成被测温对象的二维图像。非光机扫描型红外热成像系统是利用多元探测器面阵，使探测器中的每个单元与被测温对象的一个微元面对应，因此无需光机扫描。常用的凝视型热成像系统就属于这种类型。

与非光机扫描型红外热成像系统相比，光机扫描型红外热成像系统扫描速度慢，系统结构复杂，但其测温误差小，适合于稳态和测量精确度要求高的场合。

由于超大规模硅集成电路技术的迅速发展，目前已可获得高均匀响应度、高密度的探测器面阵，使非光机扫描型红外热成像技术获得了极大的进步。图 2-13 所示为非光机扫描型红外热成像系统（凝视型）原理框图。

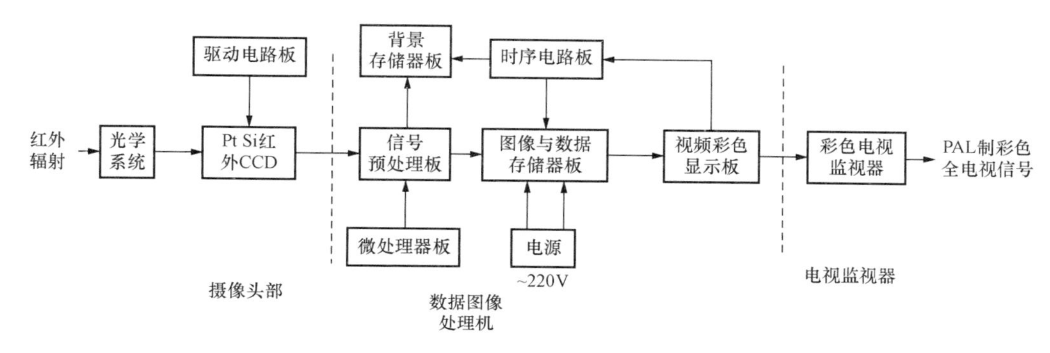


图 2-13　非光机扫描型红外热成像系统（凝视型）的原理框图

与光机扫描型红外热成像系统相比，凝视型红外热成像系统的最大优点是，无需光机扫描机构，简化了结构，缩小了体积，大大提高了热成像系统的快速响应特性。从理论上讲，这种热成像系统对景物辐射的响应时间只受探测器时间常数的限制，而不再受扫描机构扫描速度的影响，故凝视型红外热成像系统所能达到的快速响应能力，是光机扫描型红外热成像系统所无法比拟的，故适合于动态测温；缺点是，受探测器光谱响应范围的限制，其所能测量的温度有一定的范围，改变测温范围时，要换探测器和相应的处理软件。

热释电红外热成像系统也属于非光机扫描型红外热成像系统，它采用热释电材料作靶面，制成热释电摄像管，直接利用电子束扫描和相应的处理电路，将被测物体的温度信号转换成电信号。热释电红外热成像系统的优点是：结构简单，不需要制冷，光谱响应范围可以覆盖整个红外波段，故可测量常温至 3570℃的温度；其缺点是测温误差较大。

3. 红外热成像系统的基本参数

红外热成像系统的基本参数有瞬时视场、取像速率、扫描效率、驻留时间、热灵敏度、总视场、最小可分辨温差、最小可探测温差等。

（1）瞬时视场。瞬时视场代表了红外热成像系统的空间分辨能力，它是指探测器的线性尺寸对系统景物空间的二维张角，取决于探测器的形状、尺寸和光学系统的焦距。

如果探测器为矩形，其边长为 $a$ 和 $b$，则瞬时视场的场角分别为

$$\alpha = a/f, \quad \beta = b/f \tag{2-7}$$

式中　$f$——光学系统的焦距。

(2) 总视场。总视场代表红外热成像系统可测量区域的大小，即系统所观察到的景物空间的二维视场角。总视场取决于景物空间的大小和光学系统的焦距。假设总视场在水平方向和垂直方向的尺寸分别为 $W_\alpha$ 和 $W_\beta$，则系统一帧图像中所包含的像元数的最大值为

$$m=\frac{W_\alpha W_\beta}{\alpha\beta}=\frac{W_\alpha W_\beta}{ab}f^2 \tag{2-8}$$

该式表明，探测器的尺寸越大，系统的分辨率越高。

(3) 取像速率。取像速率表示红外热成像系统在单位时间内所能给出的完整画面数，如 25 帧/s。取像速率也称为帧频或帧速，其倒数，即系统扫过一幅完整画面所需的时间，称为帧周期或帧时。若用 $f_\mathrm{p}$ 表示帧频，$T_\mathrm{f}$ 表示帧时，则它们之间的关系为

$$f_\mathrm{p}=\frac{1}{T_\mathrm{f}} \tag{2-9}$$

(4) 扫描效率。红外热成像系统对景物扫描时，由于同步扫描、回扫、直流恢复等都要占时间，因此在这个时间内将不产生视频信号，称此时间为空载时间，通常用 $T'_\mathrm{f}$ 表示。帧时和空载时间之差（$T_\mathrm{f}-T'_\mathrm{f}$）称为有效扫描时间。

有效扫描时间与帧时之比称为系统的扫描效率 $\eta_\mathrm{sc}$，即

$$\eta_\mathrm{sc}=\frac{T_\mathrm{f}-T'_\mathrm{f}}{T_\mathrm{f}} \tag{2-10}$$

(5) 驻留时间。探测器驻留时间是扫过一个探测器张角所需的时间。当扫描速度为常数，系统的空载时间为零时，单元探测器的驻留时间 $\tau_\mathrm{d1}$ 为

$$\tau_\mathrm{d1}=\frac{T_\mathrm{f}}{m}=\frac{\alpha\beta T_\mathrm{f}}{W_\alpha W_\beta} \tag{2-11}$$

式中 $m$——一帧图像中的像元数。

若探测器为 $n$ 个单元并联的探测器，则驻留时间 $\tau_\mathrm{d}$ 为

$$\tau_\mathrm{d}=n\tau_\mathrm{d1} \tag{2-12}$$

实际上系统的空载时间不可能为零，因此当空载时间不为零时，式（2-11）和式（2-12）还应乘以扫描效率。

(6) 热灵敏度。对红外热成像系统而言，探测器不仅能接受到入射辐射能的信号，还能接受由其他因素，如环境和本机等所引起的噪声信号。噪声信号的存在限制了探测器对微弱信号的探测能力。通常用噪声等效功率 NEP 来表示探测器或红外热成像系统的热灵敏度，即

$$\mathrm{NEP}=\frac{\phi A}{V_\mathrm{S}/V_\mathrm{N}} \tag{2-13}$$

式中 $\phi$——入射到探测器上的辐射强度；

$A$——探测器的响应面积；

$V_\mathrm{S}$——探测器输出信号（电压）的均方根值；

$V_\mathrm{N}$——探测器输出噪声信号（电压）的均方根值。

可见噪声等效功率表征了探测器所能探测的最小辐射强度，该值越小，探测器的性能越好。

(7) 最小可分辨温差。最小可分辨温差通常用 MRTD 表示，它是评价红外热成像系统温度分辨率的主要参数。对具有某一空间频率的四个条带（宽高比为 1∶7）目标的标准图

案，由观察者在显示屏上作无限长时间的观察，当目标与背景的温差从零逐渐增大至观察者确认能分辨出四个条带的方波图案时，目标与背景的温差称为该空间频率的最小可分辨温差。

（8）最小可探测温差。最小可探测温差通常用 MDTD 表示，它也是红外热成像系统的一个重要参数，它既反映了系统的热灵敏特性，也反映了系统的空间分辨率。与 MRTD 不同之处是，MDTD 是目标尺寸的函数，其定义为：当景物中两相邻单元的温差所产生的辐射强度的增量等于噪声等效辐射强度时，该温度即为系统的 MDTD。

4. 红外热成像测量物体表面温度

红外热成像探测技术在测量、搜索、跟踪、制导、侦察、预警、遥感等方面都有着非常重要的应用，此处只讨论与测量物体表面温度场有关的热成像探测技术。

（1）红外热成像测温的优点。红外热成像系统广泛用于测量固体表面温度，这种测量方法有如下优点：

1）非接触测量，不会影响被测目标的温度分布，对远距离目标、高速运动目标、带电目标、高温目标及其他不可接触目标都可采用。

2）响应快，它不必像一般热电偶、热电阻那样要求与被测目标达到热平衡，只要接受目标的辐射能即可，而辐射能的传播速度为光速，因此测温的速度仅取决于红外热成像系统自身的响应速度。

3）测温范围宽，如一台 AGA 型红外热成像仪的测温范围为－45～2000℃。

4）灵敏度高，目前最灵敏的红外热成像系统能测出 0.01℃的温度变化。

5）空间分辨率高，如点红外热成像系统的取像速率为 25 帧/s，每帧 200 条扫描线，每条扫描线 100 个像元，垂直和水平的扫描效率分别为 0.8 和 0.5，则 1s 内可测出 20 万个点，因此特别适合温度场的测量。

（2）被测物体发射率对测温的影响。红外热成像测温，实际上是测量在一定波长范围内物体表面的辐射能量，再换算成温度，并以黑白（或彩色）图像的形式将物体表面的温度场显示出来，而不同的灰度值（或彩色）就代表了不同的温度。但是，由于物体表面发射率不同，且随温度和波长变化，这就给红外热成像测量（也包括其他辐射测温方法）带来复杂的问题。虽然物体处于同样的温度，但由于其发射率不同而使探测器接收到的能量不同，从而显示出不同的温度值。

实际物体都是非黑体，其发射率均小于 1，这些非黑体的发射率的变化有如下三种情况：

1）发射率小于 1，但不随波长变化，此为灰体。

2）发射率不仅小于 1，而且随波长变化，如一些高分子有机材料、玻璃及气体分子等。

3）发射率既随波长变化，又随温度变化，如某些金属。

普朗克定律只是对黑体辐射而言的，对于发射率小于 1 的非黑体，红外热成像探测器测得的只是所谓光谱亮度温度。物体实际温度和测得的亮度温度之间的关系，可以由普朗克定律确定。因此为了解决被测物体发射率对测温的影响，在红外热成像系统中都设置有发射率设定功能，只要事先知道被测物体的发射率，并在测温系统中予以设定，便可得到正确的温度测量结果。因此，为获得物体表面准确的真实温度，确定被测表面的发射率是非常必要的。

测定物体表面发射率有很多种方法，但由于表面发射率不仅与材料本身的性质有关，还与表面的状况，如粗糙度、氧化程度等有密切的关系；而且许多材料的发射率还会随波长而变，因此在红外热成像技术中常用如下几种方法来简单地确定被测表面的发射率：

1）首先用热电偶或其他方法测出物体的真实温度，然后用红外热成像仪进行测量，调节仪器上发射率的设定值，使指示温度与真实温度一致，此时发射率的设定值就是该物体的发射率。

2）对于温度不太高的物体（通常为260℃以下），可以在被测物体表面上贴一块发射率已知的薄片，在温度达到平衡状态时，用红外热成像仪分别测出覆盖和未覆盖部分的温度，便可求出被测物体的发射率，也可通过在被测表面上涂已知发射率的油漆类物质，再用上述方法确定发射率。

3）对于高温物体，还可在被测物体上钻一空腔，由于空腔发射率接近于黑体，测出空腔及其旁边的温度，便可算出被测物体的发射率。

表2-6给出了金属类和非金属类物体在不同红外波段上发射率的参考值。值得注意的是，表中的数据只是近似值，因为发射率还受物体表面光洁程度和温度的影响。

**表2-6　　金属类和非金属类物体在不同红外波段上发射率的参考值**

| 材料名称 | 发射率 | | |
|---|---|---|---|
| | 2.2μm | 5.1μm | 8～14μm |
| 铝 | | | |
| 未氧化 | 0.02～0.2 | 0.02～0.2 | 0.02～0.1 |
| 氧化面 | 0.2～0.4 | 0.2～0.4 | 0.2～0.4 |
| 合金A3003 | | | |
| 氧化后 | 0.4 | 0.4 | 0.3 |
| 粗糙表面 | 0.2～0.9 | 0.1～0.4 | 0.1～0.3 |
| 抛光表面 | 0.02～0.1 | 0.02～0.1 | 0.02～0.1 |
| 黄铜 | | | |
| 抛光表面 | 0.01～0.05 | 0.01～0.05 | 0.01～0.05 |
| 擦亮 | 0.4 | 0.3 | 0.3 |
| 氧化面 | 0.6 | 0.5 | 0.5 |
| 碳 | | | |
| 未氧化 | 0.8～0.9 | 0.8～0.9 | 0.8～0.9 |
| 石墨 | 0.8～0.9 | 0.7～0.9 | 0.7～0.9 |
| 铬 | 0.05～0.3 | 0.03～0.3 | 0.02～0.2 |
| 铜 | | | |
| 抛光表面 | 0.03 | 0.03 | 0.03 |
| 粗糙表面 | 0.05～0.2 | 0.05～0.15 | 0.05～0.1 |
| 氧化后 | 0.7～0.9 | 0.5～0.8 | 0.4～0.8 |
| 金 | 0.01～0.1 | 0.01～0.1 | 0.01～0.1 |

续表

| 材料名称 | 发射率 | | |
|---|---|---|---|
| | 2.2μm | 5.1μm | 8～14μm |
| 钴铬钨镍合金 | 0.6～0.9 | 0.3～0.8 | 0.3～0.8 |
| 铬镍铁合金 | | | |
| 氧化后 | 0.6～0.9 | 0.6～0.9 | 0.7～0.95 |
| 喷沙后 | 0.3～0.6 | 0.3～0.6 | 0.3～0.6 |
| 电抛光 | 0.25 | 0.15 | 0.15 |
| 铁 | | | |
| 氧化后 | 0.7～0.9 | 0.6～0.9 | 0.5～0.9 |
| 未氧化 | 0.1～0.3 | 0.05～0.25 | 0.05～0.2 |
| 铁锈 | 0.6～0.9 | 0.5～0.8 | 0.5～0.7 |
| 熔融 | 0.4～0.6 | | |
| 铸铁 | | | |
| 氧化后 | 0.7～0.95 | 0.65～0.95 | 0.6～0.95 |
| 未氧化 | 0.3 | 0.25 | 0.2 |
| 熔融 | 0.3～0.4 | 0.2～0.3 | 0.2～0.3 |
| 锻铁 | | | |
| 打毛后 | 0.95 | 0.9 | 0.9 |
| 铅 | | | |
| 抛光表面 | 0.05～0.2 | 0.05～0.2 | 0.05～0.1 |
| 粗糙表面 | 0.5 | 0.4 | 0.4 |
| 氧化后 | 0.3～0.7 | 0.2～0.7 | 0.2～0.6 |
| 镁 | 0.05～0.2 | 0.03～0.15 | 0.02～0.1 |
| 汞 | 0.05～0.15 | 0.05～0.15 | 0.05～0.15 |
| 钼 | | | |
| 氧化后 | 0.4～0.9 | 0.3～0.7 | 0.2～0.6 |
| 未氧化 | 0.1～0.3 | 0.1～0.15 | 0.1 |
| 镍铜合金 | 0.2～0.6 | 0.1～0.5 | 0.1～0.14 |
| 镍 | | | |
| 氧化后 | 0.4～0.7 | 0.3～0.6 | 0.2～0.5 |
| 电解镍 | 0.1～0.2 | 0.1～0.15 | 0.05～0.15 |
| 铂金 | | | |
| 黑色 | 0.95 | 0.9 | 0.9 |
| 银 | 0.02 | 0.02 | 0.02 |
| 钢 | | | |
| 冷轧 | | 0.8～0.9 | 0.7～0.9 |
| 磨削钢皮 | 0.6～0.7 | 0.5～0.7 | 0.4～0.6 |

续表

| 材料名称 | 发射率 | | |
|---|---|---|---|
| | 2.2μm | 5.1μm | 8～14μm |
| 抛光的钢皮 | 0.9 | 0.1 | 0.1 |
| 熔融 | 0.25～0.4 | 0.1～0.2 | |
| 氧化后 | 0.8～0.9 | 0.7～0.9 | 0.7～0.9 |
| 不锈钢 | 0.2～0.9 | 0.15～0.8 | 0.1～0.8 |
| 锡（非氧化） | 0.1～0.3 | 0.05 | 0.05 |
| 钽 | | | |
| 抛光表面 | 0.2～0.5 | 0.1～0.3 | 0.05～0.02 |
| 氧化后 | 0.6～0.8 | 0.5～0.7 | 0.5～0.6 |
| 钨 | 0.1～0.6 | 0.05～0.5 | 0.03 |
| 抛光表面 | 0.1～0.3 | 0.05～0.25 | 0.03～0.1 |
| 锌 | | | |
| 氧化后 | 0.15 | 0.1 | 0.1 |
| 抛光表面 | 0.05 | 0.03 | 0.02 |
| 石棉 | 0.8 | 0.9 | 0.95 |
| 柏油 | | 0.95 | 0.95 |
| 玄武岩 | | 0.7 | 0.7 |
| 金刚砂（碳化硅） | 0.95 | 0.9 | 0.9 |
| 陶瓷 | 0.8～0.95 | 0.85～0.95 | 0.95 |
| 黏土 | 0.8～0.95 | 0.8～0.95 | 0.95 |
| 混凝土 | 0.9 | 0.9 | 0.95 |
| 呢绒或布 | | 0.95 | 0.95 |
| 玻璃 | | | |
| 平板玻璃 | 0.2 | 0.98 | 0.85 |
| 填充玻璃 | 0.4～0.9 | 0.9 | |
| 砾石 | | 0.95 | 0.95 |
| 石膏 | | 0.4～0.98 | 0.98 |
| 冰 | | | 0.98 |
| 石灰石 | | 0.4～0.98 | 0.98 |
| 油漆 | | | 0.9～0.95 |
| 纸（任何颜色） | | 0.95 | 0.95 |
| 塑料 | | 0.95 | 0.95 |
| 橡胶 | | 0.9 | 0.95 |
| 沙子 | | 0.9 | 0.9 |
| 雪 | | | 0.9 |
| 土壤 | | | 0.9 |
| 水 | | | 0.93 |
| 木 | | 0.9～0.95 | 0.9～0.95 |

(3) 背景对测温的影响。在用红外热成像系统测量物体温度时，探测器接受的不仅有被测物体表面投射到响应平面上的辐射能，还可能有背景（即周围环境）投向物体表面被物体表面反射的辐射能，以及背景投向物体表面并透过物体表面的辐射能。后两部分的辐射能会直接影响到测温的准确度。显然，只有物体为绝对黑体，即背景入射到被测物体的辐射能全部被吸收，既无反射，又无透射，背景对测温的影响才减至零；而且，背景温度越高，对测温的影响也越大。此外，发射率低的物体比发射率高的物体受背景温度的影响更大。因此，被测物体表面若发射率低，而被测温度又和背景温度相差不大时，就会引起很大的测温误差。

通常在用红外热成像系统测温时，有以下几种情况：

1）被测物体的温度与背景相同，这时只要知道被测物体的发射率，便可将背景的辐射能扣除，直接得到被测物体的真实温度，被测物体的发射率越高，背景温度的影响越小。

2）被测物体发射率较低，背景温度与红外热成像仪相同，此时测量和计算结果也会是准确的。

3）被测物体发射率较低，背景温度高于红外热成像仪温度，这时所测得的温度将高于物体的真实温度，即使背景温度低于被测物体温度，所测温度也会有较大误差。

为了消除背景温度对测温的影响，红外热成像系统应有背景温度补偿功能，通常有两种补偿方法：

1）以背景温度不变为前提，进行补偿，这种补偿比较简单，只要知道背景温度，通过系统软件的计算，即可得到正确的测量值。这种补偿只适于背景温度变化不大的情况，补偿时，对背景温度的变化取平均值。

2）实时补偿，当背景温度随时间变化很大、很快时，使用另外一个专测背景温度的传感器，再通过软件进行实时补偿。

(4) 大气对测温的影响。被测物体辐射的能量必须通过大气才能到达红外热成像，由于大气中某些成分对红外辐射能的吸收作用，会减弱由被测物体到探测器的红外辐射能，引起测温误差。另外，大气本身的发射率也将对测量产生影响。为此，除了充分利用“大气窗口”以减少大气对辐射能的吸收外，还应根据辐射能在气体中的衰减规律，即贝尔（Beer）定律，在红外热成像仪的计算软件中对大气的影响予以修正。

(5) 工作波长的选择。在用红外热成像仪测量物体表面温度时，选择工作波长是非常重要的。选择工作波长的依据是测量温度范围、被测物体的发射率、大气传输的影响。

1）依据测温范围选择工作波长。根据有关辐射的知识，物体的温度越高，辐射的能量越大，且峰值波长随着温度的升高将向短波方向移动，因此从能量利用的角度考虑，高温测量一般选用短波，低温测量选择长波，中温测量波长选择介于两者之间。从普朗克定律可看出另一种情况，即峰值波长右侧的能量占总能量的75%左右，左侧只占总能量的25%左右，如果采用宽波段测温，似乎选用峰值右侧的波段可能能量更大些。实际上，因为红外辐射测温还有一个更重要的因素要考虑，就是能量随温度的变化率，这个数值越大，测温的灵敏度越高，在峰值波长的左边能量随温度的变化率较大，因此选用峰值左边的波段较为合适。

2）依据被测物体的发射率选择工作波段。由于被测物体是多种多样的，因此某一种红外测温装置不可能同时满足所有被测物体的要求，对于发射率既随温度变化又随波长变化的物体，其工作波段的选择不能只依据温度范围，而主要依据发射率的波长随温度的变化情况。例如，高分子塑料在波段 3.43μm 或 7.9μm 处，玻璃在波段 5μm 处，只含 $CO_2$ 和 $NO_x$ 的清洁火焰在 4.5μm 处均有较大的发射率，为了测量这些对象的温度，就要选用这些具有大发射率的波段。

3）依据大气窗口选择工作波段。为了减少辐射在大气中的衰减，工作波段应选择大气窗口，特别是对长距离的测量，如从卫星处探测地面辐射的遥感，更是如此。当然对一些特殊场合，如测量现场含有大量的水蒸气，则工作波段应特别避开水蒸气的几个吸收波段。在选用红外热成像仪或红外辐射仪时，应注意生产厂家所提供的工作波段。

5. 红外探测器的制冷装置

为了消除背景噪声和提高探测器的灵敏度，探测器要求配置制冷装置，不同的探测器要求的制冷温度也不同，如对锑化铟、碲镉汞探测器，其要求的制冷温度为 77K。获得制冷的方法主要有：

（1）把探测器置于杜瓦瓶内，然后向瓶内直接灌液氮。

（2）使用高纯压缩空气或氮气，通过毛细管口突然膨胀降温而变成液体，再将此液体导入杜瓦瓶中。

（3）利用半导体致冷或脉管致冷、热声制冷等新型的微型制冷装置。

## 二、压力测量技术

### （一）稳态压力测量

#### 1. 液柱式压力计

液柱式压力计是用一定高度的液柱所产生的静压力平衡被测压力的方法来测量压力。它价格低廉，而且在±0.1MPa 范围内有较高的准确度，故广泛地应用于气体压力的测量，包括测量低压、负压和压差，主要形式有 U 形管压力计和斜管压力计。

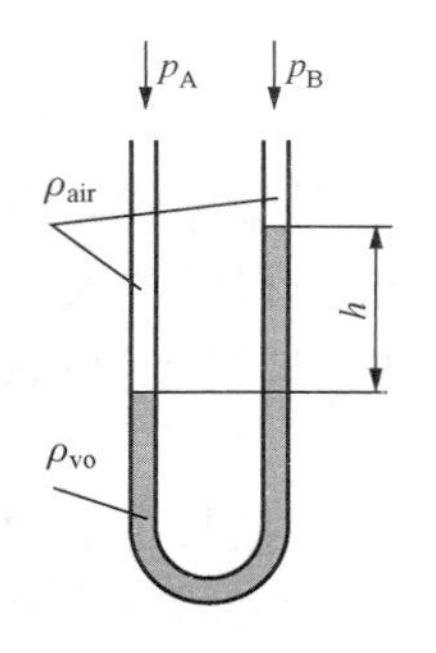


图 2-14 U形管压力计的结构

U 形管压力计的结构如图 2-14 所示。U 形管的两个端头，就是直接能感受压力的传感部位。U 形管一般用直径为 10mm 的玻璃管，在 U 形管中装有已知密度的液体，一般为水、水银或四氯化碳等。设工作液为水，密度为 $\rho_{wo}$，U 形管压力计的一支管与大气相通，压力为 $p_B$，另一支管通入被测压力 $p_A$，则其压差 $\Delta p$ 可写成

$$\Delta p = p_A - p_B = h(\rho_{wo} - \rho_{air})g \quad \text{Pa} \tag{2-14}$$

因为 $\rho_{wo} \gg \rho_{air}$，$\rho_{air}$ 可以忽略，故当 U 形管压力计中用水为工作液时，压差为

$$\Delta p = h\rho_{wo}g \quad \text{Pa} \tag{2-15}$$

同理，当工作液为水银时，压差为

$$\Delta p = h\rho_{Hg}g \quad \text{Pa} \tag{2-16}$$

当压差一定时，工作液的密度可以决定 U 形管压力计的灵敏度。在同样的压差情况下，工作液为水的 $h$ 值要比工作液为水银的 $h$ 值高；在 25℃下，水银的密度是水的密度的 13.5 倍。因此人们常常用水银式 U 形管压力计测量较大的压力或压差。

另外，由于水和水银的表面张力不同，充装水银的 U 形管压力计内的液柱面呈凸状曲面，读压差时，应从凸状曲面的顶点开始算起；相反，充装水的 U 形管压力计内的液柱面呈凹状曲面，应从它的凹状曲面顶点计算。

斜管压力计是 U 形管压力计中一支管倾斜到一定位置来测量压力的一种形式（见图 2-

15)，其特点是具有放大压力或压差的作用，通常称为斜管式微压计，工作液用较纯的酒精。

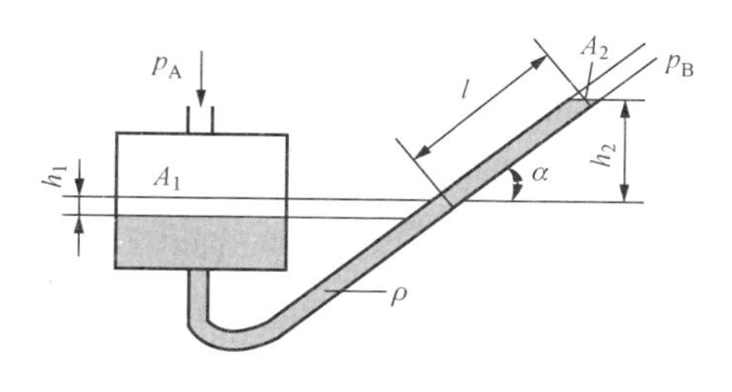

图 2-15 斜管压力计

由压力平衡可写出

$$\Delta p = p_A - p_B = h_1\rho - h_2\rho$$
$$= \left(\frac{A_2}{A_1}l + l\sin\alpha\right)\rho = kl \qquad (2-17)$$

式中 $A_1$、$A_2$——存储工作液容器截面的面积和支管截面积，$m^2$；

$k$——斜管压力计转换因子，$k$ 一般取 0.2、0.4、0.6、0.8；

$l$——工作液在玻璃管中上升的长度。

2. 弹性式压力计

这类压力计是根据弹性元件受压后产生的变形和压力之间的关系制成的。显然同样的压力下，不同结构、不同材料的弹性元件会产生不同的弹性变形。常用的弹性元件有弹簧管、波纹管、薄膜等，其中波纹膜片和波纹管多用于微压和低压测量；单圈和多圈弹簧管可用于高、中、低压或真空度的测量。下面介绍几种常用的弹性式压力计。

(1) 弹簧管式压力计。弹簧管式压力计属于最普遍应用的一种压力计，它不仅可以测量 $10^5 \sim 10^9$ Pa 的压力，还可以测量真空，其结构十分简单，是一种用扁圆形或椭圆形截面的管弯成圆弧状，一端固定，一端自由，而自由端是封闭的，见图 2-16。

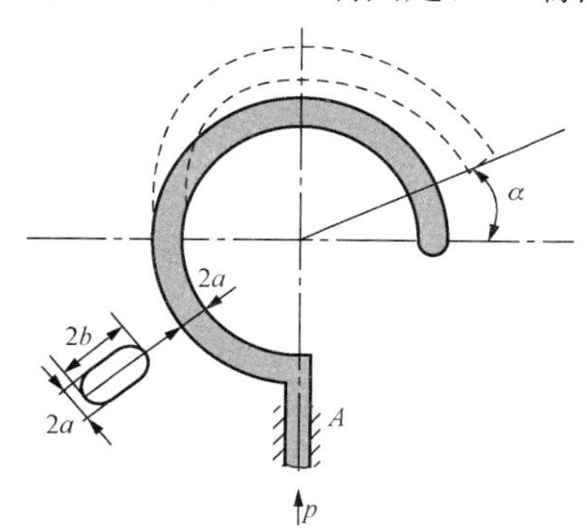

图 2-16 弹簧管式压力计

该压力计由固定端感受被测压力，弹簧管内承受压力就会变形，首先是截面趋于圆形，紧接着弯曲的弹簧管伸展，使封闭的自由端外移，该自由端通过连接件带动压力表指针转动，从而该压力计测出压力的大小。

(2) 膜片式压力计。膜片式压力计是利用金属膜片作为感压元件，其测量原理是：当膜片两侧面受到不同的压力时，膜片中部将产生变形，弯向压力低的一面，从而使中心产生一定的位移，其位移的大小与膜片两侧的压力有关，通过传动机构使指针转动来显示被测压力的大小。

作为感压元件的膜片有平面膜片和波纹膜片。波纹膜片是一种压有环状同心波纹的圆形薄膜，其灵敏度比平面膜片高，故得到广泛应用。

(3) 膜盒式压力计。膜盒式压力计的感压元件通常是用两块金属波纹膜片焊接而成。与膜片式压力计相比，由于中心位移量增加了，因此灵敏度也相应提高了。图 2-17 所示为膜盒式压力计结构。

(4) 波纹管压力计。波纹管压力计是以波纹管（见图 2-18）作为感压元件，它是一种表面上有许多同心环状波形皱纹的薄壁圆管。由于波纹管测压时是在轴向发生变形，因此灵敏度高，特别是在测量低压时，其灵敏度远高于弹簧管和膜片，但其测量值滞后。波纹管可分为单层和多层，多层波纹管承压能力高，但滞后误差较大。

为克服波纹管压力计测量值滞后的缺点，常采用铍青铜波纹管，或将刚度比波纹管大 5～6 倍的弹簧置于波纹管内，这样可将测量值滞后减小至 1%。

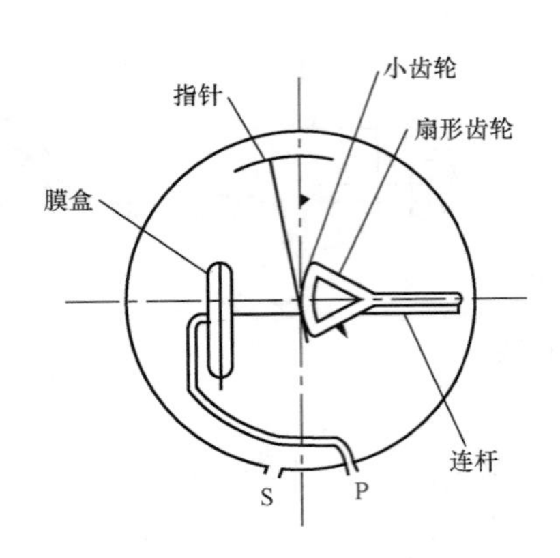


图2-17 膜盒式压力计结构

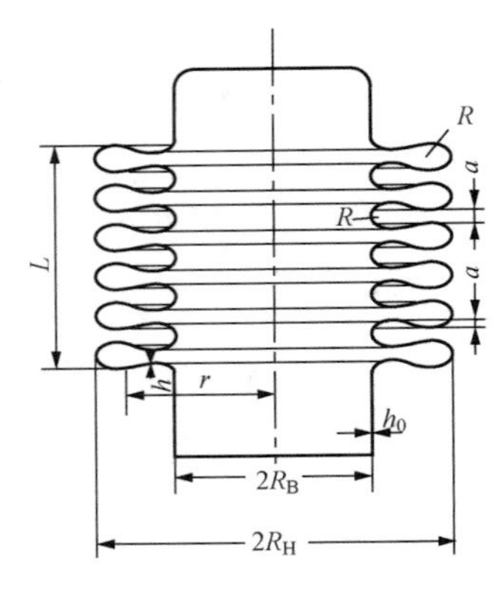


图2-18 波纹管

(二) 动态压力测量

1. 压力传感器的类型

测量动态压力时通常是用各种压力传感器将被测压力信号转变成电信号来进行测量。压力传感器包括两部分：一部分是直接能感受到压力的敏感元件；另一部分是将感受到的压力信号转换为一定的物理量表示出来的元件或仪器。压力传感器一般有液柱式、机械式、电磁式、气动式、光学式等形式。利用压力传感器不仅可以测量流体的动态压力，也可测量稳态压力，甚至可以测量流体的速度。

传统的压力传感器是通过弹性元件的形变和位移随压力变化而改变的情况来间接测量压力。现代压力传感器是利用半导体材料的压阻效应和弹性来测量压力，具有体积小、质量轻、灵敏度高等特点。

实际应用中压力测量的范围极宽，从接近真空到几千个大气压，而每种压力传感器都只能在一定的压力范围内使用。压力传感器的种类与测压范围见表2-7。

**表2-7 压力传感器的种类与测压范围**

| 测压原理 | 种　　类 | 测压范围（MPa） |
|---|---|---|
| 应变式 | 丝式金属应变片压力传感器<br>箔式金属应变片压力传感器<br>陶瓷金属应变电阻式压力传感器<br>溅射薄膜压力传感器<br>单晶硅压阻式压力传感器<br>多晶硅压阻式压力传感器<br>硅蓝宝石压阻式压力传感器 | 0～210 |
| 电容式 | 金属膜片差动电容压力传感器<br>陶瓷电容压力传感器<br>极片位移式电容压力传感器<br>硅电容压力传感器 | 0～42 |
| 压电式 | 压电石英压力传感器<br>压电陶瓷压力传感器<br>高分子压电压力传感器 | 0.0001～100 |

续表

| 测压原理 | 种　　类 | 测压范围（MPa） |
|---|---|---|
| 电感式 | 变间隙型压力传感器<br>变面积型压力传感器<br>螺管差动变压器 | 0.1～60 |
| 谐振式 | 振弦式压力传感器<br>振膜式压力传感器<br>振筒式压力传感器<br>石英晶体谐振式压力传感器<br>硅谐针梁式压力传感器 | 0～400 |

压力传感器的主要参数和特性有：

（1）测量范围。在允许误差限度内被测量值的范围称为测量范围。

（2）上限值。测量范围的最高值称为测量范围的上限值。

（3）下限值。测量范围的最低值称为测量范围的下限值。

（4）量程。测量范围的上限值和下限值的代数差就是量程。

（5）准确度。被测量的测量结果与真值间的一致程度。

（6）重复性。在相同测量条件下，对同一被测量进行连续多次测量所得结果之间的一致性。

（7）蠕变。当被测量及其所有环境条件保持恒定时，在规定时间内输出量的变化。

（8）迟滞值。在规定的范围内，当被测量值增加或减少时，输出中出现的最大差值。

（9）激励。为使传感器正常工作而施加的外部能量，一般是电压或电流。

（10）零点漂移。零点漂移是指在规定的时间间隔及标准条件下，零点输出值的变化。由于周围温度变化引起的零点漂移称为热零点漂移。

（11）过载。通常是指能够加在压力传感器上不致引起性能永久性变化的被测量的最大值。

（12）稳定性。压力传感器在规定的条件下储存、试验或使用，经历规定的时间后，仍能保持原来特性参数的能力。

（13）可靠性。指压力传感器在规定的条件下和规定的时间内完成所需功能的能力。

2. 电阻应变式压力传感器

应变式压力传感器的工作原理是利用电阻的应变效应，当被测的动态压力作用在弹性元件上时，使之产生变形，在其变形部位粘贴有电阻应变片，因此应变片也随之发生形变。于是其电阻值就会随着被测的动态压力而发生变化。由于应力 $\sigma$ 和应变值 $\varepsilon$ 存在如下的线性关系

$$\sigma = E\varepsilon \tag{2-18}$$

因此根据应变片的电阻变化，便可得到弹性元件的应变值 $\varepsilon$，进而得到应力 $\sigma$，即被测的动态压力。

常用的电阻应变式压力传感器有金属电阻应变式压力传感器、薄膜电阻应变式压力传感器、半导体电阻应变式压力传感器。

金属电阻应变式压力传感器的应变片结构有丝式、箔式两类。丝式金属应变片结构如图

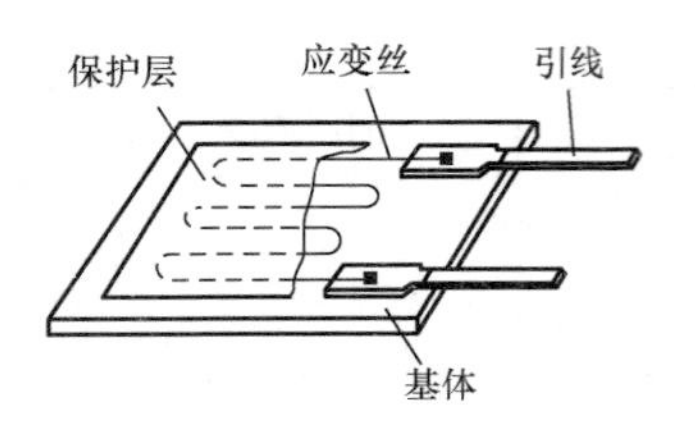


图 2-19 丝式金属应变片结构

2-19 所示，它是由基体、应变丝或应变箔、保护层和引线等部分组成。常用于制作丝式金属应变片的材料有康铜、镍铬合金、铁镍铬合金及铂铱合金等，其电阻值一般为几十欧至几十千欧。

箔式金属应变片是用照相、光刻技术将金属箔腐蚀成丝栅制成。由于其散热条件好，能承载较大的工作电流，故灵敏度高，且耐蠕变和抗零点漂移，可做成任意形状，便于批量生产，成本低，因此性能优于丝式金属应变片。

薄膜电阻应变式压力传感器是由直接沉淀在需要测量表面的电阻薄膜组成，与贴于应变片上的金属导体或者半导体相比，要灵敏得多。薄膜电阻应变式压力传感器的主要制造工艺是成膜技术，不过现在成熟的溅射工艺和蒸发工艺已经很好地解决了这个问题。

半导体电阻应变式压力传感器也称为半导体压阻式压力传感器。它有两种类型：一类是将半导体应变计粘贴在弹性元件上制成的传感器，称为粘贴型压阻式传感器；另一类是在半导体材料的基片上用集成电路工艺制成的扩散电阻，使应变计与硅衬底形成同一整体的传感器，称为扩散型压阻式传感器。

粘贴型压阻式传感器由四只半导体应变片接成全桥形式，用黏合剂贴在弹性元件上构成，它的应变灵敏度系数比金属电阻应变式压力传感器高得多，一般为 20～200，因此输出灵敏度一般为 15～0mV/V，缺点是易发生零点漂移与蠕变，同时还存在半导体应变片和弹性元件热膨胀所带来的温度漂移等影响。

扩散型压阻式传感器大都采用单晶硅和半导体平面工艺制成。一般以 N 型硅为衬底，采用氧化、扩散等工艺将硼原子沿给定的晶向扩散到 N 型硅衬底材料中，形成 P 型扩散层。结果硼扩散区便形成应变电阻，并与衬底形成一个整体，当它受到压力作用时，应变电阻发生变化，从而使输出发生变化。

半导体电阻应变式压力传感器具有灵敏度高、精度高、体积小、质量轻、工作频率高、结构简单、工作可靠、寿命长等特点。

电阻应变式压力传感器的弹性元件可根据被测介质和测量范围的不同而采用不同形式，常见的有圆膜片、弹性梁、应变筒等，结构见图 2-20，测量电路如图 2-21 所示。

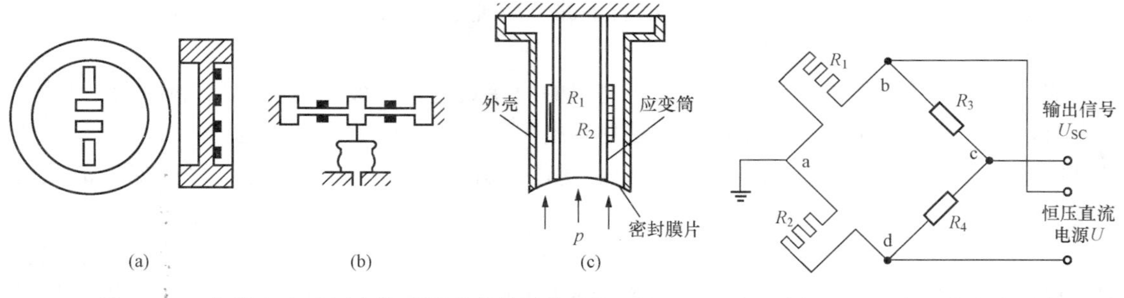


图 2-20 电阻应变式压力传感器的弹性元件结构

(a) 圆膜片；(b) 弹性梁；(c) 应变筒式

图 2-21 电阻应变式压力传感器的测量电路

在测量动态压力时，电阻应变片的电阻变化除了因为变形的原因外，还会受温度的影响。由于环境温度变化而带来的电阻应变片的测量误差，称为温度误差。引起温度误差的原因有：①金属或半导体的电阻会随温度变化；②电阻应变片的材料和弹性元件材料的热膨胀系数不一样，使电阻应变片产生附加变形，从而引起其电阻值变化。

电阻应变片的温度补偿方法有线路补偿法和应变片自补偿法。最常用的线路补偿法是电桥补偿法。其原理是：将两片参数相同的应变片，一片贴于测试件上，另一片贴在与测试件同材料的补偿件上，然后将两片应变片接入电桥相邻的两臂上，这样由于温度变化而引起的电阻变化就会互相抵消，电桥的输出将与温度无关而只取决于测试件的应变。

另一种方法是，不用补偿件，而是将测试应变片和补偿应变片贴于测试件的不同部位，当测试件变形时，测试片和补偿片的电阻将一增一减，这样既能起到温度补偿作用，又可使电桥输出电压增加一倍，提高输出的灵敏度（见图 2 - 22）。

应变片自补偿法是用两种不同的材料组成应变丝（见图 2 - 23），当温度发生变化时，它们所产生的电阻变化相等，将它们接入电桥的相邻两臂，则电桥的输出就与温度无关。

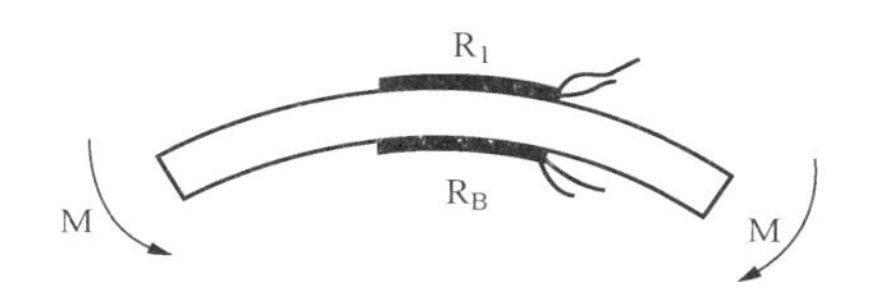


图 2 - 22　应变片的温度补偿

$R_1$—测试片；$R_B$—补偿片

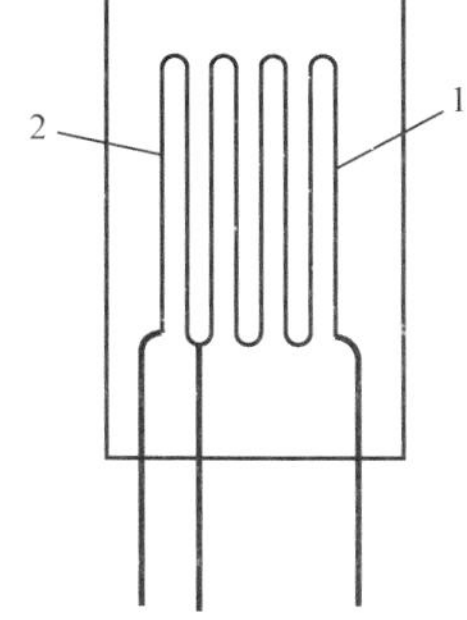


图 2 - 23　温度自补偿应变片

1—作用丝；2—补偿丝

3. 电容式压力传感器

电容器的电容量与极板间的距离有关，电容式压力传感器正是通过改变电容器极板间的距离来实现压力信号的转换。由绝缘介质分开的两个平行金属板组成的平板电容器，当忽略边缘效应影响时，其电容量可表示为

$$C=\varepsilon_0\varepsilon_r\frac{A}{\delta} \tag{2-19}$$

式中　$\varepsilon_0$——真空介电常数，$\varepsilon_0=8.854\times10^{-12}$ F/m；

$\varepsilon_r$——极板间介质的相对介电常数，F/m；

$A$——极板的有效面积，$m^2$；

$\delta$——两极板间的距离（极距），m。

若被测量压力的变化使 $\delta$、$A$、$\varepsilon_r$ 三个参量中任意一个发生变化，都会引起电容量的变化，通过测量电路即可将压力转换为电量输出。

电容式压力传感器一般只有变极矩型和变面积型。

变极矩型电容式压力传感器如图 2 - 24 所示，其灵敏度与极矩平方成反比，极矩越小，灵敏度越高。一般通过减小初始极矩 $\delta_0$ 来提高灵敏度。由于电容量 $C$ 与极矩 $\delta$ 呈非线性关系，因此将引起非线性误差。当 $\Delta\delta/\delta_0\approx0.1$ 时，可得到近似的线性关系。为了减小这一误差，通常规定测量范围 $\Delta\delta\ll\delta$。

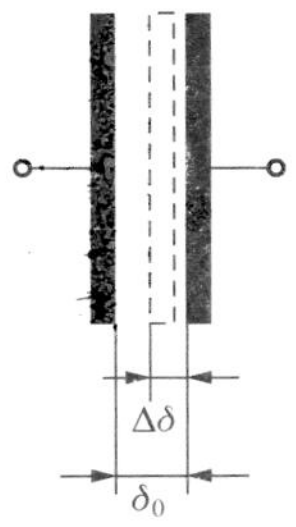

图 2 - 24　变极矩型电容式压力传感器

变面积型电容式压力传感器如图 2 - 25 所示，有角位移型和线位移型两种，线位移型又有平面线位移型和圆柱体线位移型两种。

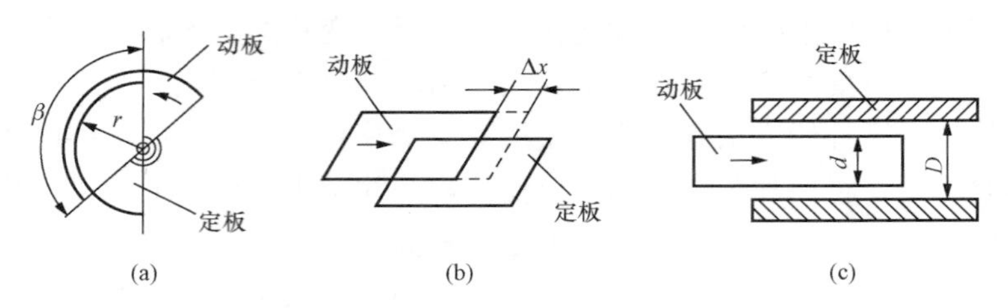


图 2-25 变面积型电容式压力传感器

(a) 角位移型；(b) 平面线位移型；(c) 圆柱体线位移型

电容式压力传感器具有以下优点：

(1) 温度稳定性好。电容式压力传感器的电容值一般与电极材料无关，这有利于选择温度系数低的材料，又因本身发热极小，故温度稳定性好。

(2) 结构简单。电容式压力传感器结构简单，易于制造和保证高的精度，可以做得非常小巧，以实现某些特殊的测量；能工作在高温、强辐射及强磁场等恶劣的环境中，可以承受很大的温度变化和高压力、高冲击、过载等。

(3) 动态响应好。电容式压力传感器由于带电极板间的静电引力很小，需要的作用能量极小，又由于它的可动部分可以做得很小很薄，即质量很轻，因此其固有频率很高，动态响应时间短，能在几兆赫兹的频率下工作，特别适用于动态测量。又由于其介质损耗小可以用较高频率供电，因此系统工作频率高。它可用于测量高速变化的参数。

电容式压力传感器也具有不可克服的缺点：

(1) 输出阻抗高，负载能力差。电容式压力传感器的电容量受其电极的几何尺寸等限制，一般为几十到几百皮法，使传感器的输出阻抗很高，尤其当采用音频范围内的交流电源时，输出阻抗高达 108～116Ω。因此传感器的负载能力很差，易受外界干扰影响而产生不稳定现象，严重时甚至无法工作，必须采取屏蔽措施，从而给设计和使用带来极大的不便。阻抗大还要求传感器绝缘部分的电阻值极高（几十兆欧以上），否则绝缘部分将作为旁路电阻而影响仪器的性能（如灵敏度降低），为此还要特别注意周围的环境如湿度、清洁度等。若采用高频供电，可降低传感器输出阻抗，但高频放大、传输远比低频的复杂，且寄生电容影响大，不易保证工作稳定可靠。

(2) 寄生电容影响大。电容式压力传感器的初始电容量小，而连接传感器和电子线路的引线电缆电容（1～2m 导线可达 800pF）、电子线路的杂散电容以及传感器内极板与其周围导体构成的电容等所谓“寄生电容”却较大，不仅降低了传感器的灵敏度，而且这些电容（如电缆电容）常常是随机变化的，将使仪器工作很不稳定，影响测量精度，因此对电缆的选择、安装、接法都有要求。

电容式压力传感器的测量电路通常有交流电桥、谐振电路和双 T 网络电路。用交流电桥测量时是将电容式压力传感器的电容作为电桥的一个桥臂。值得注意的是，测量时为防止外界干扰必须将传感器屏蔽。

谐振电路如图 2-26 所示，它是将传感器的电容与一固定电感并联组成谐振电路，此谐振电路的频率与电容值有关，测量此谐振电路的频率即可求得电容值的大小。在图 2-26 中，由电感 L、电容 $C$ 和待测电容 $C_x$（即电容式压力传感器）组成并联谐振回路，该回路由高频振荡器供电。调节电容 $C$ 使回路的振荡频率处于谐振频率附近，使回路的电压为谐振低压的一半，即使初始工作点处于图中的 $N$ 点，此时传感器无压力信号，$C_x = C_{x0}$，当传感器感受到压力信号时，$C_x$ 就会发生相应的变化，输出电压 $U_{sc}$ 也随之在 $U_0$ 上下变化，经放大器放大后，即可由指示器显示或记录下来。

双 T 网络电路可将传感器电容量的变化转变成高电平的直流电压或电流的变化，是一种较为简单又灵敏的电路，其原理如图 2-27 所示。图中 S 是高频电源，能提供幅值为 $E$ 的对称方波。当电压为正半周时，二极管 D1 导通，电容 $C_1$ 充电；负半周时 D1 截止，电容 $C_1$ 经电阻 $R_1$、$R_L$（指示器、记录仪等负载的电阻）放电，此时流经 $R_L$ 的电流为 $I_1$。同时 D2 导通，$C_2$ 进行充电，当 D2 截止时，$C_2$ 经 $R_2$、$R_L$ 放电，而流经 $R_L$ 的电流为 $I_2$。若 D1 和 D2 的特性相同，且 $C_1 = C_2$，$R_1 = R_2$，则 $I_1 = -I_2$，若负载为电流表，则指针不动。若 $C_1 \neq C_2$，则电流表的指针必然会发生偏转，因此可以用流经 $R_L$ 的电流大小来表示电容 $C_1$ 和 $C_2$ 的变化。

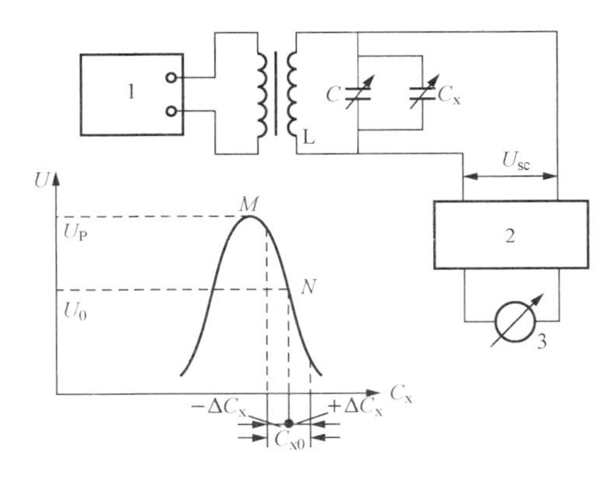


图 2-26　谐振电路
1—振荡；2—放大器；3—指示器

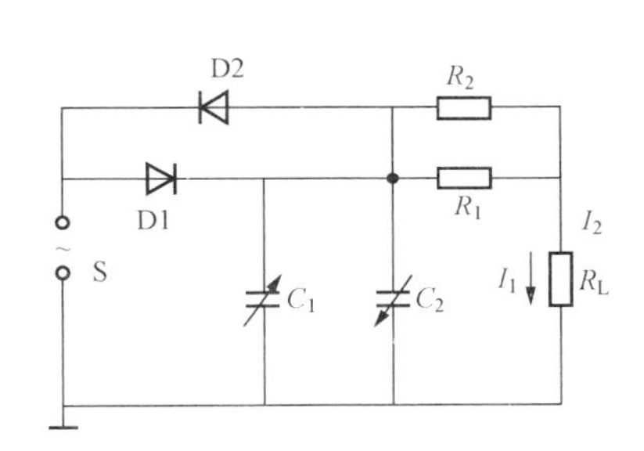


图 2-27　双 T 网络电路原理

4. 压电式压力传感器

众所周知，晶体是各向异性的，非晶体是各向同性的，某些晶体介质，当沿着一定方向受到压力作用发生变形时，内部就产生极化现象，同时在表面上产生电荷；当机械力撤掉之后，又会重新回到不带电的状态。也就是说，某些电介质材料，受压时会产生出电的效应，这就是所谓的压电效应。压电式压力传感器的工作原理正是基于这种压电效应。

天然晶体中石英（二氧化硅，$SiO_2$）具有良好的压电效应，其晶体的几何形状和平行六面体切片如图 2-28 所示。当晶片在 $x$ 方向上受到压力 $p_1$ 的作用时，在垂直于 $x$ 轴的晶片表面上就会产生电荷，其电荷量 $q_1$ 为

$$q_1 = d_1 p_1 A \tag{2-20}$$

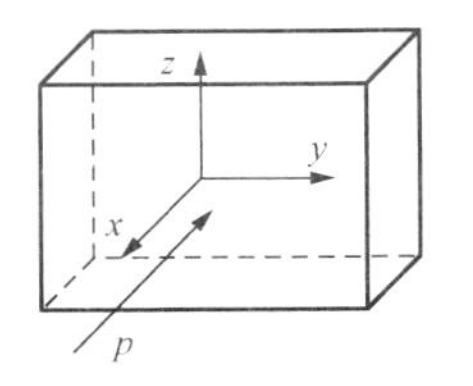


图 2-28　平行六面体晶体切片

式中　$d$——压电常数，C/N；

$A$——垂直于 $x$ 轴的晶片表面积，$m^2$。

当晶片在 $y$ 方向上受到压力 $p_2$ 的作用时，在垂直于 $x$ 轴的晶片表面上也会产生电荷，其电荷量 $q_2$ 则为

$$q_2 = d_2 p_2 A \tag{2-21}$$

而当晶片在 $z$ 方向上受到压力 $p_3$ 的作用时，不会产生任何电荷。

利用测量电路测量出压电材料表面的电荷量，便可得到被测对象的压力值。一般的压电式压力传感器的输出电荷量（或电压）与被测对象压力成正比，具有良好的线性度，如图 2-29所示。

压电式压力传感器可分为膜片式和活塞式两类。图 2-30 所示为膜片式压电压力传感器结构，它主要由引线、膜片、压电元件、壳体以及绝缘体等组成。

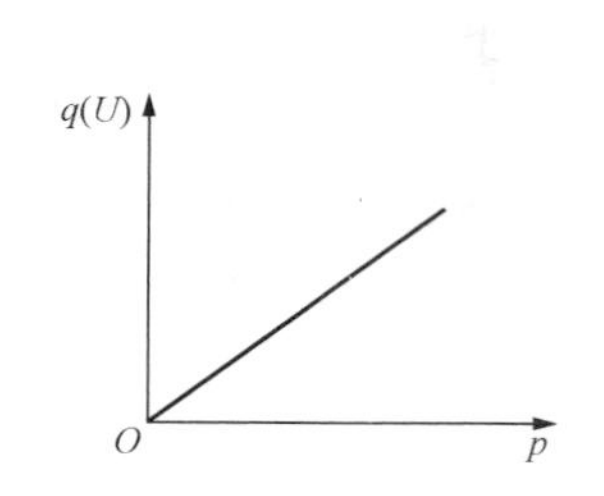


图 2-29 压电式压力传感器的输出特性

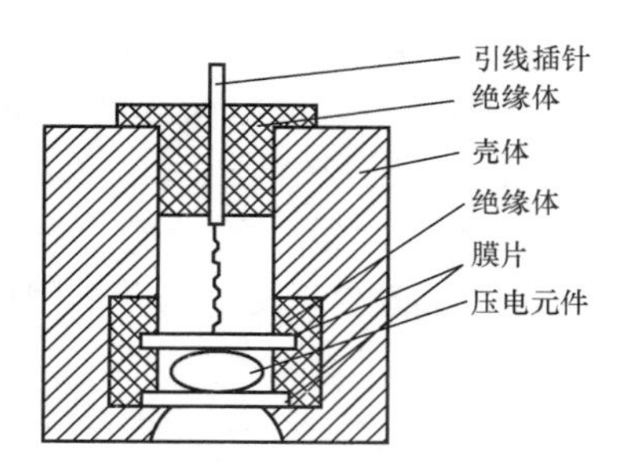


图 2-30 膜片式压电压力传感器结构

压电式压力传感器输出的是电荷，只有在外电路负载无穷大，内部无漏电时，压电晶体表面产生的电荷才能长时间保持下来。但实际上负载不可能无穷大，内部也不可能完全不漏电。所以通常采用高输入阻抗的放大器来代替理想的情况。有两类高输入阻抗的放大器，即输入阻抗的电压放大器和电荷放大器。

图 2-31 所示为电荷放大器的电路原理图。图中电阻 $R_f$ 与电容 $C_f$ 并联是为了给运算放大器的基流提供一条泄漏通道，以防止放大器中的积分器趋于饱和。值得注意的是，图中电容 $C$ 包括三部分，即压电晶体的电容、放大器的输入电容和引线的电容。其中引线的电容与引线的长度有关，因此消除引线的电容十分重要。消除的方法有两种：①对连接引线进行屏蔽，通常采用屏蔽导线；②将放大器放在传感器内，即做成一体化的压电式压力传感器。这样引线的电容就成为一个很小的常量，而传感器以外的部分就只有电源和记录显示仪器了，由于它们与低阻抗的输出端相连，因此对系统性能的影响就可忽略不计。

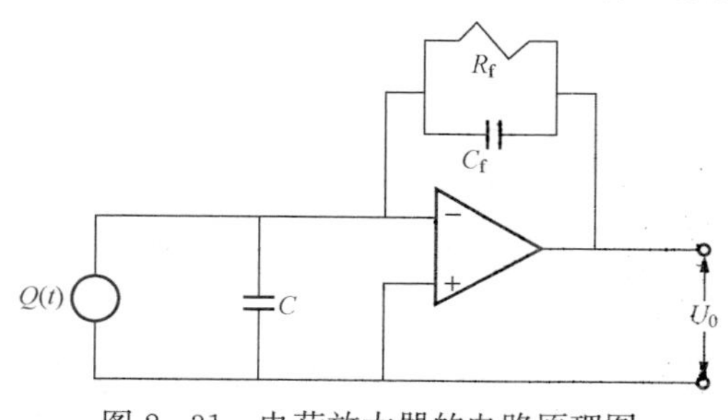


图 2-31 电荷放大器的电路原理图

压电式压力传感器属于发电类传感器，它在外力作用下无需外界提供电源就有电压输出。这类传感器的最大特点是自振频率高，可达 200kHz。因此压电式压力传感器最适合于测量高频动态压力，如内燃机压力、火箭发动机压力、飞机发动机燃烧室压力、火炮冲击波压力；也能用于测量高超音速脉冲风洞的激波压力，这个压力很高，并伴随有瞬时温度冲击和高加速度的冲击振动。

压电式压力传感器的缺点是低频性能差，传感器壳体和压电元件的线膨胀系数相差很大，在温度改变时会引起晶体片原来所受的预紧力发生变化，导致传感器零点漂移，严重时会影响其灵敏度和线性度。

5. 谐振式压力传感器

谐振式压力传感器是靠被测压力所形成的应力改变弹性元件的谐振频率，通过测量频率信号的变化来检测压力。这种传感器特别适合与计算机配合使用，组成高精度的测量、控制系统。由于弹性元件的不同，谐振式压力传感器的工作原理略有不同。

振筒式压力传感器的感压元件是一个薄壁金属圆筒，圆筒本身具有一定的固有频率，当筒壁受压张紧后，其刚度发生变化，固有频率相应改变。图 2 - 32 所示为振筒式谐振压力传感器结构，它主要由压力敏感组件和激励放大器两部分组成。

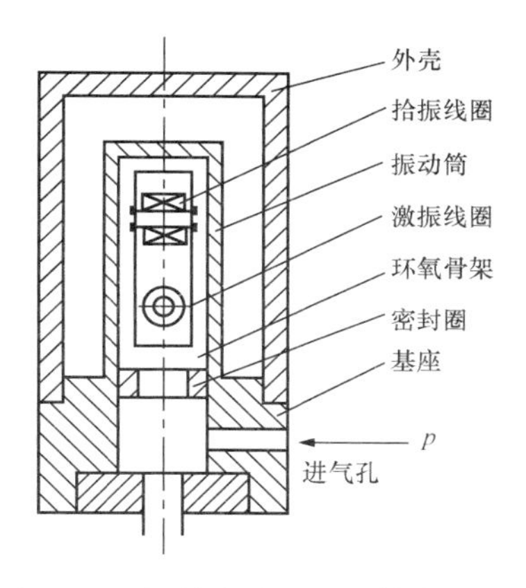

图 2 - 32　振筒式谐振压力传感器结构

当被测对象的压力通入圆筒内壁时，在被测压力的作用下，圆筒将在轴向和径向被张紧并引起刚性发生变化，从而改变圆筒的固有频率。任一机械振动系统的固有频率 $f_0$ 可表示为

$$f_0 = a\sqrt{\frac{EK}{m}} \tag{2-22}$$

式中　$a$——系数；

$E$——材料的弹性模量，kg/m$^2$；

$K$——振筒材料的刚度，Pa/m；

$m$——振筒的质量，kg。

在外界压力的作用下，振筒弹性体谐振在自身的固有最低能级上，压力不同，谐振体的固有能级不同，谐振频率不同。压力 $p$ 和谐振频率 $f$ 的关系为

$$f = f_0\sqrt{1+\beta p} \tag{2-23}$$

振膜式谐振压力传感器结构如图 2 - 33（a）所示。振膜为一个平膜片，且与环形壳体做成整体结构，它和基座构成密封的压力测量室，被测压力 $p$ 经过导压管进入压力测量室内。参考压力室可以通大气用于测量表压，也可以抽成真空测量绝对压力。装于基座顶部的电磁线圈作为激振源给膜片提供激振力，当激振频率与膜片固有频率一致时，膜片产生谐振。没有压力作用时，膜片是平的，其谐振频率为 $f_0$；当有压力作用时，膜片受力变形，其张紧力增加，则相应的谐振频率也随之增加，频率随压力变化且为单值函数关系。在膜片上粘贴有应变片，它可以输出一个与谐振频率相同的信号。此信号经放大器放大后，再反馈给激振线圈以维持膜片的连续振动，构成一个闭环正反馈自激振荡系统，如图 2 - 33（b）所示。

## 三、流体速度和流量测量技术

流体速度和流量测量技术广泛应用于冶金、电力、石油、化工、轻工、纺织、交通、建筑、食品、医药、农业、环境保护以及日常生活中。随着经济的飞速发展，人们对流体速度和流量测量的要求越来越高，同时需要测量流体的种类越来越多，所以流速和流量的测量方法和仪表的种类也越来越多。

### （一）流体速度测量

1. 概述

流体速度是一个矢量，它具有大小和方向，所以测量流体速度时应当测量其大小和方向。测量流体速度通常有三种方法。一种是利用各种测压管，其原理是在测速点上用测压管

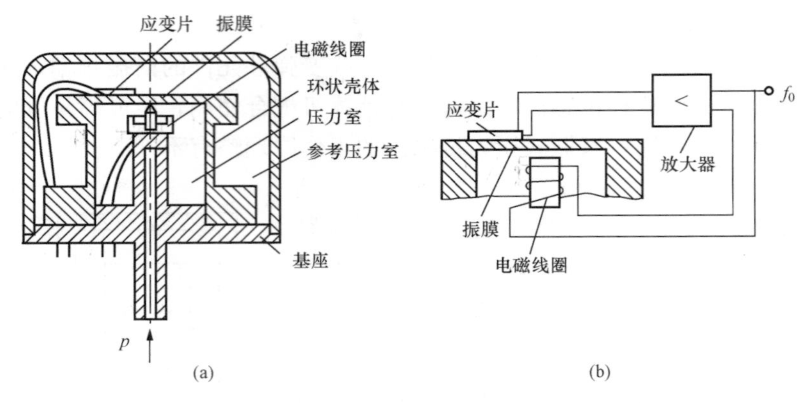


图 2-33 振膜式谐振压力传感器的结构和测量电路

(又称速度探针)直接测量该点处的总压和静压之差,然后利用伯努利方程求得流体的速度。其中5孔和7孔速度探针还能获得速度的三维大小和方向。

另一种测量流体速度的方法是利用热线风速仪。热线风速仪可以测量流体的平均速度、脉动速度和流动方向。由于热线风速仪的探头(热线或热膜)几何尺寸很小,对流动的干扰也小,可以安置在速度探针难以安放的地方(如流体的边界层内),加之热线风速仪热惰性小,也特别适合脉动流体(如旋转叶栅后的流体尾迹)的测量。

第三种测量流体速度的方法是激光测速。前述两种测量流体速度的方法都是所谓接触式的,即测速探头必须置于流体之中,这样就不可避免地会对流场产生干扰,从而影响测量精度。激光测速则是一种非接触的测速方法,又由于激光单色性好、相干性好、方向性强、能流密度高,故其测量结果精确、可靠。

2. 利用测压管测量流体速度原理

假设一流体低速水平流动,密度为常数,不可压缩,绕过一物体,见图2-34,根据理想流体绕物体流动的位流理论,由一维水平稳定流动的微分方程式,可以写出

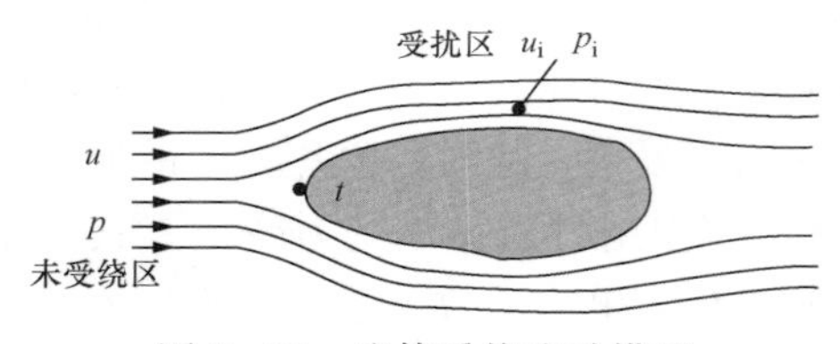


图 2-34 流体受扰流动模型

$$u\mathrm{d}u+\frac{\mathrm{d}\rho}{\rho}=0 \tag{2-24}$$

设流体未受扰动区域的速度和静压为 $u$ 和 $p$,受扰动区的速度和静压为 $u_i$ 和 $p_i$,通过对式(2-24)积分,可以得到伯努利(Bernoulli's)方程式

$$\frac{1}{2}u^2+\frac{p}{\rho}=\frac{1}{2}u_i^2+\frac{p_i}{\rho}=\text{constant} \tag{2-25}$$

即

$$p_t=\frac{1}{2}u^2\rho+p=\frac{1}{2}u_i^2\rho+p_i \tag{2-26}$$

式(2-26)说明,总的压力沿着流动方向是不变的,$p_t$ 称为全压(总压),$p$ 或 $p_i$ 称为静压,$\frac{1}{2}u^2\rho$ 或 $\frac{1}{2}u_i^2\rho$ 称为动压。

未受扰动的流体到达 $t$ 点时,部分流体质点完全滞止,即速度等于零。在任何被流体绕过的物体上,都会存在这样的点。因此,$t$ 点就称为临界点或驻点,驻点上的压力就是全

压，而这点上的全压就等于静压

$$p_t = p \tag{2-27}$$

如果在驻点处迎着流体方向放置一个小管，管口所感受的压力就是全压。

在未扰动区和扰动区之间，当扰动很小时，可以认为 $u_i \approx u \neq 0$，由式（2-27）得

$$p_i = p \tag{2-28}$$

即受扰动区的压力等于未扰动区的压力。根据静压的概念，它是垂直作用于流体流动方向单位面积上的作用力。由此可知，只要在扰动较小的条件下，与未扰动区有一定距离的合适位置上，垂直作用于流体流动方向的物体上开孔，或者放置一个小管管口与流体流动方向垂直，则它们所感受的压力就是静压。这就是测量全压和静压的原理。有了全压和静压，动压的问题就显得非常容易了。

测量静压必须满足压力系数为零的条件。所谓压力系数通常用 $C_i$ 来表示，即

$$C_i = \frac{p_i - p}{\frac{1}{2}u^2\rho} \tag{2-29}$$

$C_i = 0$ 时，$p_i = p$，恰好满足静压的测量。

由此，可以确定流体速度的大小，即

$$u = \sqrt{\frac{2(p_t - p)}{\rho}} \tag{2-30}$$

3. 一维测压管

由前述测压管测量原理可知，只要采用全压管和静压管，就可以进行流体压力和速度的测量。

一般对测压管的要求是：①在惯性不大的情况下，感压部分的尺寸要尽量小；②对来流方向的敏感性越迟钝越好；③要有足够的强度；④感受孔与测压管转轴之间要保证最小的距离。

全压管最关键的参数是对流动偏角不敏感，因为在实际应用中，并不能十分准确地使测量孔对准来流方向。而由于它的不敏感性，即使来流方向与全压孔轴线有一定的偏角，也可以正确地测量全压值。图 2-35 是 L 形全压管结构形式。

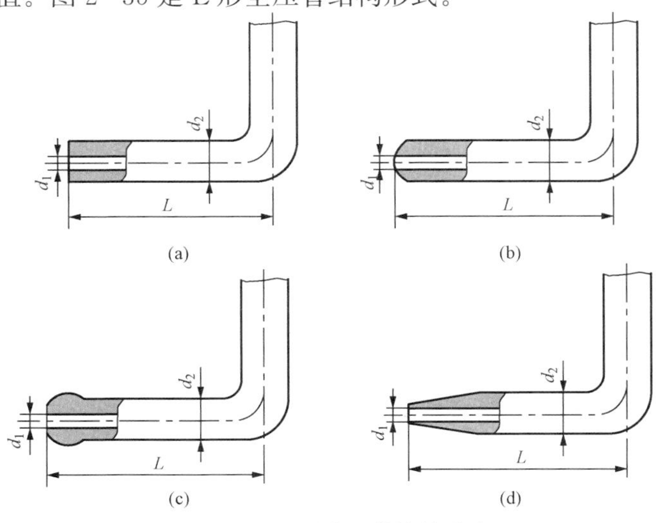


图 2-35　L 形全压管结构形式

全压管对流动偏斜角的敏感性在很大程度上取决于 $d_2/d_1$ 及全压管头部的形状。对于图 2-35（b），对水平扩展角的不灵敏度在 5°～15°范围内，并且随 $d_2/d_1$ 的增加而增加。

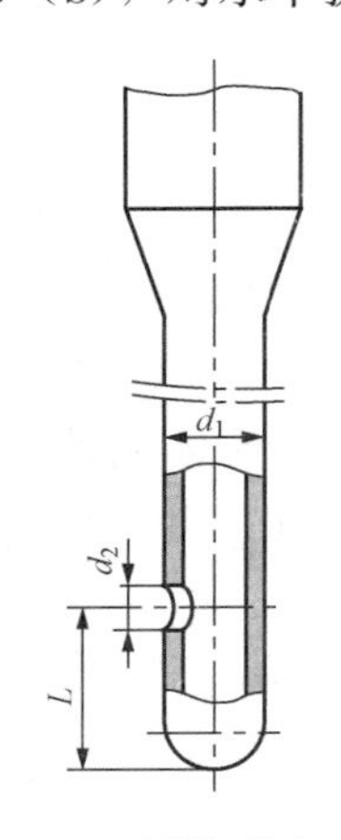

图 2-36 圆柱形全压管

圆柱形全压管见图 2-36，当 $l/d_1 \geqslant 1.5$ 时，其修正系数为 1.0，对水平方向流动偏斜角的不灵敏性，也是随 $d_2/d_1$ 的增大而增大。当 $d_2/d_1=0.4\sim0.7$ 时，这个方向的不灵敏度为±（10°～15°），对垂直方向扩展角的不灵敏度是±（2°～6°）。

与全压管相比，静压管的设计要复杂些。因为测量静压要有两种情况：一种是测量被绕流物体表面上某点的压力或流通壁面上流体的压力；另一种是测量流场中某点的压力。

对于第一种情况，可以在绕流物体上或者流动壁面上开静压孔，开孔直径在 0.5～1.5mm 之间，孔口要光洁，孔轴线垂直于壁面。

对于第二种情况，可以利用尺寸较小且具有一定形状的测压管插入流体中进行测量，图 2-37 所示为 L 形静压管，图 2-38 所示为圆盘形静压管。

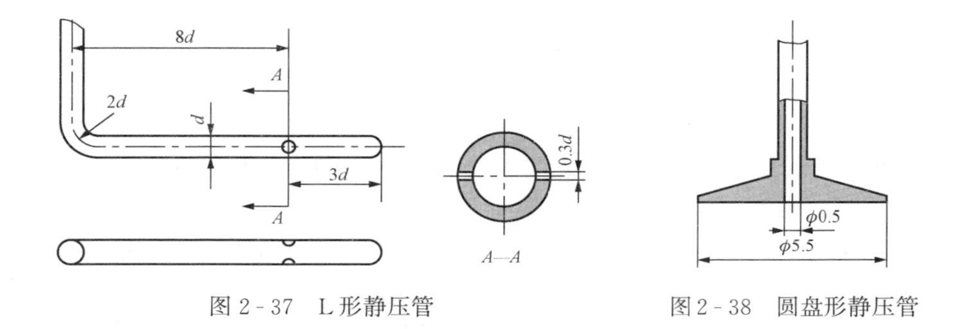

图 2-37 L 形静压管　　图 2-38 圆盘形静压管

4. 皮托管

皮托管也称测速管（速度探针），是将全压管和静压管组合到一起，直接得到动压的测压或测速工具，其结构简单，精度较高；主要结构形式有一字形或 L 形皮托管、T 形皮托管。

L 形皮托管如图 2-39 所示，L 形皮托管头部临界点的中心孔测量流体的全压，侧面均布的小孔或狭缝测量的是静压，把它们的连通管接到显示仪表上，就可以得到全压和静压的差值——动压。

对于这种形式的皮托管，头部为半球形的要比头部为锥形的对流动方向的不敏感性大。

T 形皮托管比较适用于含尘量大的气体通道及输油管道上的流速测量，见图 2-40。它由两根小管背靠背焊接在一起。其中迎着来流的小孔测量全压，背着来流的小孔测量静压。这种测压管对流动方向的变化很敏感。

T 形皮托管结构简单、制作方便，截面尺寸小，对流场的影响小，但是刚度差，适合近壁处的测量。

皮托管测量的是流体空间中某点的平均速度，它的头部形状、全压孔的大小、静压孔的孔数及形状、探头与支杆轴的连接方式，都会对测量精度产生影响。

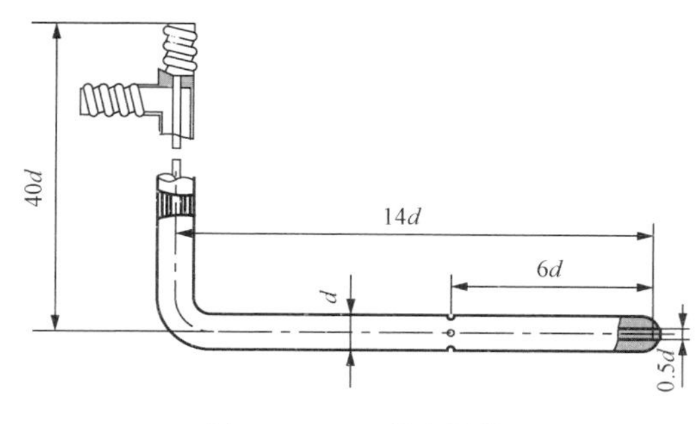


图 2-39　L形皮托管

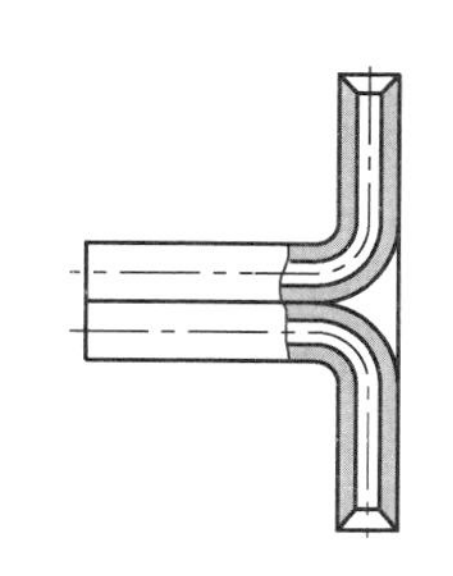

图 2-40　T形皮托管

5. 笛形管

对于一维的管流流动，人们经常使用一种像笛子形状的测压管，称为笛形管。在管道内安装的笛形管见图 2-41。笛形管的设计思想是将被测量管的截面分成若干的同心圆，每个圆环的面积均相等，即

$$A_1 = A_2 = A_3 = A_4$$

在区分等面积的环与直径相交点及中心处开测量孔，这样各个孔所感受的全压为平均值。如果在它的背面再附设一个静压管，注意静压管的孔口要与流体流动方向垂直，两支测压管测得的差值就是动压，因此用笛形管可以很方便地测量管道截面上的平均流速。

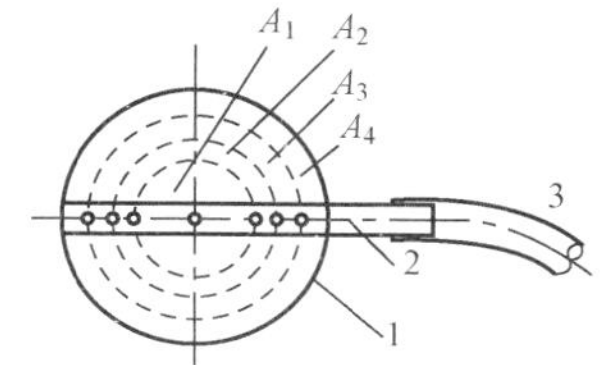


图 2-41　笛形管的设计思想和安装
1—管道截面；2—笛形管；
3—接测压显示仪表的连接管

（二）流体流量测量

1. 概述

流量是流体在单位时间内通过管道或设备某横截面处的数量。流量可分为质量流量和体积流量。质量流量是单位时间内通过的流体质量，用 $q_m$ 表示，单位为 kg/s。体积流量是单位时间内通过的流体体积，用 $q_V$ 表示，单位为 $m^3/s$。质量流量和体积流量之间的关系为

$$q_m = \rho q_V \tag{2-31}$$

式中　$\rho$——流体的密度。

流量又有瞬时流量和累积流量之分。所谓瞬时流量，是指在单位时间内流过管道或明渠某一截面的流体的量。工程上讲的流量常指瞬时流量，所谓累积流量，是指在某一时间间隔内流体通过的总量。该总量可以用在该段时间间隔内的瞬时流量对时间的积分而得到，所以也叫积分流量，如用户的水表、气表等。累积流量除以流体流过的时间间隔，即为平均流量。

值得注意的是，对于气体，密度受温度、压力变化影响较大，如在常温常压附近，温度每变化 10℃，密度变化约为 3%；压力每变化 10kPa，密度约变化 3%。因此在测量气体流量时，必须同时测量流体的温度和压力。为了便于比较，常将在工作状态下测得的体积流量换算成标准状态下（温度为 20℃，压力为 101 325Pa）的体积流量，用符号 $Q_n$ 表示，单位为 $m^3/s$。

流体流量的测量方法很多。由于生产过程中各种流体的性质各不相同，流体的工作状态

（如介质的温度、压力等）及流体的黏度、腐蚀性、导电性也不同，因此很难用一种原理或方法测量不同流体的流量。尤其工业生产过程的情况复杂，某些场合的流体是高温、高压，有时是气液两相或液固两相的混合流体。所以目前流量测量的方法很多，测量原理和流量传感器（或称流量计）也各不相同，从测量方法上一般可分为速度式、容积式和质量式三大类。

（1）速度式流量测量原理。速度式流量传感器大多是通过测量流体在管路内已知截面流过的流速大小实现流量测量的。它是利用管道中流量敏感元件（如孔板、转子、涡轮、靶子、非线性物体等）把流体的流速变换成压差、位移、转速、冲力、频率等对应的信号来间接测量流量的。差压、转子、涡轮、电磁、旋涡和超声波等流量传感器都属于此类。

（2）容积式流量测量原理。容积式流量传感器是根据已知容积的容室在单位时间内所排出流体的次数来测量流体的瞬时流量和总量的。常用的容积式流量传感器有椭圆齿轮式、旋转活塞式和刮板式等。

（3）质量式流量测量原理。质量式流量传感器有两种：一种是根据质量流量与体积流量的关系，测出体积流量再乘以被测流体的密度的间接质量流量传感器，如工程上常用的补偿式质量流量传感器，它采取温度、压力自动补偿；另一种是直接式质量流量传感器，如热电式、惯性力式、动量矩式质量流量传感器等。直接法测量具有不受流体的压力、温度、黏度等变化影响的优点，是一种正在发展中的质量流量传感器。

流量测量仪表的发展趋势表现在以下几方面：①仪表测量精确度有所提高。例如，电磁流量计的精确度过去只有1.5级，现已提高到0.5级。②微机广泛地应用于测量仪表，逐步实现了流量测量仪表的智能化。除仪表性能更稳定、精确度更高外，仪表的功能也大大增强，如自动数据处理（包括去掉疏失误差，求平均值、均方差等），自动选择计量单位，自动改变量程，进行各种修正运算（如气体温度、压力变化对气体流量的修正），具有自诊断功能等。现已生产的带微机的流量计有转子流量计、涡轮流量计、超声流量计、激光流速计等。此外，各种特殊情况下的流量测量仪表发展很快，如用于两相介质（气固、液固、液气）、高温、高压下的流量测量仪表。

2. 速度式流量计

（1）节流压差式流量计。节流压差式流量计是应用动压能和静压能转换的原理来检测流量。众所周知，当流体流经管道内的节流件时，流体将在节流件处形成局部收缩，因而流速增加，静压力降低，于是在节流件前后便产生了压差。流体流量越大，产生的压差越大，这样可依据压差来衡量流量的大小。显然影响节流件压差的因素有流量、节流装置形式、管道内流体的物理性质（密度、黏度）等。

根据流体力学的伯努利方程和流体的连续性方程，可以推导出流量与压差之间的流量方程式，即

体积流量

$$Q = \alpha\varepsilon A_0 \sqrt{2\Delta p/\rho} \tag{2-32}$$

质量流量

$$M = \alpha\varepsilon\rho A_0 \sqrt{2\Delta p\rho} \tag{2-33}$$

式中 $\alpha$——流量系数；

$\varepsilon$——流束膨胀系数；

$A_0$——节流装置的开孔截面积；

$\rho$——流体密度；

$\Delta p$——节流装置前后实际测得的压力差。

节流压差式流量计历史悠久、技术成熟，因没有移动部分，易于使用，故应用广泛。其结构简单、使用寿命长，几乎能测量各种工况下的流体流量，包括常压、高压、真空、常温、高温、低温等不同工作状态；测量对象也可涵盖单相和混相流体，不但适用于洁净流体，对脏污流体也有一定的适应性，可用于测量大多数液体、气体和蒸汽的流速。此外，它还能测量亚音速流、临界流、脉动流。测量的管径可从几毫米到几米；其缺点是堵塞和磨损后，会产生压力损失，影响测量精确度。

节流压差式流量计的组成如图 2-42 所示，它由节流装置、引压导管和压差变送器构成。其中节流装置安装于管道中产生压差；引压导管将节流装置前后产生的压差传送给压差变送器；压差变送器将产生的压差转换为标准电信号（4～20mA），以供测量、显示、记录或控制。

图 2-42　节流压差式流量计的组成

节流差压式流量计最常用的节流元件有标准孔板、标准喷嘴、文丘里管和文丘里喷嘴等，如图 2-43 所示。

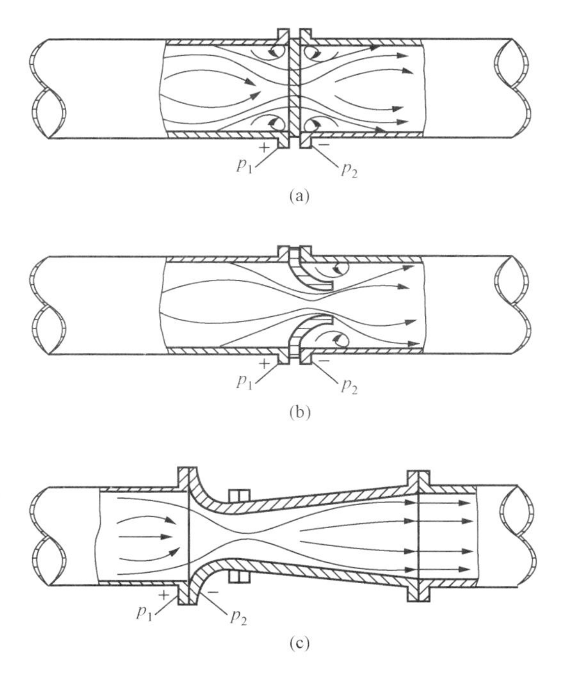


图 2-43　常用节流元件结构及流线示意图

（a）孔板；（b）喷嘴；（c）文丘里管

标准孔板是一块具有与管道同心圆形开孔的圆板，迎流一侧是有锐利直角入口边缘的圆筒形孔，顺流的出口呈扩散的锥形，其具体结构见图 2-44。孔板结构简单，加工方便，价格便宜，但压力损失较大，测量精度较低，只适用于洁净流体介质，测量大管径高温高压介质时，孔板易变形。

标准喷嘴是一种以管道轴线为中心线的旋转对称体，主要由入口圆弧收缩部分与出口圆筒形喉部组成。国际标准协会（ISA）推荐的喷嘴结构如图 2-45 所示。像文丘里管流量计一样，为了测量精确，喷嘴前直管段至少为 10 倍管径。

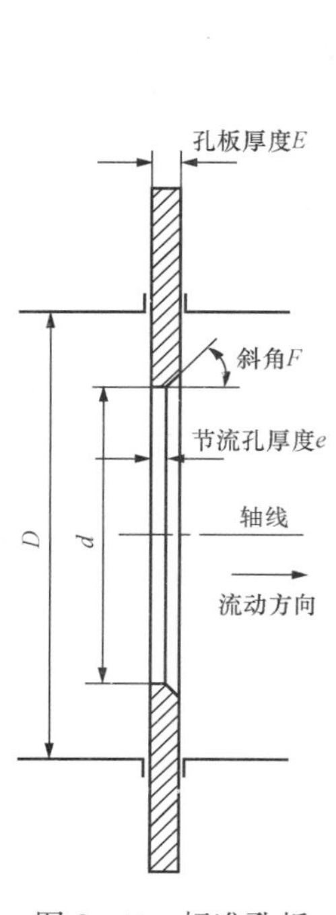


图 2-44 标准孔板

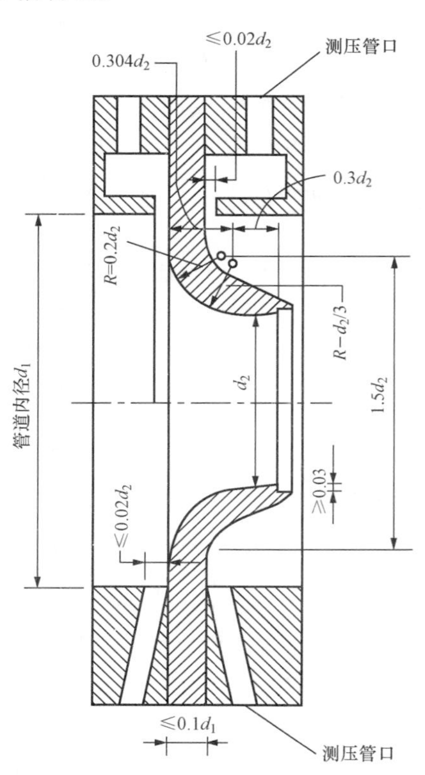


图 2-45 标准喷嘴结构

文丘里管有两种标准形式：经典文丘里管与文丘里喷嘴。文丘里管压力损失最低，有较高的测量精度，对流体中的悬浮物不敏感，可用于污脏流体介质的流量测量，在大管径流量测量方面应用得较多；但尺寸大、笨重，加工困难，成本高，一般用在有特殊要求的场合。为了测量精确，在文丘里管前面应该至少有管道直径的 5～10 倍的直管段。所需要的直管段长度取决于进口断面的条件。随管径比率增加，进口断面处流动影响增大。压力差测量应该用管道周围的环形测压管，并保证在两个断面处有适当的开孔数。

在用节流压差式流量计测量流量时，节流装置的取压方式对测量的精确度有很大影响。根据节流装置取压口位置可将取压方式分为理论取压、角接取压、法兰取压、径距取压与损失取压五种（见图 2-46）。目前广泛采用的是角接取压法，其次是法兰取压法。角接取压法比较简便，容易实现环室取压，测量精度较高。法兰取压法结构较简单，容易装配，计算也方便，但精度比角接取压法低些。角接取压装置见图 2-47。法兰取压装置如图 2-48 所示。

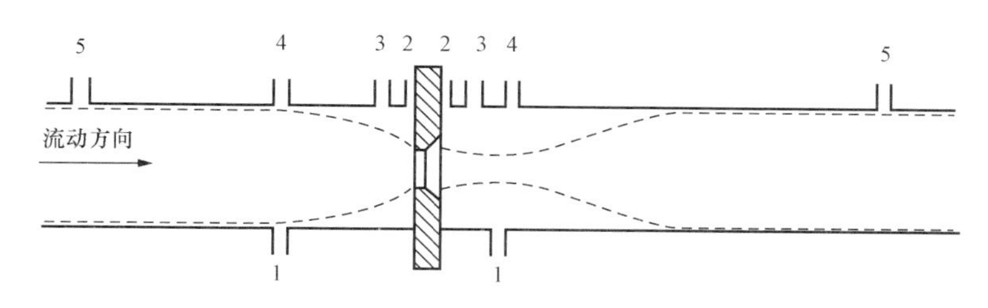


图 2-46　节流装置的取压方式

1-1—理论取压；2-2—角接取压；3-3—法兰取压；4-4—径距取压；5-5—损失取压

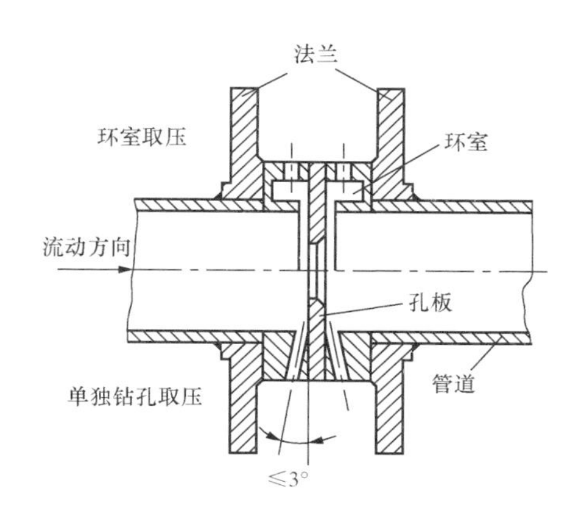


图 2-47　角接取压装置

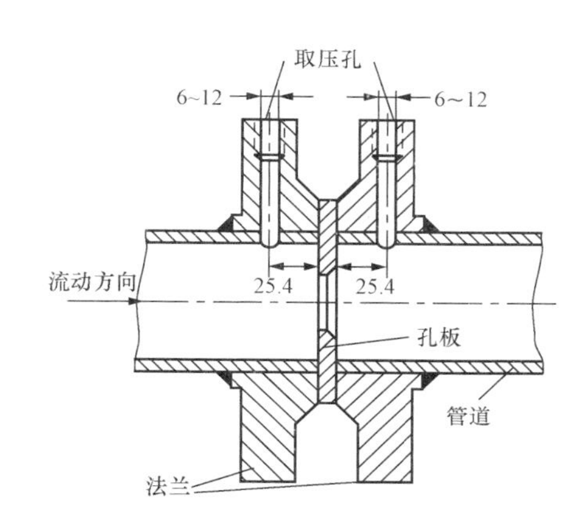


图 2-48　法兰取压装置

值得注意的是，测量管道截面应为圆形，节流件及取压装置安装在两圆形直管之间。节流件附近管道的圆度应符合标准中的具体规定。当现场难以满足直管段的最小长度要求或有扰动源存在时，可考虑在节流件前安装流动整流器，以消除流动的不对称分布和旋转流等情况。

标准节流装置的计算包括两类：流量计算和设计节流装置。流量计算的任务是在管道、节流装置、取压方式、被测流体参数已知的情况下，根据测得的差压值计算被测介质流量。

设计节流装置则是要根据用户提出的已知条件（如流体的性质和工作参数）以及限制要求来设计标准节流装置，包括选择节流件形式、差压计形式及量程范围；计算确定节流件开孔尺寸，提出加工要求；建议节流件在管道上的安装位置；估算流量测量误差等。

（2）转子流量计。转子流量计是以转子在垂直锥形管中随着流量变化而升降来测量流量的，又称为变面积流量计、浮子流量计。与节流压差式流量计不同，转子流量计在测量过程中是通过改变流通面积、保持节流元件前后压降不变的情况下测量流量的，因此它也称为恒压降流量计。

转子流量计的检测元件是由一个自下向上扩大的垂直锥形管和一个置于锥形管中可以上下自由移动的转子所组成，如图 2-49 所示。被测流体从下向上经过锥形管和转子形成的环形空

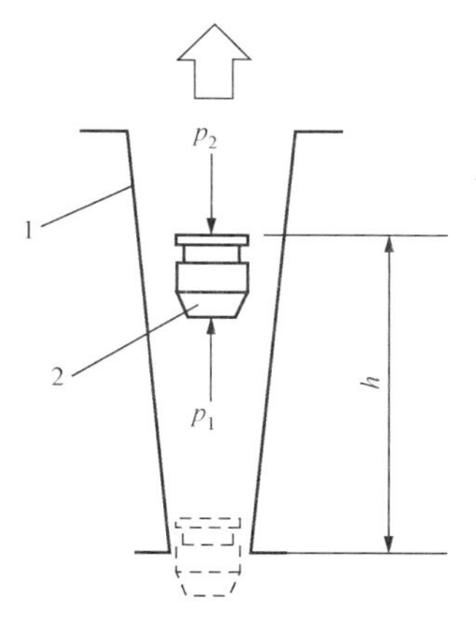


图 2-49　转子流量计的结构

1—锥形管；2—转子

间时，转子上下端产生差压形成转子上升的力，当转子所受上升力大于浸在流体中转子重量时，转子便上升，环形空间面积随之增大，环形空间处流体流速立即下降，转子上下端差压降低，作用于转子的上升力也随之减少，直到上升力等于浸在流体中转子重量时，转子便稳定在某一高度。因此转子在锥形管中高度和通过的流量有对应关系。

根据流体连续性方程和伯努利方程，转子流量计的体积流量可表示为

$$q_V = \alpha\varepsilon\Delta F\sqrt{\frac{2gV_f(\rho_f-\rho)}{\rho F_f}} \tag{2-34}$$

式中 $\alpha$——流量系数，因转子形状而异；

$\varepsilon$——被测流体为气体时气体膨胀系数，通常由于此系数校正量很小而被忽略，且通过校验已将它包括在流量系数内，如为液体则 $\varepsilon=1$；

$\Delta F$——流通环形空间面积，$m^2$；

$g$——当地重力加速度，$m/s^2$；

$V_f$——转子体积，如有延伸体也应包括在内，$m^3$；

$\rho_f$——浮子材料密度，$kg/m^3$；

$\rho$——被测流体密度，如为气体，是在转子上游横截面上的密度，$kg/m^3$。

流通环形空间面积与转子高度之间的关系可表示为

$$\Delta F = \pi\left(dh\tan\frac{\beta}{2} + h^2\tan^2\frac{\beta}{2}\right) \tag{2-35}$$

式中 $d$——转子最大直径（即工作直径），m；

$h$——转子从锥形管内径等于转子最大直径处上升高度，m；

$\beta$——锥形管的圆锥角。

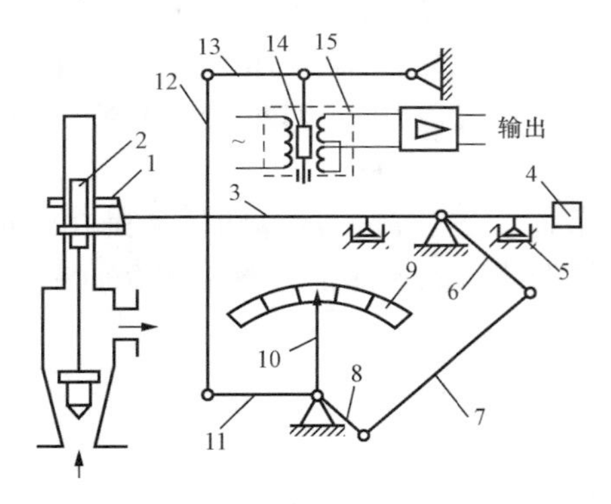


图 2-50 电远传式转子流量计工作原理

1、2—磁钢；3—杠杆；4—平衡锤；5—阻尼器；6、7、8—连杆机构；9—标尺；10—指针；11、12、13—连杆机构；14—铁芯；15—差动变压器

转子流量计有两种主要形式：①玻璃管转子流量计，它主要由玻璃锥形管、转子和支撑结构组成，流量示值刻在锥形管上。②金属管转子流量计，它的锥形管采用金属材料制成，其流量检测原理与玻璃管转子流量计相同。金属管转子流量计有就地指示型和电气信号远传型两种。电远传式转子流量计的工作原理见图 2-50。

转子流量计具有结构简单、使用方便、价格便宜、测量范围比较宽、刻度均匀、直观性好、对仪表前后直管段长度要求不高、压力损失小且恒定、工作可靠且线性刻度、适用性广等特点，可测量各种液体和气体的体积流量，并可将所测得的流量信号就地显示或变成标准的电信号或气信号远距离传送；其缺点是管壁大多为玻璃制品，不能承受高温和高压，易破碎。

转子流量计是一种非通用性仪表，出厂时其刻度需单独标定。仪表厂在工业标准状态下，以空气标定测量气体流量的转子流量计；以水标定测量液体流量的转子流量计。若被测介质不是水或空气，则流量计的指示值与实际流量值之间存在差别，必须对流量指示值按照实际被测介质的密度、温度、压力等参数的具体情况进行刻度修正，其修正公式为

液体介质

$$q_V' = q_V \sqrt{\frac{(\rho_f - \rho')\rho}{(\rho_f - \rho)\rho'}} \tag{2-36}$$

气体介质

$$q_V' = q_V \sqrt{\frac{p'}{p}\frac{T}{T'}} \tag{2-37}$$

式中　$q_V'$——实际流量；

$q_V$——标定时的流量；

$\rho'$、$\rho$——实际流体和标定流体的密度；

$p'$、$p$——实际流体和标定流体的压力；

$T'$、$T$——实际流体和标定流体的温度。

（3）涡轮流量计。涡轮流量计是利用置于流体中的叶轮旋转角速度与流体流速成比例，通过测量叶轮的转速来反映通过管道流体的体积流量。

涡轮流量计结构如图 2-51 所示。流体流过涡轮流量计时，先经过前导流件，再推动铁磁材料制成的涡轮旋转。旋转的涡轮切割壳体上的磁电感应转换器的磁力线，磁路中的磁阻便发生周期性地变化，从而感应出交流电信号。信号的频率与被测流体的体积流量成正比。涡轮流量计的输出信号经前置放大器放大后输至显示仪表，进行流量指示和计算。涡轮转速信号还可用光电效应、霍耳效应等转换器检出。涡轮流量计可精确地测量洁净的液体和气体。

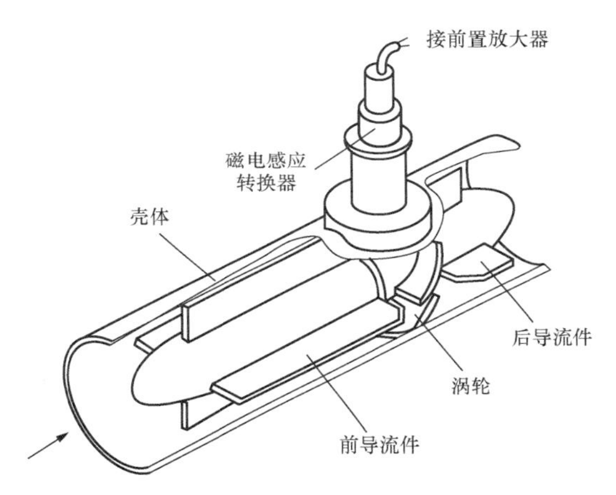

图 2-51　涡轮流量计结构

涡轮流量计的体积流量可表示为

$$q_V = \frac{f}{K} \tag{2-38}$$

式中　$f$——信号脉冲频率，Hz；

$K$——仪表系数，$1/m^3$。

涡轮流量计结构紧凑轻巧、安装方便，磁电感应转换器与叶片之间不需密封和齿轮传动机构，因而测量精度高，可耐高压，静压可达 50MPa。由于基于磁电感应转换原理，因此反应快，可测脉动流量；输出信号为电频率信号，便于远传，不受干扰。但涡轮流量计的涡轮容易磨损，被测介质中不应带机械杂质，否则会影响测量精度和损坏机件。因此，一般应加过滤器。此外，流体物性（密度、黏度）对仪表特性有较大影响，难以长期保持校准特性，需要定期校验。涡轮流量计安装时，必须保证前后有一定的直管段，以使流向比较稳定，一般入口直管段的长度取管道内径的 10 倍以上，出口取 5 倍以上。

（4）涡街流量计。涡街流量计是利用流体流过置于其中的非流线型阻流体所产生的规则旋涡变化规律而制成的。众所周知，在流体中设置旋涡发生体（非流线型阻流体，如圆柱形或三角柱形等），在某一雷诺数范围内，在旋涡发生体两侧会交替地产生有规则的旋涡，这

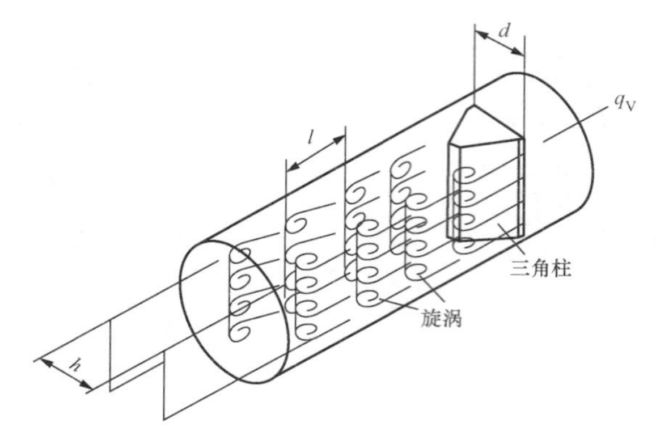


图 2-52 卡门涡街流量计原理图

种旋涡称为卡门涡街，如图 2-52 所示。由于旋涡之间的相互影响，其形成通常是不稳定的。冯·卡门对涡列的稳定条件进行了研究，于 1911 年得出结论：只有当两旋涡列之间的距离 $h$ 和同列的两旋涡之间的距离 $l$ 之比满足 $h/l=0.281$ 时，涡街才是稳定的，且有规则。根据斯特劳哈尔试验得知，旋涡产生的频率与流体流速成正比，因此测出旋涡频率即可得出体积流量。

旋涡分离的频率与流速成正比，与柱体的宽度成反比。设旋涡的发生频率为 $f$，被测介质来流的平均速度为 $u$，旋涡发生体迎面宽度为 $d$，管道内径为 $D$，根据卡门涡街原理，有如下关系式

$$f=Sr\frac{u_1}{d}=Sr\frac{u}{md} \tag{2-39}$$

$$m=1-\frac{2}{\pi}\left[\frac{d}{D}\sqrt{1-\left(\frac{d}{D}\right)^2}+\sin^{-1}\frac{d}{D}\right] \tag{2-40}$$

式中 $u_1$——旋涡发生体两侧平均流速，m/s；

$Sr$——斯特劳哈尔数；

$m$——旋涡发生体两侧弓形面积与管道横截面面积之比。

管道内流体的体积流量可表示为

$$q_V=\frac{\pi}{4}D^2u=\frac{\pi D^2}{4Sr}mdf \tag{2-41}$$

由此可见，通过测量旋涡频率便可测出流体流速和瞬时流量。斯特劳哈尔数（$Sr$）是可通过试验确定的无因次数，图 2-53 中表示出了斯特劳哈尔数（$Sr$）与雷诺数（$Re$）的关系。在一定的 $Re$ 范围内，$Sr$ 可视为常数。

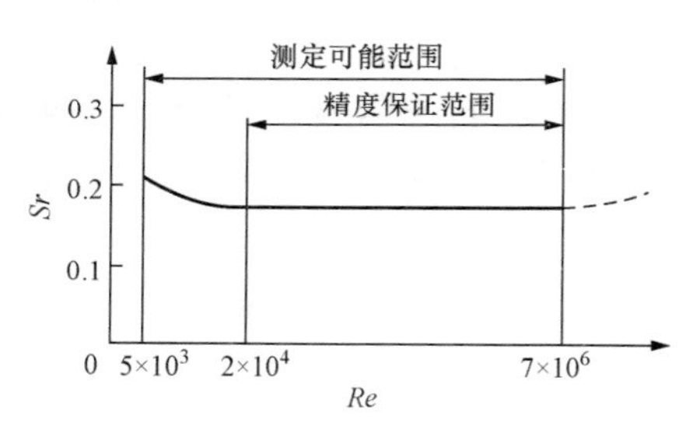


图 2-53 斯特劳哈尔数与雷诺数的关系曲线

曲线的平直部分对应涡街流量计的测量流量的范围，只要检测出频率 $f$ 即可求得管内流体的流速，由流速可求出体积流量。一段时间内输出的脉冲数与流过流体的体积量之比，称为仪表的系数 $K$，即

$$K=\frac{N}{Q} \tag{2-42}$$

式中 $K$——仪表系数，脉冲/$m^3$；

$N$——脉冲个数；

$Q$——体积总量，$m^3$。

涡街流量计可用来测量流体的瞬时流量（流率），也可以用来测量累积流量（总量）。当用来测量瞬时流量时其测量值可表示为

$$Q=\frac{f\times 3600}{K} \tag{2-43}$$

式中　$Q$——体积流量值，$m^3/h$；

$f$——涡街流量计输出信号频率，Hz；

$K$——涡街流量计流量系数，脉冲/$m^3$。

当用来测量累积流量（总量）时，其测量值可表示为

$$Q_\theta = \frac{N}{K} \tag{2-44}$$

式中　$Q_\theta$——累积流量，$m^3$；

$N$——累积总量对应的脉冲个数；

$K$——涡街流量计流量系数，脉冲/$m^3$。

涡街流量计中的旋涡发生体形状繁多，它可分为单旋涡发生体和多旋涡发生体两类，如图2-54所示。单旋涡发生体的基本形状有圆柱、矩形柱和三角柱，其他形状皆为这些基本形状的变形。为提高涡街强度和稳定性，可采用多旋涡发生体，不过它的应用并不普遍。

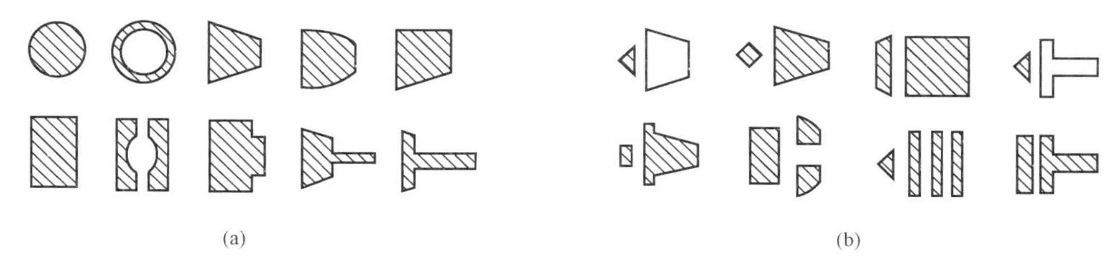

图2-54　旋涡发生体

(a) 单旋涡发生体；(b) 双、多旋涡发生体

旋涡频率信号可通过热敏元件、热丝、压电晶体和应变等元件检测出来。图2-55所示为三角柱体涡街检测器原理示意图。在三角柱体的迎流面对称地嵌入两个热敏电阻组成桥路的两臂，以恒定电流加热使其温度稍高于流体，在交替产生的旋涡的作用下，两个电阻被周期性地冷却，使其阻值改变，阻值的变化由桥路测出，即可测得旋涡产生频率，从而测出流量。

图2-56所示为圆柱体旋涡频率信号检测器。圆柱体表面开有导压孔，与圆柱体内部空腔相通。空腔由隔板分成两部分，在隔板的中央部分有一小孔，在小孔中装有检测流体流动的铂电阻丝。当旋涡在圆柱体下游侧产生时，出于升力的作用，使得圆柱体下方的压力比上方高一些，圆柱体下方的流体在上下压力差的作用下，从圆柱体下方导压孔进入空腔，通过隔板中央部分的小孔，流过铂电阻丝，从上方导压孔流出。如果将铂电阻丝加热到高于流体

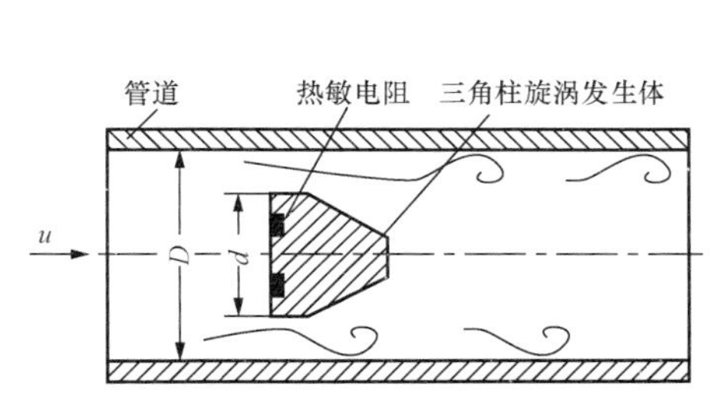


图2-55　三角柱体涡街检测器原理示意图

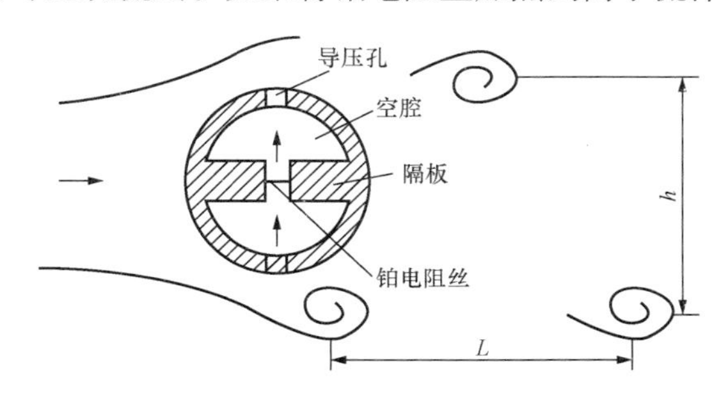


图2-56　圆柱体旋涡频率信号检测器

温度的某温度值，则当流体流过铂电阻丝时，就会带走热量，改变其温度，也即改变其电阻值。当圆柱体上方产生一个旋涡时，则流体从上导压孔进入，由下导压孔流出，又一次通过铂电阻丝，又改变一次它的电阻值。由此可知：电阻值变化与流动变化相对应，即与旋涡的频率相对应。所以，可由检测铂电阻丝电阻变化频率得到涡频率，进而得到流量值。

涡街流量计主要用于工业管道介质流体的流量测量，如气体、液体、蒸汽等多种介质，其特点是压力损失小，量程范围大，精度高，在测量工况体积流量时几乎不受流体密度、压力、温度、黏度等参数的影响；无可动机械零件，维护量小，仪表参数能长期稳定，因此可靠性高，可在－20～250℃的工作温度范围内工作；有模拟标准信号，也有数字脉冲信号输出。其缺点是不适用于低雷诺数测量，需较长直管段。

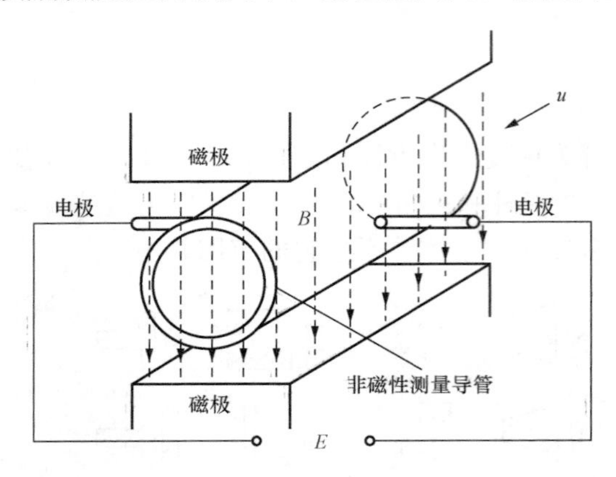


图 2-57　电磁流量计原理图

（5）电磁流量计。电磁流量计是基于法拉第电磁感应原理制成的一种流量计，见图 2-57，当被测导电流体在磁场中沿垂直磁力线方向流动而切割磁力线时，在对称安装在流通管道两侧的电极上将产生感应电动势，此电动势与流速成正比。流体流量方程为

$$q_V = \frac{1}{4}\pi D^2 u = \frac{\pi D}{4B}E = \frac{E}{k} \tag{2-45}$$

式中　$B$——磁感应强度；

$D$——管道内径；

$u$——流体平均流速；

$E$——感应电动势；

$k$——电磁流量计的仪表常数。

值得注意的是，采用电磁流量计测量时应满足的条件为：①磁场是均匀分布的恒定磁场；②被测流体的流速轴对称分布；③被测流体是非磁性的；④被测流体的电导率均匀且各向同性。

电磁流量计的结构如图 2-58 所示。值得注意的是，测量管道应由非导磁材料制成，如果是金属管道，内壁上要装有绝缘衬里。电磁流量计有两种励磁方式：直流励磁和交流励磁。

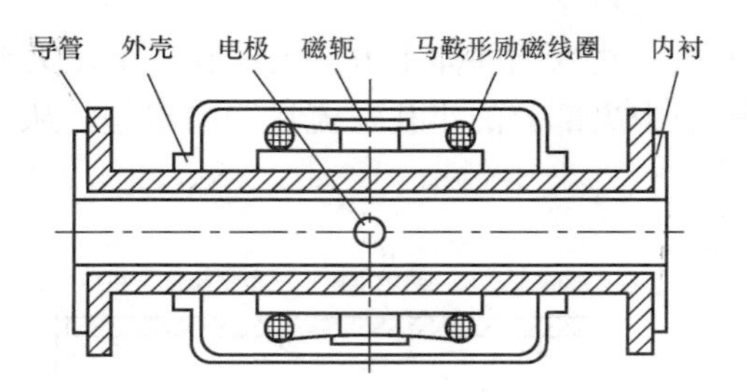


图 2-58　电磁流量计的结构

直流励磁方式采用直流电产生磁场或采用永久磁铁，它能产生一个恒定的均匀磁场。这种直流励磁的最大优点是受交流电磁场干扰影响很小，因而可以忽略液体中的自感现象的影响。但是，使用直流磁场易使通过测量管道的电解质液体被极化，即电解质在电场中被电解，产生正负离子，在电场力的作用下，负离子跑向正极，正离子跑向负极。这样，将导致正负电极分别被相反极性的离子所包围，严重影响仪表的正常工作。所以，直流励磁一般只用于测量

非电解质液体，如液态金属等。

目前，工业上使用的电磁流量计，大都采用工频（50Hz）电源交流励磁方式，即它的磁场是由正弦交变电流产生的，所以产生的磁场也是一个交变磁场。交变励磁的主要优点是消除了电极表面的极化干扰。另外，由于磁场是交变的，所以输出信号也是交变信号。

电磁流量计有以下特点：①测量管道内没有可动部件或突出于管内的部件，所以几乎没有压力损失，可以测量各种腐蚀性液体以及带有悬浮颗粒的浆液（如泥浆、纸浆、化学纤维、矿浆）等溶液，也可用于各种有卫生要求的医药、食品等部门的流量测量（如血浆、牛奶、果汁、卤水、酒类等）；还可用于大型管道自来水和污水处理厂流量测量等。②输出电流与介质流量呈线性关系，且不受液体物理性质（温度、压力、黏度、密度）或流动状态的影响。流速的测量范围大，测量管径小到1mm，大到2m以上。③一般精度为0.5～1.5级。④被测介质必须是导电液体，其电导率一般要求不小于水的电导率。⑤不能测量气体、蒸汽及石油制品等的流量。⑥信号较弱，满量程时只有2.5～8mV，抗干扰能力差。⑦电源电压的波动会引起磁场强度的变化，从而影响到测量信号的准确性。

由于测量管内衬材料一般不宜在高温下工作，因此目前一般的电磁流量计还不能用于测量高温介质。视采用的内衬材料不同，其适应的温度范围也不一样：采用普通橡胶衬里，被测介质温度为－20～60℃；采用高温橡胶衬里，被测介质温度为－20～90℃；采用聚四氟乙烯衬里，被测介质温度为－30～100℃；采用高温型四氟乙烯衬里，被测介质温度为－30～180℃。

此外，为了减小导管内引起的涡流损耗，故测量导管不宜采用厚壁导管，一般管壁厚度不超过8mm。对于导电液体，其电导率的下限值一般也不得小于$2\times10^{-3}\sim5\times10^{-3}$S/m（西门子/米）。如果采用特殊的电子线路，有可能将电导率下限扩大至$1\times10^{-4}$S/m。流速和速度分布必须符合设定条件，否则将会产生较大的测量误差。因此，在电磁流量传感器的前后，必须有足够的直管段长度，以消除各种局部阻力对流速分布对称性的影响。感应电动势与流速有关，电磁流量计的满量程流速下限一般不得低于0.3m/s。

使用电磁流量计应注意以下问题；

1）安装要求。电磁流量计安装位置应选择在任何时候测量导管内都能充满液体的地方，以防止由于测量导管内没有液体而指针不在零位所造成的错觉。最好是垂直安装，使被测液体自下向上流经仪表，这样可以避免在导管中有沉淀物或在介质中有气泡而造成的测量误差。如不能垂直安装，也可水平安装，但要使两电极在同一水平面上。

2）接地要求。电磁流量计的信号比较弱，在满量程时只有2.5～8mV，流量很小时，输出只有几微伏，外界略有干扰就能影响测量的精度。因此其外壳、屏蔽线、测量导管以及电磁流量计两端的管道都要接地，并且要求单独设置接地点，绝对不要连接在电动机、电器等的公用地线或上下水管道上。

3）安装地点。电磁流量计的安装地点要远离一切磁源（如大功率电动机、变压器等），不能有振动。

4）电源要求。必须使用同一相电源，否则由于检测信号和反馈信号相差－120°的相位，使仪表不能正常工作。

（6）超声波流量计。超声波是指振动频率大于20kHz以上的，其每秒的振动次数（频率）甚高，超出了人耳听觉的上限（20 000Hz），人们将这种听不见的声波叫做超声波。超

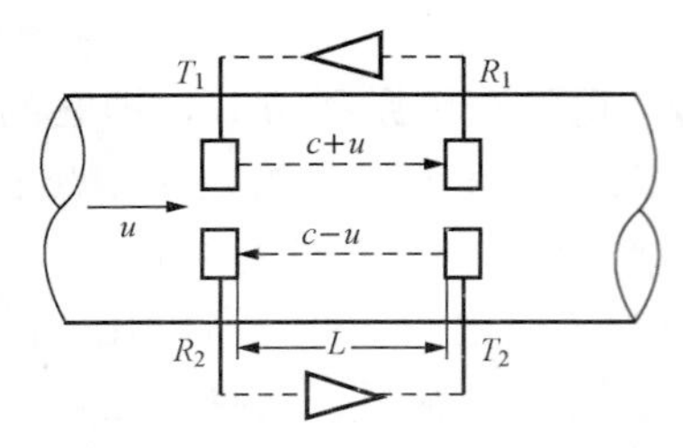

图 2-59 超声波流量计原理图

声波流量计则是一种利用超声波脉冲来测量流体流量的速度式流量仪表，它从 20 世纪 80 年代开始进入我国工业生产和计量领域，并在 90 年代得到迅速发展。在管道上的纵向距离为 $L$ 两处安装两组超声波发生器和接收器，如图 2-59 所示中的 $T_1$、$R_1$ 和 $T_2$、$R_2$。当流体静止时，声速为 $c$。当流体速度为 $u$ 时，顺流的声速为 $c+u$，传播时间 $T_1$；逆流的声速为 $c-u$，传播时间为 $T_2$。超声波传播的时间差为

$$\Delta T = T_2 - T_1 \approx \frac{2Lu}{c^2} \tag{2-46}$$

因此通过测量时间差即可获得来流的速度。此测量方法称为时间法。

由于时间差非常小，欲使测量准确就需要较复杂的电子线路，为简化测量线路，用测量顺逆两个连续波之间的相位差（为一连续波的角频率）来求得流速的方法称为相位差法。这两种方法都需要准确知道声速。但液体中的声速随温度变化故为消除因温度差异而产生的误差，可通过测量频率差而求得流速，这种方法称为频率差法。

相位差法是把上述时间差转换为超声波传播的相位差来测量。超声波换能器向流体连续发射形式为 $s(t)=A\sin(\omega t+\varphi_0)$ 的超声波脉冲，式中 $\omega$ 为超声波的角频率。此时超声波传播的相位差为：

$$\Delta\varphi = \varphi_2 - \varphi_1 = \omega\Delta t = 2\pi f\Delta t \tag{2-47}$$

则流速为

$$u = \frac{c^2}{2\omega L}\Delta\varphi = \frac{c^2}{4\pi fL}\Delta\varphi \tag{2-48}$$

式中，$\varphi_1=\omega t_1+\varphi_0$ 为按顺流方向发射时收到的信号相位；$\varphi_2=\omega t_2+\varphi_0$ 为按逆流方向发射时收到的信号相位。

频差法是通过测量顺流和逆流时超声脉冲的循环频率之差来测量流量的。顺流时脉冲循环频率为

$$f_1 = \frac{1}{t_1} = \frac{c+u}{L} \tag{2-49}$$

逆流时脉冲循环频率为

$$f_2 = \frac{1}{t_2} = \frac{c-u}{L} \tag{2-50}$$

脉冲循环频差为

$$\Delta f = f_1 - f_2 = \frac{2u}{L} \tag{2-51}$$

则流体流速为

$$u = \frac{L}{2}\Delta f \tag{2-52}$$

流体体积流量方程为

$$q_V = \frac{\pi}{4}D^2\bar{u} = \frac{\pi}{4k}D^2u \tag{2-53}$$

频率差法的最大优点是不受声速的影响，即不必对流体温度改变而引起声波的变化进行补偿，因此是常用的方法。

超声波流量计属大管径流量测量仪表，一台仪表可适应多种管径测量和多种流量范围测量。测量准确度几乎不受被测流体温度、压力、黏度、密度等参数的影响。如果超声变送器安装在管道外侧，就无须插入。它几乎适用于所有的液体，包括浆体等，测量精确度高，但管道的污浊会影响精确度。

（7）靶式流量计。靶式流量计是一种适用于测量高黏度、低雷诺数流体流量的测量仪表，例如用于测量重油、沥青、含固体颗粒的浆液及腐蚀性介质的流量。靶式流量计的测量元件是一个在测量管中心并垂直于流向的被称为“靶”的圆板。通过测量流体作用在靶上的力而实现流量测量，其结构如图 2-60 所示。在被测管道中心迎着流速方向安装一个靶，当介质流过时，靶受到流体的作用力。这个力由两部分组成，一部分是流体和靶表面的摩擦力，另一部分是由于流束在靶后分离，产生压差阻力，后者是主要的。当流体的雷诺数达到一定数值时，阻力系数不随雷诺数变化，而保持常数，这时流体对靶的作用力为

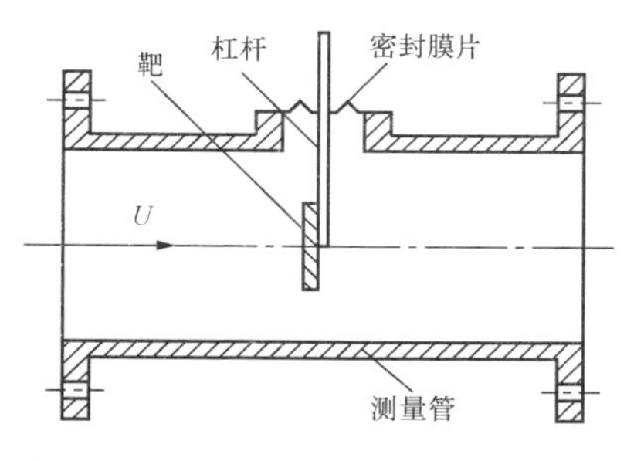

图 2-60　靶式流量计的结构示意图

$$F = k\frac{\rho}{2}u^2 A_B \tag{2-54}$$

式中　$F$——流体对靶的作用力；

$k$——阻力系数；

$u$——流体流速；

$\rho$——流体密度；

$A_B$——靶的受力面积。

若已知管道直径为 $D$，靶直径为 $d$，环隙通道面积为 $A$，则可由下式求出流体体积流量为

$$q_V = Au = \sqrt{\frac{1}{k}}\frac{D^2 - d^2}{d}\sqrt{\frac{\pi}{2}}\sqrt{\frac{F}{\rho}} \tag{2-55}$$

靶式流量计具有结构简单、安装维修方便、成本低的特点，已广泛用于低雷诺数、含固体颗粒的浆液及腐蚀介质流量的测量。

3. 容积式流量计

容积式流量计又称排量流量计，在流量仪表中是精度最高的一类。其工作原理是：在一定容积的空间里充满的液体，随流量计内部的运动元件的移动而被送出出口，测量这种送出流体的次数就可以求出通过流量计的流体体积。

根据容积式流量计中形成已知体积的机械运动部件，可分为腰轮形、齿轮形、椭圆齿轮形、螺杆形、刮板形、活塞形等流量计。

容积式流量计的最大特点是对被测流体的黏度不敏感，常用于测量重油等黏稠流体。

（1）椭圆齿轮流量计。椭圆齿轮流量计工作原理：两个椭圆齿轮具有相互滚动并进行接触旋转的特殊形状，见图 2-61。图中 $p_1$ 和 $p_2$ 分别表示入口压力和出口压力，显然 $p_1 > p_2$。在图 2-61（a）所示位置时，上方齿轮为主动轮，下方齿轮则为从动轮；当旋转到图 2-61（c）所示位置时，下方齿轮变为主动轮，上方齿轮则为从动轮，完成一个循环。一次循环动作排出四个由齿轮与壳壁间围成的新月形空腔的流体体积，该体积称作流量计的循

环体积。

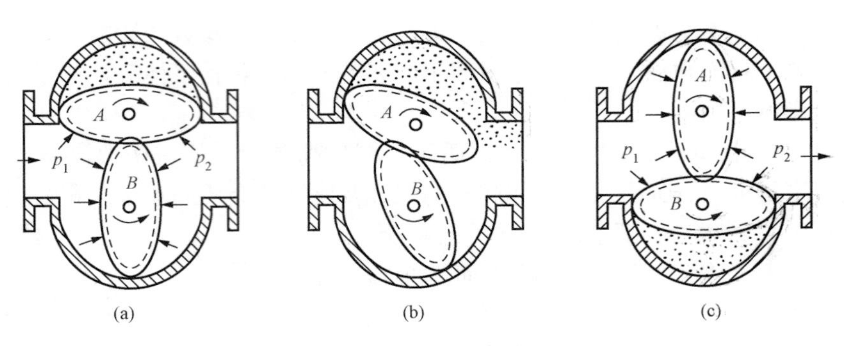


图 2-61 椭圆齿轮流量计

如果流量计循环体积为 $v$，一定时间内齿轮转动次数为 $N$，则在该时间内流过流量计的流体体积 $V$ 为

$$V = Nv \tag{2-56}$$

（2）腰轮流量计。腰轮流量计又称罗茨流量计，工作原理与椭圆齿轮流量计相同，特点是腰轮上没有齿，它们不是直接相互啮合转动，而是通过安装在壳体外的传动齿轮组进行传动，即腰轮流量计的转子是一对不带齿的腰形轮，在转动过程中依靠套在壳体外的与腰轮同轴上的啮合齿轮来完成驱动，其结构见图 2-62。腰轮流量计除可测量液体外，还可测量气体，精度可达±0.1%，并可做标准表使用，最大流量可达 1000$m^3$/h。

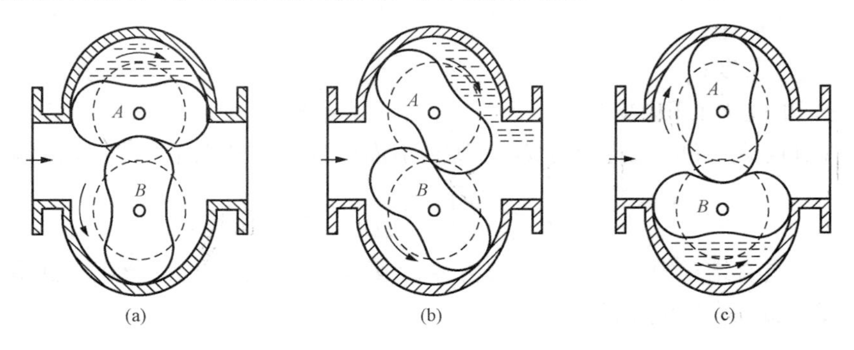


图 2-62 腰轮流量计

此外，腰轮流量计能就地显示累积流量，并有远传输出接口，与相应的光电式电脉冲转换器和流量积算仪配套，可进行远程测量、显示和控制。它精度高，重复性好，范围度大，对流量计前后直管段要求不高；适用于较高黏度流体，流体黏度变化对示值影响较小；适用无腐蚀性能的流体，如原油、石油制品（柴油、润滑油等）。

还有一种伺服式腰轮流量计（见图 2-63），在流量计工作时，腰轮由伺服电动机通过传动齿轮带动，伺服电动机转动的快慢，随流体进、出口压差的大小而改变。导压管将出入口压力引至差压变送器以测量进、出口压差的变化，当进、出口压差大于零时，差压变送器输出信号经放大后驱动伺服电动机带动腰轮加快旋转，使流量计排出较大流量的流体，从而使压差趋近于零。这种近于无压差的流量计，可使泄漏量减小到最低限度，因而能实现小流量的高精度测量，而且测量误差几乎不受流体压力、黏度和密度的影响。

（3）刮板流量计。如图 2-64 所示，转子在流量计进、出口差压作用下转动，当相邻两刮板进入计量区时，均伸出至壳体内壁且只随转子旋转而不滑动，形成具有固定容积的测量室，当离开计量区时，刮板缩入槽内，流体从出口排出，同时后一刮板又与其另一相邻刮板形成测量室。转子旋转一周，排出 4 份固定体积的流体，由转子的转数就可以求得被测流体的流量。

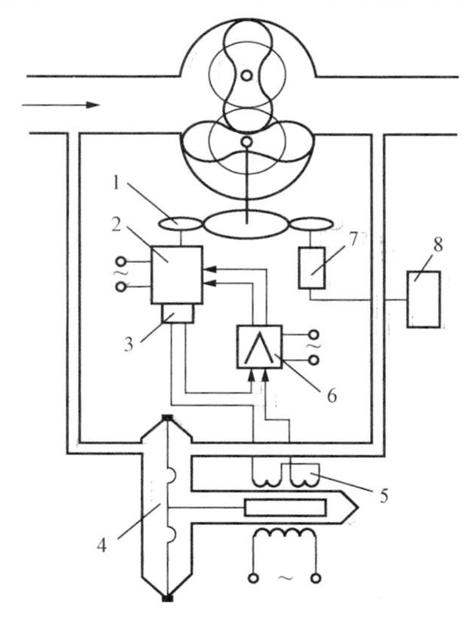


图 2-63　伺服式腰轮流量计工作原理

1—传动齿轮；2—伺服电动机；3—反馈测速发电机；4—微差压变送器；5—差压变压器；6—伺服放大器；7—DC 测速发电机；8—显示记录器

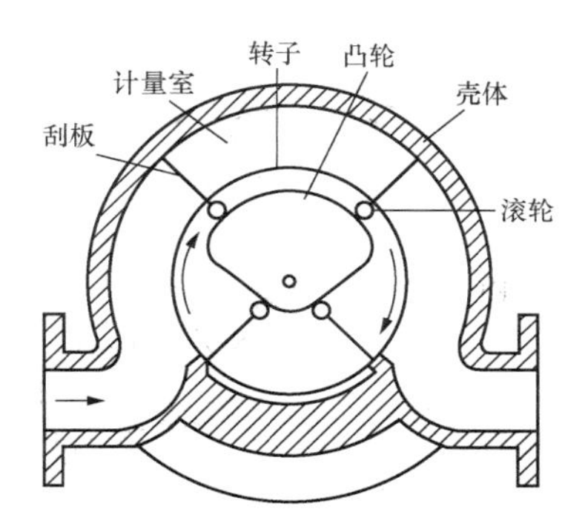


图 2-64　凸轮式刮板流量计

## 四、其他物理量的测量技术

### （一）转速的测量

在动力工程中，考察动力机械（如汽轮机、燃气轮机、内燃机等）和流体机械（如风机、水泵等）的性能时，转速是一个重要的特性参数。此外，动力机械的许多特性参数是根据它们与转速的函数关系来确定的，如压缩机的排气量、轴功率、内燃机的输出功率等，而且动力机械的振动、管道气流脉动、各种工作零件的磨损状态等都与转速密切相关。因此了解转速的测量方法是很重要的。需要指出的是，转速通常是指单位时间内旋转机械转轴的平均旋转速度，而不是瞬时旋转速度。转速的单位是 r/min。物体的转速一般采用间接的方法测量，即通过各种各样的传感器将转速变换为其他物理量，如机械量、电磁量、光学量等，然后再用模拟和数字两种方法显示。

转速测量的方法很多，测量仪表的形式也多种多样，其使用条件和测量精度也各不相同。根据转速测量的工作方式可分为两大类：接触式转速测量仪表与非接触式转速测量仪表。前者在使用时必须与被测转轴直接接触，如离心式转速表、钟表式转速表及测转速发电动机等；后者在使用时不必与被测转轴接触，如光电式转速表、电子数字式转速仪、闪光测转速仪等。

#### 1. 电气式转速测量方法

电气式转速测量方法很多，这里仅介绍电磁式转速仪和发电机式转速仪。

把转速转换成脉冲系列的传感器常用的有电磁感应式、霍尔式、磁敏式和光电式传感器。

最简单的电磁感应式的工作原理是：转动部件上若有凸起的铁磁物，如齿轮，则可在其近旁安装绕有线圈的磁铁，如图 2-65（a）所示。当齿轮的齿经过磁极时，磁通变化，在线圈上产生感应电动势 $e$，经过放大整形送入脉冲计数器，在一定时间间隔内累计脉冲数，便可得到转速。显然齿数越多，分辨力越强。

若转动部件为非铁磁性物质，可采用图 2-65（b）所示的方法，即将开口钢丝环套在转动体上、环的缺口处磁化成一对磁极，用录音机磁头在近距离内检测磁极经过时的磁场波动信号，放大整形后计数，同样可以测出转速。由于钢环的磁场比磁带上的磁信号强得多，磁头不必与钢环接触，所以不会磨损。

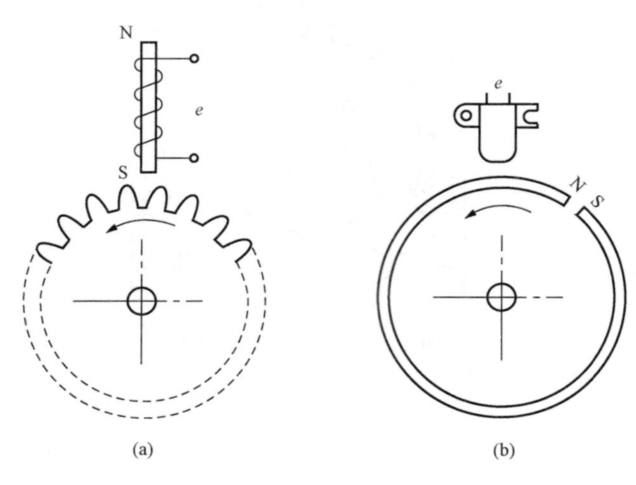

图 2-65 电磁感应转速传感器示意图

以上这两种非接触测量方法所产生的电脉冲幅值都和转速成正比，且输出为脉冲数，易于数字显示。

发电机式转速仪是一种专门测转速的微型电机，它是利用电磁感应原理制成的一种把转动的机械能转换成电信号输出的装置，与普通发电机不同之处是其输出电压与转速之间有较好的线性关系、较高的灵放度、较小的惯性和较大的输出信号等。发电机式转速仪分为直流和交流两类。直流测转速发电机又分为永磁式和他激式两种，交流测转速发电机则分为同步和异步两种。其中直流测转速发电机的输出电压和转速有较好的线性关系，并且直流的极性能反映转向，用在模拟式测速电路上很方便。交流测转速发电机的输出频率与转速严格对应，用在数字测速电路上不必经过模数转换，只要放大整形求出频率值即可。

发电机式转速仪有直流测转速发电机和交流测转速发电机。直流测转速发电机的平均直流输出电压 $U_0$ 与转速 $N$ 大致成正比，其表达式为

$$U_0 = \frac{n_p n_c \phi N}{60 n_{pp}} \tag{2-57}$$

式中 $n_p$——磁极数；

$n_c$——电极导线数；

$\phi$——磁极的磁通；

$n_{pp}$——正负电刷之间的并联路数；

$N$——转速。

输出电压 $U_0$ 的极性随旋转方向的不同而改变。由于电枢导线的数目有限，因此输出电压有小纹波。对于高速旋转的情况，纹波可利用低通滤波器来减小。典型的永磁式高精度测转速发电机的直流输出电压为 7V，额定转速为 5000r/min；在 0～3600r/min 范围内的非线性度为 0.07%。

交流测转速发电机是一种两相感应发电机，一般多采用笼式转子，为了提高精度有时也采用拖杯式转子。其中一相加交流激励电压以形成交流磁场，当转子随被测轴旋转时，就在另一相线圈上感应出频率和相位都与激励电压相同，但幅值与瞬时转速 $N(N=\omega/2\pi)$ 成正

比的交流输出电压 $U_0$。当旋转方向改变时，$U_0$ 也随之发生 180°的相移。当转子静止不动时，输出电压 $U_0$ 基本上为零。

测速发电机在使用时易受环境温度、湿度及电方面的干扰影响，其精度为 1%～2%，测速范围在 10 000r/min 以下，并且要吸收掉被测旋转轴的一部分功率，在一般稳定转速测量中用的不多，但在瞬变转速的测量中却有反应快、信号易于采集记录等优点。

以上各种方法中，凡是输出频率信号的转速传感器，都可以利用频率转换器把频率信号变成 0～10mA 或 1～20mA 的直流标准信号。但是对于用计算机控制的系统，完全可以直接把脉冲频率送入串行输入通道，由计算机的时钟定时采样得到转速，不一定需要经过频率转换器。

2. 闪光测转速法

闪光测转速法又称频闪式测转速法，闪光测速仪是用已知频率的闪光去照射被测轴，利用频率比较的方法来测量转速。它的原理是基于人的"视觉暂留现象"。一个闪光目标，当闪动频率大于 10Hz 时，人看上去就是连续发亮的。根据这一原理，用一个频率连续可调的闪光灯照射被测旋转轴上的某一固定标记（如齿轮的齿、圆盘的辐条或在旋转轴上涂以黑白点），并调节闪光频率 $f$，当频率是被测转数 $N$ 的 $n$ 倍或 $1/n$ 时（$n$ 为整数），标记就会在每转到同一位置时被照亮一次，当照亮次数大于每秒 10 次时，旋转的标记看上去就停留于固定位置不动。但只有当 $n=1$，也就是灯泡闪光频率 $f$ 等于被测转速 $N$ 时，标记图像才最清楚。这样就可以通过闪光灯的闪动频率来测量转速，而闪光频率可从刻度盘上直接读出。

通常灯泡的闪光频率为每分钟 110～25 000 次，对于转速大于 25 000r/min 的情况可通过下述办法来测量。首先从最高闪光频率往下调，当第一次看到标记不动时，得到闪光频率 $f_1$。接着继续减小闪光频率，直到再次看到标记不动时，得到闪光频率。重复上述过程，当第 $m$ 次看到标记不动时得到频率 $f_m$，则被测转速 $N$ 为

$$N=\frac{f_1 f_m(m-1)}{f_1-f_m} \tag{2-58}$$

闪光测速仪的优点是非接触式测量，测量精度高，量程范围宽，可完成每分钟几百至几万转的转速测量。特别适用于测量高转速机械，还可以用来作为观察运动机件工作情况的一种手段。当运动机件的旋转频率或往复运动频率 $f_x$ 与闪光频率 $f_0$ 相等或成整数倍时，人们可以看到运动机件停留在某一位置，好像是原地静止不动一样，因此可以清楚地观察运动着的机件，如进排气阀、弹簧、叶片和齿轮等在工作中的状况。闪光测速的缺点是精度不高。

3. 光电式测转速方法

光电式测转速是利用某些金属或半导体物质的光电效应制成的，分为反射式和透射式两大类。它们都由光源、光路系统、调制器和光敏元件组成。在转速测量系统中，常采用的光电式变换元件有光敏电阻，光电池，光敏二、三极管等。光敏电阻是利用某些半导体材料的电阻随光照强度的增大而减小的这一性质制成的。光电池则是利用光生伏特效应直接把光能转换为电能。

图 2-66 所示为透射式光电转速仪的工作原理。在转动轴上安装开有长方孔的遮光盘，该遮光盘的作用是作为光路调制器，它将连续光调制成光脉冲信号。当被测轴旋转时，圆盘调制器使光路周期性地交替断和通，因而使光敏元件产生周期性变化的电信号。显然孔多则分辨力高。图 2-67 所示为反射式光电转速仪的工作原理，在转动轴上涂抹黑白标记，用聚

焦后的光线照射，根据反射光的强度变动次数计数。黑白条纹数多则分辨力强。

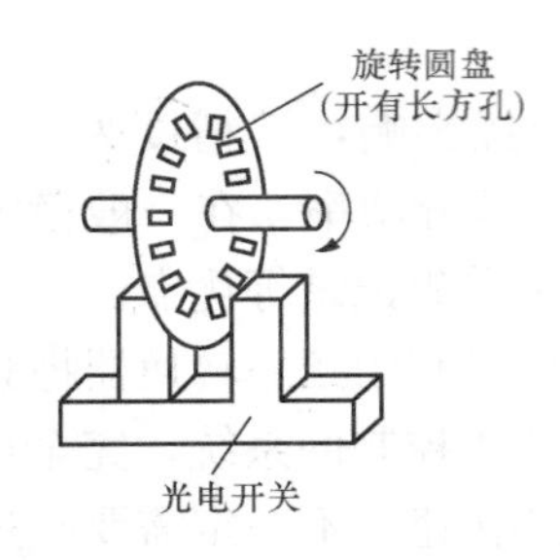


图 2-66 透射式光电转速仪的工作原理

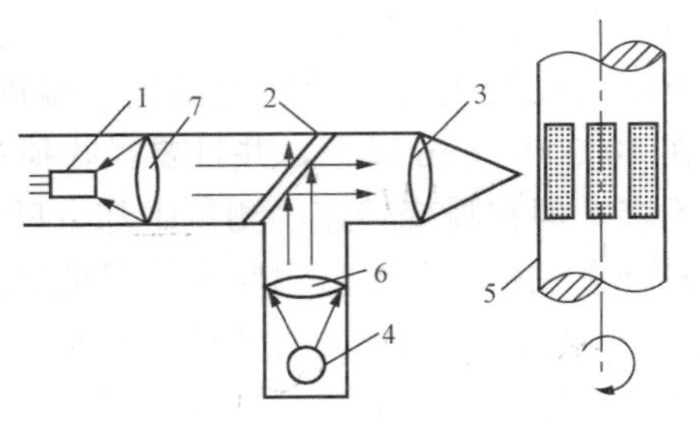


图 2-67 反射式光电转速仪的工作原理

1—光敏管；2—半透膜镜；3、6、7—会聚透镜；4—光源；5—转轴

光电式测转速仪输出的电脉冲的频率 $f$ 和周期 $T$ 与被测转速 $N$ 的关系为

$$\left.\begin{aligned} f &= \frac{NZ}{60} \\ N &= \frac{60}{Z}f = \frac{60}{T} \end{aligned}\right\} \tag{2-59}$$

式中 $Z$——调制器的缝隙数或黑白条纹数。

光电式测转速仪测速范围可达每分钟几十万转，且使用方便，对被测旋转体无干扰。但采用光电式测转速时应注意避免环境光的干扰，因此宜用红外波段，故半导体发光管及三极管都是红外线型。

4. 激光测转速法

激光测转速是激光在测量领域的另一个新的应用，它也是基于光电式测转速原理，见图 2-68。氦—氖激光器发出的激光束穿过半透镜后，透射的光束经过由透镜组成的光学系统后，聚焦在旋转物体的表面。在旋转物体的表面上贴有一小块定向反射材料。当激光束照射到没有贴反射材料的表面时，大部分激光沿空间各个方向散射，能够沿发射光轴返回的光束极其微弱，因此光电管感受不到任何信息。一旦激光光束照射到反射材料上，由于反射材料的“定向反射”特性，有一部分激光会沿发射光轴原路返回到半透镜上，经过反射，由透镜会聚到光电三极管上。于是物体每旋转一周，反射材料就被激光照射一次，一个激光脉冲返回到光电三极管，经转换后产生一个电脉冲信号。物体不停地旋转，光电管就输出一系列的电脉冲，这就是激光转速传感器所获取的旋转物体的转速信息。

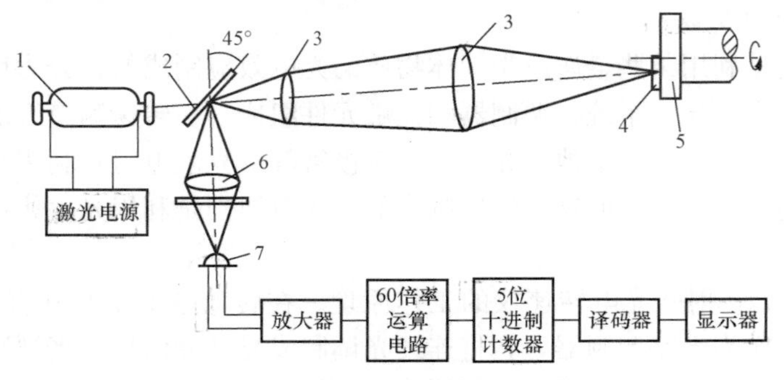


图 2-68 激光转速仪光路原理图

1—激光器；2—半透镜；3、6—透镜；4—反射材料；5—旋转物体；7—光电三极管

激光转速仪与其他非接触转速测量仪相比有如下优点：①其他非接触转速测量仪工作距离近，而激光转速仪工作距离远，可达10m；②当被测物体除了旋转外，还有振动和回转运动时，只有激光转速仪才能测量转速，而且操作简单，读数可靠；③抗干扰能力强，当工作环境存在杂光干扰时，其他非接触转速测量仪往往难以正常工作，而激光转速仪就可以不受其干扰；④由于激光亮度高，即使在激光束的通路上有几层厚玻璃板，激光转速仪仍能进行正常测量，例如可以测量风洞中试验模型的转速。

（二）功率的测量

1. 概述

在动力工程中功率的测量是十分重要的。例如，对于叶轮机械而言，功率是其重要的性能参数，在用试验方法获取性能曲线时，必须准确测量功率；对于动力机械，有效功率更是其最重要的性能参数；在评价制冷机的性能系数（COP值）和压缩机的比功率时都需要准确地测量轴功率；在火力发电厂中各种辅机（风机、水泵）的能耗也是重要的考核指标。值得注意的是，对于汽轮机、燃气轮机、内燃机需要测量的是输出轴功率，而对于制冷机、风机、压缩机和水泵等要测量的是输入功率，即原动机传给这些动力机械的轴功率。

测量功率通常有以下三种方法：①测量转矩和转速的方法；②测量电动机输入功率和效率的方法；③热平衡法。对第一种方法，因为功率等于转矩和转速的乘积，因此测量出转矩和转速即可得到轴功率。

测量电动机的输入功率以及电动机的效率也可确定动力机械的功率，即

$$P_i = P_e \eta_e \eta_m \tag{2-60}$$

式中　$P_i$——被测动力机械的轴功率；

$P_e$——电动机的输入功率；

$\eta_e$、$\eta_m$——电动机效率和传动装置效率。

当不能用上述两种方法测定叶轮机械的轴功率时，通常采用热平衡法来间接测定其功率。热平衡法是基于能量守恒原理，例如测定压缩机功率时，其能量方程为

$$P = G_g(h_{g2} - h_{g1}) + Q_{rc} + Q_{mc} \tag{2-61}$$

式中　$P$——被测压缩机轴（输入）功率，kW；

$G_g$——被压缩气体的质量流量，kg/s；

$h_{g1}$——压缩机进口气体的焓值，kJ/kg；

$h_{g2}$——压缩机出口气体的焓值，kJ/kg；

$Q_{rc}$——压缩机机壳的散热损失，kW；

$Q_{mc}$——压缩机轴承损失，kW。

压缩机机壳的散热损失$Q_{rc}$可根据压缩机机壳的面积、温度以及环境温度按经验公式进行估算，压缩机轴承损失$Q_{mc}$则依据润滑油带走的热量估算，即

$$Q_{mc} = G_l c_{pt} \Delta t \tag{2-62}$$

式中　$G_l$——润滑油的质量流量，kg/s；

$c_{pt}$——润滑油的比热容，kJ/kg；

$\Delta t$——润滑油的温升，℃。

因此用热平衡法测定叶轮机械的轴功率实际上是测量压缩气体的温度、压力和流量以及润滑油的流量和温升等。值得注意的是，由于叶轮机械通流截面的气体参数沿周向和径向往

往不是均匀的，因此为了准确测定气流参数的平均值，必须布置数量足够并按一定规律分布的周向和径向测点。

2. 转矩测量

测量转矩不仅是为了确定旋转机械的功率，而且转矩是各种工作机械传动轴的基本荷载形式，与动力机械的工作能力、能源消耗、效率、运转寿命及安全性能等因素紧密联系。转矩的测量对传动轴荷载的确定与控制、传动系统工作零件的强度设计以及原动机容量的选择等都具有重要意义。

使机械元件转动的力矩或力偶称为转动力矩，简称转矩。机械元件在转矩作用下都会产生一定程度的扭转变形，故转矩有时又称为扭矩。在国际单位制（SI）中，转矩的计量单位为牛顿·米（N·m）。

转矩可分为静态转矩和动态转矩。静态转矩是不随时间变化或变化很小、很缓慢的转矩。静态转矩包括静止转矩、恒定转矩、缓变转矩和微脉动转矩。静止转矩的值为常数，传动轴不旋转；恒定转矩的值为常数，但传动轴以匀速旋转，如电动机稳定工作时的转矩；缓变转矩的值随时间缓慢变化，但在短时间内可认为转矩值是不变的；微脉动转矩的瞬时值有幅度不大的脉动变化。

动态转矩是随时间变化很大的转矩。动态转矩包括振动转矩、过渡转矩和随机转矩。振动转矩的值是周期性波动的；过渡转矩是机械从一种工况转换到另一种工况时的转矩变化过程；随机转矩是一种不确定的、变化无规律的转矩。

转矩的测量方法可以分为平衡力法、能量转换法和传递法。其中传递法涉及的转矩测量仪器种类最多，应用也最广泛。

通过测量机体上的平衡力矩（实际上是测量力和力臂）来确定动力机械主轴上工作转矩的方法称为平衡力法。平衡力法直接从机体上测转矩，不存在从旋转件到静止件的转矩传递问题。但它仅适合测量匀速工作情况下的转矩，不能测动态转矩。

依据能量守恒定律，通过测量其他形式能量如电能、热能参数来测量旋转机械的机械能，进而求得转矩的方法即能量转换法。从方法上讲，能量转换法实际上就是对功率和转速进行测量的方法。能量转换法测转矩一般只在电动机和流体机械方面有较多的应用。

传递法是利用弹性元件来传递转矩，在传递转矩时弹性元件物理参数会发生响应，然后根据这些物理参数变化与转矩关系来测量转矩。

转矩测量仪器及装置很多，应根据使用环境、测量精度等要求来选择。

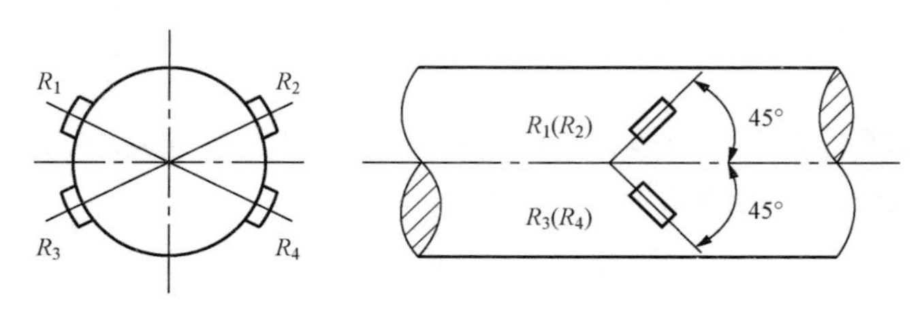


图 2-69 应变片式转矩传感器

应变式转矩测量仪是应用较广的一种测量转矩的仪器。它是通过测量转矩作用在转轴上产生的应变来测量转矩。图 2-69 所示为应变片式转矩传感器，在沿轴向 ±45° 方向上分别粘贴有 4 个应变片，感受轴的最大正、负应变，将其组成全桥电路，则可输出与转矩 $M$ 成正比的电压信号。这种接法可以消除轴向力和弯曲力的干扰。

转矩测量与一般应力测量的不同之处是，贴在转轴上的电阻应变片与电阻应变仪之间可以用导线直接传递信号和供给电源，而测量转矩时，因为转动轴是旋转体，在转矩传感器与电阻应变仪之间不能单靠导线传递信号，而要通过集流环。集流环有电刷—滑环式、水银式和感应式等。集流环存在触点磨损和信号不稳定等问题，不适于测量高速转轴的转矩。近年来，无接触集流环及无线电应变测量技术得到了很快的发展。应变片式转矩传感器结构简单，精度较高，应用较广泛。

除了应变片式转矩传感器外，还有光电式转矩传感器，如图 2 - 70 所示。在转轴上安装两个光栅圆盘，两个光栅盘外侧设有光源和光敏元件。无转矩作用时，两光栅的明暗条纹相互错开，完全遮挡住光路，因此放置于光栅一侧的光敏元件接收不到来自光栅盘另一侧光源的光信号，无电信号输出。当有转矩作用于转轴上时，由于轴的扭转变形，安装光栅处的两截面产生相对转角，两片光栅的暗条纹逐渐重合，部分光线透过两光栅而照射到光敏元件上，从而输出电信号。转矩越大，扭转角越大，照射到光敏元件上的光越多，因而输出电信号也越大。

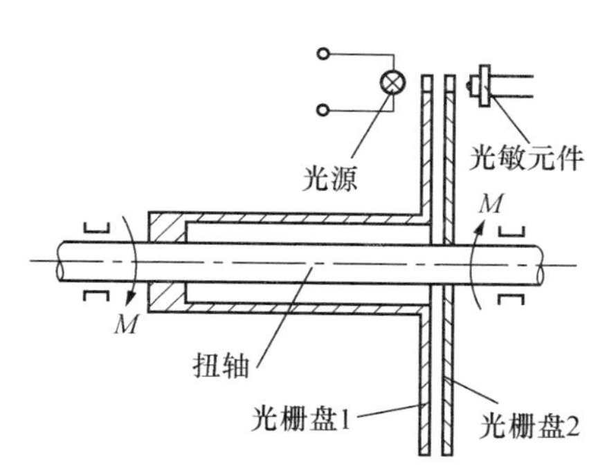

图 2 - 70 光电式转矩传感器

3. 测功器

在原动机的功率测量，特别是内燃机测量中广泛使用测功器，此时测功器是作为负载。根据施加荷载的方式常将测功器分为三种形式：水力测功器、电力测功器和电涡流测功器。

测功器由制动器、测力机构和测速装置等几部分组成。制动器可调节原动机的负载，并把所吸收的原动机的功率转化为热能或电能。测力机构和测速装置分别测量输出的转矩及相应的转速。随着电子技术的发展和微机的应用，现代测功器已具有自动调节和控制的功能。

对测功器的基本要求是：①在需要测量的原动机或动力机械的全部工作范围内（包括转速和负载）能稳定地工作；②能方便、平稳和精确地调节转速和转矩；③能准确地测量制动器消耗的功率；④操作简单，安全可靠。

在采用测功器测量发动机功率时通常包括指示功率的测量和有效功率的测量。测量指示功率时，需先制取发动机某种工况下的示功图，然后量出示功图的面积，求出该工况下发动机的指示功率。测量有效功率时，测功器用来吸收试验发动机发出的功，同时模拟实际使用的各种工况，测定发动机输出扭矩和转速，通过计算求出功率。

水力测功器是用水作为工作介质来产生制动力矩，主要由转子和外壳两部分组成。转子在充满水的定子中旋转，水的摩擦阻力形成制动力矩，吸收原动机输出的功率或代替动力机械吸收功率。

根据转子结果的不同，水力测功器可分为盘式、柱销式和涡流式。图 2 - 71 所示为盘式水力测功器结构简图。测功器转子由转轴及固定在其上的转盘构成。转子用轴承支承在定子内，定子则支承在摆动轴承上，它可以绕轴线自由摆动。水经过进水阀流入定子的内腔。当转子在定子中旋转时，由于转盘和水的摩擦作用，水被抛向定子的外缘，形成旋转的水环，而水环的旋转运动被定子内壁的摩擦所阻。水与壁面的摩擦作用使原动机输出的有效转矩传给定子，即水对测功器转子产生制动力矩的同时，有一大小相等、方向相反的反作用力矩作用于测功器的定子上。在定子上固定有一个力臂，通过与力臂相连的测力机构测定扭矩。定子内腔中水量越多，即水环越厚，则水和转子之间摩擦阻力越大，制动力矩也就越大。所以改变测功器定子内腔中的水量，即可调节测功器的制动力矩。水量由进水阀和排水阀进行控制。

水力测功器的缺点是测量精度低，不能进行反拖试验，试验中能量不能回收。但它具有价格便宜、结构简单、操作简便、便于维修、体积小等优点，因而得到广泛应用。

电力测功器的工作原理和普通发电机或电动机基本相同。将原动机的功转变成发电机的电能，或将电动机的电能转变为动力机械的功。电动机的转子和定子之间的作用力和反作用力大小相等、方向相反，所以只要将其定子做成自由摆动的，即可测定转子的制动力矩或驱动力矩。

电力测功器由测功电动机（包括平衡电动机和测力电动机）、交流机组、激磁机组、负荷电阻等组成。图 2 - 72 所示为电力测功器采用的平衡式电动机结构。直流电动机转子由发动机带动并在定子（外壳）磁场中旋转。定子（外壳）支承在与转子轴同心的滚动轴承上，可自由摆动。外壳与测力机构相连，依靠外壳摆动角度的大小来指示测力机构读数。

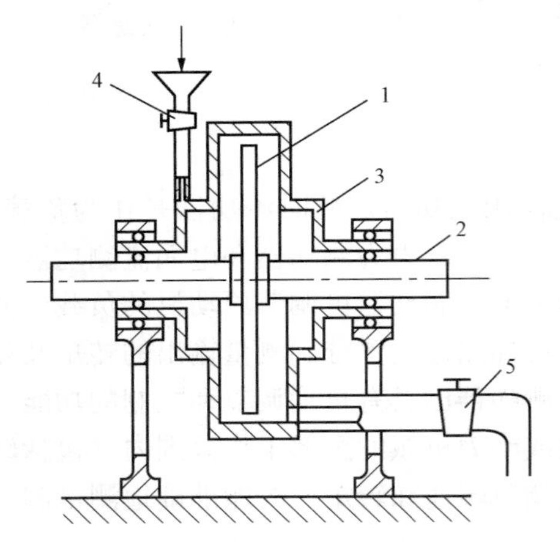


图 2 - 71　盘式水力测功器结构简图

1—转盘；2—转轴；3—定子；4—进水阀；5—排水阀

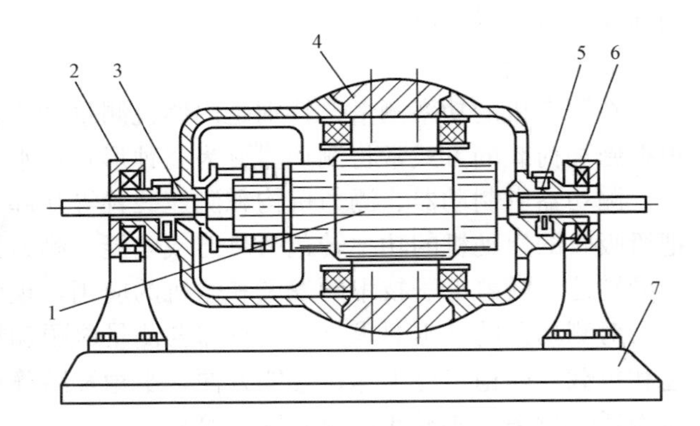


图 2 - 72　电力测功器采用的平衡式电动机结构

1—转子；2、6—滚动轴承；3、5—滑动轴承；4—定子外壳；7—基座

发动机带动转子在定子磁场中转动时，转子线圈切割磁力线而产生感应电流。感应电流的磁场与定子相互作用产生方向相反的电磁力矩，定子外壳受到的电磁力矩与转子旋转方向相同，与发动机加于转子的扭矩大小相等。因此，通过外壳角度经测力机构可反映发动机输出功率的大小。在一定转速下，改变定子磁场强度（通过改变激磁机组供给平衡电动机的激磁电流的大小）及负荷电阻即可调节负荷。

平衡式电力测功器的交流机组使平衡电动机作发电机运行时，吸收发动机扭矩，并将发出的直流电变成三相交流电输入电网，回收电能。当需要平衡电动机反拖发动机时，交流机组又把三相交流电变为直流电输入平衡电动机的电枢中，可以进行发动机机械损失测定、启动、磨合试验等。

尽管平衡式电动机结构复杂，价格昂贵，但可回收电能，反拖发动机，且工作灵活，精度高，因此也得到广泛应用。

电涡流测功器由电涡流制动器、测力机构及控制柜组成。电涡流测功器因结构形式不同，分为盘式和感应子式两类。现在应用最多的是感应子式电涡流测功器。

图 2-73 所示为感应子式电涡流测功器结构。制动器由转子和定子组成，制成平衡式结构。转子为铁制的齿状圆盘。定子的结构较为复杂，由激磁绕组、涡流环、铁芯组成。电涡流测功器吸收的发动机功率全部转化为热量，测功器工作时，冷却水对测功器进行冷却。

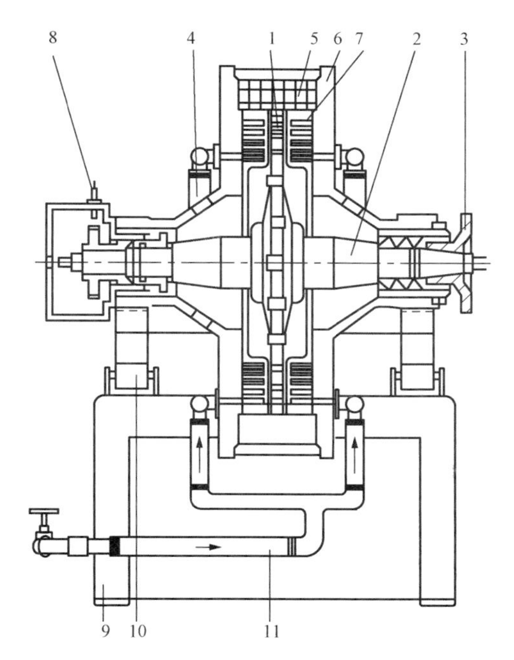


图 2-73　感应子式电涡流测功器结构

1—转子；2—转子轴；3—连接盘；4—冷却水管；5—激磁绕组；6—外壳；7—冷却水腔；8—转速传感器；9—底座；10—轴承座；11—进水管

电涡流测功器的原理是，当激磁绕组中有直流电通过时，在由感应子、空气隙、涡流环和铁芯形成的闭合磁路中产生磁通，当转子转动时，空气隙发生变化，则磁通密度也发生变化。在转子齿顶处的磁通密度大，齿根处磁通密度小，由电磁感应定律可知，此时将产生感应电动势，力图阻止磁通的变化，于是在涡流环上感应出涡电流，涡电流的产生引起对转子的制动作用，从而使涡流环（摆动体）偏转一定角度，由测力机构测出。涡流环吸收发动机的功率，产生的热量由冷却水带走。调节激磁电流大小，可调节电涡流强度，从而调节吸收负荷的能力。

电涡流测功器具有精度高、振动小、结构简单、体积小、耗电少等特点，并具有十分宽广的转速范围和功率范围，转速可自 1000～25 000r/min 甚至更高，功率可以达 5000kW，但此种测功器只能将发动机的功率转换成热量消耗掉而不能发出电力，也不能作为电动机倒拖发动机。

## 第二节　燃料与燃烧的监测技术

### 一、概述

燃料通常是指能够通过燃烧过程而将化学能转换为热能的物质。它包括所有的化石燃料（如煤、石油、天然气、油页岩等）及由化石燃料加工而成的其他含能体（如煤气、焦炭、汽油、煤油、柴油、重油、液化石油气、丙烷、甲烷、乙醇等）、生物质燃料（如薪柴）以及由生物质燃料加工而成的含能体（如沼气）。

燃料燃烧是化学能转换为热能的最主要方式。锅炉是将燃料燃烧的化学能转变为工质热能的主要设备。锅炉产生的蒸汽或热水也是一种优质的二次能源，除用于发电外，也广泛用于冶金、化工、轻工、食品等工业部门，而且是采暖的热源。

将燃料的化学能转换为热能的设备除锅炉外还有工业炉窑。工业炉窑量大面广，类型繁多。例如，冶金工业中就有炼铁高炉，炼钢平炉、转炉，轧钢连续加热炉、罩式退火炉，炼铜反射炉；建材工业中有水泥回转窑、立窑，砖瓦焙烧窑，陶瓷和砖瓦隧道窑，玻璃池窑；机械工业中的各种热处理炉，化铁冲天炉等。这些工业炉窑有的烧煤，有的采用重油、焦炭或天然气作燃料，都是能耗大的装置。目前，我国大多数工业炉窑技术落后，热效率低，节能潜力大，是技术改造的重点。

为了使燃料高效地燃烧，必须了解各种燃料的成分和化学组成，因此需要对燃料进行分析。通常燃料分析有元素分析、工业分析和成分分析。对固体燃料主要进行元素分析和工业分析；对液体燃料使用元素分析，气体燃料多采用成分分析。本节将简要介绍有关燃料分析和燃烧监测技术，主要是煤的分析和煤燃烧监测技术。

**二、燃料的采样和制样**

煤是一种粒度和组成极不均匀的大宗散状物料，可简单视为水分、有机质和无机矿物质的三元混合物。煤质分析包括采样、制样、化验三个环节。从统计角度看，若误差用方差表示，则煤质分析的总误差有80%来源于采样，有16%来源于制样，化验仅占4%。通常从一批量的商品煤中抽出几百千克煤样，经过一系列破碎、缩分，制成所需的分析煤样后，该批煤的质量指标就已被确定。可见，采取有代表性的煤样，并将其无误差地制备成分析试样，是取得可靠数据的关键。

经常遇到供需双方关于灰分、水分，尤其是发热量的纠纷。究其原因，主要由于双方没有严格按照国家标准规定的方法进行操作，偶然误差较大。

所谓煤的采样就是从大量煤中采取具有代表性的一部分煤的过程。在锅炉热效率的测试中对燃料的取样有如下规定：

（1）入炉原煤取样，每次测试采集的原始煤样数量不少于总燃煤量的1%，并且总取样量不少于10kg，取样应在称重地点进行；当锅炉额定蒸发量（额定热功率）大于或者等于20t/h（14MW）时，采集的原始煤样数量不少于总燃料量的0.5%。

（2）对于液体燃料，从油箱或者燃烧器前的管道上抽取不少于1L样品，装入容器内，加盖密封，并且做上封口标记，送化验室。

（3）城市煤气及天然气的成分和发热量通常可由当地煤气公司或者石油天然气公司提供，对于其他气体燃料，可在燃烧器前的管道上开一取样孔，接上燃气取样器取样，进行成分分析，气体燃料的发热量可按其成分进行计算。

（4）对于混合燃料，可根据入炉各种燃料的元素分析、工业分析、发热量和全水分再按相应基质的混合比例求得对应值，然后作为单一燃料处理。

取样后还需对样品进行制样。制样过程包括破碎、过筛、掺合、缩分、干燥5个环节，当需要使用浮煤做分析化验时，还要进行减灰。破碎的目的是减小黏度，增加煤粒分散程度，改善煤的不均匀度；为使煤样破碎到必要的粒度，要用各种筛孔的筛子筛分；掺合则是使缩分后的煤样不失去代表性，每次缩分前都应掺合，使其均匀化，掺合煤样采用堆锥法；缩分的目的是使煤样减少，又不失去其代表性；干燥能使煤样畅通地通过破碎机、缩分机、二分器和筛子时，不致黏附在筛上；对需减灰的煤样，将原始煤样放入重液中进行浮选，达到减灰的目的。

原始煤样必须全部通过25mm的方孔筛后，方允许缩分，即筛分后务必将筛子上方粒径大于25mm的块煤破碎后全部通过孔径25mm的筛子。在煤样缩制过程中，务必遵循煤样粒度与最小保留量之间的关系。这是因为煤是一种散状物料，它存在一个可以保持与原物料组成相一致的最小保留量。如样品保留量增大，就会不必要地增加制样的工作量，故实际制样时是期望能够满足制样精密度要求又不必保留过多的样品。

此外，还需注意分析煤样的制备即存查煤样的留取。分析煤样可用小于1mm方孔筛或小于3mm圆孔筛的煤样来直接制取。当用小于1mm方孔筛制取样品时，因小于1mm的煤样的最小保留量应为0.1kg，故不必缩分。如上述小于1mm的煤样达到空气干燥状态，就可以应用制粉机制成小于0.2mm的分析煤样。当然试样也可以在达到小于0.2mm后达到空气干燥状态。制备好的分析煤样，应装在带磨口塞的广口瓶中，瓶中所装煤量不宜超过煤样瓶的3/4。

当用小于3mm圆孔筛制取小于3mm的样品时，因小于3mm的煤样的最小保留量应为3.75kg，而小于0.2mm的煤样仅需保留0.1kg，故必须对上述小于3mm的3.75kg煤样用二分器连续缩分5次。进行缩分操作时，将小于3mm、3.75kg煤样，先用二分器缩分两次，此时保留的样品为0.94kg，然后将它掺合3遍，堆锥压成煤饼后按9点法取出100个来制备分析煤样，余下的0.84kg作为存查煤样。

制样全过程精密度的检验按国家标准执行，存查煤样保留的样品量不小于0.5kg，自报出试验结果之日起，一般保留时间为2个月。

**三、燃料分析**

工业上常将煤的分析分为工业分析和元素分析。工业分析是测出煤的不可燃成分和可燃成分，其中不可燃成分为水分和灰分；可燃成分为挥发分和固定碳。这四种成分的总量为100。元素分析是测出煤中的化学元素组成，该组成可示出煤中某些有机元素的含量。元素分析组成包括C、H、O、N、S 5种元素，这5种元素加上水分和灰分，其总量为100。了解这两种组成就可以为煤的燃烧提供基本数据。

工业分析法带有规范性，所得的组成与煤的固有组成完全不同，但它给煤的工艺利用带来很大的方便。工业分析法采用了常规质量分析法，以质量百分比计量各组成，这有利于煤质计量、煤种划分、煤质评估、用途选择、商品计价等。元素分析结果则对煤质研究、工业利用、锅炉设计、环境质量评价等都是极为有用的资料。

（一）煤的工业分析

1. 水分分析

煤的水分分析是指煤中全水分分析。煤中的水分分析有烘干法和蒸馏法。烘干法又可分为常规测定法、快速测定法和褐煤水分测定法。蒸馏法通常供仲裁时使用。

烘干法是利用水分在常压下温度超过100℃时会自动蒸发的原理来使煤脱除水分，在煤样最大颗粒度不超过3mm时可采用烘干法直接测定煤中的水分。其具体操作方法是：称取一定量的煤样置入105～110℃（对于常规测定法）或（145±5)℃（快速测定法）的干燥箱内，保温一定时间［烟煤2h、无烟煤2.5h、褐煤在（145±5)℃45min］后称重，以所失去的质量占煤样原称重质量的百分数作为全水分。煤中的水分含量$M$（分析基）和$M_t$（全水分）按下式计算

$$M=\frac{m_1}{m}\times(100-M_1)\% \tag{2-63}$$

$$M_t=M_1+\frac{m_1}{m}\times(100-M_1)\% \tag{2-64}$$

式中 $m_1$——被测煤样干燥后所失去的质量，g；

$m$——被测煤样的质量，g；

$M_1$——煤样在运送中损失质量占失重前的质量百分数，%。

当煤样最大颗粒度在 3～13mm 时，水分的测定分两步，即先测定煤的外在水分，然后把煤样破碎到 3mm 以下测量其内在水分。具体的做法是：取一定量的煤样 500g 摊在盘中，在 70～80℃干燥箱中干燥 1.5h 并进行多次搅拌，称重后，设失去的质量为 $\Delta m$，则煤的外在水分 $M_f$ 为

$$M_f = \frac{\Delta m}{500} \times 100\% \tag{2-65}$$

若考虑煤样在运送过程中的水分损失 $M_1$，则 $M_f$ 应校正为 $M_f'$

$$M_f' = M_1 + M_f \times \frac{100 - M_1}{100}\% \tag{2-66}$$

在测定煤的外在水分后，把煤破碎至 3mm 以下，按最大粒度不超过 3mm 的情况进行水分测定，以两次测定所失去的总质量占煤样原始质量的百分数为全水分。

煤样的内在水分 $M_{inh}$ 为

$$M_{inh} = \frac{m_1}{m} \times 100\% \tag{2-67}$$

式中 $m_1$——小于 3mm 煤样干燥后的减量，g；

$m$——小于 3mm 煤样的质量，g。

煤的全水分 $M_t$ 为

$$M_t = M_f' + M_{inh} \times \frac{100 - M_f}{100}\% \tag{2-68}$$

当 $M_1 > 1\%$ 时，表明煤样在运送途中可能受到意外损失，这时计算结果中不必以 $M_1$ 对全水分值进行校正，则

$$M_t = M_f + M_{inh} \times \frac{100 - M_f}{100}\% \tag{2-69}$$

这时在报告中应注明“未对运输中的水分损失进行校正的测定结果”。

2. 灰分测定

煤的灰分测定有缓慢灰化法和快速灰化法。其原理是在高温下使煤中的可燃成分和气体逸出烧掉，剩下分解后的矿物质及元素的固体残留物，即为煤的灰分（$A$）。分析的方法是称取一定质量的煤样，将其置入高温电炉中，升温至（815±10）℃灼烧后，称出残留物的质量，然后计算分析煤样的灰分（$A'$），即

$$A' = \frac{m_1}{m} \times 100\% \tag{2-70}$$

式中 $m_1$——残留物的质量，g；

$m$——分析煤样的初始质量，g。

3. 挥发分的测定方法

将煤与空气隔绝加热至高温（900±10）℃，使煤中的挥发分逸出，冷却后称出残留物的质量，除去水分以外的逸出物称为挥发分。没挥发的固体残留物为焦炭。煤受热分解物中包括有机物分解的挥发物和矿物质分解的挥发物，以及水分和少量被高温分解的不挥发有机

物。可见挥发分不是组成煤的单独成分，而是其在高温下受热分解的产物。挥发分的测定方法是：取一定量的煤样放入带盖的坩埚内，然后将坩埚置入预先加热到920℃的马弗炉，隔绝空气，并要求3min内使炉温恢复到（900±10)℃，加热7min，冷却后称重，按下式计算挥发分$V$

$$V=\frac{m_1}{m}\times 100-M\% \quad (2-71)$$

当分析煤样中碳酸盐$CO_2$含量为2%～12%时，则

$$V=\frac{m_1}{m}\times 100-M-(CO_2)_{TSm}\% \quad (2-72)$$

当分析煤样中碳酸盐$CO_2$含量大于12%时，则

$$V=\frac{m_1}{m}\times 100-M-[(CO_2)_{TSm}-(CO_2)_{TSj}]\% \quad (2-73)$$

式中 $m_1$——分析煤样加热后的减量，g；

$m$——分析煤样的质量，g；

$M$——分析煤样中的水分，%；

$(CO_2)_{TSm}$——分析煤样中碳酸盐$CO_2$含量，%；

$(CO_2)_{TSj}$——焦渣中$CO_2$占煤中的含量，%。

4. 固定碳的计算

固定碳FC为

$$FC=100-(M+A+V)\% \quad (2-74)$$

式中 $M$——分析煤样的水分，%；

$A$——分析煤样的灰分，%；

$V$——分析煤样的挥发分，%。

(二) 煤的元素分析

1. 碳、氢元素分析

碳、氢元素的分析是用燃烧—吸收法在碳氢元素测定仪，即所谓“三节炉”上进行的。其原理是将盛有定量样品的瓷舟放入三节炉燃烧管中，在一定的升温速度和以一定的速度供入氧气的情况下进行燃烧反应，燃烧产物中的水和二氧化碳分别用无水氯化钙（或浓硫酸、硅胶）和碱石棉（或碱石灰、40%的氢氧化钾溶液）吸收，然后根据吸收剂的增量计算出试样中碳和氢两元素的含量。另外，在燃烧产物中要有专门的试剂去除二氧化硫、氯、氮等气体。测定结果按下面的公式计算

$$C=\frac{0.2729m_1}{m}\times 100\% \quad (2-75)$$

$$H=\frac{0.1119(m_2-m_3)}{m}\times 100-0.1119M\% \quad (2-76)$$

若煤中碳酸盐含量大于2%，则有

$$C=\frac{0.2729m_1}{m}\times 100-0.2729(CO_2)_{TS}\% \quad (2-77)$$

式中 C——分析样品中碳的含量，%；

H——分析样品中氢的含量，%；

$m$——分析样品的质量，g；

$m_1$——吸收二氧化碳的U形管的增量，g；

$m_2$——吸收水分的U形管的增量，g；

$m_3$——水分的空白值，g；

$(CO_2)_{TS}$——分析样品中碳酸盐$CO_2$的含量,%。

2. 氮元素分析

氮元素分析是采用加热分解—蒸馏—吸收法。该法的原理是在开式瓶中装入试样，加浓硫酸和硝酸钠，并以硫酸铜作催化剂在电炉上加热分解，使氮转化为硫酸氮铵，然后用氢氧化钠碱化，使氨蒸馏出来，并用硼酸溶液吸收，最后再用硫酸标准溶液滴定计算出氮元素含量。分析结果按下式计算

$$N = \frac{C_{H_2SO_4}(V - V_0) \times 0.014}{m} \times 100\% \tag{2-78}$$

式中 N——试样中氮的含量,%；

$C_{H_2SO_4}$——硫酸标准溶液的摩尔浓度，mol/L；

$V$——测定中硫酸标准溶液的耗量，mL；

$V_0$——空白试验时硫酸标准溶液的耗量，mL；

$m$——煤样的质量，g；

0.014——1mmol氮的质量，g/mmol。

3. 硫的分析

煤中全硫测定有三种方法，即质量法、高温燃烧中和法、高温燃烧碘量法。后两种方法适用于快速分析，只在仲裁时使用质量法。

质量法又称艾式法，它是将煤样与艾氏剂混合，在850℃下灼烧生成硫酸盐，然后再使硫酸根离子生成硫酸钡沉淀，根据硫酸钡的质量即可计算煤中的全硫含量$S_t$，即

$$S_t = \frac{(m_1 - m_2) \times 0.1374}{m} \times 100\% \tag{2-79}$$

式中 $m_1$——生成硫酸钡的质量，g；

$m_2$——空白试验时硫酸钡的生成量，g；

$m$——煤样的质量，g；

0.1374——由硫酸钡换算成硫的系数。

高温燃烧中和法是将煤样在氧气流中进行高温燃烧（1250℃），使煤中各种形态的硫都氧化分解成硫的氧化物，然后将其捕集在过氧化氢溶液中，形成硫酸溶液；再用标准氢氧化钠溶液进行滴定，根据滴定使用的氢氧化钠量，计算煤中的全硫含量$S_t$，即

$$S_t = \frac{C_{NaOH}(V - V_0) \times 0.016}{m} \times 100\% \tag{2-80}$$

式中 $C_{NaOH}$——氢氧化钠溶液的摩尔浓度，mol/L；

$V$——煤样滴定时氢氧化钠溶液的用量，mL；

$V_0$——煤样空白试验时氢氧化钠溶液的用量，mL；

$m$——煤样的质量，g；

0.016——1mmol硫的质量，g/mmol。

高温燃烧碘量法是将煤样在空气流中进行高温燃烧（1250℃±5℃），使煤中各种形态的硫都氧化分解成硫的氧化物，然后将其捕集在淀粉溶液中，形成亚硫酸溶液；再用碘酸钾标准溶液进行滴定，根据滴定使用的碘酸钾量，计算煤中的全硫含量 $S_t$。

当硫小于1%时有

$$S_t = \frac{VC_{KIO_3} \times 0.016}{m} \times 100\% \tag{2-81}$$

当硫大于1%时有

$$S_t = \frac{VC_{KIO_3} \times 0.016}{m} \times 1.04 \times 100\% \tag{2-82}$$

式中 $V$——煤样滴定时碘酸钾溶液的用量，mL；

$C_{KIO_3}$——碘酸钾溶液的摩尔浓度，mol/L；

$m$——煤样的质量，g；

0.016——1mmol 硫的质量，g/mmol；

1.04——经验系数。

4. 氧元素分析

氧元素含量可以直接用计算的方法确定，即

$$O = 100 - (C + H + S + N + M + A)\% \tag{2-83}$$

**四、燃料发热量的测定**

燃料发热量的测定方法有直接测量和间接测量。前者利用热量计，后者则是依据工业分析或成分分析结果计算得到。

常用测定煤发热量的热量计，形式多样，有自动热量计、精密热量计、快速热量计等。对泥炭、褐煤、烟煤、无烟煤、焦炭、碳质页岩等固体矿物燃料及水煤浆，GB/T 213—2008《煤的发热量测定方法》规定了用氧弹量热法测定煤的高位发热量的原理、试验条件、试剂和材料、仪器设备、测定步骤、测定结果的计算、热容量、仪器常数标定和方法精密度等，还给出了低位发热量的计算方法。

热量计是由燃烧氧弹、内筒、外筒、搅拌器、水、温度传感器、试样点火装置、温度测量和控制系统构成。通常热量计有两种，即恒温式和绝热式，它们的量热系统被包围在充满水的双层夹套（外筒）中，它们的差别只在于外筒的控制温度方式不同，其余部分无明显区别。

无水热量计的内筒、搅拌器和水被一个金属块代替。氧弹为双层金属构成，其中嵌有温度传感器，氧弹本身组成了量热系统。图2-74所示为环境恒温式氧弹量热计。

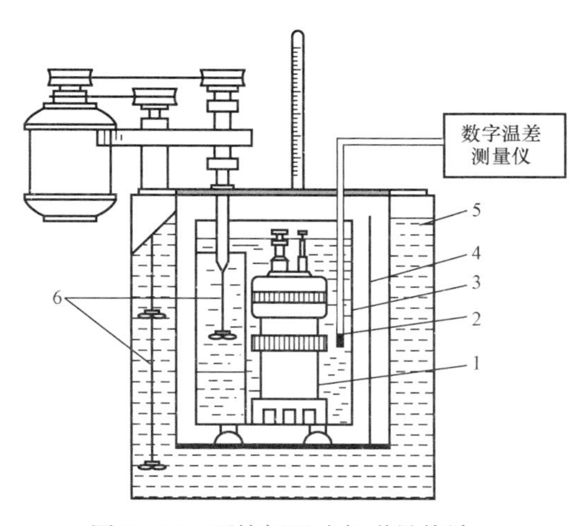


图2-74 环境恒温式氧弹量热计

1—氧弹；2—温度传感器；3—内筒；4—空气隔层；5—外筒；6—搅拌器

氧弹是热量计的关键部件，它是由耐热、耐腐蚀的镍铬钼合金钢制成，需要具备3个主要性能：①不受燃烧过程中出现的高温和腐蚀性产物的影响而产生热效应；②能承受充氧压力和燃烧过程中产生的瞬时高压；③试验过程中能保持完全气密。弹筒容积为250～350mL，弹头上应装有供充氧和排气的阀门以及点火电源的接线电极。

新氧弹和新换部件（弹筒、弹头、连接环）的氧弹应经20.0MPa的水压试验，证明无问题后方能使用。此外，应经常注意观察与氧弹强度有关的结构，如弹筒和连接环的螺纹、进气阀、出气阀和电极与弹头的连接处等，如发现显著磨损或松动，应进行修理，并经水压试验合格后再用。

氧弹还应定期进行水压试验，每次水压试验后，氧弹的使用时间一般不应超过2年。

当使用多个设计制作相同的氧弹时，每一个氧弹都应作为一个完整的单元使用。氧弹部件的交换使用可能导致发生严重事故。

发热量的测定由两个独立的试验组成，即在规定的条件下基准量热物质的燃烧试验（热容量标定）和试样的燃烧试验。为了消除未受控制的热交换引起的系统误差，要求这两种试验的条件尽量相近。

试验过程分为初期、主期（燃烧反应期）和末期。对于绝热式热量计，初期和末期是为了确定开始点火的温度和终点温度；对于恒温式热量计，初期和末期的作用是确定热量计的热交换特性，以便在燃烧反应主期内对热量计内筒与外筒间的热交换进行正确的校正。初期和末期的时间应足够长。

## 五、燃烧的监测技术

为了合理利用燃料、提高燃烧效率必须对燃烧过程进行监测。通常燃烧的监测主要是对排出燃烧室的燃烧产物，即对烟气（对固体燃料还包括灰渣）进行测定。烟气成分的监测是检查燃料燃烧后烟气中是否存在可燃物，以及氧气过剩量是否合适。对燃烧固体燃料的炉窑，除了烟气中存在可燃成分外，炉渣中和飞灰中含碳也会导致热损失。

### （一）烟气成分的测定

在烟气成分测量中用得较普遍的是测量烟气中氧含量的各种氧量计及测量二氧化碳含量的各种二氧化碳分析仪。但随着色谱分析技术、质谱分析技术、色谱质谱联用技术以及红外光谱分析技术的迅速发展，在烟气成分测量中也越来越多地采用这些先进的测试技术。

#### 1. 烟气中氧含量的测量

对烟气中氧含量的测量常采用氧化锆氧量计和热磁式氧量计。氧化锆氧量计的基本原理是，以氧化锆作为固体电解质，在高温下电解质两侧氧浓度不同时将形成浓差电池，而浓差电池产生的电动势与两侧氧浓度有关，如一侧氧浓度固定，即可通过测量输出电动势来测量另一侧的氧含量。在分析烟气中的氧含量时，常用空气作为参比气体。氧化锆氧量计测量精确度高，响应快，维修工作量小，显示仪器可以数字式读数，也可以模拟式读数。氧化锆氧量计安装方式分为抽出式和直插式，后者如图2-75所示。图2-76所示为$ZrO_2$氧气传感器的结构。

在各种气体中氧的磁化率特别高，热磁式氧量计正是利用这一特点而制成的。由于除氧气外烟气中各非氧气成分的容积磁化率均很小（见表2-8），且有正有负，可互相抵消，因此烟气的容积磁化率主要取决于烟气中氧气的含量。根据烟气容积磁化率的大小即可测量其中氧的含量。但直接测量烟气容积磁化率的大小十分困难，通常是利用顺磁性气体的容积磁化率随温度升高而迅速降低的特点，使受热的顺磁性气体在磁场中形成磁风，并根据磁风力的大小来确定气样中的氧含量。

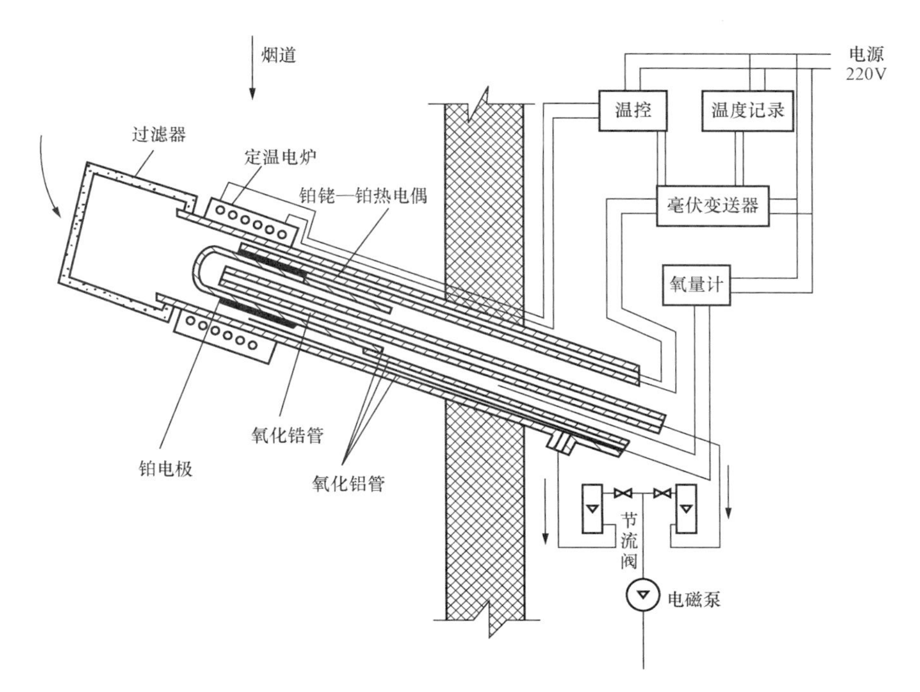


图 2-75　直插定温抽气式氧化锆氧量计

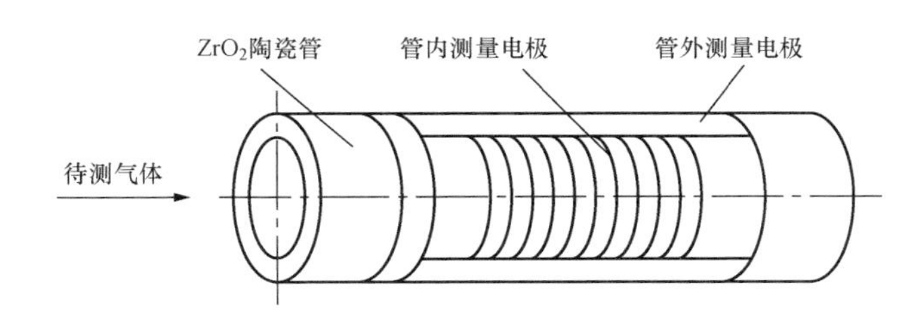


图 2-76　$ZrO_2$ 氧气传感器的结构

**表 2-8**　　**常见气体的磁化率（20℃）**

| 气体 | 符号 | 气体磁化率 $k\times10^{-6}$ | 气体 | 符号 | 气体磁化率 $k\times10^{-6}$ | 气体 | 符号 | 气体磁化率 $k\times10^{-6}$ |
|---|---|---|---|---|---|---|---|---|
| 空气 | | +22.9 | 二氧化碳 | $CO_2$ | −0.42 | 氯 | $Cl_2$ | −0.59 |
| 氧 | $O_2$ | +106.2 | 水蒸气 | $H_2O$ | −0.43 | 氦 | He | −0.47 |
| 一氧化氮 | NO | +48.06 | 氢 | $H_2$ | −1.97 | 乙炔 | $C_2H_2$ | −0.48 |
| 二氧化氮 | $NO_2$ | +6.71 | 氮 | $N_2$ | −0.34 | 甲烷 | $CH_4$ | −2.50 |

图 2-77 给出了热磁式氧量计的原理。其传感器是一带水平通道的环形管，在水平通道的外壁上绕有两个铂丝加热电阻 R1 和 R2，它们同时又作为测温传感器与另外两个锰铜丝绕制的固定电阻 R3 和 R4 组成测量电桥，电桥的输出送至二次仪表。在靠近 R1 的水平通道进口两侧放置永久磁铁的两个磁极，形成不均匀的永久磁场。被测气样从圆柱下部进入后分两路通过圆环，在圆环上部汇合后排出。当气样中不含氧时，水平通道中无磁风，R1 和 R2

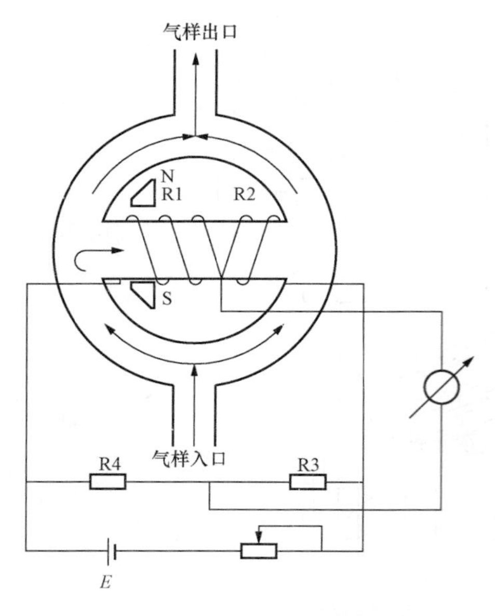


图 2-77 热磁式氧量计的原理

的温度相等，因而其电阻值相同，电桥平衡，输出为零。当含氧气流通过时，在中间通道会产生磁风，由于磁风先流经 R1，被加热后再流经 R2，所以磁风对 R2 的冷却作用比 R1 为小，使 R1 和 R2 的温度不等，电阻不等，电桥失去平衡，其不平衡程度与磁风的大小有关，即与氧含量有关，于是电桥输出的不平衡电信号可代表气样中的氧含量。

2. 热导式气体分析仪

在烟气分析中还广泛使用热导式气体分析仪。由于各种不同气体的导热能力不同（见表 2-9），因此利用气体导热系数的差异可以识别不同气体，热导式气体分析仪就是根据这一原理设计的。

这种分析仪的气体传感器结构如图 2-78 所示。它是用直径为 50～60$\mu$m 的高纯铂丝绕制成直径大约为 0.5mm 的线圈，线圈的圈数应使铂电阻达到适当的阻值。在线圈的外面涂以膏状氧化铝涂层并烧结而成，涂覆氧化物的目的是延长铂丝的使用寿命。对线圈通以一定的电流加热，并将其作为平衡电桥的桥臂之一。由于金属丝温度较高，当被分析的气体通过有该金属丝的桥臂室（又称发送器）时，因气体导热系数不同，其散热能力也不同，从而使金属丝的温度和电阻值也不同，于是原来平衡的电桥就会失去平衡，不平衡的电桥将输出一个不平衡的电压，仪器根据此不平衡电压即可显示出被测气体中某组分的浓度。

**表 2-9 各种气体 0℃ 时的导热系数**

| 气体名称 | $\lambda_0$ [$10^2$W/(m·K)] | 气体名称 | $\lambda_0$ [$10^2$W/(m·K)] |
|---|---|---|---|
| 空气 | 2.44 | $CO_2$ | 1.47 |
| $N_2$ | 2.43 | $NH_3$ | 2.18 |
| $O_2$ | 2.46 | $SO_2$ | 0.85 |
| $H_2$ | 17.41 | He | 14.56 |
| CO | 2.35 | $CH_4$ | 3.01 |

3. 奥氏烟气分析器

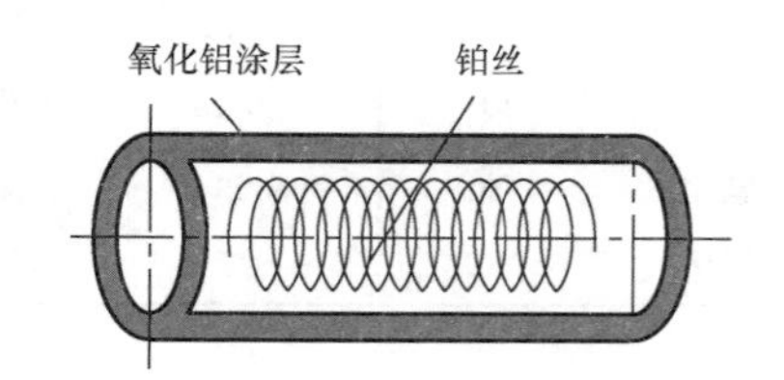


图 2-78 热导式气体浓度传感器结构

奥氏烟气分析器是经典的用来测定烟气中二氧化碳、氧气和一氧化碳等的百分含量的常规仪器。它是采用化学分析法的典型，其原理是利用某些化学试剂对烟气中某一组分具有选择性吸收的特点，以分别确定各组分的含量。它由烟气过滤器、3 个吸收器、量筒、玻璃套筒（内储水，以保持烟温恒定）、平衡瓶（调节量筒中水位）、梳形管和三通旋塞等组成（见图 2-79）。为便于观察，各部件都用玻璃制成。第一个吸收器内储有无色苛性钾溶液，用来同时吸收 $CO_2$ 和 $SO_2$；第二个吸收器中装有褐色焦性没食子酸苛性钾溶液，可同时吸收 $CO_2$、$SO_2$ 和 $O_2$（如前两者已被第一吸收器所充分吸收，则只需吸收 $O_2$）；第三个吸收器内盛有青色的氯化亚铜的氨溶液，主要用来吸收一氧化碳（同时也能吸收氧气和乙炔等）。

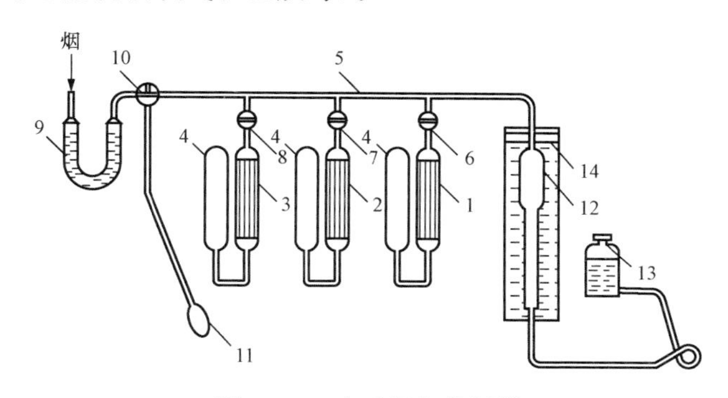


图 2-79　奥氏烟气分析器

1、2、3—吸收瓶；4—缓冲瓶；5—梳形管；6、7、8—旋塞；9—过滤器；10—三通旋塞；11—橡皮球；12—量管；13—水准瓶；14—水套管

（二）炉渣含碳量的测定

炉渣的采样必须有代表性。炉渣采样的总量应不小于监测期总渣量的 1%，并不少于 10～20kg。炉渣缩分取样约 50g，再破碎至 0.2mm（80 目筛分）。称取此样（1±0.2)g，放入瓷舟，置于预先升温至（850±20)℃的马弗炉中灼烧 2h，直到其质量变化不大于 0.001g 为止则炉渣的含碳量为

$$C_{za} = \frac{m_1}{m} \times 100\% \qquad (2-84)$$

式中　$C_{za}$——炉渣的含碳量，%；

$m_1$——灼烧减量，g；

$m$——渣样质量，g。

（三）飞灰含碳量的测定

为确定飞灰含碳量，首先需要收集烟尘。目前多采用过滤积尘法，即从排烟中连续抽取一定量的烟气，捕集其中的尘量，计算单位气体中所含尘量，得到烟尘浓度。将收集的尘样进行灼烧测定其含碳量（测定方法与炉渣含碳量的测定方法相同），然后即可计算出监测期烟尘带出的总碳量。

（四）燃烧产物的取样

必须指出：燃烧产物成分正确分析的首要条件是分析的气样要有代表性。因此燃烧产物的取样就显得特别重要。对取样点的位置和取样方式的一般要求是：能连续自动的取样；取样点应尽可能避开有化学反应的位置（如烟气取样一般设置在炉膛出口以后的烟道中）；不要在有回流、停滞或泄漏处取样，即测点应远离局部阻力件；管道中取样应考虑介质沿截面是否均匀，在水平管道内介质易分层，在弯头处成分易分离，都不利于取出有代表性的样品，故常在垂直管道中取样；沿管道截面流速分布不均匀也影响取样，不应在边界层处取样。另外，在一些研究性的试验中，有时还需要测量从炉膛内抽取高温烟气样品进行分析。

为了正确测得烟气中各成分的浓度，取样必须在等速的条件下进行，即进入取样探头进

口的吸入速度与探头周围烟道中的烟气流速相等。当不等速取样时，流线会有如图 2-80 所示的变化。图 2-80（a）取样管不对准气流，流线弯曲，烟气中的固体颗粒与气相严重分离；图 2-80（b）取样速度太高，流线收缩；图 2-80（c）取样速度太低，流线膨胀；图 2-80（d）为正常的等速取样。

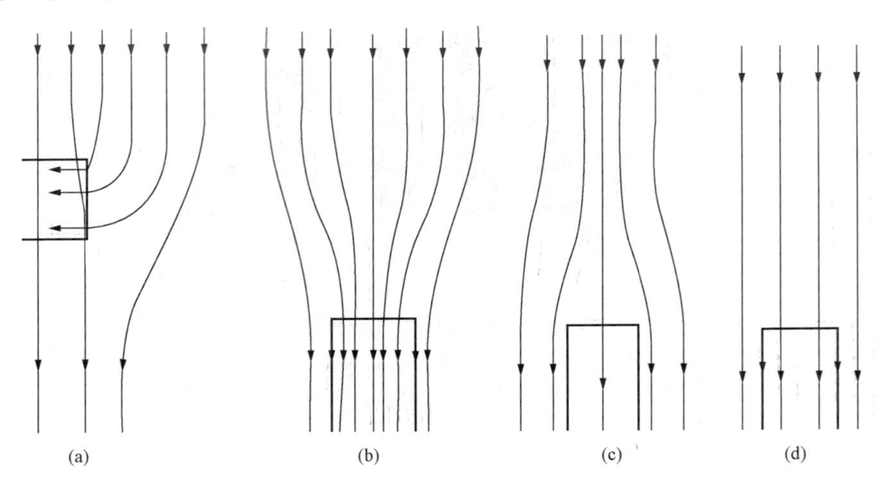


图 2-80 等速取样与不等速取样
（a）等速取样，方向不一致；（b）高速取样，方向一致；
（c）低速取样，方向一致；（d）等速取样，方向一致

同时为了不改变流线，除了上述情况外，取样管不能设计太大，取样管的截面通常为流通截面的 1%～2%，最大也不应超过 5%。

为了能在现场准确方便地进行等速取样，多采用补偿式静止零位探头结构。由于气流在进入探头后，截面突然扩大，流速降低，从而使得静压增加，这样便可以自动补偿探头进口段总的阻力损失，实现等速取样的要求。

## 第三节 电工监测技术

### 一、概述

电工测量的对象主要是电流、电压、电功率、电能、相位、频率、功率因数、电阻等。测量各种电量（包括磁量）的仪器仪表，统称为电工测量仪表。电工测量仪表的种类很多，其中最常用的是测量基本电量的仪表。电工测量在电气设备安全、经济、合理运行与故障检修中起着十分重要的作用。

从测量原理上讲，所谓电工测量就是将被测的电量或磁量与同类量进行比较的过程。根据比较方法的不同，测量方法也不一样。电工仪表种类多，有不同的分类方法。除按准确度分类外，还可以按使用方法分为开关板式仪表和可携式仪表；按仪表外形尺寸分则有微型、小型、中型、大型和巨型 5 种，按仪表的工作原理通常分为磁电系、电磁系和电动系三类。

为了表示常用电工仪表的技术性能，在电工仪表的表盘上有许多符号，如被测量单位的符号、工作原理符号、电流种类符号、准确度等级符号、工作位置符号和绝缘强度符号等。常用电工仪表的类型和应用范围见表 2-10。

**表 2-10　常用电工仪表的类型和应用范围**

| 名称 | 标志符号 | 最高准确度等级 | 测量范围 | | 消耗功率 | 过载能力 | 制成仪表类型 | 应用范围 |
|---|---|---|---|---|---|---|---|---|
| | | | 电流（A） | 电压（V） | | | | |
| 磁电系 | 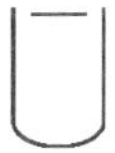 | 0.1 | $10^{-11}\sim10^{2}$ | $10^{-2}\sim10^{3}$ | <100mW | 小 | A、V、n、$M_n$ 检流计钳形表 | 直流电表且与多种变换器配合扩大使用范围，作比率表 |
| 电磁系 | 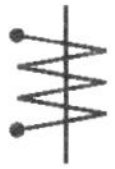 | 0.1 | $10^{-3}\sim10^{2}$ | $1\sim10^{3}$ | 较磁电系大，略小于电动系 | 大 | A、V、HZ、$\cos\varphi$ 同步表，钳形表 | 用于 50～5kHz 安装式电表及一般实验室用交（直）流表 |
| 电动系 | 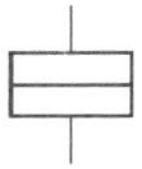 | 0.1 | $10^{-3}\sim10^{2}$ | $1\sim10^{3}$ | 较大 | 小 | A、V、W、Hz、$\cos\varphi$ 同步表 | 用于 50～10kHz 作交直流标准表及一般实验室用表 |
| 铁磁电动系 | 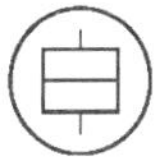 | 0.2 | $10^{-3}\sim10^{2}$ | $10^{-1}\sim10^{3}$ | 较小 | 小 | A、V、W、Hz、$\cos\varphi$ | 用于工频，主要作安装式电表 |
| 感应系 | 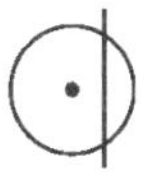 | 0.5 | $10^{-1}\sim10^{2}$ | $10^{-3}\sim10^{3}$ | 较小 | 大 | A、V、W、1h、主要用于电能表 | 用于工频，测量交流电路中电能 |
| 整流系 | 有效值　平均值 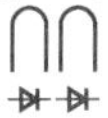 | 1.0 | $10^{-5}\sim10$ | $5\times10^{-3}\sim5\times10^{2}$ | 小 | 小 | A、V、n、$\cos\varphi$、1h、万用表 | 作万用表，频率从50～5kHz |
| 电子系 | 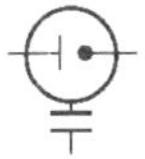 | 1.0 | | | 较小 | | A、V、Ω、Hz、$\cos\varphi$ | 在弱电线路中应用，频率<$10^{8}$Hz |

电工仪表的准确度等级分为0.1、0.2、0.5、1.0、1.5、2.5、5.0共7级，数字越小表示准确度越高。按防御外界磁场或电场干扰的能力可分为Ⅰ、Ⅱ、Ⅲ、Ⅳ 4等，其中Ⅰ等的防御能力最好。按使用条件则分为A、B、C三组，A、B两组用于室内，C组用于室外或船舰、飞机、车辆上。

## 二、电流和电压的测量

电流、电压一般都采用直接测量方法，即采用直读式模拟或数字的电流、电压表测量。测电流时与被测电路串联，测电压时与被测电路并联，但应注意连接在电路中的位置，即电流表线圈应接在低电位端，电压表接地标志应接在低电位端，如图2-81所示。

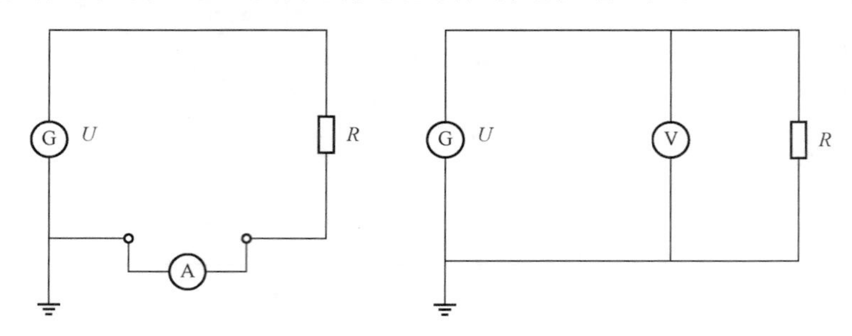


图2-81 电流表和电压表在电路中的连接

### （一）直流电流和电压的测量

测量直流电流和电压的仪表多为磁电系仪表。磁电系仪表结构如图2-82所示。它可分为固定部分和可动部分。固定部分包括马蹄形永久磁铁、极掌NS及圆柱形铁芯等。可动部分则有铝框及线圈、两根半轴、螺旋弹簧及指针。极掌与铁芯之间空气隙的长度是均匀的，其中产生均匀的辐射方向的磁场。

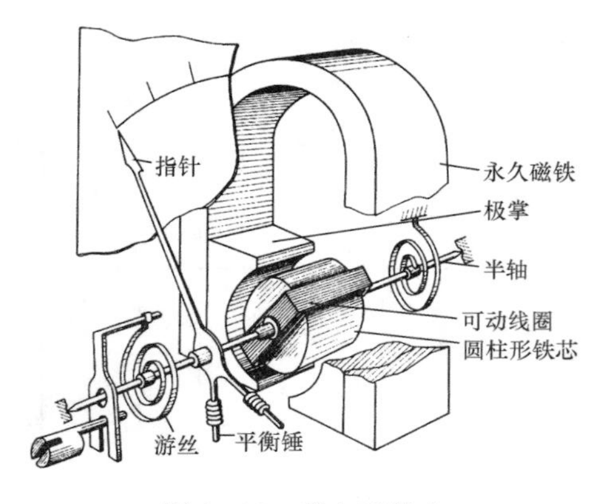


图2-82 磁电系仪表

磁电系仪表工作原理是可动线圈通电后，由于线圈在磁场中受到电磁力矩的作用使指针产生偏转，当可动线圈稳定后，可认为驱动力矩等于反作用力矩，此时指针偏转的角度与流经线圈的电流成正比。

磁电系仪表可以用于测量直流电压、直流电流及电阻，其优点是刻度均匀、灵敏度和准确度高、阻尼强、消耗电能量小、受外界磁场影响小、工作稳定可靠、易制成多量程仪表；它的缺点是过载能力小、只能测量直流、结构复杂、成本高。

值得注意的是，因为该仪表内部永久磁铁产生的磁场方向恒定，所以只有通入直流电流才能产生稳定的偏转。如果线圈中通入的是交流电流，则由于电流方向不断改变，转动力矩也是在交变，可动的机械部分来不及反应，指针只能在零位附近摆动而得不到正确的读数。所以它只能测量直流电流。

磁电系仪表可以通过分流器扩大其量程，也可以并联若干个电阻，通过更换输入接头，可组成多量程的电流表。分流电阻一般采用电阻率较大、电阻温度系数很小的锰铜制成。目前，国家标准规定外附分流器在通入额定电流时，对应的额定电压为30、45、75、100、

150mV 和 300mV 共 6 种规格。例如，有一磁电式测量机构的电压量程为 100mV，要将其改装成 100A 的电流表，只要选择额定电压为 100mV、额定电流为 100A 的外附分流器与测量机构并联，就能组成 100A 的电流表，标度尺也按 100A 来刻度。

磁电系直流电压表是由磁电系测量机构与分压电阻串联组成的，见图 2-83，根据欧姆定律可知，一只内阻为 $R_C$、满刻度电流为 $I_C$ 的磁电系测量机构，本身就是一只量程为 $U_C=I_CR_C$ 的直流电压表，只是其电压量程太小。如果需要测量更高的电压，就必须扩大其电压量程，即串联分压电阻。分压电阻的计算方法如下：

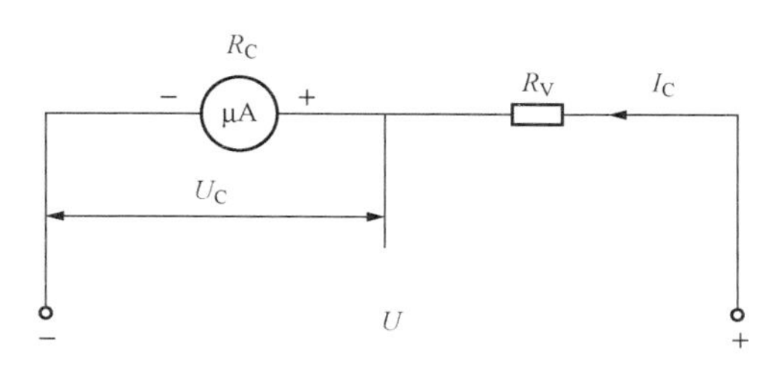

图 2-83　串联分压电阻的电路图

设磁电系测量机构的额定电压为 $UI_C=I_CR_C$，串联适当分压电阻 $R_V$ 后，可使电压量程扩大为 $U$，此时，通过测量机构的电流仍为 $I_C$，且 $I_C$ 与被测电压 $U$ 成正比。所以，可以用仪表指针偏转角的大小来反映被测电压的数值。

根据串联电路的特点 $I_C=\frac{U_C}{R_C}=\frac{U}{R_C+R_V}$，若令 $m$ 为电压量程扩大倍数，则有

$$m=\frac{U}{U_C}=\frac{R_C+R_V}{R_C}=1+\frac{R_V}{R_C} \tag{2-85}$$

整理得

$$R_V=(m-1)R_C \tag{2-86}$$

上式说明，要使电压表量程扩大 $m$ 倍，需要串联的分压电阻应是测量机构内阻 $R_C$ 的（$m-1$）倍。

分压电阻一般应采用电阻率大、电阻温度系数小的锰铜丝绕制而成。分压电阻也分为内附式和外附式两种。通常量程低于 600V 时可采用内附式的，以便安装在表壳内部；量程高于 600V 时，应采用外附式的。外附式分压电阻是单独制造的，并且要与仪表配套使用。

多量程直流电压表由磁电系测量机构与不同阻值的分压电阻串联组成。通常采用共用式分压电路。这种电路的优点是高量程分压电阻共用了低量程的分压电阻，达到了节约材料的目的；缺点是一旦低量程分压电阻损坏，高量程电压挡就不能使用。

（二）交流电流和电压的测量

测量交流电压和交流电流最常用的是电磁系仪表，它具有结构简单、过载能力强、价格便宜、可以交直流两用等一系列优点，在试验室、工业测量中应用十分广泛。

电磁系仪表的工作原理是被测电流通过一固定线圈，线圈产生的磁场磁化铁芯，铁芯与线圈或者铁芯与铁芯相互作用而产生转矩。它和磁电系测量仪表的区别是，它的磁场由被测电流通过固定线圈产生，而磁电系测量机构的磁场是由永久磁铁产生的。

电磁系仪表结构有吸引型、推斥型和吸引—推斥型三种形式（见图 2-84）。吸引型的驱动力矩是利用线圈通电后，对可动铁芯产生吸引力，使指针偏转。推斥型则靠线圈同时对固定、可动铁芯进行磁化，由于磁化的极性相同，产生互斥而形成驱动力矩。显然驱动力矩与通过线圈的电流大小有关，因此根据仪表指针偏转角的大小即可得到电流值。但由于指针偏转角与被测电流的平方成正比，因此标尺呈平方律特性，前密后疏。另外，电磁系仪表的固定线圈有感抗，铁片有涡流，这些都随频率而改变，使读数产生误差。所以电磁系仪表一般

只适用于工频测量。

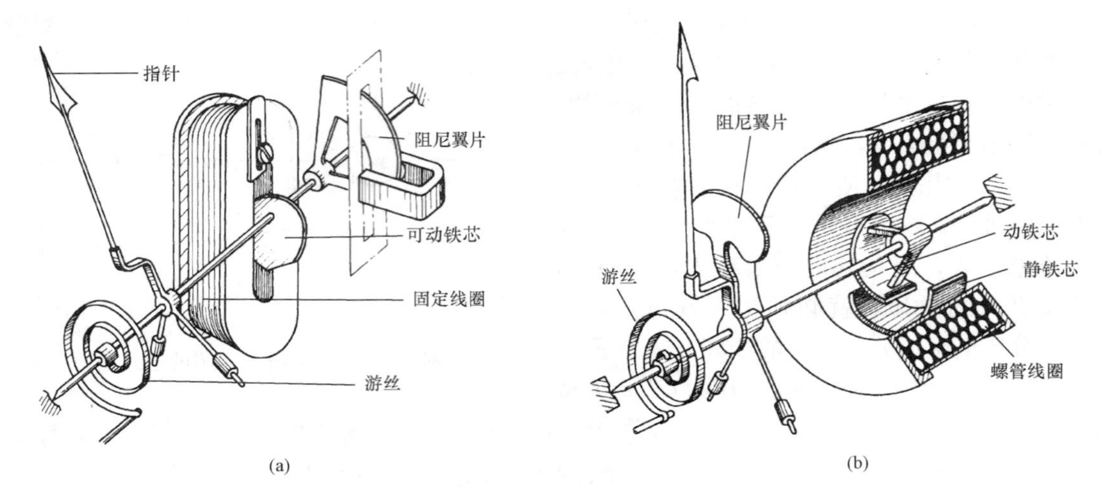


图 2-84 电磁系仪表结构
(a) 吸引型；(b) 推斥型

虽然电磁系仪表结构简单、价格低廉、过载能力强，但由于存在磁滞现象，准确度低，最高为 0.5 级。因为线圈需要足够的电流来产生磁场，故其灵敏度低；又由于本身磁场较弱，抗干扰能力差。

电磁系测量机构本身就是电流表，只要将被测电流接入固定线圈中即可。被测电流通过固定线圈，不通过可动部分，固定线圈的线径较粗，可以流入大电流，因而一般不需分流器，可以直接用这种测量机构去测量较大的电流。量限小于 30A 时，线圈用绝缘导线，量限大时可用粗铜条绕制。一般测量机构本身可测量的最大电流为 200A，大于 200A 以上的电流表采用电流互感器扩大量限。

为改变量程，一般是将固定线圈分段，利用各段线圈的串联或并联来改变电流量程。当构成多量程电流表时，不宜采用分流器。通常是将固定线圈分段绕制，采用线圈串并联结合的方法改变量程。

电磁系仪表与被测电路并联即可作为电压表测量电压，若要扩大量程，可采用由固定线圈串联附加电阻。但是附加电阻不宜过大，否则通过固定线圈的电流很小，需要增加固定线圈的匝数，使误差增大。

对于交流精密测量，通常采用电动系仪表，即所谓交流标准表。与电磁系仪表的区别是：由可动线圈代替可动铁芯。这样可以消除磁滞和涡流的影响，使测量的准确度提高。此外，电动系仪表具有固定和可动两套线圈，可以测量功率、电能。

**三、电功率和电能的测量**

测量电功率通常使用功率表。功率表是电动系仪表，其结构如图 2-85 所示。固定线圈分为两段，目的是获得较均匀的磁场分布，也便于改换电流量程。可动部分包括可动线圈、指针、阻尼翼片等。它们均固定在转轴上。游丝既作为产生反作用力矩，又作为引导电流的元件。阻尼力矩由空气阻尼装置产生。固定线圈导线较粗，匝数较少，它与负载串联。可动线圈为电压线圈，导线较细，匝数较多，且串联附加电阻，它与负载并联。

电动系仪表的工作原理如图 2-86 所示。固定线圈通入直流电 $I_1$，产生磁场，磁感应强度为 $B$，可动线圈通入直流电 $I_2$，可动线圈在磁场中受到电磁力 $F$ 作用，并产生偏转。作为功率表使用，指针偏转角正比于被测功率。

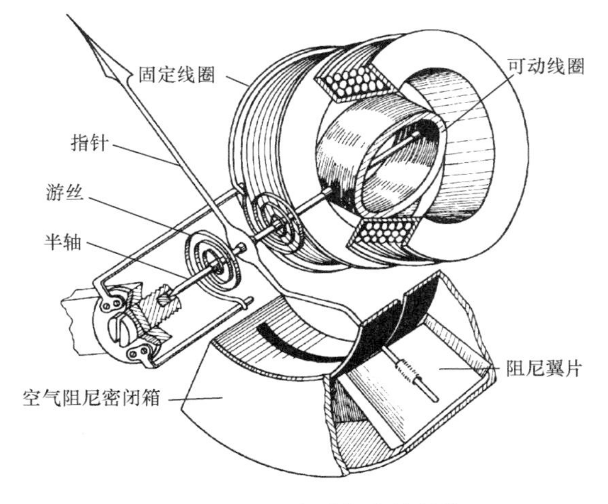


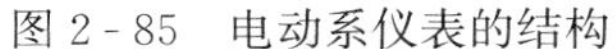
图 2-85　电动系仪表的结构

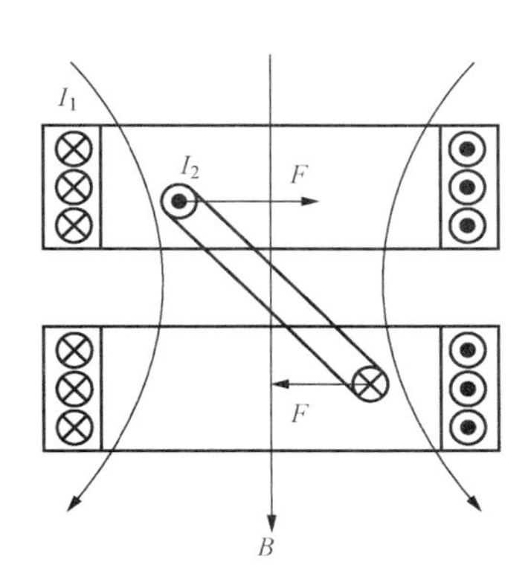


图 2-86　电动系仪表的工作原理

值得注意的是，电动系功率表既可测量直流功率，也可测量交流功率。若电动系仪表作为电流或电压表使用，如果两线圈通以同一电流，或被测电流的一部分，且互感变化率为常数，则指针偏转角与被测电流平方或被测电压平方成正比，或与交流电流或电压有效值平方成正比。

用来计量用电设备消耗电能的仪表称为电能表，俗称电度表、火表。电能表按结构可分为电气机械式电能表、电子式电能表和机电一体式电能表。根据相数分，则有单相和三相电能表。目前，家庭用户基本是单相表，工业动力用户通常是三相表。

按接入电源性质，电能表又可分为有功电能表和无功电能表。众所周知，电能可以转换成各种能量。例如，通过电炉转换成热能、通过电动机转换成机械能、通过电灯转换成光能等。在这些转换中所消耗的电能为有功电能。而记录这种电能的电表为有功电能表。

有些电气装置在能量转换时先得建立一种转换的环境，如电动机、变压器等要先建立一个磁场才能做能量转换，还有些电气装置是要先建立一个电场才能做能量转换。而建立磁场和电场所需的电能都是无功电能。而记录这种电能的电表为无功电能表。无功电能在电气装置本身中是不消耗能量的，但会在电气线路中产生无功电流，该电流在线路中将产生一定的损耗。无功电能表是专门记录这一损耗的，一般只有较大的用电单位才安装这种无功电能表。

在各种电能表中，电气机械式感应电能表结构简单、工作可靠、价格便宜，是目前应用最广的一种电能表。其工作原理为：当把电能表接入被测电路时，电流线圈和电压线圈中就有交变电流流过，这两个交变电流分别在它们的铁芯中产生交变的磁通；交变磁通穿过铝盘，在铝盘中感应出涡流；涡流又在磁场中受到力的作用，从而使铝盘得到转矩（主动力矩）而转动。负载消耗的功率越大，通过电流线圈的电流越大，铝盘中感应出的涡流也越大，使铝盘转动的力矩就越大，即转矩的大小与负载消耗的功率成正比。功率越大，转矩也越大，铝盘转动也就越快。铝盘转动时，又受到永久磁铁产生的制动力矩的作用，制动力矩与主动力矩方向相反；制动力矩的大小与铝盘的转速成正比，铝盘转动得越快，制动力矩也越大。当主动力矩与制动力矩达到暂时平衡时，铝盘将匀速转动。负载所消耗的电能与铝盘的转数成正比。铝盘转动时，带动计数器，从而把所消耗的电能指示出来。

电子式电能表运用模拟或数字电路得到电压和电流向量的乘积，然后通过模拟或数字电路实现电能计量功能。

**四、相位和频率的测量**

在电气测量中，相位和频率都是很重要的测量参数。目前比较典型的相位检测方法有：

（1）模拟测相位方法，如相乘器法、矢量法。相乘器法依据 2 个同频率的正弦信号通过乘法器、滤波电路得到直流电压，由直流电压表测量显示；矢量法依据 2 个同频率等幅的正弦信号相减后得到与相位成正比的矢量差的模再求得相位差值，这些方法电路复杂，而且对元器件要求高。

（2）数值取样法。它的基本原理是对正弦信号以 $\Delta t$ 为间隔连续采样 3 点，通过计算即可求出频率，为了进行两信号相位差的测量，仅需要对 2 路信号分别进行 5 个点的采样，即可计算出相位。该方法从原理上不存在测量误差，对信号的采样间隔没有特殊要求，采样点少，计算量小，但软件实现方面要求高，且时间间隔的控制比较繁杂。

（3）过零检相法，又称时间重合法。它通过对两信号过零点时间的测量间接获得它们的相位差，利用计数脉冲对相位差脉宽进行填充，然后计算计数脉冲个数，再取平均值求相位。过零检相法用得较普遍。

在电气监测的相位测量中常采用快速、方便的直读式相位表来测量。这类相位表形式很多，有数字或非数字的双钳相位伏安表、双钳相位表、钳形相位表、钳形相位伏安表、低压伏安相位检测表等，其中数字双钳相位伏安表是一种具有多种电量测量功能的便携式仪表。该表最大的特点是可以测量两路电压之间、两路电流之间及电压与电流之间的相位和工频频率。

测量频率的方法也很多，如示波器测量法、电子计数器测量法、倍频和差频测量法等。其中电子计数器测量法在电气监测中应用最为普遍。图 2-87 所示为计数器测量频率的原

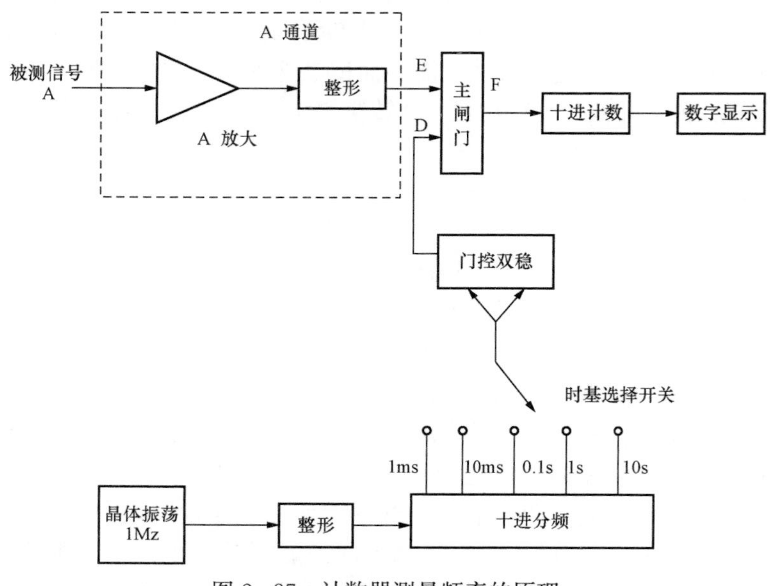


图 2-87 计数器测量频率的原理

理。从图中可以看出，它是由以下几部分组成：①输入通道，一般由通道放大电路和整形电路组成；②时间基准电路，通常采用石英晶体振荡器经整形和一系列分频电路构成时间基准；③控制电路，用来使主闸门在所选择的基准时间内打开，使整形后的被测脉冲信号通过并送往计数器计数；④计数和显示电路。

# 第三章　能源有效利用的分析方法

## 第一节　能源有效利用的评价指标

### 一、概述

能源的有效利用是能源利用中最重要的问题。对能源利用的分析评价常常包括两方面，即对能源利用过程进行分析评价和对能源消耗效果的分析评价。能量系统的分析方法主要有能量平衡法、㶲分析法、熵分析法、能级分析法及㶲经济分析法等。而能源消耗效果的分析评价主要有全能耗分析法、净能量分析法、价值分析法和能量审计法等。

目前主要有三类基于热力学各种定律的评价能量系统的方法。

（1）以热力学第一定律为基础的能量平衡分析法。这种分析法简单易行，在国内外已经发展成熟，并且广泛应用于实际工程的分析评价之中。但是，这种方法只是建立在“量”的守恒上，而忽视了能量品质的变化，因而在系统分析中常常忽视各种不可逆性造成的损失，而无法正确分析系统节能和优化的潜力。

（2）综合运用热力学第一定律和第二定律，并在西方国家称为“热力学第二定律分析法”的㶲分析法、熵分析法和能级分析法。热力学第二定律分析法能够分析、量化生产过程中的不可逆损失，辨识系统中不可逆损失的原因以及产生的部位。其中，㶲分析法的发展尤为突出。㶲分析法是以㶲效率为评价准则，既可以作系统分析，又可以作优化综合，目前已广泛应用于能源有效利用和节能分析工作中。但是，㶲分析法在对复杂能量系统进行节能分析和优化改造时，会产生一些工程中不容许的误差或出现“节能不省钱”等局限性。

（3）将热力学分析与经济因素统一考虑的㶲经济学分析法，或称为热经济学分析法（Thermo-economy）。这种方法融合了热力学、工程经济学、系统工程、最优化技术以及决策理论等基本思想，同时考虑能量的“质”和“量”，并将系统中的㶲流价格化，来追求经济效益的最佳效果。尤其是在对复杂能量系统的分析、优化、诊断、改进以及设计中，㶲经济学分析法的技术优势非常明显，是分析优化工程系统的强力工具。

在能源利用中，能源有效利用的评价指标是十分重要的。它包括能源消费系数、能源的利用效率和用能效益。

### 二、能源消费系数

从宏观上评价能源有效利用的优劣，通常采用能源消费系数来评价。能源消费系数是指某一年或某一时期，为实现国民经济产值平均消耗的能源量，即

$$\text{能源消费系数} = \frac{E}{M} \tag{3-1}$$

式中　$E$——能源消费量，kg 标准煤或 kg 标准油；

$M$——同期国民生产总值，元或美元（与国外的比较）。

由此可见能源消费系数是一个从整个社会经济效益去考察能源有效利用的指标。

### 三、能源利用效率

能源利用效率是衡量能量利用技术水平和经济性的一项综合性指标。通过对能源利用效

率的分析，可以有助于改进企业的工艺和设备，挖掘节能的潜力，提高能量利用的经济效果。

能源利用效率是指能量被有效利用的程度，通常以 $\eta$ 表示，其计算公式为

$$\eta=\frac{\text{有效利用能量}}{\text{供给能量}}\times 100\%=\left(1-\frac{\text{损失能量}}{\text{供给能量}}\right)\times 100\% \tag{3-2}$$

对不同的对象，计算能源利用效率的方法也不尽相同。通常有以下几种计算方法。

1. 按产品能耗计算法

一个国家或一个地区可能生产多种产品，对主要的耗能产品，如电力、化肥、水泥、钢铁、炼油、制碱等，按单位产品的有效利用能量和综合供给能量加权平均，即可求得总的能源利用效率 $\eta_t$，即

$$\eta_t=\frac{\sum G_iE_{0i}}{\sum G_iE_i}\times 100\% \tag{3-3}$$

式中　$G_i$——某项产品的产量；

$E_{0i}$——该项产品的有效利用能量；

$E_i$——该项产品的综合供给能量（综合能耗量）。

上述综合能耗量包括两部分：一部分为直接能耗，即生产该种产品所直接消耗的能量；另一部分是间接能耗，它是指生产该种产品所需的原料、材料及耗用的水、压缩空气、氧等及设备投资所折算的能耗。

2. 按部门能耗计算法

将国家和地区所消耗的一次能源，按发电、工业、运输、商业和民用四大部门，分别按技术资料及统计资料，计算各部门的有效利用能量和损失能量，求得部门的能量利用效率 $\eta_d$，然后再求得全国或地区的总的能源利用效率 $\eta_t$，即

$$\eta_d=\frac{\text{部门有效利用能量}}{\text{部门有效利用能量}+\text{部门损失能量}}\times 100\% \tag{3-4}$$

$$\eta_t=\frac{\sum\text{部门有效利用能量}}{\sum\text{部门有效利用能量}+\sum\text{部门损失能量}}\times 100\% \tag{3-5}$$

3. 按能量使用的用途计算法

一次能源在国民经济各部门使用，除了少数作为原料外，绝大部分是作为燃料使用。其中一类是直接燃烧，如各种窑炉、内燃机、炊事和采暖等；另一类转换为二次能源后再使用，如电、蒸汽、煤气等。因此按用途计算便可分为发电、锅炉、窑炉、蒸汽动力、内燃动力、炊事、采暖等。先求得某项用途的 $\eta_p$，然后再将各种用途的 $\eta_p$ 相加平均，即可求得总的能量利用效率，即

$$\eta_p=\frac{\text{某种用途的有效利用能量}}{\text{某种用途的有效利用能量}+\text{某种用途的能量损失}}\times 100\% \tag{3-6}$$

$$\eta_t=\frac{\sum\text{各种用途的有效利用能量}}{\sum\text{各种用途的有效利用能量}+\sum\text{各种用途的能量损失}}\times 100\% \tag{3-7}$$

4. 按能量开发到利用的计算法

把能源从开采、加工、转换、运输、储存到最终使用，分为四个过程，分别计算出各个过程的效率，然后相乘求得总的能源利用率，即

$$\eta_t=\eta_{exp}\eta_{pro}\eta_{tra}\eta_{use} \tag{3-8}$$

## 第二节 热平衡分析法

对能量的转换、传递和终端利用中的任一环节或整体进行热平衡分析是最常用的分析方法。所谓能量平衡法又称为热平衡法，它是依据热力学第一定律，对某一能量利用装置（或系统）考察其收入的能量和支出能量的数量上的平衡关系。其目的是对考察对象的用能完善程度做出评价，对能量损失程度和原因做出判断，对节能的潜力及影响因素做出估计。这种方法简单，是多年来工厂企业普遍采用的方法。

### 一、能量平衡和热平衡

能量平衡法是按照能量守恒的法则，采用所谓“黑箱方法”，对指定时期内，能量利用系统收入能量和支出能量在数量上的平衡关系进行考察，以定量分析用能的情况，为提高能量利用水平提供依据。

所谓黑箱是指具有某种功能而不知其内部构造和机理的事物或系统。黑箱方法则是利用外部观测、试验，通过输入和输出信息来研究黑箱的功能和特性，以探索其构造和机理的一种科学的研究方法。它强调的是外部观测和整体功能，而不注重内部构造与局部细节。

能量平衡既包括一次能源和二次能源所提供的能量，也包括工质和物料所携带的能量，以及在工艺过程、发电、动力、照明、物质输送等能源转换和传输过程的各项能量收支。由于热能往往是能量利用中的主要形式，因此，在考察系统的能量平衡时，通常将其他各种形式的能量（如电能、机械能、辐射能等）折算成等价热能，并以热能为基础来进行能量平衡的计算，因此往往又将能量平衡称为热平衡。

能量平衡的理论依据是众所周知的能量守恒和转换定律，即对一个有明确边界的系统有

$$\text{输入能量} = \text{输出能量} + \text{体系内能量的变化} \tag{3-9}$$

对正常的连续生产过程，可以视其为稳定状态，此时系统内的能量将不发生变化，于是有

$$\text{输入能量} = \text{输出能量} \tag{3-10}$$

由此可见，能量平衡主要是通过考察进出系统的能量状态与数量来分析该系统能量利用的程度和存在的问题，而不细致考察系统内部的变化，因此它是一种典型的黑箱方法。

具体做法如下：①确定热平衡分析的范围；②根据热力学第一定律对所选定范围进行热平衡测试；③热平衡测试时不能有漏计、重计和错计等错误；④热平衡测试结果用表格或热流图反映，以便于分析；⑤分析的重点是各种损失能量的去向、比重，以便采取措施减小损失。

图 3-1 所示为典型的热平衡系统。

### 二、企业能量平衡

能量平衡具体应用于设备和装置时，成为设备能量平衡，应用于车间、企业时则称为企业能量平衡。设备能量平衡着眼于设备单元的能量收支分析，企业能量平衡则以企业为基本单位，着眼于企业整体能量利用的综合平衡分析。企业能量平衡所涉及的范围、采用的方法、包含的内容都远远超过了设备能量平衡，但设备能量平衡却是企业能量平衡的基础。有时为了考察企业中某一种能源形式的收支关系，还可以有所谓蒸汽平衡、油平衡、电平衡等。

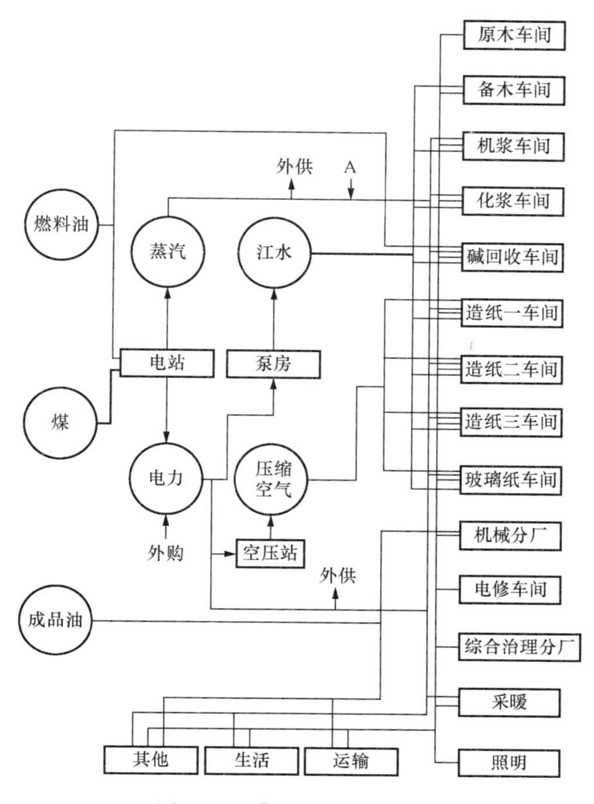


图 3-1　典型的热平衡系统

企业能量平衡是提高企业能源管理水平，推动企业节能技术改造的一项基础性的技术工作。

企业能量平衡的技术指标，包括单位能耗、单位综合能耗、设备效率和企业能量利用率等。根据企业能量平衡对设备效率进行计算时，可以采用正平衡法或反平衡法，并可将这两种方法进行比较，以确定测试的精确度。采用正平衡法时

$$\text{设备效率}=\frac{\text{有效能量}}{\text{供给能量}}\times 100\% \tag{3-11}$$

采用反平衡法时

$$\text{设备效率}=\left(1-\frac{\text{损失能量}}{\text{供给能量}}\right)\times 100\% \tag{3-12}$$

## 三、企业能量平衡表

企业能量平衡测试的结果常绘制成企业能量平衡表（见表 3-1 和表 3-2）。通过能量平衡表可以获得诸如企业的用能水平、耗能情况、节能潜力等诸多信息。企业能量平衡表有多种形式，主要有分车间计的能量平衡表、按不同能源计的能量平衡表。为了便于能源管理，通常要求能量平衡表既能反映企业的总体用能、系统用能和过程用能，又能反映企业的能耗情况、用能水平。此外，企业能量平衡表还要求尽可能简单、清晰、明确，为此一般都按能源种类、能源流向、用能环节、终端使用情况等来设计表格。表 3-1 为分车间计的企业能量平衡表，表 3-2 为按不同能源计的企业能量平衡表。

**表 3-1 分车间计的企业能量平衡表**

| 车间名称 | 供入生产系统能量 | | 能量分配(标煤 t) | | | | | | | | | | | | 有效利用能量(标准煤 t) |
|---|---|---|---|---|---|---|---|---|---|---|---|---|---|---|---|
| | | | 主要生产系统 | | | 辅助生产系统 | | | 附属生产系统 | | | 其他 | | | |
| | 按等价值(标准煤 t) | 按当量值(标准煤 t) | 供入能量 | 有效利用 | 损失 | 供入能量 | 有效利用 | 损失 | 供入能量 | 有效利用 | 损失 | 供入能量 | 有效利用 | 损失 | |
| 1 | 2 | 3 | 4 | 5 | 6 | 7 | 8 | 9 | 10 | 11 | 12 | 13 | 14 | 15 | 16 |
| 一车间 | | | | | | | | | | | | | | | |
| 二车间 | | | | | | | | | | | | | | | |
| 三车间 | | | | | | | | | | | | | | | |
| …… | | | | | | | | | | | | | | | |
| 合计 | | | | | | | | | | | | | | | |
| 企业能源利用率(%) | | | | | | | | | | | | | | | |

**表 3-2 按不同能源计的企业能源平衡表**

| 项目 | | 购入储存 | | | 加工转换 | | | | 输送分配 | 最终使用 | | | | | | |
|---|---|---|---|---|---|---|---|---|---|---|---|---|---|---|---|---|
| | | 实物量 | 等价值 | 当量值 | 发电站 | 制冷站 | 其他 | 小计 | | 主要生产 | 辅助生产 | 采暖空调 | 照明 | 运输 | 其他 | 合计 |
| 能源名称 | | 1 | 2 | 3 | 4 | 5 | 6 | 7 | 8 | 9 | 10 | 11 | 12 | 13 | 14 | 15 |
| 供入能量 | 蒸汽 | | | | | | | | | | | | | | | |
| | 电力 | | | | | | | | | | | | | | | |
| | 柴油 | | | | | | | | | | | | | | | |
| | 汽油 | | | | | | | | | | | | | | | |
| | 煤 | | | | | | | | | | | | | | | |
| | 冷媒水 | | | | | | | | | | | | | | | |
| | 热水 | | | | | | | | | | | | | | | |
| | 合计 | | | | | | | | | | | | | | | |
| 有效能量 | 蒸汽 | | | | | | | | | | | | | | | |
| | 电力 | | | | | | | | | | | | | | | |
| | 柴油 | | | | | | | | | | | | | | | |
| | 汽油 | | | | | | | | | | | | | | | |
| | 煤 | | | | | | | | | | | | | | | |
| | 冷媒水 | | | | | | | | | | | | | | | |
| | 热水 | | | | | | | | | | | | | | | |
| | 合计 | | | | | | | | | | | | | | | |
| 回收利用 | | | | | | | | | | | | | | | | |
| 损失能量 | | | | | | | | | | | | | | | | |
| 合计 | | | | | | | | | | | | | | | | |
| 能量利用率 | | | | | | | | | | | | | | | | |
| 企业能量利用率(%) | | | | | | | | | | | | | | | | |

通过企业能量平衡表可以获得的信息有：①企业的耗能情况，如能源消耗构成、数量、分布与流向；②企业的用能水平，如能源利用与损失情况，主要设备和耗能产品的效率等；③企业的节能潜力，如可回收的余热、余压、余能的种类、数量、参数等；④企业的节能方向，如主要耗能设备环节和工艺的改进方向，余热、余能的利用途径等。

**四、能流图**

由于图形比表格应用更加直观、形象，因此在能源管理中各种应用图也越来越多，而且有的应用图已经有相应的国家标准，常用的有热流图、能流图和能源网络图。

能源利用流向图是根据生产过程的用能按比例绘制的图形，有时又简称能流图。通过能流图可以形象直观地表示能量的来龙去脉、能量的分布、利用程度和损失大小。在能流图中应明显地表示各项输入能量、输出能量、有效利用能量、损失能量和回收利用的能量。各项能量均以供给能量的百分数表示，并按一定比例用不同宽度的能流带来表示百分数的大小。能流图按表示的范围，可以分为全国和地区能流图、企业能流图和设备能流图等，按其性质则有热流图、汽流图和电流图等，其中尤以热流图应用最为普遍。图 3-2 所示为某一大型锅炉的热流图，图 3-3 所示为某一炼铁厂的能流图。

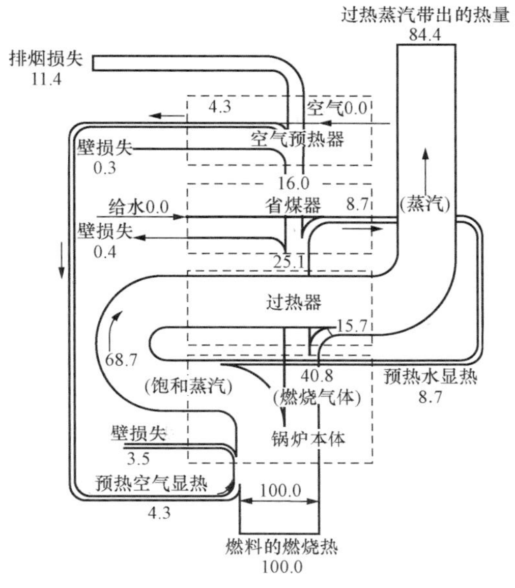


图 3-2　某一大型锅炉的热流图（单位：%）

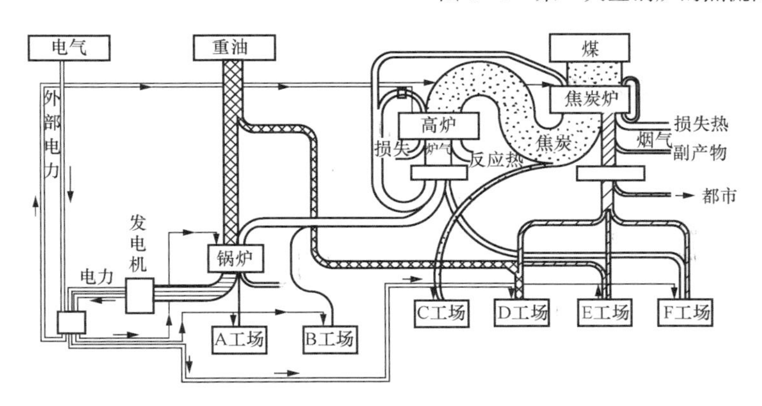


图 3-3　某一炼铁厂的能流图

能源网络图是另一种能源应用图，它以能源利用系统为依据，按国家标准规定绘制。图 3-4 所示为某一企业的能源网络图。按照绘制的规定，将企业的能源系统分为购入储存、加工转换、输送分配、终端利用四个环节。每个环节可能包括几个用能单元。购入储存环节的各种能源用圆形表示；加工转换环节中的用能单元用方形表示；生产过程回收的可利用能源用菱形表示；而终端利用环节的用能单元用矩形表示。在上述各种图形中，除注明单元的名称外，还用相应的数字表示能量的数值，用进出箭头表示能量流向，箭头上方的数字则表示

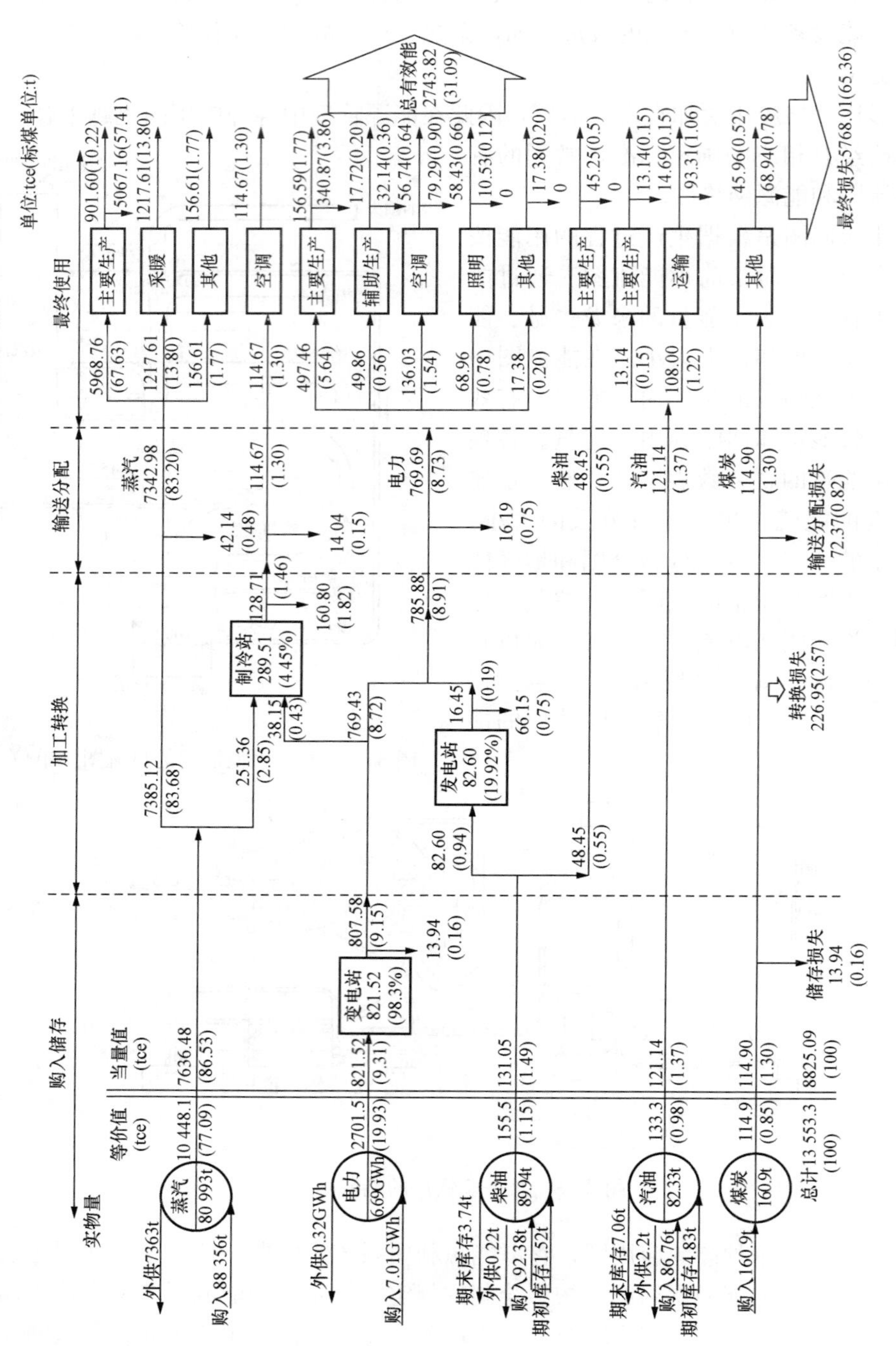


图 3-4 某一企业的能源网络图

能量流的大小。

## 第三节　㶲分析法

能量平衡法对提高能源利用率，实现能量有效利用的作用是不容低估的。但随着生产和能源消费的不断增长，能源供需矛盾日益突出；而且用能系统使用能源的种类和能量的品位也日趋多样化（如除燃料的化学能、电能外，还有余热能、地热能、风能、太阳能等），人们越来越认识到单纯的以热力学第一定律为基础的能量平衡法的不足之处。例如，能量平衡只能反映系统的外部损失（如排热、散热等损失），而不能揭示能量转换和利用过程中的内部损失（即不可逆损失）；能量平衡不能适用于不同品位能源同时存在的综合系统。能量平衡法的这种缺陷，从热力学理论看，并不难理解，因为单纯考察能量的数量平衡，而不考虑能量“质”的差异，就很难全面地反映能源利用的完善程度。㶲分析法正是从“质”和“量”两方面来综合评价能源系统的新方法。

㶲分析法的基本原理是以对平衡状态（基准态）的偏离程度作为㶲，或者做功能力的度量。通常都采用周围环境作为基准态。因为从热力学第二定律可知，周围环境是所有能量利用过程的最终冷源。

### 一、㶲的表达式

1. 热量㶲

从恒温热源，可逆地取出热量 $Q$ 的㶲，称为热量㶲，其表达式为

$$E = W_{\max} = Q\left(1 - \frac{T_0}{T}\right) \tag{3-13}$$

式中　$T_0$——环境温度；

$T$——热源温度。

2. 闭口体系的㶲

初始状态为 $p$、$V$、$T$、$U$、$H$、$s$，闭口体系处于状态 $p_0$、$T_0$ 的外界环境中，且除环境外没有其他热源，此时闭口系统的㶲为

$$E = W_{\max} = H - H_0 - T_0(s - s_0) - \nabla(p - p_0) \tag{3-14}$$

3. 开口体系（稳定流动）的㶲

$$E = W_{\max} = H - H_0 - T_0(s - s_0) \tag{3-15}$$

单位质量的开口体系的㶲（比㶲）

$$e = h - h_0 - T_0(s - s_0) \tag{3-16}$$

4. 理想气体的㶲

$$\begin{aligned} e(p,T) &= \int_{T_0}^{T} c_p\left(1 - \frac{T_0}{T}\right)\mathrm{d}T + RT_0\ln\frac{p}{p_0} \\ &= e(p_0,T) + e(p,T_0) \end{aligned} \tag{3-17}$$

常压气体的比㶲

$$e = h - h_0 - T_0\int_{T_0}^{T} c_p\,\frac{\mathrm{d}T}{T} \tag{3-18}$$

气体的压力㶲

$$E = W_{max} = -nRT_0\int_p^{p_0}\frac{dp}{p} = nRT_0\ln\frac{p}{p_0} \tag{3-19}$$

低温物质的㶲

$$e = \int_{T_0}^{T}\left(\frac{T_0 - T}{T}\right)dh = \int_{T}^{T_0}c_p\left(\frac{T_0 - T}{T}\right)dT \tag{3-20}$$

5. 潜热㶲

当物质发生相变（融化或汽化），相变温度 $T$ 保持不变，但需要吸收潜热 $r$，潜热㶲实际上是指吸收热量 $r$ 后产生的㶲的变化

$$\Delta e_x = r\left(1 - \frac{T_0}{T}\right) \tag{3-21}$$

6. 非压缩性流体的压力㶲（设密度为 $\rho$）

$$e = \frac{p - p_0}{\rho} \tag{3-22}$$

7. 燃料㶲

燃料㶲是燃料与氧气可逆地进行燃烧反应后，与周围环境（$T_0$，$p_0$）达到平衡时所能提供的最大有用功。

由于燃料是与环境状态有关的，故 $T_0$＝298.15K（25℃）、$p_0$＝0.098MPa 的燃料㶲定义为标准㶲，以符号 $e_f^{\circ}$表示，若燃料在高温高压下供入燃烧系统，则应将相应的燃料显热㶲计入燃料的总值㶲 $e_f$ 中，即

$$e_f = e_f^{\circ} + e_f^{p}, \quad e_f^{\circ} = Q_{ar} + T_0\Delta s \tag{3-23}$$

式中　$Q_{ar}$——燃料的低位发热量。

工程上因燃料的 $\Delta s$ 缺乏，通常都采用近似公式

对于气体燃料

$$e_f = 0.95Q_{gr} \tag{3-24}$$

对于液体燃料

$$e_f = 0.975Q_{gr} \tag{3-25}$$

对于固体燃料

$$e_f = Q_{ar} + rM_t \tag{3-26}$$

式中　$Q_{gr}$——高位发热量；

$r$——1 个标准大气压，温度为 25℃时水的汽化潜热（$r$＝2438kJ/kg）；

$M_t$——燃料中的水分。

**二、㶲平衡和㶲效率**

任何不可逆过程都必定会引起㶲损失，只有可逆过程才没有㶲损失。因为实际过程均为不可逆过程，故㶲并不守恒，而且在能量利用过程中㶲是不断减少的。也就是说，一个实际的系统或过程，各项㶲的变化是不满足平衡关系的，需要附加一项㶲损失，才能给一个实际系统或过程建立㶲平衡方程式。

为了全面衡量设备或过程在能量转换方面的完善程度，通常采用所谓㶲效率来作为全面反映能量在转换过程中的有效利用程度和判断能量利用的综合水平的统一标准尺度。具体而言，在进行㶲分析时对正平衡法有

$$烟效率=\frac{（净）收益的烟}{消耗的烟} \tag{3-27}$$

对反平衡法有

$$烟效率=1-\frac{各项烟损耗之和}{消耗的烟} \tag{3-28}$$

值得注意的是，从原则上讲，烟效率是很容易定义的，无非是收益烟与消费烟之比。但采用什么标准来区分收益烟与消费烟，在某种程度上则有任意性。区分方法不同，就会有不同的烟效率定义。在烟分析法中常用的烟效率有两种：烟的传递效率和烟的目的效率。

对节流阀、齿轮箱、换热器等装置常采用烟的传递效率，其定义是

$$烟的传递效率=\frac{出口烟总和}{入口烟总和}=\frac{通过某些设备（或过程）的传递而得到的烟}{由此设备（或过程）来传递的烟} \tag{3-29}$$

某些设备的采用或某过程的进行，往往与某一特定的目的相联系（例如，为获取机械功或热量，或为改变物质的组成或状态），此时多采用烟的目的效率，其定义是

$$烟的目的效率=\frac{工质烟的增加+输出功}{消耗的总烟} \tag{3-30}$$

显然，目的不同，烟的目的效率的内涵也有所不同，通常能源利用中的目的有：①获取功（即热能转换机械能），如内燃机、蒸汽轮机、燃气轮机等热机；②增加工质的烟（机械能变成焓），如水泵、空气压缩机等；③改变工质的物态，以增加工质的烟（化学能转变为热能），如锅炉等。

烟损耗是烟的消耗和损失的简称。某一工艺过程或能量转换过程，烟损耗可能有三种情况：

（1）烟被转移，例如把原料的烟转移到产品上，这是符合工艺目的的客观需要。最优的工艺过程是烟被完全转移而没有损耗。

（2）烟被消耗，借以推动生产或能量转化中各种过程的进行，如流体的流动、热量的传递、物质的扩散和混合、化学反应的进行等所消耗的烟。显然对由此所消耗的烟，需要进行具体的分析，不能简单地一概认为是浪费，因为实际过程的进行，总是需要一定的速率，并克服一定的阻力，而烟的消耗就是过程推动的代价。过程速率的选择，直接影响生产的速率和投资的大小，是一个技术经济问题，阻力的大小则要看其是否与当前的技术水平相适应，并从这个角度考察部分烟损耗大小是否合理。

（3）烟被散失，即未产生实际效益而自发地转变为炕，如各种炉窑中燃料的不完全燃烧，锅炉和热机的排烟和排热损失，冷却水（随物流排弃）带走的烟，蒸汽管道和水管中介质的跑、冒、滴、漏，各种热力设备和热力管道向周围环境散热所损失的烟（这些热量全部或部分变为炕）。以上这些都是可以节省的烟。应在技术经济合理的范围内使这部分烟散失减少至最小程度。

烟分析法是一种新的方法，它正在能源有效利用和节能分析工作中发挥着越来越大的作用。

## 第四节　热经济学分析法

### 一、热经济学的产生

烟分析法在能量有效利用和节能分析工作中发挥着很大的作用，它可以对系统能量和能

质利用进行科学评价，给出技术上的最优方案，提供技术决策的科学依据。但是从工程经济学的角度来考虑，对于一个工程系统，其技术方案的最终决策，不但要求技术上优越，还必须要求经济上合理。然而，在用㶲分析法对能量系统进行分析评价时，时常会遇到的“节能不省钱”的问题。例如，从㶲的角度去分析评价一个方案可能是合理的，但是在经济上却未必一定是最佳的，甚至还可能是“费钱”的，以致出现“得不偿失”的情况。因此，仅从㶲的角度去分析问题，在经济合理性上具有局限性。另外，从实际使用与经济性的角度来考虑，不同形态能量所具有的单位㶲值并不等价。即使是同种能量形态的每单位㶲值，也并非等价。由于热力学的势参数㶲是综合运用热力学第一定律和第二定律而导出的，表示能量的可无限转换部分，具有在使用中消耗的商品属性，因此㶲适合于与货币成本相联系。因此，为了考虑实际过程中㶲的不等价性和经济因素，一种可行的方法便是对“㶲”赋以“价值”，即考虑不同部位和不同形态的㶲的价值是不同的，因而在㶲的基础上，把不等价性和经济因素反映在㶲的“单位”上，这就是所谓的“㶲的价值化”。于是，20 世纪 60 年代，一种将㶲分析法与经济因素相结合的交叉学科即热经济学或称㶲经济学便应运而生了。

**二、热经济学分析法概述**

热经济学是基于热力学和经济学的交叉而产生的新兴学科，主要研究建立在热力学分析基础之上的经济活动。㶲经济学在热力学量度与经济学量度之间找到一个适当的平衡，借以全面而正确地反映用能系统载能价值流的运动规律，以期得到产品的单位成本最小、经济效益最佳的最优结果。热经济学分析法有两种基本思路：

（1）把要分析的系统放到两个环境中进行考察：一个是物理环境，描述该环境的参量为热力学的物理量，如温度、压力和化学势等；另一个环境是经济环境，描述这个环境的参量是一系列的经济信息，如价格、成本和利润等。物理环境是自然环境，受能量守恒等一系列自然定律的约束；经济环境虽不受这些自然定律的约束，但要遵循一切经济规律而不能违反。

（2）把系统中（包括系统与环境之间）相互作用的物质、能量、信息、设备、现金及人员都看成“流”，这些流从系统或环境的某一部分流入或流出，在流动过程中严格遵守物理环境和经济环境的有关规律，可以用一系列数学方程来描述这些规律。这些数学方程通常包括质量平衡方程、能量平衡方程、㶲平衡方程以及经济平衡方程，经济平衡方程也可称为成本平衡方程。在热经济学中，成本平衡方程的建立是重点。

热经济学分析法是热力系统分析的强有力工具，特别适用于复杂工程（能量）系统的综合优化、节能分析、改造设计、系统运行性能评估与故障诊断、热力系统成本计算等技术问题。采用热经济学分析法，可以详细描述整个生产过程中产品成本的形成过程，并进行合理的成本评估，同时也便于把生产过程的燃料消耗成本和设备的投资、折旧、运行、维护、检修和管理成本相联系，按能量成本和非能量成本进行统一核算。

**三、热经济学分析法的主要模式**

1. “孤立化”模式

“孤立化”模式是由 M. Tirbsu 创立的，其基本思想是将热力系统划分为若干子系统，并使各子系统孤立化，通过对子系统逐个寻优，以局部优化代替总体进行优化，而达到全局最优的目的。孤立化模式应用的前提条件是各子系统在热经济上孤立化、互不影响，否则就会违背“系统的各个局部都为最优就意味着系统全局最优”的原则。因此，后人就将此第一次出现的热经济学命名为孤立化模式的热经济学。事实上，热力系统各子系统之间在热经济上孤立化条件很难满足，因此这种热经济学模式现在已经很少使用，除非在理论上有重大的突破，否则难以继续发展下去。

2. 代数模式

代数模式是热经济学分析法中比较经典的一种模式，它主要采用会计统计的方法进行热经济学分析，因此也称为会计模式。代数模式中采用的会计法，即热经济学会计法与一般财务会计法基本相同，只是它所统计的内容不是现金，而是能量系统中的物质流、㶲流和现金流。在运用热经济学会计法时，一般要进行两个方面的统计和计算，一方面是热力学的统计和计算，如系统中的各股物流与㶲流的分布以及这些能流的焓值和㶲值；另一方面是经济学的统计和计算。在进行计算时，主要是建立能量平衡方程、物质平衡方程、㶲平衡方程、成本平衡方程来求解，以获得相应的结果。例如，在进行热力学统计和计算时，可列出系统的能量平衡方程和物质平衡方程，通过计算求取系统中各子系统的能量费用和非能量费用，以及各股㶲流的㶲单位价格。

各平衡方程的表达式可表示如下：

（1）物质平衡方程

$$\sum M_{in} - \sum M_{out} = \Delta M \tag{3-31}$$

（2）能量平衡方程

$$(\sum Q_{in} - \sum Q_{out}) + (\sum H_{in} - \sum H_{out}) + (\sum M_{in} - \sum M_{out}) = \Delta E_n \tag{3-32}$$

（3）㶲平衡方程

$$\sum E_{in} - \sum E_{out} - \sum I_r = \Delta E \tag{3-33}$$

（4）成本平衡方程

$$\sum W_{out} - \sum W_{in} = PL \tag{3-34}$$

式中 $\Delta E_n$——系统中储存能量；

$\Delta M$——系统中存留的物质；

$\sum I_r$——系统㶲损失总和；

$P$、$L$——赢利和损失。

当系统稳定流动时，$\Delta M$ 和 $\Delta E$ 均为零。以上的描述中 $M$ 代表物流，$W$ 代表现金流，$Q$ 代表热量交换的数量，$H$ 代表能量流的焓值。下标 out 和 in 分别表示流出和流入各个子系统的流。

如上所述，代数模式主要运用会计统计的方法给出在系统各部位上㶲流及经济流的分布，以发现哪些地方的改进潜力最大，但它也有局限性，那就是它不能从系统整体分析的角度给出系统的某一局部改进或某一参数改变对全系统带来的影响。而一种称为“优化模式”的热经济学分析法恰好能弥补代数模式的这些不足。作为最早出现在热经济学分析法里的两种模式，代数模式和优化模式的使用在热经济学分析中并不是相互排斥的，而是相辅相成的。因此，在进行复杂方案的分析及比较时，常常把代数模式和优化模式结合起来一起使用，即先用会计统计法把大量的可行性方案进行筛选，找出其中的缺陷以及需要改进的方向，然后再进行热经济学优化，以期得到最佳方案。

3. 结构系数模式

热经济分析法的结构系数模式主要是在选定的运行参数下，找出局部不可逆损失与系统整体不可逆损失、局部㶲流与系统㶲输入之间的关系。该模式能够如实描述一个系统内部各组元在热力学上甚至经济学上的内在联系，因此可用于研究一些实际过程。通常可以用结构键系数（Cofficient of Structural Bonds，CSB）来描述系统局部不可逆损失与系统整体不可逆损失之间的关系，而用外部键系数（Cofficient of Exterior Bonds，CEB）来描述系统局部㶲流与系统㶲输入之间的关系。CSB 和 CEB 的表达式分别表示如下

$$\delta_{ki}=\frac{\dfrac{\partial I_{r}}{\partial x_{i}}}{\dfrac{\partial I_{k}}{\partial x_{i}}}=\left(\frac{\partial I_{r}}{\partial I_{k}}\right)_{x_{i}=\mathrm{var}} \tag{3-35}$$

$$\beta_{ji}=\left(\frac{\partial E_{in}}{\partial E_{i}}\right)_{x_{i}=\mathrm{var}} \tag{3-36}$$

式中 $\delta_{ki}$——CSB；

$I_r$——子系统的㶲损失；

$I_k$——系统的总㶲损失；

$x_i$——系统中的某一优化参数。

$\beta_{ji}$——CEB；

$E_{in}$——输入系统的㶲流；

$E_i$——进入或离开子系统的㶲流。

式（3-35）所表示的含义是：对于某一系统，当改变系统中某一参数 $x_i$ 来优化组成该系统的一个子系统时，该子系统的㶲损失 $I_r$ 将发生变化，同时该变化必将引起系统的总㶲损失 $I_k$ 也随之发生变化。

值得指出的是，在研究系统的能量结构及其组元的热经济学优化中，结构键系数是非常有用的。通过分析结构键系数可能变化的范围，就可知道此时系统结构的变化状况，从而寻找优化的最好方式。

总的来说，热经济学分析法的结构系数模式实际上是把系统参数优化的问题转化为求解结构键系数和外部键系数的问题，通过分析这两个系数，可以得到系统各组元的具体表达式，从而了解各组元或各子系统对系统的影响。但是求解这两个系数是一个非常复杂的过程，并且对于一个复杂的热力系统，如果要确定系统中每个参数的具体表达式，有时也是不切实际的。因此在系统分析中应该根据具体情况来定。

4. 矩阵模式

热经济学分析法的矩阵模式，也称为符号模式，是在㶲成本理论的基础上建立起来的，即使用符号或矩阵计算技术来建立更为通用的热经济学模型，以便分析系统中各组件的局部消耗对系统外部资源消耗的影响。热经济学分析法的矩阵模式能够解决很多传统方法无法解决的问题。例如，基于多种（物理、经济和环境等）标准的多产品成本分摊、多目标的全局和局部优化、辨识复杂能量系统内部各组件能量降的原因及其相互影响、各种可行设计方案之间的评价和优选、能源审计等。

## 第五节 总能系统分析

### 一、总能和总能系统

总能（Total Energie）和总能系统（Total Energie System）是于 20 世纪初提出的，其

原意是指同时利用能源的数量和质量。

生产和生活通常需要两类热能。一类是高品质热能（如高温高压蒸汽或燃气），主要用于发电、动力；另一类是低品质热能（如温度、压力稍高于环境的热水、蒸汽或空气），主要用于采暖、干燥、蒸煮、炊事、沐浴等。

在能量利用中存在的主要问题有两种情况：一种是要消耗大量燃料去提供低品质的热能；另一种是工艺过程放出很多低品位的热能未被利用而弃掉。典型的例子如图 3-5 所示。

因此，总能系统的指导思想是先做功后用热，即燃料的能量先通过汽轮机或燃气轮机或内燃机做功或发电，然后把低品位热量作为热源加以利用；对于工艺过程放出的热量，先做功后再作为热源使用。典型例子如图 3-6 所示。

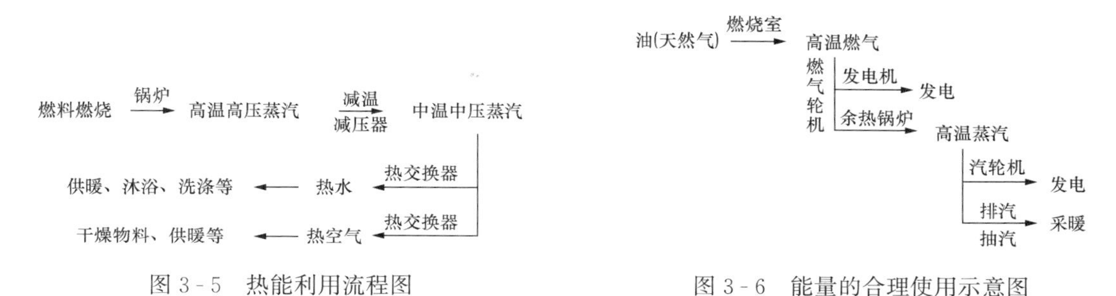


图 3-5　热能利用流程图　　图 3-6　能量的合理使用示意图

## 二、按质用能

热能品质上是有差别的，要合理利用和节约热能，就必须根据用户需要按质提供热能。其基本原则就是“热尽其用”，即热能供需不仅数量上相等，而且质量上匹配。

在实际使用热能的过程中常有许多不按质用热而造成热能浪费的现象。例如，在工厂中常常可以看到把高参数（品质）的蒸汽经过节流过程降为低参数（品质）的蒸汽来使用，此时用能的数量基本上没有减少，但㶲损失却很大。如常用的低压锅炉生产的 1.3MPa 的饱和蒸汽，其㶲值约为 1005kJ/kg，如将它经过节流过程降压到生产所需的 0.3MPa 的蒸汽来使用，就会使㶲损失 171kJ/kg，这是很不合算的。

又如，利用燃料燃烧直接对房屋供暖也是很不合理的热能利用方式，因为它没有把 1000℃的高温热源的㶲加以利用，而是把优质热能用于低质热能完全可以满足要求的采暖上，浪费了优质热能。反之，如果先将高温热源的㶲通过热机将其转变为机械能，然后再利用此机械能通过热泵系统去提供采暖所需的热量，则从理论上讲，1kJ 的燃烧热㶲可以提供 12kJ 采暖所需的低温热量，由此可见按质使用热能的重要意义。

还常常会遇到这样的情况，即利用一个高品质的热源供几个要求不同的工艺装置使用 [见图 3-7（a）]，从而导致大量优质热能当作低质热能使用，造成热能的浪费。如果从热能的综合利用角度出发，对用能过程进行全面合理地组合，如先用作动力，再用于生产工艺过程，最后用于生活用热 [见图 3-7（b）]，就能大大减少优质热能的浪费，节约大量热能。

理论和实践证明，凡是有热现象发生的过程，例如，燃料的燃烧、化学反应、有温差下的换热、介质的节流降压以及有摩擦的扰流等都是典型的不可逆过程，都要引起㶲值的下降，造成㶲损失。因此除按质使用热能外，还必须在热能利用过程中尽可能减少由于不可逆过程所引起的㶲贬值，例如，燃烧和化学反应过程要尽量在高温下进行；加热、冷却等换热

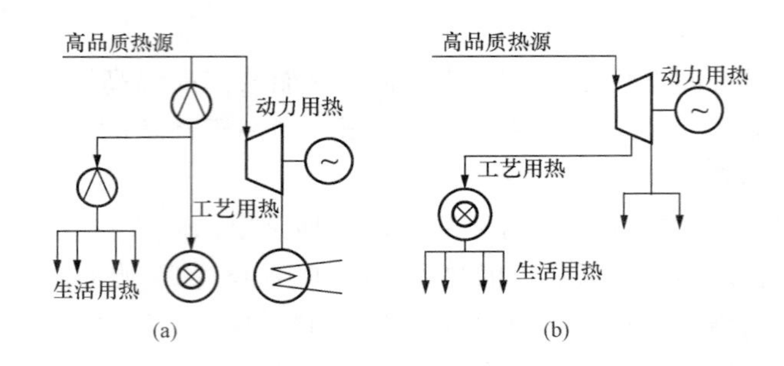


图 3-7 高品质热能的利用

(a) 不合理的高品质热能的降级使用；(b) 合理的高品质热能的分组使用

过程应使放热和吸热介质的温度接近；力求避免介质节流降压和摩擦扰流等。

## 三、余热利用

热能是国民经济和人民生活中应用最广泛的能量形式，因此节约热能有特别重要的意义。

除家用炊事和采暖外，热能主要用于工业企业。工业企业有不同的类型，各种企业的生产过程又多种多样，但从使用热能的目的来看，热能主要用于以下三方面。

(1) 发电和拖动。将蒸汽的热能转变为电能，用作各种电气设备的动力；或者直接以蒸汽为动力，拖动压气机、风机、水泵、起重机、汽锤和锻压机等。这类热能消费者，通常称为动力用户。

(2) 工艺过程加热。利用蒸汽、热水或热气体的热量对工艺过程的某些环节加热，以及对原料和产品进行热处理，以完成工艺要求或提高产品质量。这类热能消费者统称为热力用户。

(3) 采暖和空调。公用和民用建筑冬季采暖、热水供应以及夏季空调，它们都直接或间接使用大量热能。这类热能消费者简称为生活用户。

从使用热能的参数来看，可以分为以下三个级别：

(1) 高温高压热能。通常指 500℃以上、压力为 3.0～10MPa 的高温高压蒸汽或燃气，它们通常用于发电；温度和压力越高，热能转换的效率也越高。

(2) 中温中压热能。通常指 150～300℃、4.0MPa 以下的热能，它们大量用于加热、干燥、蒸发、蒸馏、洗涤等工艺过程，少数用于汽力拖动。

(3) 低温低压热能。通常指 150℃、0.6MPa 以下的热能，主要用于采暖、热水、制冷、空调等。

在工业企业中，中、低参数的热能使用最广泛，见表 3-3。

工业企业有着丰富的余热资源，从广义上讲，凡是温度比环境高的排气和待冷却物料所包含的热量都属于余热。具体而言，可以将余热分为以下六大类：

(1) 高温烟气余热。主要指各种冶炼窑炉、加热炉、燃气轮机、内燃机等排出的烟气余热，这类余热资源数量最大，约占整个余热资源的 50%以上，其温度为 650～1650℃。

(2) 可燃废气、废液、废料的余热。如高炉煤气、转炉煤气、炼油厂可燃废气、纸浆厂黑液、化肥厂的造气炉渣、城市垃圾等。它们不仅具有物理热，而且含有可燃气体。可燃废料的燃烧温度为 600～1200℃，发热值为 3350～10 465kJ/kg。

表 3-3　不同企业使用蒸汽热能的参数

| 工业企业 | 用汽的工艺过程或设备 | 蒸汽参数 | |
|---|---|---|---|
| | | 压力（MPa） | 温度（℃） |
| 冶金工业 | 蒸汽轮机带动发电机、风机、水泵或直接带动锻压设备 | 1.4～3.0 | 200～300 |
| 机械制造工业 | 铸造烘干 | 0.3～0.4 | 饱和或过热蒸汽 |
| | 工件清洗 | 0.2～0.3 | |
| | 浸蚀池 | 0.5～0.6 | |
| | 零部件干燥 | 0.3～0.4 | |
| | 油加热 | 0.4～0.5 | |
| | 气体加热炉鼓风 | 0.4～0.6 | |
| 化学工业 | 原料及产品干燥 | 0.2～0.5 | 饱和或过热蒸汽 |
| | 热沸炉 | 0.4～0.6 | |
| | 蒸发 | 0.2～0.4 | |
| | 原料及产品加热 | 0.2～0.5 | |
| | 液体蒸馏 | 0.4～0.6 | |
| | 工件热补 | 0.6～0.9 | |
| 纺织工业 | 烫平 | 0.4～0.6 | 饱和或过热蒸汽 |
| | 黏结 | 0.3～0.5 | |
| | 色染 | 0.3～0.5 | |
| 皮革工业 | 热压平 | 0.3～0.4 | 饱和或过热蒸汽 |
| | 煮 | 0.3～0.4 | |
| | 烘干 | 0.3～0.4 | |
| | 蒸发 | 0.3～0.4 | |
| 造纸工业 | 纤维纸料生产 | 0.6～0.8 | 饱和或过热蒸汽 |
| | 纸料干燥 | 0.3～0.4 | |
| 食品工业 | 煮 | 0.3～0.5 | 饱和或过热蒸汽 |
| | 干燥 | 0.3～0.5 | |
| | 清洗 | 0.3～0.5 | |

（3）高温产品和炉渣的余热。其中有焦炭、高炉炉渣、钢坯钢锭、出窑的水泥和砖瓦等，它们在冷却过程中会放出大量的物理热。

（4）冷却介质的余热。它是指各种工业窑炉壳体在人工冷却过程中冷却介质所带走的热量，例如，电炉、锻造炉、加热炉、转炉、高炉等都需采用水冷，水冷产生的热水和蒸汽都可以利用。

（5）化学反应余热。它是指化工生产过程中的化学反应热，这种化学反应热通常可在工艺过程中再加以利用。

（6）废气、废水的余热。这种余热的来源很广，如热电厂供热后的废汽、废水，各种动力机械的排汽，以及各种化工、轻纺工业中蒸发、浓缩过程中产生的废汽和排放的废水等。

余热按温度水平可以分为三档：高温余热，温度大于 650℃；中温余热，温度为 230～650℃；低温余热，温度低于 230℃。

工业各部门的余热来源及余热所占的比例见表3-4。

**表3-4 工业各部门的余热来源及余热所占的比例**

| 工业部门 | 余热来源 | 余热约占部门燃料消耗量的比例（%） |
|---|---|---|
| 冶金工业 | 高炉、转炉、平炉、均热炉、轧钢加热炉 | 33 |
| 化学工业 | 高温气体、化学反应、可燃气体、高温产品等 | 15 |
| 机械工业 | 锻造加热炉、冲天炉、退火炉等 | 15 |
| 造纸工业 | 造纸烘缸、木材压机、烘干机、制浆黑液等 | 15 |
| 玻璃搪瓷工业 | 玻璃熔窑、坩埚窑、搪瓷转炉、搪瓷窑炉等 | 17 |
| 建材工业 | 高温排烟、窑顶冷却、高温产品等 | 40 |

余热利用的途径主要有三方面：余热的直接利用、发电、综合利用。

（1）余热的直接利用。主要在以下几方面：

1）预热空气。它是利用高温烟道排气，通过高温换热器来加热进入锅炉和工业窑炉的空气。由于进入锅炉炉膛的空气温度升高，使燃烧效率提高，从而节约燃料。在黑色和有色金属的冶炼过程中，广泛采用这种预热空气的方法。

2）干燥。利用各种工业生产过程中的排气来干燥加工的材料和部件，如陶瓷厂的泥坯、冶炼厂的矿料、铸造厂的翻砂模型等。

3）生产热水和蒸汽。它主要是利用中低温的余热生产热水和低压蒸汽，以供应生产工艺和生活方面的需要，在纺织、造纸、食品、医药等工业以及人们生活上都需要大量的热水和低压蒸汽。

4）制冷。它是利用低温余热通过吸收式制冷系统来达到制冷或空调的目的。

（2）余热发电。利用余热发电通常有以下几种方式：

1）用余热锅炉（又称废热锅炉）产生蒸汽，推动汽轮发电机组发电。

2）高温余热作为燃气轮机的热源，利用燃气轮发电机组发电。

3）如果余热温度较低，可利用低沸点工质（如正丁烷）来达到发电的目的。

（3）余热的综合利用。余热的综合利用是根据工业余热温度的高低，采用不同的利用方法，实现余热的梯级利用，以达到"热尽其用"的目的，例如高温排气，首先应当用于发电，而发电的余热再用于生产工艺用热，生产工艺的余热再用于生活用热。

## 四、系统节能

### 1. 蒸汽、燃气联合循环

目前单纯燃气轮机发电效率已达40.92%，但排气温度仍高达500℃以上，余热潜力很大，可以和蒸汽轮机组合成联合循环。与常规电站相比，联合循环发电效率高、可用率高、投资低、建设周期短、负荷适应性强、启动迅速、环境保护性能好。燃气—蒸汽联合循环如图3-8所示。

### 2. 整体煤气化联合循环发电（IGCC）

整体煤气化联合循环发电（Integrated Gasification Combined Cycle，IGCC），如图3-9所示。目前的燃气轮机只能烧油或天然气，IGCC是直接以煤为燃料。其指导思想是先将煤气化，再以煤气作为燃气轮机的燃料。

目前，全世界有IGCC示范电站10座，根据气化炉的特点，多采用流化床形式，其发

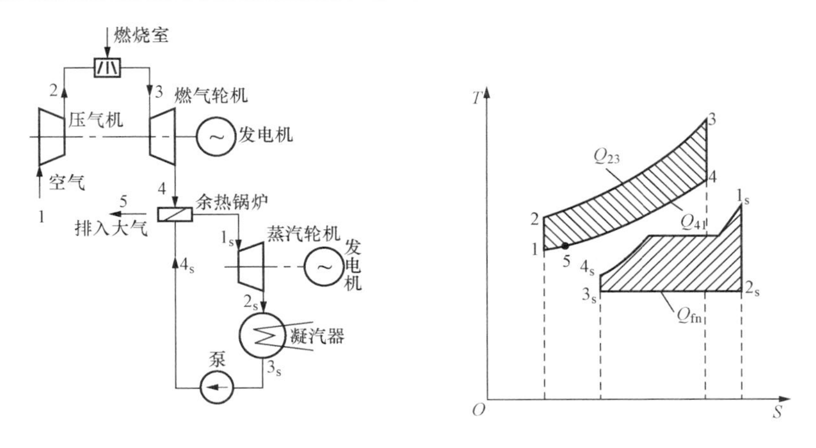


图 3-8　燃气—蒸汽联合循环示意图

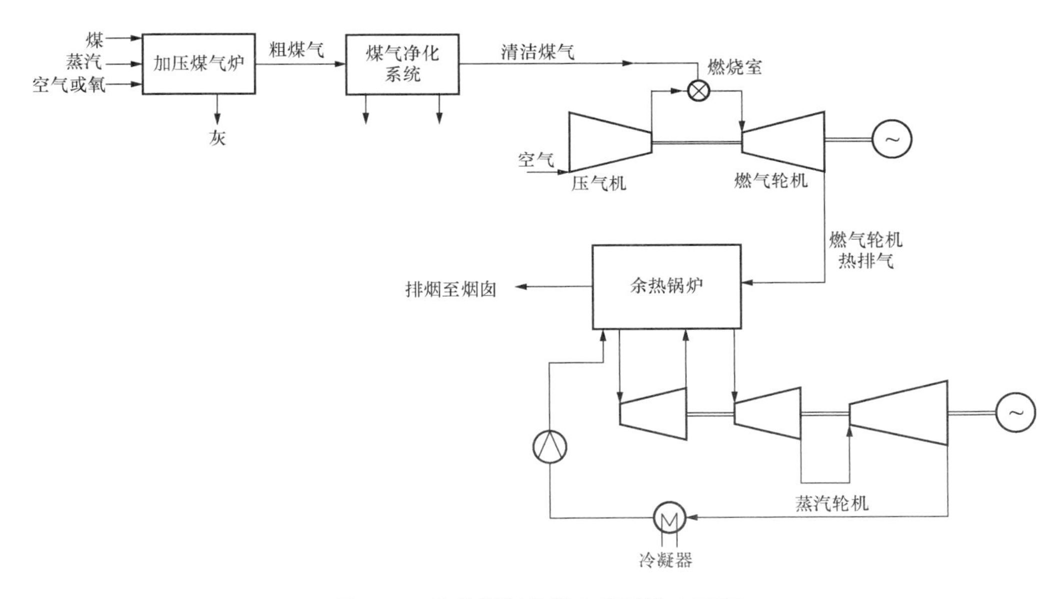


图 3-9　整体煤气化联合循环发电原理

展方向是增压流化床燃气—蒸汽联合循环（PFBC-CC）。

3. 燃料电池和 IGCC 组合的联合循环

燃料电池是 21 世纪各国研究的重点，燃料电池和 IGCC 组合的联合循环代表了当今的发展方向，它的最大优点是效率高，$CO_2$ 排放少。表 3-5 给出了几种燃料电池的发电性能。

**表 3-5　几种燃料电池的发电性能**

| 燃料电池类型 | 电解质 | 燃料 | 运行温度 | 电效率（%） | 排气温度（℃） |
|---|---|---|---|---|---|
| 碱性燃料电池（AEC） | KOH | $H_2$ | 100 | 40 | 70 |
| 固体聚合物燃料电池（SPFC） | 聚合物 | $H_2$ | 100 | 40 | 70 |
| 磷酸燃料电池（PAFC） | $H_3PO_4$ | $H_2$ | 200 | 40 | 100 |
| 熔融碳酸盐燃料电池（MCFC） | $Li_2/K_2CO_3$ | $H_2$、CO，碳氢化合物 | 650 | 50 | 400 |
| 固体氧化物燃料电池（SOFC） | $ZrO_2$ | $H_2$、CO，碳氢化合物 | 1000 | 55 | 1000 |

燃料电池和IGCC组合的联合循环如图3-10所示。

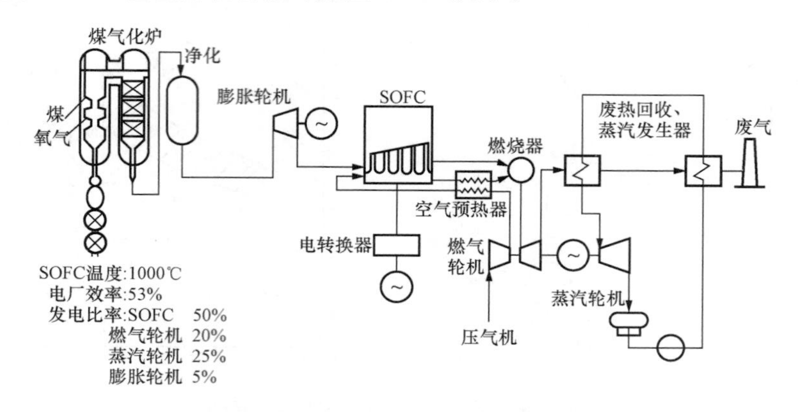


图3-10 燃料电池和IGCC组合的联合循环

4. 煤炭的多联产一体化系统

煤炭既是能源又是重要的化工原料，实现多联产就能最大限度地发挥其经济效益。图3-11所示为煤炭的多联产一体化系统。

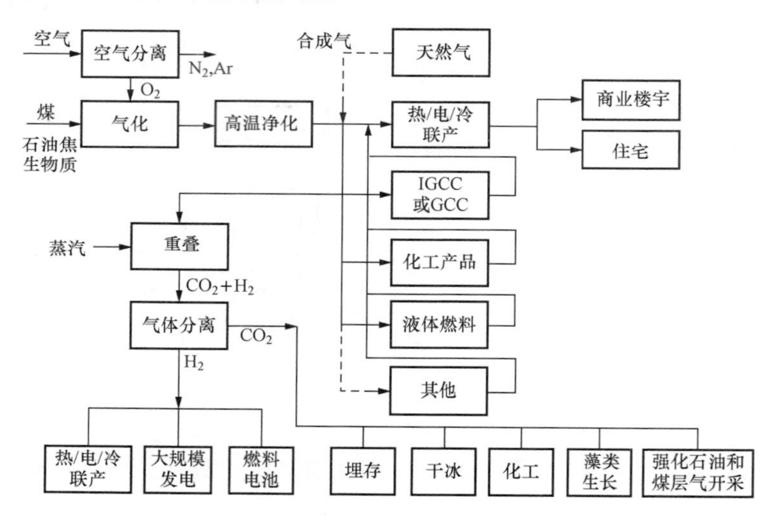


图3-11 煤炭的多联产一体化系统

# 第四章　高耗能企业的节能监测

## 第一节　节能的技术经济分析

### 一、节能概述

能源是国家的基础工业，是国民经济和社会发展的重要物质基础，是提高和改善人民生活的必要条件。它的开发和利用是衡量一个国家经济发展和科学技术水平的重要标志。19世纪70年代，世界发生两次能源危机，引起各国政府对能源的重视。到20世纪80年代，能源更成为世界瞩目的三大问题之一，由于全球能源问题日益突出，节能已经成为解决当代能源问题的一个公认的重要途径。有科学家把“节能”称为开发“第五大能源”，与煤、石油和天然气、水能、核能四大能源相并列，可见节能的重要意义。

节能，就是节约能源消费，即从能源生产开始，一直到最终消费为止，在开发、运输、加工、转换、使用等各环节上都要减少损失和浪费，提高其有效利用程度。从经济的角度看，节能是指通过合理利用、科学管理、技术进步和经济结构合理化等途径，以最少的能源消耗获取最大的经济效益。节能时必须考虑环境和社会的承受能力，因此，我国节约能源法给节能赋以更科学的定义，即节能是指加强用能管理，采取技术上可行、经济上合理以及环境和社会可以承受的措施，减少从能源生产到消费各个环节的损失和浪费，更加有效、合理地利用能源。

能源利用效率是指能源中具有的能量被有效利用的程度，是衡量能量利用技术水平和经济性的一项综合性指标。通过对能源利用率的分析，有助于改进企业的工艺和设备，挖掘节能的潜力，提高能量利用的经济效果。除了用能源利用效率来衡量能量利用的技术水平和经济性外，通常还用所谓“能源消费系数”来评价能源利用的优劣。能源消费系数是指其一年或某一时期，为实现国民经济产值，平均消耗的能源量。

在经济结构、生产布局及资源等因素均不改变的情况下，依靠改进技术装备和提高技术管理水平，可以进一步挖掘能源开采、加工、输送、转换、使用等过程中的节能潜力。广义上讲，节能就是要挖掘节能潜力，降低能源消费系数，使实现同样的国民经济产值所消耗的能源量减少至最少。节能可以从以下几方面着手：

（1）技术节能。提高用能设备的能源利用效率，直接减小能耗。

（2）工艺节能。采用新的工艺，降低某产品的有效能耗。

（3）结构节能。调整工业结构和产品构成，发展耗能少的产业。

（4）管理节能。通过科学的组织管理，减少能源与材料消耗，提高产品质量。

其中，技术节能和工艺节能统称为直接节能，结构节能和管理节能统称为间接节能。据初步估计，在我国节能潜力中，直接节能潜力占1/3，间接节能潜力占2/3。

### 二、节能经济评价的常用方法

#### （一）投资回收年限法

投资回收年限主要考虑节能措施在投资和收益两方面的因素，以每年节能回收的金额偿还一次投资的年限作为评价指标。如某节能措施的一次投资为$K$，每年节能获得的收益为$S$，则投资回收的年限为

$$\tau = K/S \tag{4-1}$$

若某项节能措施有多个技术方案可供选择，则应首选投资回收年限 $\tau$ 最短的那个方案。

投资回收年限法概念清楚，计算简单，是比较常用的一种经济评价方法。然而以经济学的观点看，这一方法没有考虑资金的利率和设备使用年限这两个主要因素，因而未涉及超过回收年限以后的经济效益。采用这一方法对效益高，但使用年限短的节能方案有利；对于效益低、使用年限长的节能方案则不利。所以投资回收年限法不适合用于不同利率、不同使用年限的投资方案的比较。另外，投资回收年限法只能反映各节能方案之间的相对经济效益，因此这种简单的投资回收年限法通常用于节能工程初步设计阶段的审查。经验指出，如果简单计算的回收年限小于设备使用年限的一半，且不大于 5 年时，即可认为投资合理。

（二）投资回收率法

某项节能措施投产后，在限定的使用年限 $N$ 内，逐年取得的收益为 $R$，该项措施的总的一次投资为 $X$，则使总收益的现值等于一次投资时的相应利率，就称为投资回收率，投资回收率 $r$ 可通过下式计算出来

$$K = \frac{(1+r)^N - 1}{r(1+r)^N} \times R \tag{4-2}$$

由于投资回收率表示一项投资不受损失而能获得的最高利率，所以可以用它来表征节能措施经济性的优劣，适用于比较不同使用年限的技术方案。显然，对某一项节能方案如用式（4-2）计算出的投资回收率 $r$ 大于投资的利率，则该方案在经济上是可行的。当有几种不同的技术方案时，应选取投资回收率最高又大于投资利率的方案。

（三）等效年成本法

一项节能措施的投资 $K$，可以按给定的利率 $i$ 和使用年限 $n$ 折算成一定的金额，用于在使用期内每年还本和付息，以保证投资在使用年限期满时全部还原，这就是所谓资金费用。如果资金费用再加上每年的运行维护费用 $S$，就构成了等效年成本。当计及投资在使用期满的残值 $A$ 时，应将残值从投资中扣除，另加残值的利息。因此节能措施的等效年成本 $C$ 可按下式计算

$$C = (K-A)\frac{i(1+i)^n}{(1+i)^n - 1} + Ai + S \tag{4-3}$$

显然在节能措施的多方案比较中，等效年成本最低者即为优先的方案。

（四）纯收入法

纯收入法是根据节能项目的纯收入进行比较；纯收入高，该方案经济效果就好。具体做法是按合理的计算生产年限，先把每个方案的初投资、流动资金和折旧费用综合起来，求出投产当年的折算投资；将折算投资乘以资金的年利率并与成本费相加，即得出年支出；最后从年收入减去上述年支出就得到各方案的年纯收入，其中年收入最高的方案即为最优方案。

用纯收入法进行节能经济评价的关键是如何从初投资、流动资金及折旧费来求得投产当年的折算投资 $K_z$。通常 $K_z$ 可按下式计算

$$K_z = K\frac{(1+i)^{n_0+n} - 1}{(1+i)^n - 1} + F - R\sum_{\tau=1}^{n}\frac{(1+i)^{n-\tau} - 1}{(1+i)^n - 1} \tag{4-4}$$

式中 $K$——初投资；

$n$、$n_0$——节能措施的建设年限和计算生产年限；

$F$——流动资金；

$R$——年折旧费。

## 三、节能技术改造项目的技术经济评价

扩大再生产有两种方式：一种是增加生产要素的投入量来扩大生产规模；另一种是改造生产要素的质量，提高要素的资源利用效率来扩大生产规模。技术改造就属后一种方式。

技术改造的经济特征是通过追加一笔技术改造投资来提高原先投入资金的使用效率。技术改造的关键是有针对性地改造最落后的部位和薄弱环节，即所谓生产过程的“瓶颈”。如果技术改造路线正确，常常只需要追加少量的投资即可带动整个企业的资金利用率迅速上升。目前工业发达国家的技术改造投资占整个固定资产投资的比重已高达70%～80%，我国也已达到40%左右。一些统计数据表明，通过技术改造形成的生产能力比新建相同规模的企业，可节约1/3以上的投资。

节能技术改造追加的费用主要包括：

（1）追加的投资费，包括技术改造项目的前期费用（如可行性研究论证费、设计费等）、追加的固定资产投资、追加的流动资金投资。

（2）追加的经营成本，包括新增加的原料费、燃料费、管理费等。

（3）因技术改造引起的减产或停工损失。

节能技术改造的收益包括：

（1）由于产品质量改进销售增加所获得的销售收入的增加费。

（2）由于能耗和原材料消耗减少所节约的成本费。

对节能技术改造项目进行经济评价时，可以采用前述的各种方法。有时为简单起见，也采用所谓增量法，即用企业在“改造”和“不改造”的两种情况下的若干差额数据来评价追加投资的经济效果。值得注意的是，为使增量法符合实际情况，在计算现金流动时，要充分考虑对比性原则，因为在进行比较时，“改造”方案的现金流多取自改造后各年的预测数据，“不改造”方案的现金流则多取自改造前的某一年份的数据，该两组数据在时间上是不可比的。因为如果项目不改造，在未来若干年内其经营状态也可能上升或下降，因此，对“不改造”方案在计算现金流时应充分考虑未来年份其效益的变化情况，只有这样才能使评估和预测更符合实际情况。

## 四、设备更新项目的技术经济评价

新设备投入运行使用一段时间后，或因磨损，或因技术发展而导致该设备陈旧落后，要使生产得以持续进行，就必须对该设备进行所谓的“补偿”。补偿的形式有修理、现代化改装，或用更先进更经济的设备更换。这种补偿在广义上就称为“设备更新”。设备更新也是节能的一个重要内容。

### （一）设备的磨损分析

这里所指的设备磨损是广义的磨损，它包括有形磨损和无形磨损。前者是设备在使用过程中，由于摩擦、振动、疲劳等原因而导致设备实体的损伤，当然在设备闲置不用时，也会由于锈蚀、材料老化等而产生有形磨损。后者是指设备原始价值的贬值。因此有时将无形磨损又称为经济磨损。

### （二）有形磨损的补偿——检修

有形磨损会导致零部件变形、公差配合改变、加工精度下降、工作效率降低、能耗增加

等。对于这种有形磨损，通常是通过修理来进行局部补偿的。例如，修复或修理被磨损的零部件，更换已损坏的密封件、连接件、管道阀门等，以恢复设备的性能。根据修理程度的大小，通常将其分为日常维护、小修理、中修理和大修理等几种形式。对于能源、动力、化工、炼油、冶金等工业，由于其系统复杂和大型设备多，这种修理是非常重要的。由于上述修理常常和设备的检测联系在一起，故在企业中又将其称为检修。

目前，设备的检修体系可以归纳为三种，即事后检修、预防性检修和基于状态的检修。事后检修又称为故障检修，是当设备发生故障或失效时进行的非计划性检修。显然这种事后检修只适合于对生产影响很小的非重点设备。预防性检修则是一种以时间为基础的预防检修方式，它是根据设备磨损或性能下降的统计规律或经验而事先制定的，所以又称为计划检修。显然检修的类别、周期、工作内容、检修方式都是事先确定的。

（三）无形磨损的补偿——设备更新

导致设备无形磨损通常有两方面的原因：一方面是由于设备制造工艺改进，劳动生产力提高，生产同种设备的成本下降，致使原有设备贬值。通常将这种原因引起的磨损称为第一种无形磨损。另一方面是由于技术进步，市场上出现了结构更先进、性能更优越、生产效率更高，能源和原材料消耗更少的新型设备，新设备的出现使原有设备在技术上显得陈旧落后而贬值，这种原因引起的无形磨损又称为第二种无形磨损。

对第一种无形磨损，原有设备虽然贬值，但设备本身的技术特性和功能并不受影响，其使用价值并没有发生变化，因此也不存在对现有设备提前更换的问题。对第二种无形磨损，原有设备不但价值降低，而且还可能局部或全部丧失其使用价值，这是因为原有设备虽然还能正常工作，但生产效率已大大低于新型设备，如果继续使用，就会使生产成本大大高于同类产品，在这种情况下，使用新设备将比继续使用旧设备经济，这时就有必要淘汰原有设备。当然由于社会消费结构的变化或环境保护的要求，也可能会使某些设备丧失使用价值，这种情况属于所谓现代经济条件下的设备无形磨损。当然有些设备在使用过程中也可能会既受到有形磨损，又受到无形磨损。

对于第二种无形磨损的补偿通常有两种方法：对于程度较轻的无形磨损，往往采用现代化改装（即技术改造）来进行局部补偿，对于程度严重的无形磨损，或设备产生不可消除的有形磨损时，就必须进行完全补偿，即设备更新。

（四）设备更新的经济决策

设备更新的经济决策，一般采用所谓经济寿命期法。这种方法的要点是计算设备使用期内每年的实际支出，然后选择实际支出最少的年份作为旧设备更新的年份。设备使用期内每年的实际支出由两部分组成：一部分是购置、安装设备的投资费；另一部分是设备的运行成本，包括能源费、保养费、修理费、废次品损失费等。很显然随着使用时间的延长，每年所分摊的成本费将减少，而由于设备磨损、性能下降，运行成本会逐年增加。因此年均总费用的最低值所对应的使用期限，即为设备的经济寿命期。

## 第二节 冶金工业的节能监测

冶金工业是指对金属矿物的勘探、开采、精选、冶炼以及轧制成材，也是国民经济发展的基础。根据产品的不同，可将冶金工业分为黑色冶金工业（包括钢铁工业、铬、锰及各种铁合金）和有色冶金工业（稀有金属工业）两大类。冶金工业是以矿石为基本原料，使用一定量的辅助原材料，消耗大量的能源，生产各种金属材料及制品。同时也是重要的基础工业部门，是发展国民经济建设与国防建设的物质基础，同时也是衡量一个国家工业化的标志。

## 一、冶金工业的主要工艺与流程

### （一）钢铁行业主要工艺流程

钢铁冶金是根据物理化学、热力学、动力学、传输学和反应工程学以及金属学等基本原理，从矿石中提取金属，经精炼，再采用各种加工方法（塑性加工，机械加工等）制成具有一定性能的钢铁材料的过程。

现代钢铁生产主要有 4 种工艺流程：①高炉—转炉工艺；②废钢—电炉工艺；③直接还原—电炉工艺；④熔融还原—转炉工艺。在这 4 种工艺中，高炉—转炉工艺和废钢—电炉工艺是传统工艺流程，是现代钢铁生产的主流工艺，如图 4-1 所示。直接还原—电炉工艺和熔融还原—电炉工艺为革新工艺，大部分仍处于开发研究工业化试验阶段，属于新一代的钢铁生产技术。

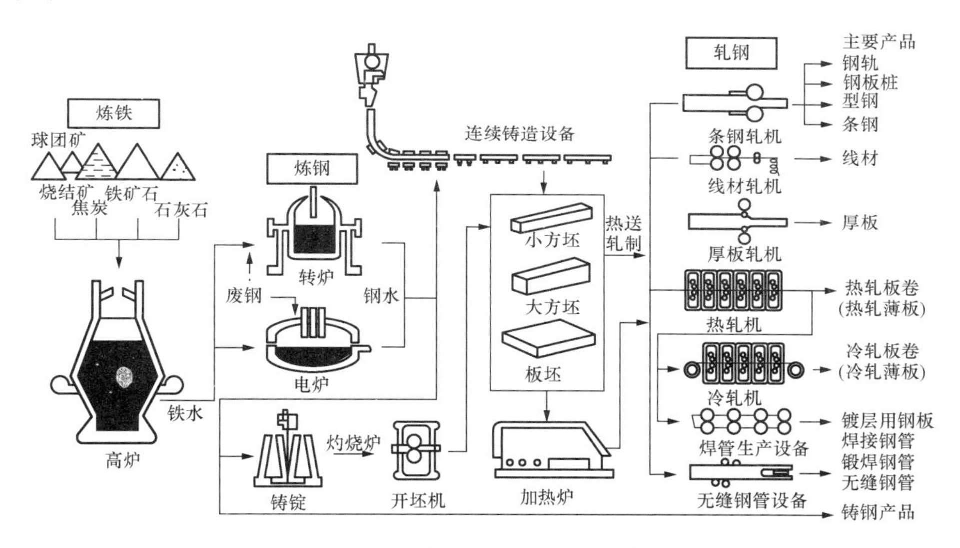


图 4-1　现代钢铁生产工艺流程

#### 1. 炼铁工序

铁矿石进入高炉内冶炼得到铁水，高炉铁水经处理后送入转炉吹炼，再经二次精炼获得合格钢水，钢水经过连铸（模铸）成坯或锭，再经轧制工序最后成为合格钢材。其过程主要包括采矿、烧结、球团、焦化、高炉炼铁、转炉炼钢、轧钢等工序，由于这种工艺流程生产单元多，规模庞大，生产周期长，因此称为长工艺流程，目前全球约 70%的钢来自于长流程工艺。

（1）采矿、选矿。采矿是对岩矿实行初步分离的过程，即根据自然矿产资源在地壳里的埋藏状况，分别选择露天或地下开采方式，通过凿岩、爆破、装运和破碎等工序，将所需矿物采出。虽然自然界中含铁的矿物比较多，但目前能够用作炼铁原料的只有 20 余种，其中主要是磁铁矿石、赤铁矿石、褐铁矿石和菱铁矿石。

选矿是对贫矿实行富集，对含有脉石或有害成分的矿石进行选别的过程。将矿石粉碎、磨细后，再通过重力选矿、磁力选矿、浮游选矿或电力选矿等多种工艺，除去脉石以及其他杂质，富集出高品位的精矿粉。

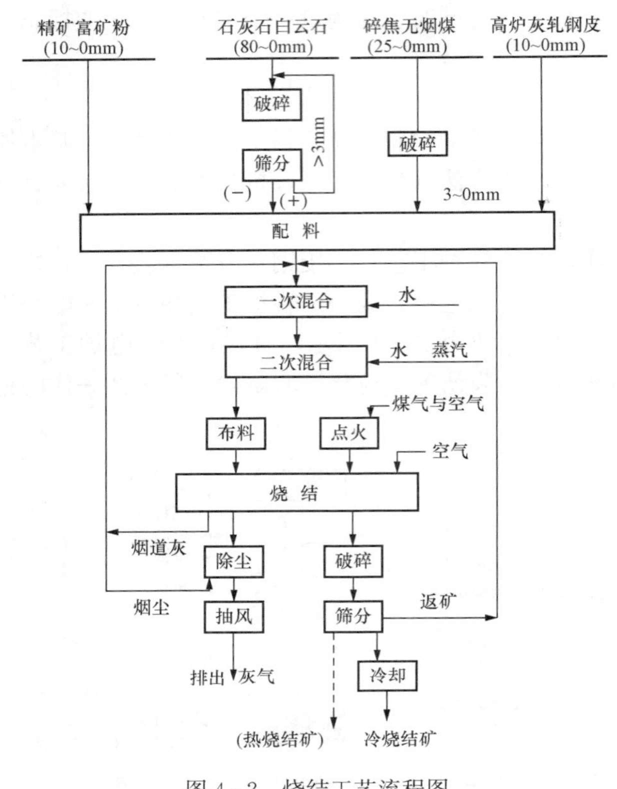


图 4-2　烧结工艺流程图

(2) 烧结（球团）工艺。高炉冶炼时，要求炉料要有一定的粒度和强度，保证高炉的透气性。如果矿粉入炉，则高炉的透气性变差，会使高炉的冶炼无法正常进行。为了解决此问题，一般将矿粉造块，矿粉造块目前有两种方法：烧结法和球团法，所得到的矿块分别为烧结矿或球团矿。

烧结矿的生产过程是将铁矿粉、粉（无烟煤）和石灰按一定配比混匀，放在烧结机上点火烧结。在燃料燃烧产生高温和一系列物理化学变化作用下，部分混合料颗粒表面发生软化熔融，产生一定数量的液相，并润湿其他未融化的矿石颗粒。冷却后，液相将矿粉颗粒黏结成块，这一过程叫做烧结，所得到的块矿叫做烧结矿，如图 4-2 所示。经烧结而成的有足够强度和粒度的烧结矿可作为炼铁的熟料。利用烧结熟料炼铁对于提高高炉利用系数、降低焦比、提高高炉透气性、保证高炉运行均有一定意义。烧结矿生产有鼓风烧结和抽风烧结两种方法，目前大量采用的是带式抽风烧结法。

球团矿的生产过程是将细磨精矿或其他细磨粉状物料、添加剂等按一定比例经过配料、混匀、润湿后，通过造球机制成一定尺寸的小球，然后采用干燥焙烧或其他方法使其发生一系列的物理化学变化，形成具有一定强度和冶金性能的球形含铁原料。

(3) 焦化工艺。焦炭是高炉冶炼的主要燃料，也可用于铸造、有色金属冶炼、制造水煤气。焦炭在高炉内除了作燃料外，还起还原性和骨架的作用。

装炉煤经过高温干馏转化为焦炭、焦炉煤气和化学产品的工艺过程，即煤炭焦化。将经过破碎清洗的两种结焦性不同的煤料按照一定燃烧值要求配比混匀，再将配比好的煤加入黏结剂用捣固机捣制成煤饼的形状，配好的煤料，装入炼焦炉的碳化室，在隔绝空气的条件下由两侧燃烧室供热，随温度升高经干燥、预热、热分离、软化、结焦成具有一定强度的焦炭。由炼焦炉炉顶排出的挥发物经过冷凝、冷却、洗涤、蒸馏等加工处理之后，得到焦炉煤气、苯类、油等物质。现代焦炉生产工艺流程如图 4-3 所示。

在焦化过程中，有两项重要的节能技术：干熄焦和余热发电。

炼焦生产除了主产品焦炭供炼铁使用外，还有焦炉煤气和其他多种化工产品，这些产品和国防、冶金、轻工、化工、交通运输等部门都有密切联系，是其不可缺少的原材料。

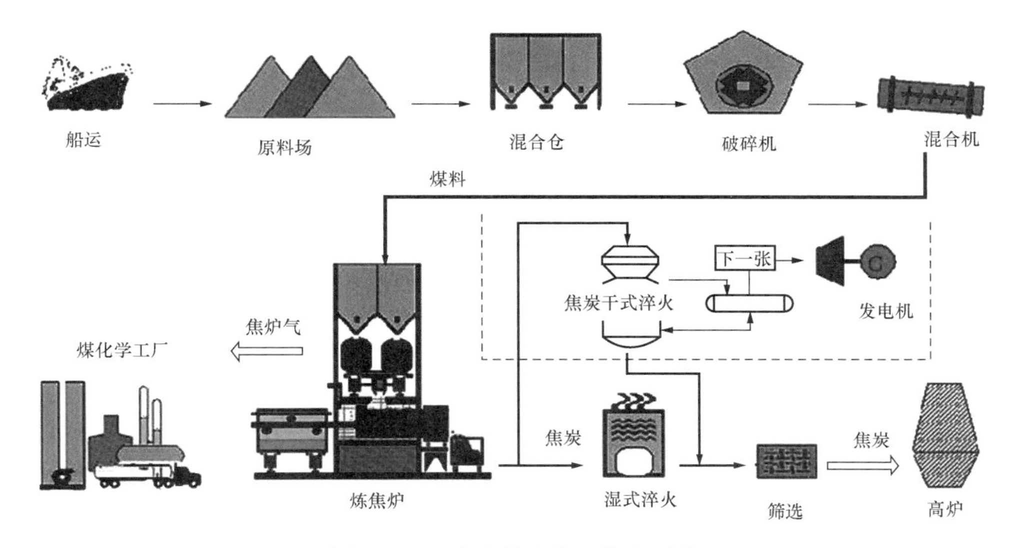


图 4-3　现代焦炉生产工艺流程图

（4）高炉炼铁。高炉炼铁实际上是对铁矿石中的铁氧化物进行还原的过程，基本反应原理为

$$3CO + Fe_2O_3 \longrightarrow 2Fe + 3CO_2 \tag{4-5}$$

高炉使用的含铁炉料主要是烧结矿、球团矿以及天然矿；燃料为焦炭、煤粉、天然气等。高炉的主产品是生铁，作为下游炼钢工序的主要原料；副产品主要是高炉炉顶煤气和高炉渣。高炉炼铁工艺流程如图 4-4 所示。

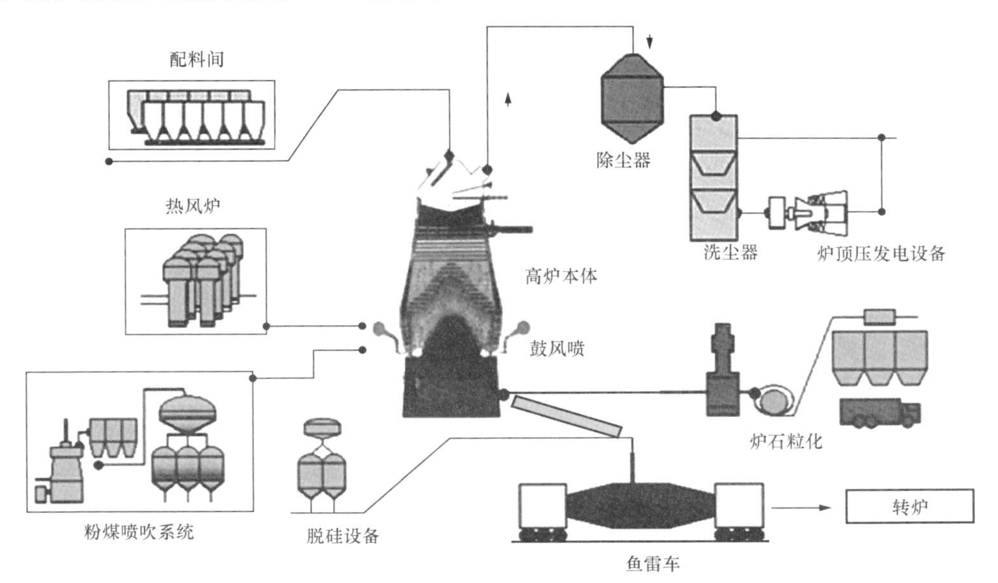


图 4-4　高炉炼铁工艺流程

高炉生产时从炉顶装入铁矿石、焦炭、造渣用熔剂（石灰石），高炉热风炉将预热到900～1250℃的热风从位于炉子下部沿炉周的风口吹入炉内。在高温下焦炭（有的高炉也喷

吹煤粉、重油、天然气等辅助燃料）中的碳同鼓入空气中的氧燃烧生成的一氧化碳和氢气，在炉内上升过程中除去铁矿石中的氧，从而还原得到铁。炼出的铁水从铁口放出，铁矿石中未还原的杂质和石灰石等熔剂结合生成炉渣，从渣口排出。产生的煤气从炉顶排出，经除尘后，作为热风炉、加热炉、焦炉、锅炉等的燃料。高炉冶炼的主要产品是生铁，还有副产高炉渣和高炉煤气。

高炉冶炼的特点主要是：①在炉料与煤气流逆向运动过程中完成各种错综复杂的化学反应和物理变化，炉内主要是还原性气氛；②高炉是密闭的容器，除装料、出铁、出渣及煤气外，操作人员无法直接观察到反应过程的状况，只能凭借仪器仪表间接观察炉内状况；③高炉是连续的、大规模的高温生产过程，机械化和自动化水平较高。

高炉炼铁生产的主要耗能设备有高炉本体、原料供料系统、炉顶装料系统、送风系统、煤气除尘系统、喷煤系统和渣铁处理系统，使用的能源有焦炭、煤气、电力、蒸汽和水。

2. 炼钢工艺

高炉生产的生铁除含铁93%～94%以外，还含有6%～7%的杂质（以碳为主，其他为硅、锰、磷、硫等）。因此，炼钢是利用氧化还原反应在高温下，用氧化剂把生铁中过多的碳和其他杂质氧化除去，同时提高温度。通过炼钢，铁水中的部分碳氧化成CO或$CO_2$逸出，其余杂质元素以氧化物或其他形态进入炉渣。在炉后添加各种二次精炼设备，以降低钢中气体（N、O）含量，提高钢的纯净度和质量。

（1）铁水预处理。为了提高钢的质量和减少炼钢炉负担，已普遍在炉前增加铁水预处理装置，旨在将铁水进炼钢炉之前，对其进行脱硅、脱硫以及脱磷，又称为铁水“三脱”，其工艺流程如图4-5所示。

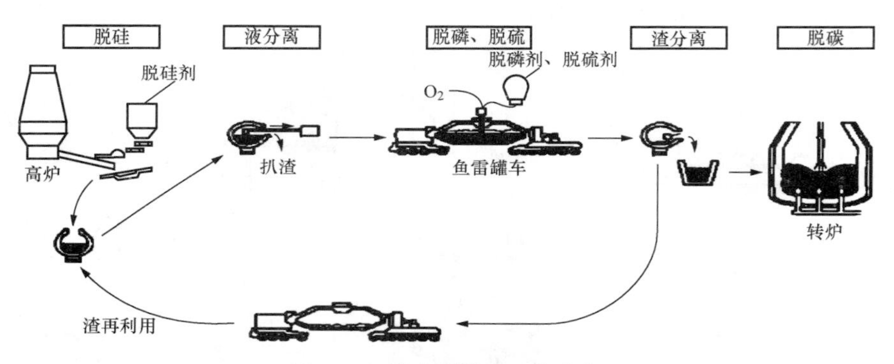


图4-5　铁水预处理工艺流程

铁水预处理是在原则上不外加热源的情况下，利用处理剂中活性物质和铁水中待脱除（或富集）元素进行快速反应，形成稳定的渣相而和铁水分离的过程。

铁水冶炼有两个流程：一个是以铁矿石为主要原料的高炉转炉长流程；另一个是以废钢为主要原料的电炉短流程。

（2）转炉炼钢。主要是指在不借助外加能源的情况下，以从高炉中获得的液态生铁为原料，以空气或者纯氧为氧化剂，依靠炉内氧化反应热来提高钢水温度，进行快速炼钢的方法。其主要特点是：靠转炉内液态生铁的物理热和生铁内各组分（如碳、锰、硅、磷等）与送入炉内的氧进行化学反应所产生的热量，使金属达到出钢要求的成分和温度。

现代转炉基本上都是氧气转炉，炉衬耐火材料一般为碱性，按供气部位可分为顶吹转炉、底吹转炉及顶底复合吹转炉，如图 4-6 所示。

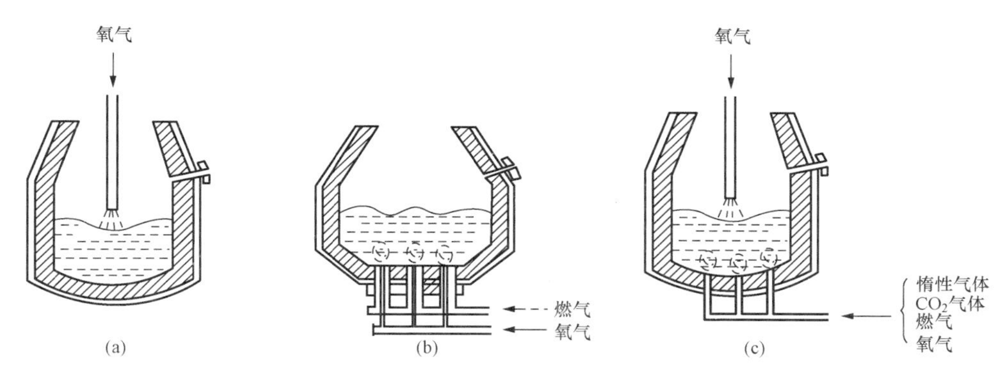


图 4-6　氧气转炉示意图

(3) 电炉炼钢。电炉炼钢法以废钢为主要原料，采用电能作为热源，生产特殊钢和高合金钢，是继转炉之后出现的又一种炼钢方法，现在成为仅次于氧气转炉的重要炼钢方法。以电能作为热源，靠电极和炉料间放电产生的电弧，使电能在弧光中变为热能，并借助电弧辐射和电弧的直接作用加热并融化金属炉料和炉渣，可以迅速熔化废钢和合金，温度高且容易控制，冶炼过程中可以造成还原性气氛，所以能生产出当前转炉不能生产的高质量合金钢，其中，电弧炉多用于特殊钢的冶炼。电炉炼钢工艺流程如图 4-7 所示。

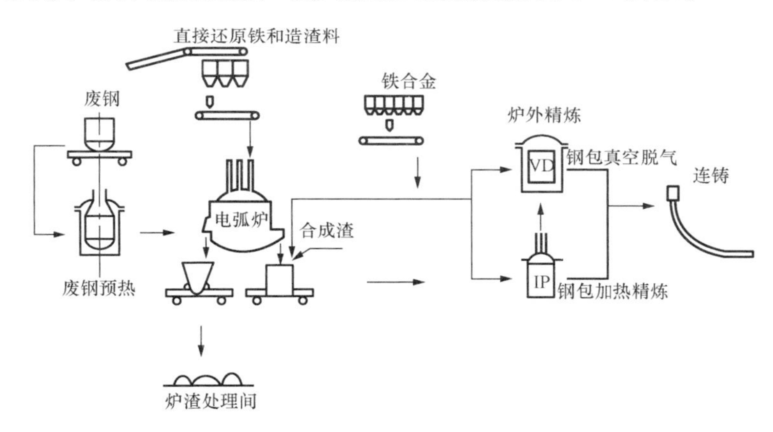


图 4-7　电炉炼钢工艺流程

电炉炼钢具有生产线工序少、投资低、建设周期短的特点，在投资、环境保护和效率方面比转炉炼钢有明显优势，随着废钢的逐年增加，电炉炼钢在世界全部钢产量中所占比例逐年上升；但由于操作成本较高，节奏较慢，因此，电炉炼钢法主要用来生产特殊钢或合金钢。

(4) 炉外精炼。现代科学技术和工业的发展，对钢的质量的要求越来越高，用普通炼钢炉冶炼出来的钢水已很难满足其质量的要求。为了提高生产率，缩短冶炼时间，也希望把炼钢的一部分任务移到炉外去完成，炼钢工艺由一步炼钢发展为两步炼钢，即炉内初炼和炉外精炼。

炉外精炼是指将经转炉和电炉初炼过的钢水转移到另一容器中（一般是钢包）进行精炼

的炼钢过程。初炼时，炉料在炉内完成熔化、脱磷、脱碳和主合金化；精炼则是将初炼钢水在真空、惰性或还原性气氛的容器内进行脱气、脱氧、脱硫、深脱碳、去除夹杂、调整温度及微调成分等。

二次精炼的主要操作是吹氩搅拌钢水、喷吹脱硫剂和脱氧剂、真空处理、加热钢水控制温度等。其主要的工艺方法有钢包炉（LF）、真空脱气炉（VD）、氩氧混吹脱碳法（AOD）、真空吹氧脱碳法（VOD）、真空循环脱气法（RH）等。

（5）连铸。连铸是通过连铸机直接把钢水凝固成钢坯的方法，将装有精炼好钢水的钢包运至回转台，回转台转动到浇注位置后，将钢水注入中间包，中间包再由水口将钢水分配到各个结晶器中去，如图 4-8 所示。结晶器是连铸机的核心设备之一，它使铸件成形并迅速凝固结晶。拉矫机与结晶振动装置共同作用，将结晶器内的铸件拉出，经冷却、电磁搅拌后，切割成一定长度的板坯。与以往的模铸相比，连铸具有工艺流程短、生产率高、金属回收率高、节约能源和紧凑化生产等特点。

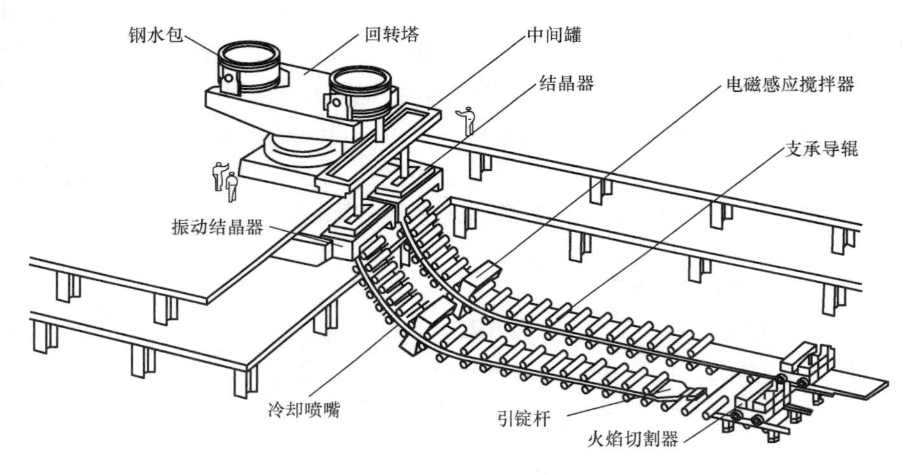


图 4-8 连铸工艺流程

3. 轧钢工序

由炼钢生产出来的钢锭或连铸坯，并不是钢铁生产的最终产品，也不能直接用于社会消费，必须进行再加工制成钢材。轧钢生产是将模铸钢锭或连铸钢坯轧制成钢材的过程，具体是用不同的工具和设备对金属施加压力，使之产生塑性变形，制成具有一定尺寸和形状产品的加工方法。

轧钢最主要的方法是热轧法，是指将钢料加热到 1000～1250℃时，用轧钢机制成钢材的方法，也是最主要的生产方法，其他还有冷轧法、锻压法和挤压法。冷轧、热轧、型材、硅钢片等，都是由炼钢出来后的方坯或者是板坯根据市场需求来轧制成型的产品，在轧制和热处理过程中加入一些稀有金属调质得到不同的产品。

（二）有色金属行业主要工艺流程

在现代冶金中，由于矿石（或精矿）性质和成分、能源、环境保护以及技术条件等情况的不同，实现上述冶金作业的工艺流程和方法也是多种多样的。根据各种方法的特点，大致可将其归纳为三类：火法冶金、湿法冶金和电冶金。我国有色金属产量最多的是铝，其次是铜，下面对铜和铝的生产予以简介。

1. 铜的生产工艺流程

铜的冶炼可分为火法炼铜和湿法炼铜两种，火法炼铜是当今生产铜的最主要方法，占铜产量的 80%～90%，主要原料为硫化矿，其主要工艺流程如图 4-9 所示。

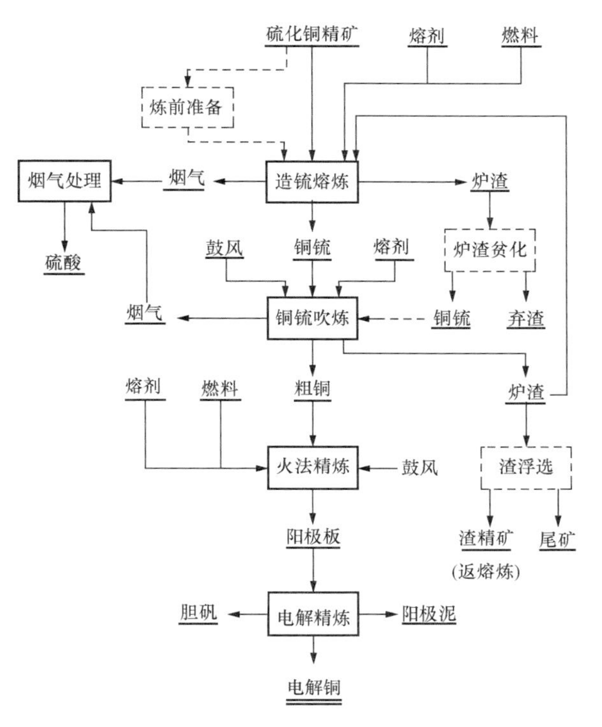


图 4-9　火法炼铜工艺流程

火法炼铜的工艺过程主要包括四个主要步骤：造锍熔炼、铜锍吹炼、粗铜火法精炼和阳极铜电解精炼。火法炼铜的优点是适应性强、能耗低、生产效率高、金属回收率高。

(1) 造锍熔炼。硫化铜精矿含铜一般为 10%～30%，除脉石外，常伴有大量铁的硫化物，其含量超过主金属铜，所以由精矿直接炼出粗金属，在技术上仍有一定困难。因此，世界上普遍采用造锍熔炼—铜锍吹炼的工艺来处理硫化铜精矿。

造锍熔炼的过程为，将硫化铜精矿、部分氧化物焙烧矿和适量的溶剂等炉料，在 1423～1523K 的高温下进行熔炼，产出两种互不相溶的液相，即铜锍（冰铜）和熔渣。铜锍（$Cu_2S \cdot FeS$）中铜、铁、硫的总量占 85%～95%，炉料中的贵金属几乎全部进入铜锍；炉渣是以 $SiO_2$、FeO、CaO 等为主的硅酸盐熔体，两者互不相容，从而实现铜锍与熔渣的相互分离。

传统的造锍熔炼法有反射炉熔炼、电炉熔炼和密闭鼓风炉熔炼；现代的强化熔炼法有闪速炉熔炼、诺兰达法、三菱法、瓦纽柯夫法、白银法和艾萨法或奥斯麦特法。随着科学技术的进步，传统熔炼方法的缺点日益明显，因此，这些传统熔炼工艺正逐步地被节能、环境友好的强化熔炼新工艺代替。

(2) 铜锍吹炼。铜锍吹炼的任务是将铜锍吹炼成含铜 98.5%～99.5%的粗铜。吹炼的实质是在一定压力下将空气送到液体铜锍中，使铜锍中 FeS 氧化成 FeO 与加入的石英溶剂造渣，进一步脱出硫和铁等杂质，$Cu_2S$ 则与氧化生成的 $Cu_2O$ 发生相互反应变成粗铜（含铜 98%～99%）。吹炼过程所需热量全靠熔锍中的硫和铁的氧化及造渣反应所放出的热量供给，为自热过程，吹炼过程的温度为 1473～1533K。

当代传统成熟的吹炼技术包括卧式转炉（P-S 转炉）吹炼、固定反射炉侧式连续吹炼，国际中先进高效吹炼技术包括闪速炉吹炼、三菱法吹炼炉、奥斯麦特吹炼炉。我国大都采用卧式转炉进行吹炼，其结构如图 4-10 所示。

(3) 粗铜火法精炼。粗铜火法精炼过程为氧化还原反应，利用杂质对氧的亲和力大于铜对氧的亲和力以及杂质氧化物在铜中溶解度低的特点，在炉内装入粗铜后加入燃料和氧气，使杂质氧化而被除去，然后在铜水中加入还原剂氧化，最后得到阳极铜。火法精炼步骤分为加料、熔化、氧化、还原和浇铸几个步骤，精炼过程的时间较长，燃料消耗很大。精炼的设

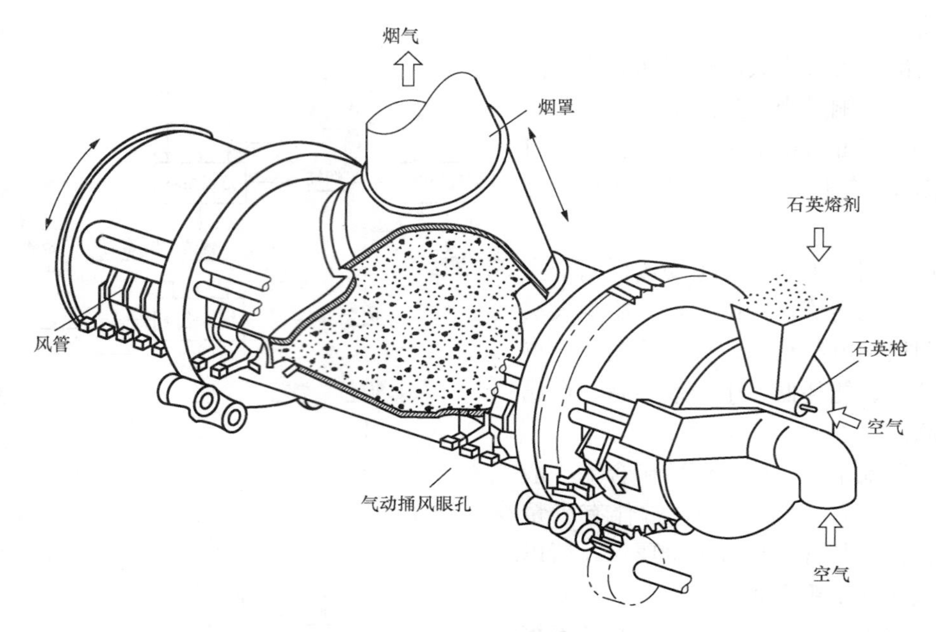


图 4-10 卧式转炉结构

备可以在反射炉、回转炉或倾动炉中进行，我国使用最为普遍的是反射炉。

（4）阳极铜电解精炼。铜的电解精炼是在钢筋混凝土制作的长方形电解槽中进行，槽内衬铅皮或聚氯乙烯塑料以防腐蚀，电解槽放置于钢筋混凝土的横梁上，槽子底部与横梁之间要用瓷砖或橡胶板绝缘，相邻两个电解槽的侧壁间有空隙，上面放瓷砖或塑料板绝缘，再放导电铜排连接阴阳极。电解精炼以火法精炼的铜为阳极，硫酸铜和硫酸水溶液为电解质，电铜为阴极，向电解槽通直流电使阳极溶解，在阴极析出更纯的金属铜的过程，如图 4-11 所示。杂质进入阳极泥或保留在电解液中，需要定期抽出电解液进行净化。

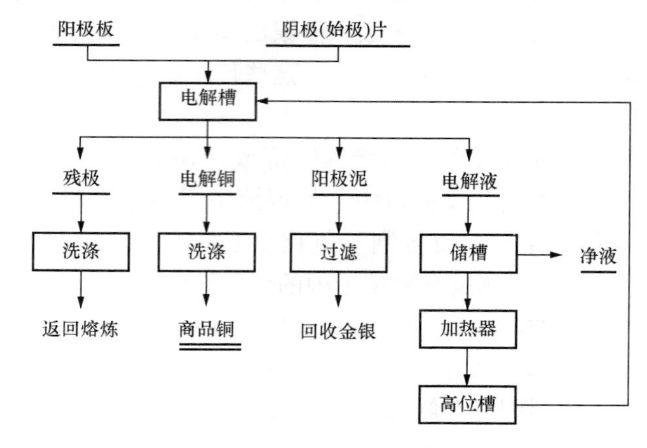


图 4-11 铜电解精炼流程

2. 铝的生产工艺流程

铝在地壳中含量约为 8.8%，炼铝最主要的矿石为铝土矿，世界上 95%以上的氧化铝都是用铝土矿生产的。

金属铝的生产包括从铝土矿中生产氧化铝和氧化铝电解出铝锭两个主要过程，此法一直是生产金属铝的唯一方法。生产铝的工艺流程如图 4-12 所示。

(1) 氧化铝的生产。电解铝对氧化铝质量的要求主要是纯度，含氧化铝应大于 98.2%，因为氧化铝纯度是影响原铝质量和电解过程的主要因素。若氧化铝含有比铝更正电性元素的氧化物，则在电解过程中，这些氧化物将分解并在阴极上析出相应元素，使铝的质量降低。

根据处理原料的不同，需要使用不同的方法提取氧化铝，工业上使用的方法有酸法和碱法两大类，但目前工业上几乎全都是采用碱法，其中以拜耳法使用最广，世界上 90%的氧化铝是用拜耳法生产的，其工艺流程如图 4-13 所示。

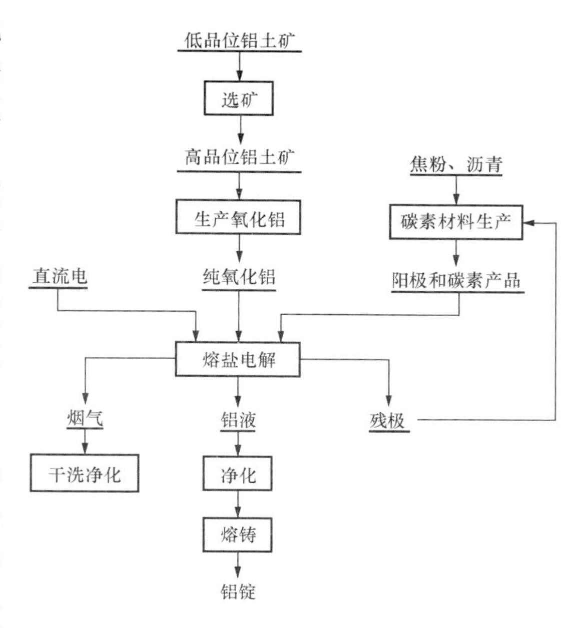


图 4-12 金属铝的生产工艺流程

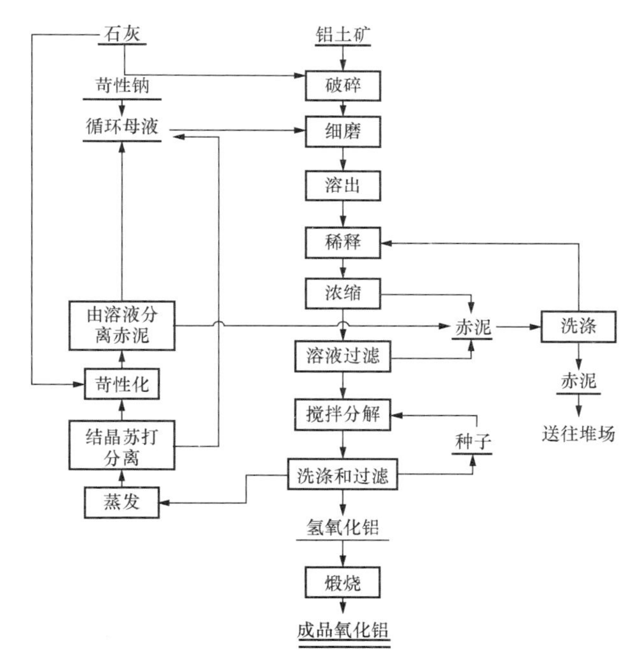


图 4-13 拜耳法生产氧化铝主要工艺流程

拜耳法生产氧化铝是将破碎、细磨的铝土矿粉在碱性溶液中充分溶解成铝酸钠溶液，铝土矿的溶出是在不断喷入蒸汽加热和搅拌的压煮器中进行。之后在沉降槽中进行洗涤将铝酸钠与赤泥分开，将晶种加入分离赤泥后的铝酸钠溶液中，并在圆筒形空气搅拌分解槽中进行分解，氢氧化铝将再进入浓缩槽浓缩、分级、过滤。过滤后的氢氧化铝送到高温回转窑中进行煅烧，煅烧的任务是将氢氧化铝完全脱水并制出实际上不吸水的适合电解要求的氧化铝；分离后得到分解母液（苛性碱溶液）则送蒸发站处理。煅烧窑温为1200℃，消耗大量热能。拜耳法流程简单，产品质量好，处理优质铝土矿时能够获得良好的经济效益。拜耳法生产氧化铝的主要耗能设备有破碎、磨粉设备、煮压器、回转窑及泵，主要能耗为蒸汽、重油、水和电等。

（2）金属铝的生产。现代的铝工业生产，普遍采用冰晶石—氧化铝熔融盐电解法。电解过程在电解槽内进行，直流电经过电解质使氧化铝分解，依靠电流的焦耳热维持电解温度为1223～1243K。电解产物在阳极上是氧，阴极上是液体铝，氧使碳阳极氧化而析出$CO_2$和CO气体。铝液用真空机抽出，经过净化澄清后浇铸成纯度为99.5%～99.7%的铝锭，之后进行各种方式的深加工制成各种铝制品。

铝的生产过程中，对电解质的特性、槽电压等参数的控制是很重要的，它直接影响到电解铝生产的技术经济指标。电解铝的技术经济指标见表4-1。

**表4-1 铝电解生产的技术经济指标**

| 项目 | 指标 | 项目 | 指标 |
| --- | --- | --- | --- |
| 电解质温度（K） | 1223～1243 | 原铝质量（%） | 99.5～99.7 |
| 阳极电流密度（$A/cm^2$） | 0.7～0.76 | 电耗（kWh） | 13 500～15 000 |
| 电极距（cm） | 4～6 | 氧化铝（kg） | 1920～2000 |
| 槽电压（V） | 4.5～5.0 | 冰晶石（kg） | 5～10 |
| 电流效率（%） | 88～90 | 阳极糊（kg） | 520 |

## 二、冶金工业的能耗

### （一）钢铁工业能耗状况

钢铁行业是我国能耗的大户，占全国总能耗的15%左右。我国能源资源以煤为主，占70%左右，钢铁工业是煤炭消耗大户，其余为电力、水、天然气等，我国2006年的钢铁能源消费结构状况如图4-14所示。

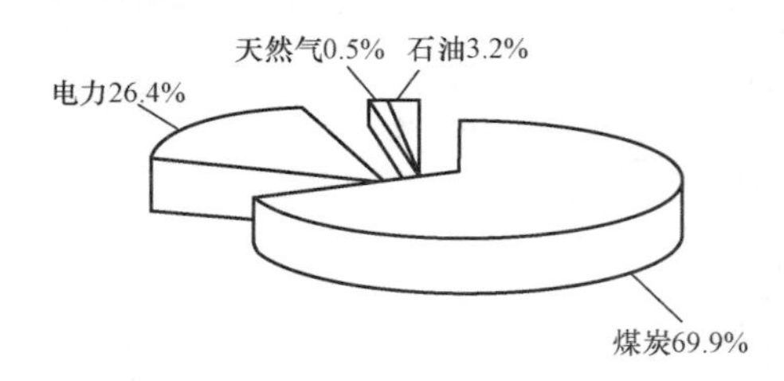

图4-14 我国2006年钢铁企业能源消耗结构

2004年，我国能源消耗（标煤）总量为19.7亿t，其中钢铁工业消耗2.99亿t（含矿山、铁合金、焦化、耐材等行业），占我国能源总消费量的15.18%，2007年钢铁工业总能源占全国能耗的14.71%。在钢铁能源消耗结构中，煤炭占主导地位，电力其次，其他能源占有份额很少。如2004年的钢铁能源消耗中，煤炭占69.9%，电力占26.4%，其他3.7%。由于我国钢铁产品产量高，也就造成了我国钢铁工业所消耗的能源总量很大。

近年来，全国重点钢铁企业在节约能源、余能余热回收利用、提高能源利用率等方面做了卓有成效的工作，同时在提高技术节能、结构节能和管理节能上做了大量成效显著的工作，这些工作有力地促进了钢铁企业吨钢综合能耗和各工序能耗的明显降低。宝钢、武钢、鞍钢、首钢等一批钢铁企业的部分生产技术指标已达到或接近国际先进水平，以转炉炼钢为例，2008年太钢转炉工序能耗为－12.95kg/t，首钢转炉工序能耗为－12.45kg/t；武钢转炉工序能耗为－10.67kg/t。综上所述，我国钢铁工业的生产技术取得了巨大进步。2000年以来我国重点钢铁企业能耗情况见表4-2。

表4-2　我国重点钢铁企业能耗情况　kg/t

| 年份 | 吨钢综合能耗 | 烧结 | 球团 | 焦化 | 炼铁 | 转炉 | 电炉 | 轧钢 |
|---|---|---|---|---|---|---|---|---|
| 2000 | 920 | 68.9 | | 160.2 | 466.1 | 28.9 | 265.6 | 117.9 |
| 2005 | 747 | 64.8 | 39.96 | 142.2 | 456.3 | 36.3 | 201.2 | 88.5 |
| 2007 | 628.23 | 55.47 | 30.12 | 126.8 | 428.3 | 6.32 | 80.9 | 59.5 |
| 2008 | 629.93 | 55.49 | 30.29 | 119.9 | 427.7 | 5.74 | 81.5 | 59.2 |
| 2009 | 603.03 | 56.11 | 34.45 | 113.3 | 411.9 | 5.18 | 79.1 | 58.1 |

由于我国钢铁企业陆续采用TRT、CDQ和蓄热式加热等先进技术装置与设备对二次能源回收利用，使各工序能耗降低取得了显著效果。

我国重点钢铁企业和世界先进企业相比，各工序能耗均有差距。转炉工序能耗差距最大，国外二次能源回收好，已完全实现负能炼钢，在我国由于转炉炉容量偏小，回收转炉煤气能力差，很多企业的转炉煤气均未回收。国内钢铁企业能耗与国外先进比较情况见表4-3。

表4-3　国内与国外先进钢铁企业能耗比较　kg/t

| 指标 | 烧结 | 焦化 | 炼铁 | 转炉 | 电炉 | 热轧 | 冷轧 | 综合 |
|---|---|---|---|---|---|---|---|---|
| 国内 | 66 | 142 | 466 | 27 | 210 | 93 | 100 | 761 |
| 国外 | 59 | 128 | 438 | －9 | 199 | 48 | 80 | 655 |
| 差距（%） | 11 | 19 | 5 | 133 | 5 | 48 | 20 | 14 |

（二）有色冶金工业能耗状况

有色金属工业作为高能耗行业，生产集中度小，但能耗高。我国有色金属工业单位产品能耗（标准煤）约为476t，约占全国能源消费量的3.5%以上。其中铜、铝、铅、锌冶炼能耗占有色金属工业总能耗90%以上，而电解铝又占其中的75%。在我国有色金属中，由于电解铝和氧化铝生产过程中能耗大，加上产量高，毫无疑问是第一能耗大户。2006年，我国生产氧化铝1370万t，按照当年氧化铝综合能耗（标准煤）为893.91g/t计算，共耗能1224.66万t标准煤。同时，2006年我国铝加工材产量为815万t，按照当年综合能耗（标准煤）为700kg/t计算，共耗能570万t。据统计，2005年电解铝和氧化铝生产能耗占全年有色金属能耗总量的69%。2006年，氧化铝和电解铝产量增长幅度高于全国有色金属产量增长幅度，再加上铝加工方面的能耗，整个铝行业能耗占到整个有色金属的75%左右。

有色金属工业能源利用结构主要为电力，其次为煤，其他有焦炭、原油、天然气、煤气、成品油、柴油、液化石油气、生物能源和其他直接或通过加工、转换而成的各种能源。电力主要用于有色金属的电解，煤炭主要用于有色金属的冶炼。

近年来，我国有色金属工业的快速发展在很大程度上是依靠增加固定资产投资、扩大产业规模的粗放型发展模式。尽管通过推动先进技术，加强管理，推进清洁生产，有色金属工业的单位产品能源消耗和污染物排放出现下降趋势，但是由于产量快速增长，能源消耗总量和污染物排放总量仍然不可避免地出现增长，已成为有色金属工业持续发展的重要制约因素与困境。

**三、冶金企业专用设备的节能监测**

冶金行业类别很多，其工艺流程、工艺设备、能源消耗也千差万别，本书中将不一一叙述，现就对钢铁生产和铜铝生产中几典型设备的节能技术和节能监测进行说明。

（一）焦炉的节能监测

1. 焦炉的节能技术

干熄焦（CDQ）——在焦化过程中，如果不熄焦降低焦炭温度，热焦炭与空气接触会迅速消耗。焦炭温度高，现有的皮带送料方式难以使用。此外，焦炭在高炉内除了作燃料外，还起还原性和骨架的作用，热的焦炭强度不够。

干熄焦是用 $CO_2$、惰性气体等穿过红焦层对焦炭进行冷却，焦炭冷却到 250℃以下，惰性气体升温至 800℃左右，送到余热锅炉产生蒸汽，具体工艺流程如图 4-15 所示。炭化室推出的约 1000℃的红焦由推焦机推入焦罐中，焦罐车将其牵引到横移装置处，把装有红焦的焦罐横移到提升井，提升吊车把其提升并运送到干熄槽顶部，经装料装置把红焦装入干熄槽中。红焦在冷却室内与循环鼓风鼓入的 200℃惰性气体进行换热，温度降低到 230℃以下；由排料装置排到皮带运输机上运至炉前焦库。惰性气体吸收了焦炭的显热温度升到 900～950℃，经一次除尘后进入余热锅炉产生蒸汽，从锅炉出来的惰性气体又降至 200℃左右，经二次除尘降温后，再次送入干熄焦槽中。余热锅炉产生中压蒸汽，可并入蒸汽管网或送入发电机组发电。

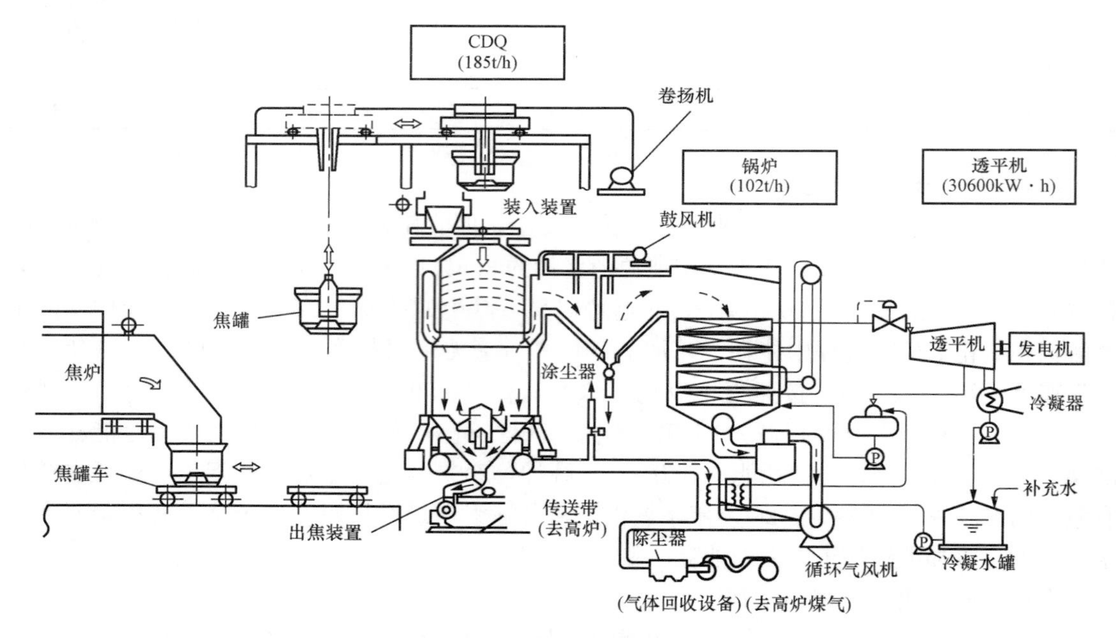


图 4-15　干熄焦工艺流程图

焦化生产中，出炉红焦显热占焦炉能耗的 35%～40%，采用干熄焦可回收约 80%的红焦显热。按照目前技术条件，平均每干熄 1t 焦，可回收 450℃，3.9MPa 的蒸汽 0.45t 以上；扣除干熄焦工艺的自身电耗，可净发电 20～30kWh/t 焦，折合标准煤 8～12kg/t。根据宝钢的生产实际，CDQ 可降低能耗 50～60kg/t，国外某钢铁公司对其炼焦炉和 CDQ 得热收支进行分析，如图 4-16 所示，可见，CDQ 可回收炼焦能耗的 49.4%。

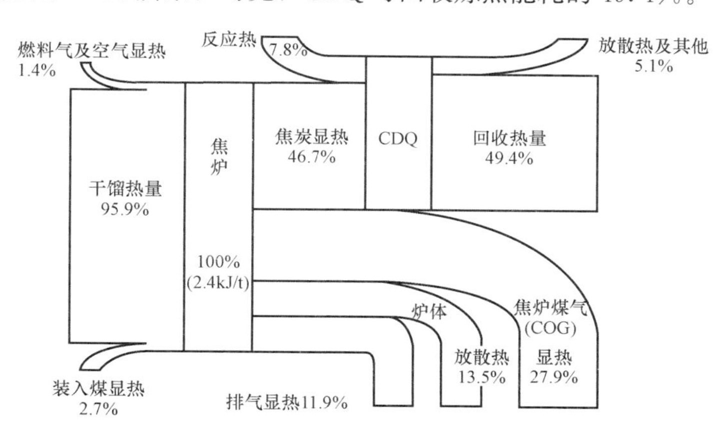


图 4-16　国外某钢铁公司干熄焦的热收支分析

日本某钢铁企业对其 CDQ 技术的节能效果进行计算，计算结果如表 4-4 所示。年节约电能 850MWh/a，总的有效燃料节约量（换算为原油）4730kL/a。

**表 4-4　　日本某钢铁企业 CDQ 的节能效果**

| 项　　目 | 数　　量 |
|---|---|
| CDQ 回收蒸汽的能量（转换为原油）$A$ | 4832kL/a |
| 电能 $B$ | 3910MWh/a |
| 增加的用电量 $C$ | 3280MWh/a |
| 用于惰性气体的都市煤气（转换为原油）$D$ | 90kL/a |
| 与湿熄焦相比减少的用电量 | 220MWh/a |
| 总的有效燃料（转换为原油）节约量 $A-D$ | 4730kL/a |
| 节约电能 $B-C+E$ | 850MWh/a |

济钢焦化厂现有焦炉 4 座，设计年产焦炭 110 万 t，其干熄焦装置配备 2 台 35t/h 的余热锅炉和 1 台 6100kW 的背压发电机组，全年可回收余热蒸汽 47 万 t，发电 3920 万 kWh。

在国家对节能环保要求越来越严格、能源价格越来越高、能源供应越来越紧张的情况下，干熄焦所带来的经济效益、环境效益、节能效果越发显著。

2. 焦炉的节能监测

根据焦炉的工艺特点，焦炉的节能监测项目为出炉烟气温度、出炉烟气中 $O_2$ 含量、出炉烟气中 CO 含量、焦饼中心温度、炉体表面温升和设备状况。

（1）出炉烟气温度。出炉烟气温度是控制排烟物理热损失的一个很重要的参数。焦炉出炉烟气温度的测定，应选择连续 5 个燃烧室（注意避开边燃烧室），在燃烧室两侧（即机侧和焦侧）废气开闭器小烟道连接处插入测温仪表（在节能监测中以插入 0～500℃的玻璃液体温度计为宜），下降气流的烟气温度在交换前 5min 开始读数。5 个燃烧室两侧各测取 3

次，以其平均值作为监测值。

（2）出炉烟气中 $O_2$ 含量和CO含量。出炉烟气中 $O_2$ 含量是控制排烟物理热损失的另一个很重要的参数，CO含量则表示燃烧的化学不完全燃烧情况。这两个参数的监测是必要的。选取两个燃烧室，取样点设置在两侧小烟道连接管处，在交换前各取下降气流烟气样一次，并立即进行成分分析，成分分析仪器可使用燃烧效率测定仪或奥氏气体分析器。

（3）焦饼中心温度。焦饼中心温度是影响结焦质量的重要控制参数。在节能监测中，焦饼中心温度可抽测一个炭化室。

（4）炉体表面温升。炉体表面温升表示焦炉炉体的绝热保温情况。

由于焦炉炉体尺寸很大，在节能监测中要测定全部表面的温度工作量很大，也是没有必要的。监测时可选择分别处于初、中、末结焦时间的3个炭化室及其燃烧室进行抽测。每个炭化室和燃烧室按炉顶、炉墙（炉门）分别测定，炉顶按机侧、中间、焦侧测定3点（应避开炭化室装煤孔），炉墙（炉门）按上、中、下测定3点。

（二）烧结机的节能监测

1. 烧结机的节能技术

（1）低温余热回收、炉渣显热回收等技术。烧结热平衡计算表明，热烧结矿的显热和废气带走的显热约占总支出的60%。从节省能源，改善环境，提高企业经济效益出发，应尽可能回收利用。

当烧结进行到最后，烟气温度明显上升，机尾风箱排出的废气温度可达300～400℃，含氧量可达18%～20%，这部分所含显热占总热耗的20%左右。从烧结机尾部卸出的烧结饼温度平均为500～800℃，其显热占总热耗的35%～45%。热烧结矿在冷却过程中其显热变为冷却废气显热，废气温度随冷却方式和冷却机部位的不同在100～450℃之间变化，其显热约占总热耗的30%，相当于（380～600）$\times 10^3$kJ/t 烧结矿的热量由环冷机废气带走。因此，环冷机废气和机尾风箱废气是烧结余热回收的重点。

（2）环冷机废气余热锅炉。高温废气从环冷机上部的两个排气筒抽出经重力除尘器进入余热锅炉进行换热，锅炉排出的150～200℃的废气由循环风机送回环冷机风箱连通管循环使用。系统中专设一台常温风机，其作用是当余热回收设备运行时补充系统漏风。余热回收设备不运行而烧结生产仍在进行时，可打开余热回收区的排气筒阀门，启用该风机，以保证环冷机的正常运行并使它卸出冷烧结矿的温度低于150℃，其工艺流程如图4-17所示。

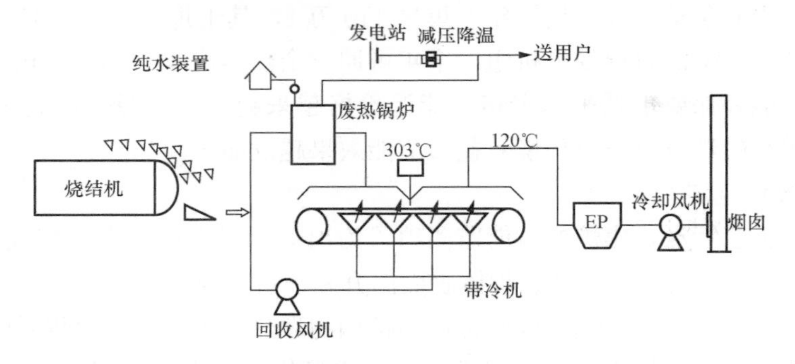


图4-17　环冷机废气余热锅炉余热回收工艺流程

（3）烧结机废气余热锅炉。烧结主排烟气从热回收区抽出经重力除尘处理，进入余热锅炉进行热交换，锅炉排出150～200℃的低温烟气再经循环风机返回烧结机主排烟管。系统中没有旁通管，当最后一个风箱由于漏风而使温度下降时，可将此风箱的烟气送回至前面合适的主排烟管道，以保证抽出的烟气温度在一个较高的水平上。当最后一个风箱温度回升时，这部分烟气还可继续回收利用。此外，在热回收区与非回收区之间不设隔板，用远程手动操作调节烟气量，从而保证稳定操作不影响烧结生产，同时确保主电除尘器入口烟气温度在露点以上。某495m² 烧结机主排废气回收利用装置如图4-18所示。

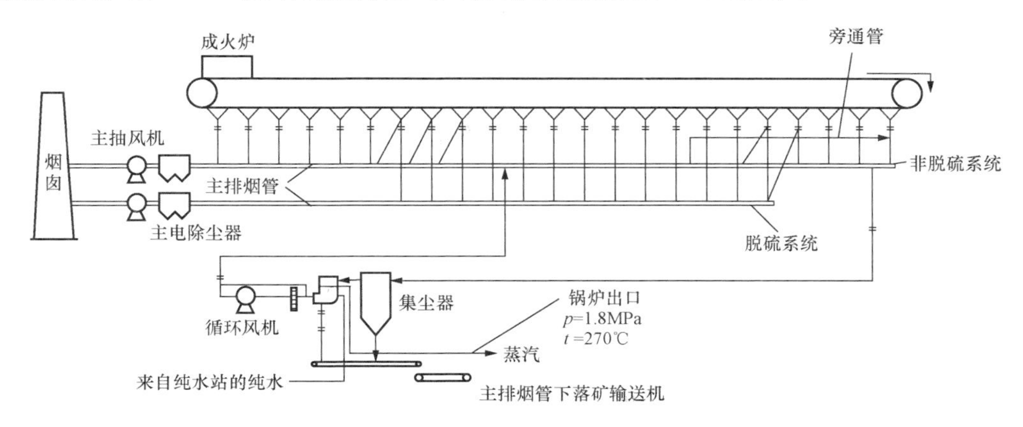


图4-18　某495m² 烧结机主排废气余热装置

2. 烧结机的节能监测

(1) 料层厚度。料层厚度对于提高产量、降低能耗有着重大的影响。冶金工业部在《烧结工序节约能源的规定》中提出了要实行厚料层烧结，要求各企业应从强化造球、提高混合料温度、盖上布料等方面采取措施，为厚料层烧结创造条件。

在节能监测的实施过程中，直接用量具插入料层测量厚度有一定困难，并容易造成误差，监测时可采用间接测定法，即在布料后测定料层顶面到台车上沿的高度，以台车总深度减去测定值作为料层厚度的监测值。

(2) 废气温度。烧结机产生的废气量很大，其平均温度为80～180℃，若从位于烧结机的起点至终点的主废气管道来看，废气温度范围为50～500℃。对于这部分废气的回收利用是烧结机的重要节能手段。

(3) 烧结矿残碳含量。烧结矿原料和燃料的配比一般在工艺上都是根据原料条件对烧结矿的要求确定的，在原料无大的波动的情况下，这个配比一般是不变的。烧结料在烧结过程完成时应完全烧透，所配焦沫或无烟煤同时也应烧尽。在实际生产过程中，烧结矿残碳含量应达到某一特定的数值之下。这个指标不仅控制了能源消耗，保证固体燃料最大程度利用，而且对烧结矿质量有重大影响。如果烧结完成顺利，烧结矿烧透，残碳含量低，则烧结矿强度高、质量好、成品率高、产量也会相应提高，返矿率降低，单位成品烧结矿能耗也相应降低。

(4) 点火煤气消耗。烧结机点火煤气消耗也是影响烧结能耗的一个重要技术经济指标，冶金工业部《烧结工序节约能源的规定》提出，要经常测定炉气成分和压力，不断研究改进点火工艺，研究炉型结构，改进烧嘴，降低点火燃耗，并规定具体指标：50m² 及其以上的烧结机，点火燃耗应不大于125MJ，50m² 以下的烧结机应不大于210MJ。

测定点火煤气消耗，要测定点火煤气的流量、温度、压力，并取样分析其成分、计算其低位发热量。若现场有流量、压力、温度仪表，且在检定周期内，可以利用现场仪表。

（三）高炉的节能监测

1. 高炉的节能技术

当今应用于高炉的节能技术主要有高炉煤气余压发电、高炉富氧喷煤技术、低热值煤气燃气轮机技术、高炉炉渣余热回收等。

（1）高炉煤气余压发电（TRT）。TRT 技术，是国际公认的钢铁企业重大能量回收装置。现代高炉炉顶压力高达 0.15～0.25MPa，温度约 200℃，因而炉顶煤气中存在有大量物理能。TRT 发电装置是利用高炉炉顶煤气的压力和温度，推动汽轮机旋转做功，驱动发电机发电的装置，如图 4-19 所示。TRT 装置包括汽轮机和发电机两大部分，在煤气减压阀前把煤气引入膨胀机，把压力能和热能转化为机械能并驱动发电机发电。在运行良好的情况下，吨铁回收电力约 30～54kWh，可满足高炉鼓风机电耗的 30%，实质上回收了原来在减压阀中浪费的能量。如果高炉煤气采用干法除尘，发电量还可以增加 30%左右。

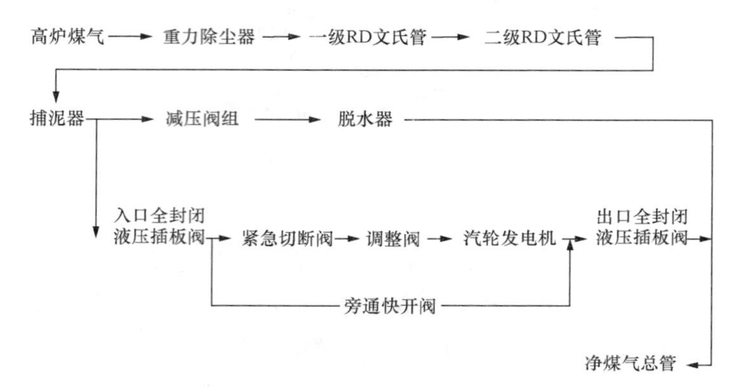


图 4-19　安装 TRT 装置的高炉炼铁流程

TRT 装置是不需要添加或使用任何能源、燃料的发电设备，发电成本低，可回收高炉鼓风机所消耗能量的 25%～50%，是目前发电设备（核能、水利、火力）中投资最低，见效最快，低投入，高产出的节能环保设备。同时，高炉煤气减压过程中产生的噪声由原来采用减压阀组的 110～140dB 降低到 80dB 以下，具有很大的经济效益和社会效益。

（2）高炉富氧喷煤技术。高炉热风温度是影响炼铁工序能耗的重要因素之一，高炉风温每提高 100℃，高炉喷煤比大约提高 20～40kg/t，焦比降低 15～30kg/t。通过在高炉冶炼过程中喷入大量的煤粉并结合适量的富氧，达到节能降焦、提高产量、降低生产成本和减少污染的目的。焦化工序能耗是 142kg/t，喷吹 1t 煤粉可以减少 0.8t 的焦，还可以减少炼焦消耗的 100kg/t；另外，煤的价格是焦的一半左右，可以带来巨大的经济效益。

（3）高炉燃气—蒸汽联合循环发电（CCPP）。低热值煤气燃气轮机联合循环发电技术是将煤气与空气压缩到 1.5～2.2MPa，在压力燃烧室内燃烧，高温高压烟气直接在燃气透平（GT）内膨胀做功并带动空气压缩机（AC）与发电机（GE）完成燃机的单循环发电。燃气透平排出烟气温度一般可在 500℃ 以上，余热利用可提高系统效率，再用余热锅炉（HRSG）生产中压蒸汽，并用蒸汽轮机（ST）发电。蒸汽轮机发电是燃机发电的补充，并完成联合循环。CCPP 的锅炉和汽轮机都可以外供蒸汽，联合循环可以灵活组成热电联产的工厂。在CCPP系统中还有一个煤气压缩机（GC）单元，特别在低热值煤气发电中，煤气压缩机比较大。众所周知，余热锅炉加蒸汽轮机发电是常规技术，所以CCPP技术核心是燃气轮机，燃气轮机一般是透平空气压缩机、燃烧器与燃气透平机组合的总称（CCPP），总的热效率能提高到43%～46%。CCPP装置由于具有效率高、造价低、省水、建设周期短、启动快等一系列优点，在世界各国电力行业中应用相当广泛。CCPP流程图如图4-20所示。

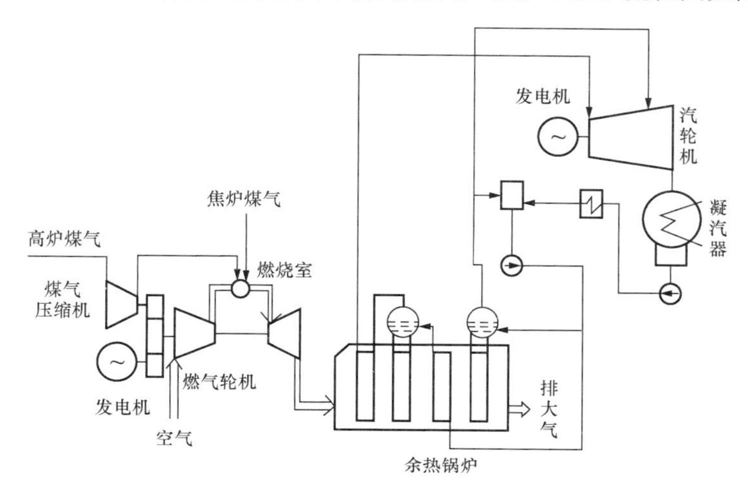


图4-20　CCPP流程图

（4）高压操作。炉顶压力大于0.03MPa为常压操作，高于0.03MPa为高压操作。高炉采用高压操作后，炉内煤气流速降低，从而减小煤气通过料柱的阻力；高压后，如果维持高压前煤气通过料柱的阻力，则可以增加产量。

（5）提高风温。提高风温是降低焦比的重要手段，一般而言，热风温度提高100℃，可使焦比降低35kg/t，目前风温的先进水平达1350～1450℃。我国目前平均水平为1100℃左右，先进的企业可达1250℃。

2. 高炉的节能监测

（1）热风温度。入炉热风带入的物理热是高炉所需热量的重要来源，也是影响高炉焦炭消耗量的重要因素，热风温度的提高实际上是用品位较低的高炉煤气去置换较高的焦炭，从而降低高炉炼铁总的焦炭消耗量；此外，在检测入炉热风温度同时检测高炉热风炉总管上的鼓风炉预热温度，可以检测入炉热风经热风管道和围管后的温度损失。热风温度可在风口中插入耐热钢管，用热电偶进行测量。

（2）炉顶煤气中$CO_2$含量。提高炉顶煤气$CO_2$含量就是提高了煤气利用率，使得炉内燃烧得到更充分的利用，炼铁焦比下降。

节能监测中所分析的高炉炉顶煤气应是混合煤气，煤气的取样点不应设在煤气上升管上，而应该在煤气下降管上。在实际检测中，可以使用现场煤气取样孔或取样管，若取样管的位置在重力除尘器之前也是允许的。煤气取样后应立即分析其$CO_2$含量，一般可使用奥氏气体分析仪，若有条件可用气相色谱仪或红外气体分析仪，一般炉子操作好的，$CO_2$应达到15%以上。

（3）炉顶煤气温度。炉顶温度是指炉顶煤气的温度，它的数值直接表示了炉内热交换状况的好坏，也表示了煤气带出高炉的物理热的大小，是一个比较重要的监测项目。

一般钢铁企业的炼铁高炉内都有测定炉顶温度的仪表，节能监测中可以利用。只要现场仪表符合精度要求，且在检定周期内，可直接读取作为监测值。使用热电偶测定时注意不要使用淘汰型号，所用二次仪表的有效位数应与分度表相适应。

(4) 高炉炼铁工序能耗。高炉炼铁工序能耗是高炉炼铁生产综合性能指标，它是炼铁生产设备状况、操作水平、原燃料条件的综合反映，是节能监测项目的一个重要指标。

高炉工序能耗属监督审计性质，它是对一个监测期内，利用能源消耗台账和生产统计报表，统计能源消耗量和生铁产量，进一步计算工序能耗。

### （四）转炉的节能监测

#### 1. 转炉的节能技术

(1) 湿式除尘法转炉煤气回收技术。转炉吹炼过程中碳氧反应会产生大量一氧化碳浓度较高的转炉煤气，平均温度高达1450℃，在炼钢过程中，吨钢产生热值为8370kJ/m³的煤气110～120m³，所含热量几乎占到整个炼钢过程放热量的80%，其回收利用将有利于降低能源消耗。湿式除尘法是以双级文氏管为主的煤气回收流程（简称OG法），同时也是国内发展较快且较为成熟的技术，其工艺流程如图4-21所示。

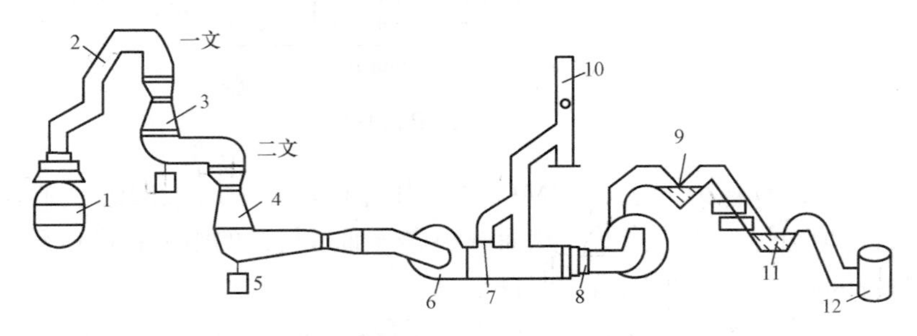


图4-21　OG法转炉煤气回收流程

1—烟罩转炉；2—汽化冷却器；3—一文脱水器；4—二文脱水器；5—流量计；6—风机；7—旁通阀；8—三通阀；9—V形水封；10—放散烟囱；11—水封止回阀；12—煤气柜

OG法的流程为经汽化冷却烟道的烟气首先进入一级水溢流固定文氏管，下设脱水器，再进入二级可调文氏管，烟气中的灰尘主要在这里除去，然后经过弯头脱水器和塔式脱水器进入风机系统送至用户或放散塔。

国内某钢厂250t转炉出口烟气温度约为1600℃，采用OG法转炉煤气回收技术，烟气带出的大量热量被冷却烟道所吸收，冷却烟道的余热所产生的蒸汽量达到70～80kg/t，经冷却后的烟气温度小于750℃，其显热得到了充分回收利用。

(2) 转炉负能炼钢技术。转炉炼钢工序消耗的总能量小于回收的热量，转炉工序不但不消耗能源，反而外供能源。实现转炉负能炼钢的主要技术措施有：提高转炉煤气、蒸汽回收水平，采用交流变频技术降低电动机消耗，提高自动控制水平等。

首钢炼钢系统实现转炉负能炼钢的重点是减少氧气、电力的消耗，提高转炉煤气和蒸汽的回收，同时降低各类能源消耗。采用钢包蓄热式烘烤器回收加热装置排放烟气的显热，提高燃烧效率，降低焦炉煤气吨钢消耗15.78m³；建设溴化锂吸收式制冷机组，利用蒸汽驱动机组以满足炼钢铸钢区夏季制冷的需求，节省空调电力消耗；采用新型激光煤气分析仪，提高煤气回收时间，吨钢煤气回收量提高到 $10m^3/t$ 以上；采用计算机全自动控制技术，确定最佳回收期，使吨钢煤气回收量提高 $16.09m^3/t$。

2. 转炉的节能监测

（1）全周期时间。氧气顶吹转炉冶炼全周期时间是一个与能耗有关的综合性指标，包括装料时间、吹氧时间和出炉时间，以及补炉时间、等待时间。转炉的热量损失如表面散热、冷却水带出的物理热均与时间有关，在一定供氧强度下，供氧量与吹氧时间有关，因此，监测全周期时间是必要的。

全周期时间监测方法是使用电子秒表计时，从上一炉钢出炉完成时开始，至本炉钢出钢停止时结束，同时，监测应在生产正常时进行。

（2）废钢比。废钢是转炉炼钢的金属料之一，同时也作为炼钢冷却剂使用。在铁水量相对不足时，多加废钢可提高钢产量，用废钢置换铁水，是一项重要的节能手段。氧气顶吹转炉车间一般都有电子秤，监测时可直接读取。

（3）全炉供氧量和单位能耗。氧气是氧气顶吹转炉冶炼用的主要载能工质，由工厂动力部门用电转换而来，氧气的消耗实际上就是电力的消耗，而全炉供氧量反映了转炉氧气消耗情况。因此，全炉供氧量和单位能耗是作为氧气顶吹转炉炼钢工序的主要考核指标，其值必须在保证生产的同时尽可能降低。

全炉供氧量和单位能耗的监测可以在一定时期内审计电能消耗和产钢量，通过统计报表、能耗台账和现场审核等手段。

（4）出钢温度。如果出钢温度过低或过高，都可能对产品造成影响。钢水出炉温度与其带出物理热有很大关系，但由于转炉重点温度控制是氧气顶吹转炉冶炼操作的重要环节，是工厂生产的控制参数，必须保持在一定范围内，否则需升温或降温才能出炉。

（5）转炉煤气回收量。在氧气顶吹转炉中，燃烧生成的碳氧化合物进行回收后进入转炉煤气柜，供给各个工序使用，降低能耗。目前大部分企业均有自身的转炉煤气柜，回收自己的转炉煤气并实时统计。

（6）蒸汽回收量。很多大中型转炉采用汽化冷却烟道产生蒸汽，并入蒸汽管网，降低锅炉燃料消耗。

（五）炼钢电弧炉的节能监测

1. 电弧炉炼钢的节能技术

国内电弧炉炼钢的能耗在 210kWh/t，电弧炉由于没有烧结、球团、焦化和高炉工艺，流程从总体上看要比高炉能耗低，电弧炉能耗 317kg/t，同比转炉工序能耗 700.17kg/t 低很多。

电弧炉节能主要有减小电弧炉本体冶炼耗电量和电弧炉高温含尘废气的余热回收，废气温度高达 1000～1400℃，携带热量占电弧炉输入总能量的 25%～50%。

2. 电弧炉炼钢的节能监测

电弧炉炼钢是间歇性作业，监测时间应选定为上一炉出钢完毕至监测炉次出钢完毕为止的一个完整周期，要求冶炼正常，供电正常。

（1）冶炼时间。冶炼时间和冶炼电耗、炉体散热损失、冷却水带出热量、电能损失等各项热量支出成正比关系。当前，电弧炉炼钢节能措施中有许多缩短冶炼时间的措施，如强化用氧、不烘炉炼钢、炉外精炼等。因此，冶炼时间的监测很有必要。

冶炼时间监测应使用两块电子计时秒表，一块用于测定全周期时间（补炉、装料、熔化期、氧化期、还原期及出钢各工艺所用时间），从上一炉出钢完成到本次出钢完成；另一块测定总送电时间，从送电时开始到送电结束的时间，其中因加料、扒渣等操作停止送电时应停止计时。

（2）出钢温度。钢水出炉前要调整到适当温度，当出钢温度不适当将给后续浇铸操作带来困难并影响钢的质量，也同时关系到冶炼电耗。经计算，吨钢每升高1℃，需耗电0.38kWh，而在高温下每升高1℃，所需电耗远远不止这个量。

出钢温度的监测使用快速热电偶（插入式）在还原期停止送电后测定。

（3）相电阻或电能损失。相电阻或电能损失都是表示炼钢电弧炉电气系统的指标，是电弧炉炼钢能量平衡中的大项之一，将其列入监测项目使电弧炉监测更为完整。

（4）电弧炉炼钢冶炼电耗和工序能耗。电能是电弧炉炼钢的主要能源，它的单耗决定着工序能耗的高低。冶炼电耗占电弧炉炼钢工序能耗的80%左右。因此，冶炼电耗和工序能耗是作为电弧炉炼钢工序的主要考核指标，其值必须在保证生产的同时尽可能降低。

（5）炉盖和炉门开启时间。炼钢电弧炉在生产过程中特别是在熔化期后期到出钢这一段时间内，炉内温度很高，炉盖和炉门的开启将会造成大量辐射热损失。炉盖和炉门的开启时间用电子计时秒表测定，记录开启的次数和时间。如果有辐射热流计，则可直接测量辐射热损失。

（六）轧钢加热炉的节能监测

1. 轧钢加热炉的节能技术

轧钢工序能源消耗最多的是轧钢加热炉，占50%以上，从轧钢工序上节能，首先应从加热炉节能着手，主要包括：①合理的炉型及烧嘴布置；②采用先进的燃烧器，如蓄热式燃烧器，蓄热式加热炉技术的核心是高风温燃烧技术，它具有高效烟气余热回收（排烟温度低于150℃），采用蓄热式加热炉技术，可将加热炉排放的高温烟气降至150℃以下，将煤气和空气预热到1000℃以上，使用低热值、低价的高炉煤气替代焦炉煤气或重油，热回收率达80%以上，节能30%以上，加热能力提高，生产效率可提高10%～15%，减少氧化烧损，有害废气量（如$CO_2$、$NO_x$、$SO_x$等）的排放大大减少；③减少炉体热损失，如废气热损失、炉体散热损失、冷却水带走的热损失等。

2. 轧钢加热炉的节能监测

对轧钢加热炉进行监测时其必须已连续运行3天以上，这是因为在监测时轧钢加热炉应处于正常稳定工作状态，炉体应已达到热平衡，本身不再继续蓄热。一般轧钢加热炉连续运行3天后可基本达到这一状态。监测前至少应维持2h以上正常生产时间，应保持炉子正常出钢，轧机正常作业，不能处于保温待轧或强化加热等不正常状态（目的是为了消除不正常因素对监测结果的影响）。正常生产状态应保持到监测的现场工作实施完毕。

（1）单位燃耗和工序能耗。单位燃耗和工序能耗是直接反映轧钢加热炉能耗水平的重要指标，对轧钢加热炉的监测应首先考虑这个指标。单位燃耗的监测可以在选定的统计期内，选定一炉钢料，在炉子运行正常时进行装料加热，在一炉钢料加热完了，记录下所耗燃料量，称出烧钢量，就可以得出加热炉实际单位燃耗，也可以企业的台账或报表为准。

$$\text{实际单位燃耗} = \frac{\text{燃料消耗量}}{\text{入炉原料量}} \tag{4-6}$$

$$实际工序单位能耗=\frac{燃料消耗+电等动力消耗-余热回收外供}{工序合格产品产量} \tag{4-7}$$

（2）排烟温度。轧钢加热炉最主要的热损失就是排烟带出的物理热，排烟温度是影响这项热损失的关键参数。同时，轧钢加热炉的重要节能措施就是降低出炉烟气温度和排烟温度。

（3）空气系数。空气系数是评价炉内燃烧好坏的主要指标，最佳的燃料燃烧是低空气系数和烟气中没有不完全燃烧成分。如果空气过剩量很大，虽然可以保证燃料完全燃烧，但增大了烟气量，这将导致烟气带出的物理热增大。如果空气量不足，则在烟气中存在大量可燃成分，将导致大量的不完全燃烧热损失。

空气系数和排烟温度的监测一样，应在炉膛出口处和余热回收装置烟气处进行。

（4）炉渣可燃物含量。这一监测项目只对固体燃料加热炉有实际意义。燃料燃烧是把化学能转变为热能的过程，是能源利用的第一步。燃烧效率即化学能转换为热能的转换效率的高低，直接影响着轧钢加热炉的热效率，影响着轧钢加热炉的燃料消耗。

一般情况下，轧钢加热炉所用的固体燃料（煤）的灰分是一定的，炉渣中可燃物含量增大，其灰分含量必然随之减少，根据灰平衡原理。灰渣总量也就相应增加，这样就造成了炉渣中可燃物总量大大增加，而与之成正比的机械不完全燃烧热损失就相应地大大增加。

炉渣中可燃物含量测定需要在生产现场取炉渣样，在实验室进行化学分析。

（5）炉体表面温升。轧钢加热炉正常生产过程中，通过炉体向环境散失一些热量，也是一种能量损失。炉体表面散热不仅增加燃料消耗，而且使得劳动条件恶化。炉体散热主要与两个因素有关，一个是炉体外表面积，另一个是炉体外表面温度及环境温度。炉体外表面积在炉子设计和施工时就已确定，是不能改变的，要降低炉体散热，就只有降低炉体表面温度（与环境温度的差值）。所以，将炉体表面温升列为表示炉体散热情况的监测项目。

炉体表面温升测定一般按炉型把炉体划分为二段或三段，分别测定每一段炉体炉顶、炉墙的温度及其环境温度，以各部位炉体平均温度与实测环境温度的差值作为监测值。

炉体每一部分可等分成3×3块，每块中心作为一个测点，遇到炉门、烧嘴孔、热电偶孔等特殊位置时应适当错位，避开这些特殊位置。

（6）出炉钢坯（锭）温度。出炉钢坯（锭）温度是加热质量的重要指标。目前，合理降低出炉钢坯温度是轧钢加热炉的节能措施之一。在轧制设备允许的条件下，降低出炉钢坯温度，可以降低炉子温度水平，减少炉子热损失，降低燃料消耗。例如，出炉钢坯温度降低50℃，平均可以节约燃料4%以上。此外，还能够提升炉子寿命，提高生产能力。

对于薄钢坯，可以用光学高温计、光电高温计或红外测温仪测量其表面温度；对于厚钢坯，除了测量表面温度外，还应在其上面钻孔，用热电偶测其内部温度。

### （七）炼铜闪速炉的节能监测

#### 1. 炼铜闪速炉的节能技术

铜熔炼应采用先进的富氧闪速熔炼池熔炼工艺，替代反射炉、鼓风炉和电弧炉等传统工艺，提高熔炼强度。闪速炉炼铜的生产量占世界铜总产量的一半，已成为当今铜冶金所采用最主要的熔炼技术，被普遍认为是标准的清洁炼铜工艺。其优点在于：熔炼强度高，能量消耗不足传统炼铜方法的一半；采用富氧熔炼工艺、高品位铜锍等生产技术，降低了能源消耗，提高生产率；铜锍品位容易控制，便于下一步吹炼。

闪速熔炼是一种将具有巨大表面积的硫化铜精矿颗粒、熔剂与氧气或富氧空气或预热空气一起喷入炽热的炉膛内，使炉料在漂浮状态下迅速氧化和熔化的熔炼方法。该法使焙烧、熔炼和部分吹炼过程在一个设备内完成，不仅强化了熔炼过程，而且大大减少了能源消耗，改善了环境。闪速熔炼根据不同炉型的工作原理可分为两类：奥托昆普和国际镍公司因科（Inco）型。奥托昆普法熔炼特点是采用高热与富氧空气将干燥铜精矿垂直喷入靠闪速炉一端的反应塔内进行反应。奥托昆普闪速炉如图 4-22 所示。

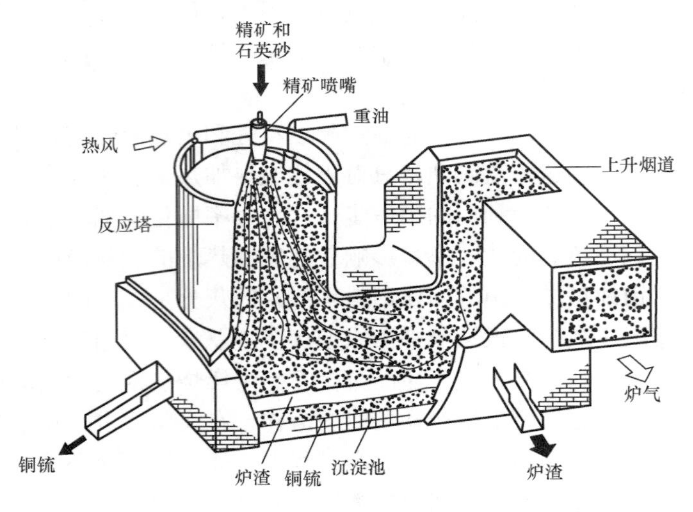


图 4-22 奥托昆普闪速炉

2. 炼铜闪速炉的节能监测

（1）空气系数。化学不完全燃烧热损失是燃烧组织不良所造成的，可以通过改进燃烧装置，合理组织燃烧予以完善。空气系数的监测是检查炉内燃烧状况的基本方法。从空气系数的监测和调整，既可以降低化学不完全燃烧热损失，又可以适当降低排烟温度。

（2）入炉铜精矿水分含量。入炉铜精矿水分含量的监测是降低反射炉燃耗的措施之一，铜的活法冶炼是高温熔炼过程，其热效率远远低于低温过程的干燥、焙烧，在保证配料制粒的条件下，应尽量控制低的入炉料含水量。计算结果表明，入炉料含水量每降低 1%，可使熔炼的燃料率约下降 0.2%。

（3）炉壁温度。炉体散热的监测是节能和改善劳动条件的重要内容之一。

（八）铝电解槽的节能监测

1. 铝电解槽的节能技术

铝金属所消费的能源约占有色工业总能耗的 75%，耗电量极大，电能是铝电解主要成本构成部分。目前生产 1t 铝需要 13 000～15 000kWh 的直流电，电能耗要占铝成本的 45% 以上。目前铝行业电耗为：国内电解铝交流电耗平均水平为 1.46 万 kWh/t，国外为 1.420 万 kWh/t，相差 400kWh/t。国内电解铝电耗高的原因主要是电流效率低，以及阴极电压降偏高，国内目前电解铝电流效率多数在 91%～93%之间，平均电压约为 4.2V。要节约电能，最主要的就是要降低平均电压和提高电流效率。降低平均电压的途径主要有：降低阳极电流密度、加强电解槽绝热保温、加大母线面积、改善电解质成分、使用石墨化阴极炭块替代普通炭块作阴极。

近年来较为先进的节能技术有：①电解槽余热利用；②使用熔断器，提高电能利用率，100 台 160kA 系列的电解槽，每年开 20 台槽，每次停电 10min，每年将少生产铝液 300t，使用熔断器后，每年可以多生产铝液，也能降低平均能耗；③对槽形进行改进，增强电解槽散热，降低电流空耗；④控制电解槽含氟烟气排放，提高电解烟气净化水平。

2. 铝电解槽的节能监测

铝电解槽的节能监测有别于一般工业窑炉的监测，它的监测，除了直接测定各部位的散热外，主要是从工艺过程分析得出的工艺控制参数中选定监测项目。

（1）单位电解铝电耗。单位电解铝电耗是电解铝的综合生产指标，目前我国铝厂，吨铝平均直流电耗为 15 700kWh，综合交流电耗 16 800～17 000kWh；吨铝预焙槽电耗为 14 500kWh，交流电耗为 15 000kWh。

吨铝电耗的监测可以在一定时期内审计电能消耗和产铝量，也可以在监测期内进行监测

$$\text{吨铝电耗} = \frac{\text{监测期总耗电量}}{\text{监测期总产铝量}} \tag{4-8}$$

（2）电流效率。电流效率是反映电解槽电能利用情况的一个综合性指标，其定义为实际电解产量与理论电解产量之比。工业铝电解槽的平均电流效率一般为 85%～92%，电流一定时，电流效率的提高，可以提高产量，节约电能。要使母线配制达到对槽内金属的电磁力影响最小，保证槽内铝液面稳定，熔炼流速较低，这是获得高电流效率的先决条件。

（3）槽电压。槽电压指单个电解槽的电压降，是电解生产中与电耗有关的重要工艺控制指标。槽电压的高低直接影响到单位产铝的电能消耗。减少这些组成电压降的措施除加强电解槽保温、加宽母线、改善电解质成分、降低电流密度外，还应控制阳极效应，减少电解过程副反应。槽电压增大，最终表现为电能消耗的增大。

槽电压可用电压表测定阳极母线与阴极母线之间的电压获得，要求所用精度较高（0.5 级以上）的直流毫伏表或精密数字万用表。

## 第三节　建材企业的节能监测

### 一、建材工业概述

建材工业是生产建筑材料的工业部门的总称。按照我国工业产品与行业管理的分类模式，建材工业包括建筑材料、非金属矿及其制品和非金属新材料三大行业，共有 80 多类，1400 多个品种，广泛应用于建筑、军工、环境保护、高新技术产业和人民生活领域。

建筑材料产业是我国国民经济建设的重要基础原材料产业之一，建筑材料主要包括水泥、平板玻璃及加工、建筑卫生陶瓷、房建材料、非金属矿及其制品、无机非金属新材料等门类。目前，中国已成为全球最大的建材生产和消费国，建材工业年能源消耗量占我国能源消耗总量的 7%，占工业能耗的 10%。数据显示，2010 年中国水泥产量 18.8 亿 t，占世界总产量比重的 50%以上；平板玻璃产量 6.6 亿重量箱，占世界总产量比重的 41.6%；建筑陶瓷产量 78 亿 $m^2$，占世界总产量比重的 53%以上。规模以上（年销售额在 500 万以上的）建材工业企业完成销售收入 2.7 万亿元，实现利润 2000 亿元，年均分别增长 29.5%和 42%。部分工艺技术、装备水平接近或达到世界先进水平。结构调整取得重大进展，节能减排效果显著。2010 年，建材工业单位工业增加值综合能耗比 2005 年降低 52%，主要污染物

排放总量呈明显下降趋势。根据中国建材联合会的数据，2007 年规模以上（指年销售额在 500 万元以上）建材工业企业的总能耗为 1.95 亿 t 标准煤，占我国能源消耗总量的 7.35%，占我国工业能源消耗总量的 11.14%，位居各工业部门第三位；其中煤炭和电力折合标准煤占建材能耗总量的 90.50%，是建材工业的主要消耗能源。

我国建材工业的年能耗总量位居各工业部门的第三位。建材工业既污染着环境，却又是全国消纳固体废弃物总量最多，为保护环境做出重要贡献的产业。为了更好地适应建设资源节约型、环境友好型社会的需要，建材工业的发展应当以科学发展观为指导，坚持以节能为中心，把节能作为中国建材工业发展的重中之重，按照循环经济的发展模式，走资源、能源节约型道路，在实现与经济、社会、环境协调发展的同时，实现建材行业的可持续发展。

建材工业生产既消耗能源，又有巨大的节能潜力，许多工业废弃物都可作为建材产品生产的替代原料和替代燃料；同时建材产品还可为建筑节能提供基础材料的支撑，一些新型建材产品可为新能源的发展提供基础材料和部件。在能源问题日益制约经济、社会发展的今天，建材工业作为我国国民经济的重要产业和高耗能产业，在节能减排及能源结构调整中大有可为，在我国建设节约型社会中将起重要作用。

## 二、水泥企业的节能监测

凡细磨成粉末状，加入适量水后成为塑性浆体，既能在空气中硬化，又能在水中硬化，并能将砂石等散粒或纤维材料牢固地胶结在一起的水硬性胶凝材料，称为水泥。

水泥按其性能与用途可分为通用水泥、专用水泥和特性水泥三大类。通用水泥有硅酸盐水泥、普通水泥、矿渣水泥、火山灰水泥、粉煤灰水泥、复合水泥及石灰石水泥七种。

### （一）新型干法水泥生产工艺流程简述

新型干法水泥指采用窑外分解新工艺生产的水泥。其生产以悬浮预热器和窑外分解技术为核心，采用新型原料、原料均化和节能粉磨技术及装备，全线采用计算机集散控制，实现水泥生产过程自动化和高效、优质、低耗、环保。

#### 1. 生产方法

分为三个阶段：石灰质原料、黏土质原料和少量校正原料经破碎后，按一定比例配合、磨细，并配合为成分合适、质量均匀的生料，称为生料制备；生料在水泥窑内煅烧至部分熔融所得以硅酸钙（$C_3S$、$C_2S$）为主要成分的硅酸盐水泥熟料，称为熟料煅烧；熟料加适量石膏、适量混合材料或外加剂共同磨细制成水泥，称为水泥制成。

#### 2. 水泥生产原料及配料

生产硅酸盐水泥的主要原料为石灰原料和黏土质原料，有时还要根据原料品质和水泥品种，掺加校正原料以补充某些成分的不足，还可以利用工业废渣作为水泥的原料或混合材料进行生产。

#### 3. 工艺流程

主要工艺过程为：生料制备（包括原料破碎烘干、原料预均化、原料的配合、生料粉磨和均化等）、熟料煅烧、水泥制成（包括水泥的粉磨与装运）。概括起来即“两磨一烧”。干法生料粉磨可以采用开路或闭路系统用球磨机粉磨，或用烘干兼粉磨系统。烘干兼粉磨系统可以在立式磨机（辊式磨机），也可在球磨机内进行。

（1）破碎及预均化。

1）破碎。水泥生产过程中，大部分原料要进行破碎，如石灰石、黏土、铁矿石及煤等。

石灰石是生产水泥用量最大的原料，开采后的粒度较大，硬度较高，因此石灰石的破碎在水泥厂的物料破碎中占有比较重要的地位。

破碎过程要比粉磨过程经济而方便，合理选用破碎设备和粉磨设备非常重要。在物料进入粉磨设备之前，尽可能将大块物料破碎至细小、均匀的粒度，以减轻粉磨设备的负荷，提高产量。物料破碎后，可减少在运输和储存过程中不同粒度物料的分离现象，提高配料的准确性。

2）原料预均化。预均化技术就是在原料的存取过程中，运用科学的堆取料技术，实现原料的初步均化，使原料堆场同时具备储存与均化的功能。

原料预均化的基本原理就是在物料堆放时，由堆料机把进来的原料连续地按一定的方式堆成尽可能多的相互平行、上下重叠和相同厚度的料层。取料时，在垂直于料层的方向，尽可能同时切取所有料层，依次切取，直到取完，即平铺直取。

（2）生料制备。水泥生产过程中，每生产1t硅酸盐水泥至少要粉磨3t物料（包括各种原料、燃料、熟料、混合料、石膏），据统计，干法水泥生产线粉磨作业需要消耗的动力约占全厂动力的60%以上，其中生料粉磨占30%以上，煤粉磨占约30%，水泥粉磨约占40%。因此，合理选择粉磨设备和工艺流程，优化工艺参数，正确操作，控制作业制度，对保证产品质量、降低能耗具有重大意义。其工作原理为电动机通过减速装置带动磨盘转动，物料通过锁风喂料装置经下料溜子落到磨盘中央，在离心力的作用下被甩向磨盘边缘接受到磨辊的辗压粉磨，粉碎后的物料从磨盘的边缘溢出，被来自喷嘴高速向上的热气流带起烘干，根据气流速度的不同，部分物料被气流带到高效选粉机内，粗粉经分离后返回到磨盘上，重新粉磨；细粉则随气流出磨，在系统收尘装置中收集下来，即为产品。没有被热气流带起的粗颗粒物料，溢出磨盘后被外循环的斗式提升机喂入选粉机，粗颗粒落回磨盘，再次挤压粉磨。

（3）生料均化。新型干法水泥生产过程中，稳定入窖生料成分是稳定熟料烧成热工制度的前提，生料均化系统起着稳定入窖生料成分的最后一道把关作用。

采用空气搅拌，重力作用，产生"漏斗效应"，使生料粉在向下卸落时，尽量切割多层料面，充分混合。利用不同的流化空气，使库内平行料面发生大小不同的流化膨胀作用，有的区域卸料，有的区域流化，从而使库内料面产生倾斜，进行径向混合均化。

（4）预热分解。把生料的预热和部分分解由预热器来完成，代替回转窑部分功能，达到缩短回窑长度，同时使窑内以堆积状态进行气料换热过程，移到预热器内在悬浮状态下进行，使生料能够同窑内排出的炽热气体充分混合，增大了气料接触面积，传热速度快，热交换效率高，达到提高窑系统生产效率、降低熟料烧成热耗的目的。

预热器的主要功能是充分利用回转窑和分解炉排出的废气余热加热生料，使生料预热及部分碳酸盐分解。为了最大限度地提高气固间的换热效率，实现整个煅烧系统的优质、高产、低消耗，必须具备气固分散均匀、换热迅速和高效分离三个功能。

1）物料分散。换热80%在入口管道内进行的。喂入预热器管道中的生料，在与高速上升气流的冲击下，物料折转向上随气流运动，同时被分散。

2）气固分离。当气流携带料粉进入旋风筒后，被迫在旋风筒筒体与内筒（排气管）之间的环状空间内做旋转流动，并且一边旋转一边向下运动，由筒体到锥体，一直可以延伸到锥体的端部，然后转而向上旋转上升，由排气管排出。

3）预分解。预分解技术的出现是水泥煅烧工艺的一次技术飞跃。它是在预热器和回转窑之间增设分解炉和利用窑尾上升烟道，设燃料喷入装置，使燃料燃烧的放热过程与生料的碳酸盐分解的吸热过程，在分解炉内以悬浮态或流化态下迅速进行，使入窑生料的分解率提高到 90%以上。将原来在回转窑内进行的碳酸盐分解任务，移到分解炉内进行；燃料大部分从分解炉内加入，少部分由窑头加入，减轻了窑内煅烧带的热负荷，延长了衬料寿命，有利于生产大型化；由于燃料与生料混合均匀，燃料燃烧热及时传递给物料，使燃烧、换热及碳酸盐分解过程得到优化。因而具有优质、高效、低耗等一系列优良性能及特点。

（5）水泥熟料的烧成。生料在旋风预热器中完成预热和预分解后，下一道工序是进入回转窑中进行熟料的烧成。

1）干燥与脱水。

①干燥：入窑物料当温度升高到 100～150℃时，生料中的自由水全部被排除，特别是湿法生产，料浆中含水量为 32%～40%，此过程较为重要。而干法生产中生料的含水率一般不超过 1.0%。

②脱水：当入窑物料的温度升高到 450℃，黏土中的主要组成高岭土（$Al_2O_3 \cdot 2SiO_2 \cdot 2H_2O$）发生脱水反应，脱去其中的化学结合水。此过程是吸热过程。脱水后变成无定形的三氧化三铝和二氧化硅，这些无定形物具有较高的活性。

2）碳酸盐分解。当物料温度升高到 600℃时，石灰石中的碳酸钙和原料中夹杂的碳酸镁进行分解，在 $CO_2$ 分压为一个大气压下，碳酸镁和碳酸钙的剧烈分解温度分别是 750℃和 900℃。

碳酸钙的分解过程是一个强吸热过程（1645kJ/kg），是熟料形成过程中消耗热量最多的一个工艺过程；该过程的烧失量大，在分解过程中放出大量的 $CO_2$，使 CaO 疏松多孔，强化固相反应。

3）固相反应。

①反应过程：从原料分解开始，物料中便出现了性质活泼的游离氧化钙，它与生料中的 $SiO_2$、$Al_2O_3$、$Fe_2O_3$ 进行固相反应，形成熟料矿物。

②影响固相反应的主要因素：生料细度及其均匀程度；温度对固相反应的影响。

4）熟料烧结。水泥熟料主要矿物硅酸三钙的形成需在液相中进行，液相量一般为 22%～26%。

该反应称为烧结反应，它是在 1300～1450～1300℃范围内进行，故称该温度范围为烧成温度范围；在 1450℃时反应迅速，故称该温度为烧成温度。为使反应完全，还需有一定的时间，一般为 15～25min。

（6）熟料冷却。熟料冷却时需急速冷却，其目的和作用是：①为了防止 $C_3S$ 在 1250℃时分解出现二次游离氧化钙，降低熟料的强度。②为了防止 $C_2S$ 在 500℃时发生晶型转变，产生“粉化”现象；③防止 $C_3S$ 晶体长大而强度降低且难以粉磨。④减少 MgO 晶体析出，使其凝结于玻璃体中，避免造成水泥安定性不良；⑤减少 $C_3S$ 晶体析出，不使水泥出现快凝现象，并提高水泥的抗硫酸盐性能；⑥使熟料产生应力，增大熟料的易磨性。

（7）水泥粉磨。水泥粉磨是水泥制造的最后工序，也是耗电最多的工序。

熟料从料仓中取出并送到给料仓，在进入熟料磨机之前与石膏和添加剂进行配比混合。在熟料粉磨过程中，熟料与其他原料被一同磨成细粉，多达 5%的石膏或附加的硬石膏被添加进来，以控制水泥的凝固时间，同时加入的还有其他化合物，例如用来调节流动性或者含气量的化合物。很多工厂使用滚式破碎机来获取可减小到预定尺寸的熟料和石膏，这些材料随后被送入球磨机（旋转式、垂直钢筒，内含钢合金滚珠）进行余下的粉磨加工。

粉磨过程在封闭系统中进行，该系统配备了一个空气分离机，用来按大小将水泥颗粒分开，没有完全磨细的材料被重新送进该系统。

（二）新型干法水泥节能降耗技术

1. 新技术、新装备

目前有几项新技术已基本成熟，应当予以高度关注。

（1）余热发电技术。在我国水泥窑余热发电是应用最广泛、最有成效的一项技术，可使新型干法水泥生产线的热利用效率由原来的60%提高到90%以上，而且可解决该生产线60%以上的用电量。目前已有54%的新干窑装备了余热发电设施，约680套，总计年回收电量330亿kWh，节省标煤1160万t。吨熟料的平均发电量已达34kWh，较先进的企业已超过40kWh。

（2）变频节能技术。目前有很多生产线对窑尾高温风机进行改造，由液偶调速改为变频调速，投资100万～200万元，可使熟料综合电耗下降2kWh/t左右，这项技术还可广泛运用于容量较大、系统转动惯量大或设备对启动规程有特殊要求的设备，实现变频软启动，减少对电网的冲击，并可节电25%左右。

（3）节能粉磨技术。改变以球磨机、管磨机为主的粉磨工艺，采用性能先进的、以料层挤压粉磨工艺为主的辊式磨机、辊压机及辊筒磨机等技术装备，通常可使粉磨工艺节电30%～40%，使水泥综合电耗下降20%～30%。

2. 内部挖潜，降低现有生产线的能耗指标

在现有生产装备基础上，通过针对性的工艺技术改造，辅以技术优化和调整，充分发挥生产线的潜力，最大限度地降低生产线的能耗指标。这对于我国目前新型干法水泥工艺的整体状况显得尤为重要，绝大多数的中小型水泥企业虽然装备相对比较先进，但由于管理和技术上存在的差距，其生产线的技术水平完全没有发挥，生产不正常、能耗指标居高不下的现象比较普遍，导致经济效益的下滑，特别需要这方面的管理和技术上的支持。一般对于这种生产线，通过1～2次的检修，再进行一个月左右时间的优化和调整即可达到预期效果，能耗指标可以达到国内比较先进的水平，整个过程的投入在100万元以内，但实现的经济效益非常可观。

另外，加强内部管理、强化员工的节能意识对于任何行业都非常重要，水泥企业也要加强这方面的宣贯，尽快培养员工节约“每一度电、每一锹煤、每一滴水”的意识。

3. 新型干法水泥生产线能耗潜力的挖掘

（1）降低煤耗的途径。煤耗的高低反映了水泥熟料生产过程中的热利用状况，新型干法水泥熟料生产线的热量主要来自煤粉燃烧热，一般新型干法水泥生产线热利用效率为50%～60%，国内热耗较低的5000t/d生产线熟料热量消耗的组成见表4-5。

**表4-5　国内热耗较低的5000t/d生产线熟料热量消耗的组成**

| 项　目 | 比例（%） | 项　目 | 比例（%） |
|---|---|---|---|
| 熟料形成热 | 54 | 预热器出口废气带走热量 | 22 |
| 冷却机出口废气带走热量 | 11 | 系统表面散热损失 | 5.5 |
| 出冷却机熟料带走热量 | 2 | 煤磨抽热风 | 1.5 |

续表

| 项目 | 比例（%） | 项目 | 比例（%） |
| --- | --- | --- | --- |
| 蒸发生料中水分耗热 | 1.5 | 预热器出口飞灰带走热量 | 0.8 |
| 化学不完全燃烧损失 | 0.5 | 冷却机出口飞灰带走热量 | 0.08 |
| 其他热损失 | 1.12 | 合计 | 100 |

通过表4-5不难发现，除熟料形成热外，热量主要消耗在预热器和冷却机出口废气、出冷却机熟料带走的热量以及系统表面散热损失，占了熟料总消耗热量的94.5%。因此降低生产线熟料煤耗，应当在预热器出口温度、冷却机出口温度、出冷却机熟料温度以及系统保温等方面寻求改进。

通常预热器出口温度下降10℃，每吨熟料可节省1kg标准煤，国内比较先进的生产线预热器出口温度一般在300～330℃，但大多数生产线的预热器出口温度都存在偏高的现象，有的达到了380℃，甚至400℃以上，如通过技术改进使这些生产线的预热器出口温度降低50℃，则每吨熟料可节约5kg标准煤，约降低成本3.5元。降低预热器出口温度的关键在于提高其换热效率，即提高各级旋风筒之间的温度降。国内先进生产线冷却机出口温度在250℃左右，出冷却机熟料温度为80～100℃，但一些生产线出冷却机废气温度达到300～350℃，甚至更高，熟料温度达到200℃，如废气温度降低50℃、熟料温度降低100℃，每吨熟料可节省标准煤约5kg。降低出冷却机废气温度和熟料温度的关键在于提高冷却机的冷却效率和热回收效率。

（2）降低电耗的途径。在水泥单位产品电耗中，有60%～70%消耗在对原料、燃料和水泥熟料的粉磨工艺上，应当特别重视磨机的电耗指标，降低磨机电耗的重点在于提高和稳定磨机台时产量，并降低磨机主电动机功率。各类风机的电力消耗约占水泥单位产品电耗的25%，控制好大型风机的功率是降低水泥综合电耗的另一重点，关键在于减少系统漏风，降低系统阻力。

## 三、砖瓦企业的节能监测

我国是世界上砖瓦生产第一大国，进入21世纪以来，每年砖瓦产量达8100亿块，其中黏土实心砖4800亿块以上，空心砖和多孔砖1700亿块以上，煤矸石、粉煤灰等多种废渣砖1600亿块以上。

### （一）砖瓦的生产工艺

烧结砖生产工艺过程总的来讲由原料的制备、坯体成型、湿坯干燥和成品焙烧四部分组成。

（1）原料的制备。制砖原料经采掘之后，有的原料经加水搅拌和碾炼设备处理就可以了，有的原料就不行。如山土、煤矸石和页岩等原料，还要经过破碎和细碎之后再加水搅拌和碾炼才行。原料选择和制备的好坏直接影响到成品砖的质量好坏。

（2）坯体成型。选用的制砖原料通过制备处理之后，进入成型车间进行成型。我国的烧结砖的坯体成型方法基本上都采用塑挤出成型。塑挤出成型又有三种方法，即塑性挤出成型、半硬塑挤出成型和硬塑挤出成型。这三种挤出成型方法是依据成型含水率的不同来区分的。当湿坯成型含水率大于16%（干基以下均为干基）时，为塑性挤出成型。当湿坯成型含水率为14%～16%时为半硬塑挤出成型。当湿坯成型含水率为12%～14%时为硬塑挤出成型。坯体成型包括：原料进入成型车间未进入挤出成型砖机之前的供料、搅拌、加水与碾炼设备处理部分；经过成型砖机之后，成型出合格的泥条与湿坯部分。成型要做到制品的外形与结构，就是构成制品的形状与结构。因此常说成型是基础，也就是说要求的制品外部形状与结构是经过成型塑造出来的，即成型是制砖工艺中基础的含义。因为成型出来的坯体质量好坏与成品砖外观质量好坏有着直接关系。

（3）湿坯干燥。当成型车间成型出来湿坯之后，这种湿坯要进行脱水干燥。在烧结砖生产工艺中湿坯干燥有自然干燥和人工干燥室干燥两种方式。湿坯采用自然干燥是将湿坯码放在自然干燥场地的坯埂上成垛，并人工进行倒码花架，利用大气进行自然干燥。使湿坯晾晒成干坯。湿坯采用人工干燥，是设有人工干燥室进行湿坯干燥。人工干燥室又分为大断面隧道式干燥室和小断面隧道式干燥室及室式干燥室三种形式。这三种干燥形式不管采用哪一种都是人工或机械将湿坯码放在干燥车上成垛。这时将码成湿坯垛的干燥车进入干燥室进行干燥湿坯。干燥室的热介质一般来自烧结窑的余热或热风炉。湿坯干燥不管采用哪种干燥方式和哪一种人工干燥形式，都必须遵循在干燥过程中保证坯体不变形、不干裂。如果湿坯在干燥中出了问题不能保证制品的外观质量，废品率高，产量下降，成品砖的成本增大，企业经济效益就自然不好，所以，常称坯体干燥是保证。这说明湿坯干燥在制砖工艺过程中的重要性。

（4）成品焙烧。湿坯在干燥之后，残余含水率小于6%的情况下，就将坯体送入焙烧窑中烧成。焙烧用的窑型普遍采用轮窑和隧道窑。采用轮窑焙烧时，由人工将砖坯码放在窑道里成垛。火在窑道里运行进行焙烧。采用隧道窑焙烧时，由人工或机械将砖坯码放在窑车上成垛。码好砖坯垛的窑车从隧道窑窑头进入由窑尾出来窑车上的砖坯被焙烧成砖。窑里的焙烧火焰不运行，而是窑车载着坯垛又被焙烧在窑里运行。无论采用轮窑或隧道窑进行焙烧砖坯都必须做到：①不能把砖烧成欠火，成为生烧砖；②不能把砖烧成过火，焙烧成过火砖，成为焦砖。因此，常说制砖生产工艺中的焙烧是关键，来说明焙烧在制砖工艺过程中所占的分量。

（二）砖瓦企业的节能降耗技术及途径

砖瓦生产的节能主要从产品结构和技术两方面入手：①开发大规格、低密度、具有保温隔热性能的烧结空心制品和具有装饰功能的清水墙装饰砖、内外墙体装饰板；②采用高效节能技术，提高能源利用效率，大大降低砖瓦行业对资源和能源的消耗，减少温室气体的排放，做到节地、节能、利废、环保。

1. 烧结空心制品

（1）实心砖与空心砖产品的比较。普通黏土砖在力学强度、耐久性、保温隔热性、隔音性、防火性等方面能够满足一般建筑的要求，而且施工方便，造价和维修费用低廉，但存在砌筑效率低、施工周期长、密度大、能耗高等缺点。发展烧结空心制品，包括烧结多孔砖、烧结空心砖和空心砌块、烧结墙体装饰板等，是顺应建筑工业化发展的主要途径。

（2）烧结空心制品的优越性。生产空心制品与生产实心砖相比，有明显的优越性，既节省原料和燃料，降低成本，又能提高劳动生产率，提高产品质量。以孔洞率为23%的空心砖与实心砖相比，每亿块可节土4.2万$m^3$，按取土深度3m计算，相当于21亩地的取土量。

（3）空心制品的优势。

1）减轻墙体自重，降低建筑费用。用实心砖砌筑的单层厂房和多层厂房中，墙体的自重约占建筑物总重量的一半左右，而采用空心砖，就显著地减轻了墙体的自重和基础的荷载，从而节省建筑费用。在同样的基础上，可建造更多层的建筑物。

2）改善墙体热传导性，节能效果显著。空心砖的热工性能良好。空心砖墙体的空洞被灰缝封闭而使洞内的空气处于静止状态时，墙体的导热系数将随密度的减小而降低。在保证热工性能不变的条件下，使用空心砖可以减薄墙体厚度。例如，通常用实心砖砌筑平房和5～6层楼房时，墙体的厚度为240mm或370mm，倘若改用190mm×190mm×90mm的空心砖砌筑，墙体的厚度可以减薄50mm，每平方米造价可降低20%左右。同网形孔多孔砖相比，矩形孔多孔砖可实现建筑节能8%。

近两年国内发展起来的墙体装饰板，是一种新型烧结墙体材料，既能作为外墙板，也可在室内使用，具有极好的抗冲击和抗冻性能，同时又具有优良的质地、鲜艳的色彩、独特的结构、优越的性能。该产品色泽均匀、自然、无色差、持久耐用，又具有良好的保温、隔热、隔音功能，而且易于单片更换。

3）提高砌筑效率，减少砌筑砂浆。用空心砖砌筑墙体，砌砖量少，而且很少砍砖。以采用190mm×190mm×90mm的空心砖估算，每立方米砌体的灰缝砂浆用量比实心砖减少25%左右。另外，由于空心砖比实心砖密度小，使用时与实心砖相比，在建筑面积不变的条件下，运输量和费用也相应降低。

4）使用寿命终结后可分离、可回收利用。从目前已掌握的资料看，烧结墙体材料在使用寿命终结后是最好分离和利用途径最广泛的材料，例如可用于水泥的混合材、可再生作为原料制造烧结砖瓦、可用于绿化种植、可制造装饰性颗粒状材料、可用来制造混凝土砌块等。

5）生产中废水的排放最少。生产烧结空心制品中对水的消耗量大约是118kJ/kg（扣除原材料的自然含水量），并在干燥期间以水蒸气的形式排入了大气。设备的冷却水可重复利用或是加入原材料中，所以烧结砖的生产中几乎无废水排放。

6）建设期间运输负荷小。砖运输到施工现场的距离较短，特别是轻质砖和轻质砌块，减少了材料流动的总流量和距离。

7）烧结空心制品可提供舒适的居室环境。①烧结空心制品是一种多微孔体系的产品，其湿传导功能可调节建筑物内湿度，且吸湿与排出水分的速度相等，吸水速度和排水速度要比其他建筑材料高10倍。②砌体的密封良好，主要是使用中可长期保持其尺寸的稳定性。③隔音性能良好。如240mm厚的砖砌分隔墙，隔音可达60dB，完全可以不考虑侧墙上声音的传播。对双层的夹芯砖墙来讲，因中间填充有隔热材料，对外部噪声的防护非常有效，在实际建筑中的测定结果表明，其隔音量可达70dB。④具有非常好的防火性能。

2. 内燃砖工艺

内燃砖工艺原理是把一定细度的燃料或可燃废料如煤矸石、粉煤灰、炉渣等按一定比例与黏土、页岩等原料均匀混合制成砖坯，依靠砖坯内燃料的燃烧和少量的外加燃料完成砖坯烧成的过程。内燃焙烧法制得的砖瓦，其抗压强度和抗折强度比外燃焙烧法制得的砖瓦高20%左右。由于在制坯原料中掺进劣质煤或含一定热值的工农业废弃料，减少了原料的用量，节约了原煤或其他燃料。此外，劣质煤或含有一定热值的工农业废弃料，一般为磨细料，能改善原料的干燥性能，对干燥敏感系数大的高塑性黏土尤其明显。这就能缩短干燥周期，减少干燥废品，其密度也能从1800kg/m$^3$减到1700kg/m$^3$。同时，砖的导热系数也相应减小。内燃砖由于外投煤减少，大大地减轻了焙烧工人投煤的劳动强度，窑内煤灰也显著减少，因而改善出窑工人的操作条件。

（1）“内燃料”的选择及掺配。使用内燃料的主要目的是提高火行速度、节约煤炭。因此，内燃料首先应具备一定的发热量。煤矸石的发热量一般在836～10450kJ/kg，粉煤灰一般不超过4180kJ/kg，炉渣一般在10450kJ/kg，秸秆一般在7842～8778kJ/kg。确定内燃料掺量时，要考虑焙烧所需热量、内燃料发热量、粒度、含水率以及原料塑性指数等影响因素，以便在节能、利废、坯体成型质量、火度调节控制、成品质量等方面达到最佳综合使用效果。

（2）应用效果。实践证明，内燃砖是热能利用率较高的一种焙烧工艺，可以减少资源和能源的消耗。利用粉煤灰、炉渣、煤矸石、锯末和农作物——秸秆等可燃性废料作内燃料，在坯体内部燃烧直接加热坯体，加热效率高，窑内最高温度在坯体内部，窑内气流温度比坯体温度低，与外燃砖比较，窑体向外部散热相对减少，所以内燃砖能降低单位产品的热能消耗。其中，高掺量粉煤灰烧结砖具有可提高能源利用率、降低坯体密度和煤灰的预分解作用等节能效应，可明显降低坯体焙烧的燃料消耗，与外燃砖相比，具有实质意义的节能效率可达25%以上。目前，我国90%以上的砖瓦生产企业采用了内燃砖，全内燃煤矸石砖也得到了一定发展，这是内燃砖出现的新趋势。

3. 利用窑炉余热进行人工干燥

人工干燥技术可以充分利用窑炉余热，一方面节约热能，另一方面节约大量土地。其技术特点是，砖瓦在生产过程中，由废气带走和向周围介质散发的热量，约占总热量的1/3以上，这些热量没有利用，会白白浪费掉。利用余热干燥砖坯，可以节约大量的干燥砖坯用煤，减少自然干燥所需坯场占用的大量土地，同时降低出窑温度，改善了装出窑工人的劳动条件。

（1）冷却带余热是砖坯焙烧后冷却带砖垛所散发的热量。这种余热温度高，热量大，是抽取炉窑或隧道窑余热的主要来源。具体操作时，必须在保证制品质量的前提下抽取，否则保温冷却段降温过快，造成制品哑音、黄皮、强度降低。而且由于抽热近，焙烧带窑流量减少，导致焙烧火行速度减慢和产量的降低。

（2）窑顶抽热是指空气流经窑顶将热量带走。它的抽取方法是在窑上铺设换热管或蛇形换热管。冷空气在风机的作用下，进入换热管，经换热作用，提高气体温度，经控制闸进入总热风道。窑顶换热温度不高，但流量较大，其换热量的多少取决于气体在管道内的流速，流速大，换热量多；换热面积越大，换热效果就越好；焙烧时，返火越大，窑皮温度越高，换取的热量就越多；窑顶换热的位置，在保温冷却带内，换热距焙烧带越近，换取的热量就越多，在冷却带后段，随着窑皮温度的降低，换取的热量就会减少。

（3）预热带烟热。预热带烟热是指流经预热带烟气中所含的热量。预热带烟热全部利用的窑，不需另砌热风道，将总烟道与风机接通即可。抽取高温烟热的窑则必须在窑内另砌抽热管道或在支烟道上开砌垂直抽热管道，并设闸锅与总热风道相通，提起抽热闸，烟热气体经风机和垂直支烟道，进入总热风道再送至干燥室。

4. 节能型隧道窑焙烧技术

节能型隧道窑焙烧技术主要以工业废渣煤矸石或粉煤灰为原料制造砖瓦。通常采用宽断面隧道窑技术、变频技术、“超热焙烧”技术、“快速焙烧”技术和方法；建立快速焙烧制度的方法和“超热焙烧”技术，建立一套测定坯体在常温至1100℃过程中弹性模量、热传导系数、膨胀系数和抗折强度等参数的实验仪器和方法；创立一套数据处理和计算抗热冲击值的方法，以及由抗热冲击值计算升温速度的方法。使实际焙烧过程按照设定的程序进行，实现制品焙烧周期45.55h降低为16～24h，充分利用置换出来的热量，使热工过程节能效率达40%，热利用率达67%。

5. 变频调速技术

电动机交流变频调速技术是当今节电、改善工艺流程以提高产品质量和改善环境、推动技术进步的一种主要手段。

(1) 技术原理。变频调速技术的基本原理是根据电动机转速与工作电源输入频率成正比的关系，通过改变电动机工作电源频率达到改变电动机转速的目的。变频器就是基于上述原理采用交直流电源变换技术、微电脑控制等技术于一身的综合性电气产品。

(2) 应用及其效果。变频器在砖瓦企业生产中，主要应用于长时间连续运转的设备——风机。变频器已成为一种定型产品，不同功率的风机均有相应功率的变频器（柜）相配套，购买使用均很方便。使用变频器的目的，主要是节能降耗，节电率可达30%～50%。目前工业发达国家已广泛采用变频调速技术，在我国也是国家重点推广的节电新技术，特别是在砖瓦行业中应加大推广力度。

6. 煤矸石砖厂余热发电技术

(1) 技术原理。余热是在一定经济技术条件下，在能源利用设备中没有被利用的能源，是多余、废弃的能源，包括高温废气余热、冷却介质余热、废汽废水余热、高温产品和炉渣余热、化学反应余热、可燃废气废液和废料余热以及高压流体余压7种。根据调查，各行业的余热总资源占其燃料消耗总量的17%～67%，可回收利用的余热资源约为余热总资源的60%。余热发电技术，就是利用生产过程中多余的热能转换为电能的技术。余热发电不仅节能，还有利于环境保护。余热发电的重要设备是余热锅炉。用于发电的余热主要有高温烟气余热，化学反应余热，废气、废液余热和低温余热（低于200℃）等。

(2) 应用及其效果。煤矸石制砖在煅烧过程中有大量的热量，随着排风机而排出窑外，主要是烟气余热和产品冷却余热。据调查，烧结砖生产中的余热总量占其燃料消耗总量的30%～60%，可回收利用的余热资源约为余热总资源的40%。这部分热量目前除掺入部分冷风降温到125℃左右用来烘干砖坯外，基本上未得到有效利用。这些热风在其高温段烟气温度达400℃，平均温度可达200℃左右，是很好的稳定低温热源，具有利用余热发电的潜力，据工业性试验，通常余热发电可达500～1500kWh，基本上可满足煤矸石砖厂的用电，若在全国推广，将具有广阔的市场前景。

**四、建筑卫生陶瓷企业的节能监测**

建筑卫生陶瓷是指用于建筑饰面、建筑构件和卫生设施的陶瓷制品。按产品分类，建筑卫生陶瓷可以分为卫生陶瓷、陶瓷墙地砖、建筑琉璃制品、饰面瓦、淋浴间及物件配件。

我国是一个能源和资源相对贫乏的国家，陶瓷行业是一个高能耗行业，从原料的制备到制品的烧成等各工序燃料、电力等能源成本占整个陶瓷生产成本的23%～40%。

（一）主要生产工艺流程

1. 模具开发制作

生产一种款式的产品首先要通过设计人员设计开发之后制作生产模具由工人生产。其工艺流程为：产品设计开发—模胎原料配制—模胎制作—生产模原料配制—生产模制作—生产模脱胎—生产模烘干—待注浆。

2. 泥浆配制输送

泥浆是陶瓷的主要原材料，泥浆好坏很关键，泥浆好坏直接影响到陶瓷内部结构的稳定性。因此，对泥浆的配制要求很严格。其工艺流程为：泥浆配比搅拌加工—成浆初级过筛除杂—成浆搅拌—双缸泵抽浆—成浆二级过筛除杂—成浆除铁—管道输送待注浆。

3. 产品坯体制作

有了生产模具和配制好的泥浆之后，就可以投入产品坯体的制作。其制作流程为：模具注浆成型—退浆—开模—粘接—修坯—湿坯打水—坯体自然烘干—坯体强力烘干—坯体一级验收—坯体修整—坯体除尘—坯体上水—坯体二级精修—等待喷釉。

4. 釉料加工配制

釉料的好坏直接影响到产品的外表形象，如光亮度、平整度等。因此，釉料配制要求很高，技术含量高。其配制流程为：原料球磨机粉碎—存釉（液体）—成釉去铁除杂—成釉二级过筛除铁—成釉储存待用。

5. 施釉及釉坯烧成工艺

有了制作好的成型坯体和配制好的釉料之后，就可以进入施釉阶段，坯体施釉后通过修整后就能装进窑炉进行烧制。其工艺流程为：主坯体施釉—粘贴商标—釉坯修整—釉坯除尘—釉坯装窑—烧成控制—窑温控制—待成品出窑。

6. 产成品质量判定及包装

通过烧制后的釉坯就变成了最终的产品，也就是陶瓷，但由于整个制作工艺流程的复杂性，方方面面都有可能影响产品的质量。因此，烧成后出窑的产品要经过严格的检查后，合格的产品才能包装。其工艺流程为：产成品出窑—产成品外观检验—产品安装功能检测—便器冲水功能测试—成品包装—进仓—销售。

（二）陶瓷工业的节能技术措施

虽然我国陶瓷产量在世界上遥遥领先，但总体上存在产品档次低、能耗高、资源消耗大、综合利用率低、生产效率低等问题。陶瓷工业所消耗的能源，大部分用于烧成和干燥工序，两者的能耗约占80%以上。据报道，陶瓷工业的能耗中约有61%用于烧成工序，干燥工序能耗约占20%。目前我国陶瓷工业的能源利用率与国外相比，差距较大，发达国家的能源利用率一般高达50%以上，美国达57%，而我国仅达到28%～30%。由表4-6可知，我国与国外能耗之间存在的差距。日用陶瓷每年消耗不少于348.23万t标准煤，其中原煤205.93万t标准煤，占总能耗的59.14%；重渣油73.57万t标准煤，占总能耗的21.13%；煤气、天然气$2.31\times10^7m^3$，占总能耗的0.88%；电力$1.151\times10^9kWh$，占总能耗的13.35%；其他能源消耗19.16万t标准煤，占总能耗的5.50%。

**表4-6　国内外建筑陶瓷和卫生陶瓷的能耗统计比较**

| 项　目 | 综合能耗 | | 烧成热耗 | |
|---|---|---|---|---|
| | 建筑陶瓷（kg/m²） | 卫生陶瓷（kg/t） | 建筑陶瓷（kJ/kg） | 卫生陶瓷（kJ/kg） |
| 国内落后水平 | — | — | >14 651 | 62 790～79 530 |
| 国内一般水平 | 2.5～15 | 400～1800 | 8372～12 558 | 20 930～41 860 |
| 国内先进水平 | — | — | 2930～6279 | 6280～16 740 |
| 国外先进水平 | 0.77～6.42 | 238～476 | 1256～4186 | 3350～8370 |

1. 陶瓷原料制备过程中的节能措施

有资料显示，原料制备部分的能耗在整个陶瓷生产过程中占很大的比例，其中燃料耗量占49%，装机容量占72%，因此也是节能潜力较大的部分之一。

(1) 干碾和造粒—干法制粉。现在陶瓷砖压型粉料的制备通常通过湿球磨机—喷雾干燥来实现。如果用干法制粉，即原料干燥—配料—干法粉碎—增湿（到湿度10%）—造粒—干燥（到6%）。与湿法相比，需要蒸发水量大大减少，其耗能约0.7MJ/kg，与湿法耗能1.8MJ/kg相比节能60%以上。

(2) 球磨机制浆。球磨机制浆的电耗占陶瓷厂全部电耗的60%。通过采用合理的球料比，选用高效减水剂、助磨剂和氧化铝球，氧化铝衬可提高球磨机效率、缩短球磨机周期。选用大吨位的球磨机可减少电耗10%～30%。提高喷雾干燥塔泥浆的浓度，可显著降低喷雾干燥热耗，如将喷雾干燥泥浆的浓度从60%提高到65%，可节省单位热耗21%，如浓度从60%提高到68%，则可节省能耗的33%，这可以通过加入高效的减水剂来实现。

(3) 连续式球磨机。国内制备泥浆均采用间歇式球磨机，而国外发展出连续式球磨机，球磨机运行时给排料完全自动化，不需要停机，易制浓浆，使后面的喷雾干燥过程节约能量，能节省能耗10%～35%。

(4) 变频球磨机等。国内的球磨机都是恒速转动的，国外部分球磨机采用变频器改变电流频率来调速，有可能缩短球磨周期15%～25%，从而减少电耗。

(5) 大型喷雾干燥塔。大型喷雾干燥塔的单位电耗省，我国最大的喷雾塔型号为7000型，可向10000型或更大型号发展，国外最大为20000型。

(6) 浆池间歇式搅拌。浆池电动机上装有时间继电器，搅拌20～30min，停30～40min，泥浆不会沉淀，可节电50%以上。

2. 成形过程中的节能

(1) 压釉一体。在此过程中瓷砖的施釉和它们的成形同时进行，采用干釉粉的优点是取消传统的施釉线，增加釉的稠度，提高釉的抗磨损性。

(2) 大吨位压机。大吨位压机压力高，压制的砖坯质量好，合格率高。在同等产量的条件下，耗电少，节能效果明显。国内各吨级的压机均有生产。国内陶瓷砖生产采用大吨位压机，可有明显的节电效果。大吨位压机已有专门节能型的设计，可节电27%，国内的压机制造厂也应致力于节能型压机的开发。

(3) 压力注浆。卫生瓷高中压注浆可免除模具干燥和加热工作环境所需的热，并节省坯体干燥热，有一定的节能效果，节省综合热耗的10%以上。

(4) 真空注浆。这是卫生陶瓷工业出现的另一种方法。模型内铺设排水管网，取代传统的石膏模，注浆后排水管内抽真空，泥浆内水分被抽出，顺模型的毛细管汇入排水管网，加速坯体的形成。脱坯后模具无需干燥，一天内能重复使用多次。由于免除模具干燥而净节省的能量大约是1MJ/kg。

(5) 塑性挤压成形生产墙地砖。墙地砖塑性挤压成形通常采用含水率为15%～18%的陶瓷泥料，挤压成形后得到含水率约为14%的墙地砖坯体，最后干燥至1%～1.5%的入窑水分，比采用含水率为32%～40%的泥浆喷雾干燥，制得含水率5%～7%的陶瓷粉料，经压制成形为墙地砖再干燥至1%～1.5%的入窑水分，所耗能量大大地减少。此成形生产技术还有投资小、无粉尘污染、产品更换快等优点。

（6）挤压成形节能。国外的设备制造商提出了关于挤压的先进机械，它能准确地提供在某一时刻的压力，优化挤压周期，节约55%～65%的能耗。这是通过较复杂的控制系统（可变的压力泵、压力加速器等）来实现的。

3. 干燥过程的节能

成形后坯体包含的水分通过干燥被排除。显然坯体含水量越低，干燥所需的能量也越少。注浆成形的坯体（如卫生陶瓷）水分约20%，挤压成形坯体（如劈离砖）水分约15%，半干压成形坯体（墙地砖）水分约5%。因此，干燥消耗的能量占全部能量消耗的比例，卫生陶瓷可高40%，挤出砖约30%，半干压墙地砖约10%。常规的干燥器用热空气干燥，最少时间为30～40min。现在陶瓷砖快速干燥取代缓慢的常规干燥器，非常规干燥器最少用3～4min。它一般用电磁波（微波）作为唯一的能源或是微波与热空气结合。未来的趋势是采用快速和超快干燥器，减少干燥时间，同时尽可能地避免中间的储存及输送。同时，为了获得快速干燥，有必要在更复杂的程度上控制空气流动和温度。在干燥器中采用的节能技术有：

（1）优化干燥空气的循环。优化热空气的流动，采用更复杂的通风技术和体系控制基本参数，如相对湿度、温度、空气流动度、干燥器内压力等。

（2）废热利用。利用窑炉冷却带回收的干净热空气作干燥介质，有可能提供干燥器100%的热能。

（3）卧式快速辊道干燥器。卧式快速辊道干燥器与立式快速干燥器相比能更好地控制产品的干燥曲线。采用快速干燥器，干燥时间可缩短10min，产品含水量为0.4%～0.6%。单层卧式快速辊道干燥器比立式快速干燥器节能0.2MJ/kg，节能率为20%～40%，现已取代立式干燥器。近年来发展起来的多层卧式快速辊道干燥器能有效缩短干燥器的长度，便于其他工艺配置。

（4）少空气干燥与控制除湿。在传统的干燥器中，气流使坯体中水分蒸发，大量热的水蒸气被排放到大气中，造成很大的浪费。少空气干燥器就利用这种排出气流的能量作为干燥器的非直接加热，用此气流作为热交换媒介，从而减少干燥时间和能量消耗，这种用于干燥的超热流的热量是空气（作干燥介质）的两倍，而且有更高的热传导性。此外，干燥器控制除湿，除了排出潮湿的空气外，还能更有效地利用资源。基于此两项改进的少空气干燥器可以减少干燥时间到原来的1/3，节省20%～50%的热能。

（5）超热气流。提高干燥气流温度，在干燥器隧道内引进一横向的、局部、间歇性的干燥热气流，而不是在长度上持续的气流，使得湿气有足够的时间从坯体中心转移到表层，这一方法可使普通辊道干燥器中40min的干燥周期减少到超热气流干燥的10min。

（6）微波干燥。微波干燥时热能从湿坯体内部产生，使得湿气能在坯体中更自由地移动。这种由内而外的加热方式使得坯体被加热而干燥通道仍是冷的，被用来加热通道的热量节省了。同时这使坯体与环境间有更合适的温差，因此干燥过程加速。水是极性分子，比坯体更快地被加热，然后被排出。微波干燥使干燥时间显著地缩短（从7min到30min不等），而且能更有效地利用能量。

（7）红外线干燥。红外源（燃气加热的放射管）放射的红外线加热物体很薄的一个表层，通过从外到内的热源传导加速能源利用。仅用于形状简单的半干压砖坯，用于卫生陶瓷之类不规则形状的坯体，易造成坯体开裂。

4. 陶瓷制品烧成过程中的节能措施

众所周知，陶瓷工业生产过程中要消耗大量的能源，烧成工序的能耗约占总能耗的61%，而烧成工序又以陶瓷窑炉为主要能耗设备。下面就陶瓷窑炉的节能技术进行分析。

（1）采用低温快烧技术。在陶瓷生产中，烧成温度越高，能耗就越高，我国陶瓷烧成温度大致为1100～1280℃，有的日用陶瓷高达1400℃以上。据热平衡计算，若烧成温度降低100℃，则单位产品热耗可降低10%以上，且烧成时间缩短10%，产量增加10%，热耗降低4%。因此，在陶瓷行业中，应用低温快烧技术，不但可以增加产量，节约能耗，而且还可以降低成本。因而在我国应进一步研究采用新原料，如珍珠岩、绢云母、石英片岩等配制烧结温度低的坯料、玻化温度低的釉料，改进现有生产工艺技术，建造新型的结构性能好的窑炉，以实现低温快烧技术，降低能耗。

目前，一些陶瓷窑炉采用低温快烧技术以后，其烧成周期从最初设计的50多分钟至70多分钟，调整到20多分钟，产量几乎翻了一倍多，相应的单位产品能耗也降低到原来的70%左右，其能耗水平可以达到2177.14kJ/kg以下，可见节能效果十分明显。

（2）采用裸装明焰烧成技术。目前，我国陶瓷窑炉烧成方式主要有明焰钵装、隔焰裸装和明焰裸装。明焰钵装采用传统的煤作为燃料，由于匣钵的加入占用了大量有效空间，使成本增加，热稳定性差，能耗大，烧成周期长；隔焰裸装采用重油为燃料，由于火焰所产生的热不能直接与制品作用，以致窑内温度不均匀，能耗高；而明焰裸烧是最合理，也是最先进的烧成方式，因为明焰裸烧不用匣钵和隔焰板，最大限度地简化了传热和传质过程，使热气体和制品之间直接传热、传质。特别是取消匣钵之后减少了匣钵吸热的热损失，有利于降低单位产品的热耗和缩短烧成周期，也消除了匣钵占据的空间，增大了窑炉的装坯容积，提高了生产能力。以隧道窑为例，根据热平衡测定，明焰裸装单位产品热耗最低，为4000～15 500kJ/kg；其次是隔焰裸装，为19 800～76 700kJ/kg；而明焰钵装窑单位产品热耗最高，为50 000～103 600kJ/kg。

（3）窑型向辊道化发展。在陶瓷行业中，使用较多的主要窑型有隧道窑、辊道窑及梭式窑三大类。过去，我国的墙地砖、卫生陶瓷、日用陶瓷都是用隧道窑烧成的。现在，墙地砖基本上都用辊道窑烧成，卫生陶瓷辊道窑已在石湾几个主要生产厂及国内各瓷区的部分生产厂得到普遍推广，日用陶瓷辊道窑已有上百条窑在厂家使用。辊道窑具有产量大、质量好、能耗低、自动化程度高、操作方便、劳动强度低、占地面积小等优点，是当今陶瓷窑炉的发展方向。过去，用匣钵隧道窑烧彩釉砖和瓷质砖，年产量只有20万～25万$m^2$，烧成能耗为（3000～4000）×4.18kJ/kg。现在，用辊道窑烧成，年产量可达200万～250万$m^2$，烧成能耗为（550～600）×4.18kJ/kg，最低能耗可达（200～300）×4.18kJ/kg；卫生陶瓷隧道窑烧成能耗为2400×4.18kJ/kg，辊道窑为1200×4.18kJ/kg；日用陶瓷隧道窑烧成能耗为12 000×4.18kJ/kg，辊道窑为3500×4.18kJ/kg。

（4）采用高效、轻质保温耐火材料及新型涂料。由于轻质砖的隔热能力是重质耐火砖的2倍，蓄热能力为重质耐火砖的一半，硅酸铝耐火纤维材料的隔热能力则是重质耐火砖的4倍，蓄热能力仅为其11.48%，因而使用这些新型材料砌筑窑体和窑车，节能效果非常显著。据文献介绍，某厂隧道窑用轻质高铝砖及陶瓷纤维砌筑隧道窑，散热降低69.9%，由占总能耗的20.6%下降到9.02%，节能达到16.67%。另一隧道窑，同样用轻质耐火材料对窑墙窑顶进行综合保温，窑墙厚度由原来的2m减到1.53m，窑体的散热由原来占总能耗的25.27%下降到7.93%，仅此一项，每年可节约标准煤400t以上。另外，为了减少陶瓷纤维粉化脱落，可利用多功能涂层材料来保护陶瓷纤维，既达到提高纤维抗粉化能力，又增加窑炉内传热效率，节能降耗。例如，热辐射涂料（简称HRC)，在高温阶段，将其涂在窑壁耐火材料上，材料的辐射率由0.7升为0.96，每平方米每小时可节能33 087×4.18kJ，而在低温阶段涂上HRC后，窑壁辐射率从0.7升为0.97，每平方米每小时可节能4547kcal。某厂在一条梭式窑中进行喷涂后，氧化焰烧成节能率可达26.3%，还原焰烧成节能率达18.22%。多功能涂层材料不但可提高红外辐射能力，而且可以吸收废气中的有害成分$NO_x$，吸收率可达60%以上。

(5）改善窑体结构。有资料表明，随着窑内高度的增加，单位制品热耗和窑墙散热量也不断增加。如当辊道窑高度由0.2m升高至1.2m时，热耗增加4.43%，窑墙散热升高33.2%，故从节能的角度讲，窑内高度越低越好。随着窑炉内的宽度增大，单位制品的热耗和窑墙的散热减少。如当辊道窑窑内宽度从1.2m增大到2.4m，单位制品热耗减少2.9%，窑墙散热降低25%，故在一定范围内，窑越宽越好。在窑内宽度和高度一定的情况下，随着窑长的增加，单位制品的热耗和窑头烟气带走的热量均有所减少。如当辊道窑的窑长由50m增加到100m时，单位制品热耗降低1%，窑头烟气带走热量减少13.9%。随着窑长的增加整个窑体的升降温更加平缓，不但适用于烧成大规格制品，质量稳定，而且成倍地提高产量，故窑炉的发展越来越长，由早期的20～30m发展到200～300m。

(6）采用自动控制技术。采用自动控制技术是目前国外普遍采用的节能有效方法，它主要用于窑炉的自动控制。因而使窑炉的调节控制更加精确，对节省能源、稳定工艺操作和提高烧成质量十分有利，同时还为窑炉烧成的最优化，提供了可靠的数据。生产实践证明，采用微机控制系统，能够自动调节窑内工况，自动控制燃烧过量空气系数，使窑内燃烧始终处于最佳状态，减少燃料的不完全燃烧，减少废气带走的热量，降低窑内温差，缩短烧成时间，提高产品质量，降低能耗。计算表明，在排出烟气中每增加可燃成分1%，则燃料损失要增加3%。如果能够采用微机自动控制或仪表—微机控制系统，则可节能5%～10%。不足的是，对于窑内各种参数之间的函数关系，目前很少有深入研究，假如能用一个函数公式，利用电子计算机进行全面计算，用数字进行控制，在此基础上选择最佳的烧成方案，这对于提高产品质量、节能降耗将大有好处。

(7）窑车窑具材料轻型化。隧道窑及大型梳式窑由于结构特点需要窑车及窑具，烧卫生洁具或外墙砖的辊道窑也需要垫板或棚架等窑具。窑车和窑具随着制品在窑炉中被加热及冷却，窑车及车衬材料处于稳态导热过程，加热时它阻碍和延迟升温，消耗大量的热量；冷却时它阻碍和延迟降温，释放出大量热能，而且这些热能难以很好地利用。在工厂的生产实际使用中，每部窑车一般装载制品的质量仅占整车质量的8%～10%，故窑车在窑中吸收大量的热，并随窑车带出窑外，降低了热效率。据测定，产品与窑具的质量比越小，其热耗越低。如产品/窑具＝1/1.52，其热耗为16.7MJ/kg；产品/窑具＝1/1.82，其热耗为27.2MJ/kg；而产品/窑具＝1/7.1，其热耗增至36.4MJ/kg。因此，采用轻质耐火材料作为窑车和窑具的材料对节能具有重大的意义。

(8）采用洁净液体和气体燃料。目前，陶瓷窑炉中的燃料除了煤气、轻柴油、重柴油外，还有的用原煤。据资料介绍，仅日用瓷，目前国内仍有300多条隧道窑使用原煤，据统计每条烧煤隧道窑平均耗煤约3600t，全国300条窑共计耗煤108万t，如果改为烧煤气隧道窑可节约燃料60%，每年可节约煤炭64.8万t。全国仍有200余条烧重油的隧道窑，每年共计耗油50万t，折合标准煤70.8万t，如果改为烧煤气，可节约燃料30%～40%，每年可节约煤炭21.3万～28.3万t。可见采用洁净的液体、气体燃料，不仅是裸烧明焰快速烧成的保证，而且可以提高陶瓷的质量，大大节约能源。更重要的是，可以减少对环境的污染。如果陶瓷厂在农村地区，又能符合当地环境保护部门的要求，那么喷雾塔的燃料用水煤浆代替重油，生产成本将大幅度降低（水煤浆每吨约420元，热值4000×4.18kJ/kg，重油每吨为1800元，热值10 000×4.18kJ/kg）。另外，将水煤气应用于窑炉烧成，比使用烧柴油节约成本50%以上。

（9）充分利用窑炉余热。衡量一座窑炉是否先进的一个重要标准就是有没有较好的余热利用。据窑炉热平衡测定数据显示，仅烟气带走的热量和抽热风带出的热量占总能耗的60%～75%。如果将烧重油隔焰隧道窑预热带、隔焰道的烟气和冷却带抽出的余热送入隧道干燥器干燥半成品，可提高热利用率20%左右；若将明焰隧道窑排出的360℃烟气，先经金属管换热，再把温度降至180℃的废气送地炕换热，使排出的废气温度降至60℃，将换热的热风送半成品干燥，可节约燃料15%；若能利用蓄热式燃烧技术将明焰隧道窑的热空气供助燃，不但可改善燃料燃烧，提高燃烧温度，而且可降低燃耗6%～8%。

国外对烟气带走的热量和冷却物料消耗的热量（占总窑炉耗能的50%～60%），这一部分数量可观的余热利用较好，明焰隧道窑冷却带余热利用可达1047～1256kJ/kg，占单位产品热耗的20%～25%。目前，国外将余热主要用于干燥和加热燃烧空气。利用冷却带220～250℃的热空气供助燃，可降低热耗2%～8%，这不但能改善燃料的燃烧，提高燃料的利用系数，降低燃料消耗，还提高了燃烧温度，并为使用低质燃料创造了条件。

（10）采用高速烧嘴。采用高速烧嘴是提高气体流速，强化气体与制品之间传热的有效措施，它可使燃烧更加稳定，更加完全，燃烧产物以100m/s以上的高速喷入窑内，可使窑内形成强烈的循环气流，强化对流换热，增大对流换热系数，以改善窑内温度在垂直方向和水平方向上的均匀性，有利于实现快速烧成，提高产品的产量和质量，一般可比传统烧嘴节约燃料25%～30%。对于烧重油的窑炉，则可采用重油乳化燃烧技术，使重油燃烧更加完全，通过乳化器的作用后，把水和重油充分乳化混合，成油包水的微小雾滴，喷入窑内产生“微爆效应”，起到二次雾化的作用，增大了油和水的接触面积，使混合更加均匀，且燃烧需要的空气量减少，基本消除了化学不完全燃烧，有利于提高燃烧温度及火焰辐射强度，掺油率为13%～15%，节油率可达8%～10%。

（11）采用一次烧成新工艺。近年来，我国不少陶瓷企业在釉面砖、玉石砖、水晶砖、渗花砖、大颗粒和微粉砖的陶瓷工艺和烧成技术上取得重大突破，实现了一次烧成新工艺，减少了素烧工序，烧成的综合能耗和电耗下降30%以上，大大节约了厂房和设备投资，而且大幅度提高了产品质量。

（12）加强窑体密封性和窑内压力。加强窑体密封和窑体与窑车之间、窑车与窑车之间的严密性，降低窑头负压、保证烧成带处于微正压，减少冷空气进入窑内，从而减少排烟量，降低热耗。经计算，烟道汇总出的过量空气系数由5减小到3时，在其他条件不变的情况下，烟气带走热量从30%降为18%，节能12%。

（13）微波辅助烧结技术。微波辅助烧结技术是通过电磁场直接对物体内部加热，而不像传统方法那样热能是通过物体表面间接传入物体内部，故热效率很高（一般从微波能转换成热能的效率可达80%～90%），烧结时间短，因此可以大大降低能耗，达到节能效果。例如，$Al_2O_3$ 的烧结，传统方法需加热几个小时而微波法仅需3～4min。据报道，英国某公司有一种新型的陶瓷窑炉生产与制造技术，该窑炉最大的特点在于：它不仅采用了当今世界上微波烧结陶瓷的最新技术，而且采用了传统的气体烧成技术。它在传统窑炉中把微波能和气体燃烧辐射热有机结合起来，这样既解决了微波烧成不容易控制的问题，又解决了传统窑炉烧成周期长、能耗大等问题。据介绍，这种窑炉适用于高技术陶瓷及其他各种陶瓷的烧成，可达到快速烧成、减少能耗、降低成本的目的。

**五、玻璃和玻璃纤维企业的节能监测**

玻璃是一种较为透明的固体物质，在熔融时形成连续网络结构，是冷却过程中黏度逐渐增大并硬化而不结晶的硅酸盐类非金属材料。普通玻璃化学氧化物的组成（$Na_2O \cdot CaO \cdot 6SiO_2$），主要成分是二氧化硅，广泛用于建筑、日用、医疗、化学、电子、仪表、核工程等领域。

玻璃主要分为平板玻璃和深加工玻璃。平板玻璃主要分为三种，即引上法平板玻璃（分有槽/无槽两种）、平拉法平板玻璃和浮法玻璃。浮法玻璃由于厚度均匀、上下表面平整平行，再加上劳动生产率高及利于管理等，正成为玻璃制造方式的主流。

（一）浮法玻璃生产工艺流程

当今世界上有三种类型的平板玻璃：平拉、浮法、压延。浮法玻璃在目前玻璃生产总类中占90%以上，是世界建筑玻璃中的基础建筑材料。浮法玻璃工艺包括五个主要步骤：配料、熔化、成形和镀膜、退火、切割和包装。

1. 配料

配料是第一阶段，为熔化制备原材料。原材料包括砂、白云石、石灰石、纯碱和芒硝，储存在配料房中。料房中有料仓、料斗、传送带、溜槽、集尘器以及必要的控制系统，控制着原料的输送和配合料的混合。在配料房内部，一条长长的平传送带将原材料按次序从各种原料的料仓中一层层、连续地输送到斗式提升机中，然后再送往称量装置以检测其复合重量。回收的玻璃碎片或生产线回头料会加到这些成分中。每份配合料含有大约10%～30%的碎玻璃。干燥的材料加入混合机中搅拌成配合料，搅拌好的配合料通过传送带从配料房中送到窑头料仓储存，然后用加料机以控制的速率加入熔窑中。

2. 熔化

典型的熔窑是有6个蓄热室的横火焰熔窑，每天的生产能力为500t。熔窑的主要部分是熔化池、澄清池、工作池、蓄热室和小炉，由特种耐火材料建成，外框有钢结构。配合料由加料机送到熔窑的熔化池中，熔化池靠天然气喷枪加热到1650℃。熔融的玻璃从熔化池经澄清池流到卡脖区域，搅拌均匀。然后流入工作部位，慢慢冷却降至大约1100℃，使其在到达锡槽之前达到正确的黏度。

3. 成形和镀膜

将澄清好的玻璃液成形成玻璃板的过程是一个按材料的自然倾向机械操纵的过程，这种材料的自然厚度为6.88mm。玻璃液从熔窑通过流道区域涌出，由一个叫做闸板的可调节门控制其流量，闸板进入玻璃液±0.15mm左右。它浮在熔融的锡液之上，因此叫做浮法玻璃。玻璃和锡互相不起反应，而且可以分离开；它们在分子形式上相互抵制的特性使玻璃极其光滑。锡槽是一个密封在受控的氮和氢气氛的单元。生产线速度可达25m/min。锡槽载有近200t纯锡，平均温度为800℃。当玻璃在锡槽入口的末端形成一个薄层，称为玻璃板，两边各有一系列的可调拉边机进行操作。操作人员用控制程序设定退火窑和拉边机的速度。玻璃板的厚度可在0.55～25mm之间。上部分区加热原件用来控制玻璃温度。随着玻璃板连续不断地流经锡槽，玻璃板的温度会逐渐下降，使玻璃变得平坦平行。玻璃在熔融锡液上摊成薄层，与锡液保持分离，成形成板状。靠吊挂的加热元件提供热，靠拉边机的速度和角度控制玻璃的宽度和厚度。

4. 退火

成形的玻璃离开锡槽时温度为600℃。如果玻璃板放在大气中冷却，玻璃表面会比玻璃内部冷却的快，这样就会造成表面严重压缩，使玻璃板产生有害的内应力，玻璃在成形前后的受热过程也是内应力形成的过程。因此通过控制热量使玻璃温度逐渐降到周围环境温度——退火，是很必要的。实际上，退火是在一个大约6m宽、120m长预先设置好温度梯度的退火窑中进行。退火窑中包括电控加热元件和风机，以保持玻璃板横向温度的分布持续稳定。退火过程的最终结果是将玻璃小心地冷却到常温而没有带来暂时应力或永久应力。

5. 切割和包装

经退火窑冷却好的玻璃板通过与退火窑驱动系统相连接的辊道输送到切割区域。玻璃通过在线检测系统以排除任何缺陷，用金刚石切割轮切割，去除玻璃边缘（边料回收为碎玻璃）。然后切割成客户所需要的尺寸。玻璃表面撒上粉末介质，使玻璃板可以堆积存放而避免沾在一起或划伤。然后靠人工或自动机器将无瑕疵玻璃板分成垛进行包装，转移到仓库储存或装运给客户。

（二）浮法玻璃生产节能潜力及技术途径

平板玻璃工业使用的燃料主要有重油、天然气和煤气等。目前，我国平板玻璃行业年能源消耗量约为1000万t，每千克玻璃液平均热耗为7800kJ，比国际先进水平要高30%。

浮法玻璃生产线主要耗能设备为三大热工设备（熔窑、锡槽和退火窑），这三大热工设备的能耗约占生产线总能耗的97%，下面介绍浮法玻璃生产线的主要节能措施。

我国玻璃工业的技术经济指标已逐年提高，但与发达国家的先进指标相比尚有较大差距。目前，我国平板玻璃单位产品能耗为17～31kg/重量箱，而国际先进水平为16～20kg/重量箱。如果通过技术改造或者提高管理水平，玻璃单位产品能耗达到17kg/重量箱，按照2008年玻璃产量计算，年将节约197.4万t。

平板玻璃工业节能的重点是淘汰落后工艺、提高浮法玻璃单线规模、加强窑炉保温、烟气余热的回收利用、采用新的燃烧技术等。

1. 改进工艺设备，淘汰落后工艺

目前，我国浮法玻璃产量占平板玻璃产量的比例约为83.4%，世界平均水平为90%以上。落后的生产工艺单位产品综合能耗为31kg/重量箱，比浮法工艺高64%。现在全国落后工艺产量仍有7000余重量箱，比同产量的浮法工艺每年多耗能84万t，如果这些落后工艺都被浮法玻璃生产工艺所替代，则节能效果是非常显著的。

2. 提高浮法玻璃熔窑的规模

浮法玻璃熔窑的能耗与熔窑的规模有近似线性的关系，规模越大单位玻璃液的能耗越低。2005年，我国浮法玻璃熔窑的平均热耗如下：熔窑规模为250t/d，能耗为8763kJ/kg$^3$；熔窑规模为300t/d，能耗为8537kJ/kg$^3$；熔窑规模为400t/d，能耗为8055kJ/kg$^3$；熔窑规模为500t/d，能耗为7583kJ/kg³；熔窑规模为600t/d，能耗为7111kJ/kg³；熔窑规模为700t/d，能耗为6639kJ/kg³；熔窑规模为800t/d，能耗为6167kJ/kg³；熔窑规模为900t/d，能耗为5693kJ/kg³。浮法玻璃的生产线规模的提高，提高了我国浮法玻璃生产的能源利用率。规模以上（年销售额500万以上）企业平板玻璃的综合能耗由2002年的20.3kg/重量箱，下降了16.26%。

3. 熔窑参数的实时数据采集及控制技术

计算机数据采集及控制技术已经广泛用于国外浮法玻璃熔窑的生产管理中，生产中通过该技术可以更好、更快地掌控熔窑的总体状况。采用通过局部测试掌握全窑的状况，以此大大提高了熔窑热工系统的稳定性，从而达到节能目的。

采用现代自动化温度、窑压、液面等控制系统，强化窑炉监控手段，做到科学合理用能和生产，并可延长窑炉使用期，做到科学文明生产。过量空气系数是窑炉燃烧特性的一个重要指标，可采用测氧装置，严格控制过量空气系数。

4. 采用高效节能熔窑设计技术

采用效率更高、更合理的结构设计，包括：

（1）加大蓄热室的换热面积，格子体采用筒形砖，提高预热温度和余热回收率。

（2）加长1号小炉中心线至前脸墙的距离，提高1号小炉的热效率。

（3）加大小炉口的宽度，扩大火焰覆盖面积，提高熔化率，降低热耗。

（4）采用与熔池全等宽熔化池结构形式，不仅可改善熔窑的熔化质量，而且可延长高温火焰在炉窑内的停留时间，提高熔窑的热效率。

（5）熔窑池底采用台阶式结构形式，既可保证提供优质玻璃液，又可限制玻璃液的回流，减少了玻璃液的重复加热，节约了燃料。

5. 采用先进的熔窑工艺

改进熔窑的温度制度，采用双高峰热负荷操作工艺中大配合料区热负荷，减少泡沫区热负荷，提高热效率。通过控制助热风与燃料量的比值，同时测定废气中氧与可燃物的含量来调节风与燃料的比例。

6. 加强熔窑保温

熔窑表面散热占熔窑散热的25%～30%，采用隔热性能高的耐火材料对熔窑进行全保温，热效率可提高5%～10%，每千克玻璃液热耗可降低10%～20%。同时减少废气排放量和火焰空间的热强度，延长熔窑的使用寿命。

7. 加强生产过程控制

（1）必须严格控制各种原料的粒度，尤其要控制大颗粒和超细粉的比例。实际生产中，配合料水分一般控制在3.0%～4.5%。配合料温度一般要求大于35℃，绝大多数水分以游离形态附着在难熔的颗粒表面，可以黏附较多的纯碱加强助熔效果。因此，提高配合料温度，能起到较好的助熔作用。生产中碎玻璃的比例一般控制在14%～22%，根据经验数值能增加碎玻璃1%，燃料消耗减少0.3%左右。在条件具备的情况下，尽量多使用碎玻璃，对降低能耗有显著作用。

（2）选择合理的熔化过程控制。合理的熔化工艺不仅可以提高熔化质量，减少碎玻璃缺陷，同时达到节能降耗、提高窑龄的目的。浮法玻璃熔窑的温度曲线一般有山形、桥形和双高形三种，而双高形曲线合理的加大后混合料区和热点处的热负荷，适当降低泡沫区和调节区的热负荷，各小炉燃料量分配更加合理，因而能降低燃料消耗。

确定合理的风和燃料的比例，保持一定的过量空气系数，对节能降耗有较大作用。国外先进的玻璃熔窑的过量空气系数达到了1.01～1.02，我国先进的浮法玻璃熔窑达到了1.05～1.06。严格控制过量空气系数是节能的重要措施之一。在生产中，如果采用有效地连续监测和控制手段，可以对过量空气系数进行优化。另外，对雾化空气和助燃风进行预热，可利于燃料雾化，还可以提高熔窑燃烧效率。

（3）燃料的质量、存储、输送及燃烧工艺控制对燃料消耗都有不同程度的影响。生产中如果燃料质量得不到有效控制，不仅燃烧状况不稳定，影响玻璃质量，而且消耗也会增加较多，甚至可能酿成生产事故。

8. 大力推行节能技术改造

针对浮法玻璃生产中降低能源消耗的问题，深入开展技术改造活动，适时实施纯氧或者富氧燃烧、0号小炉纯氧喷枪燃烧、余热发电、助燃风机变频改造等技术改造项目可以大幅度降低燃料和电量消耗。

## 第四节　石油化工企业的节能监测

### 一、石油化工工业的主要工艺流程与能耗分析

通常把以石油、天然气为基础的有机合成工业，即石油和天然气为起始原料的有机化学工业称为石油化学工业，简称石油化工。

石油化工按其加工和用途可分为两大分支：①石油经过炼制，生产各种燃料油、润滑油、石蜡、沥青、焦炭等石油产品；②把蒸馏得到的馏分油进行裂解，分解成基本原料，再合成生产各种石油化学制品。前一分支是石油炼制工业体系，后一分支是石油化工体系。炼油和化工两者是相互依存、相互联系的，是一个庞大而复杂的工业部门。

石油化工，是化学工业的重要组成部分，生产石油化工产品的第一步是对原料油和气（如丙烷、汽油、柴油等）进行裂解，生产以乙烯、丙烯、丁二烯、苯、甲苯、二甲苯为代表的基本化工原料。第二步是以基本化工原料生产多种有机化工原料（约200种）及合成材料（塑料、合成纤维、合成橡胶）。这两步产品的生产属于石油化工的范围。有机化工原料继续加工可制得更多品种的化工产品，习惯上不属于石油化工的范围。

（一）石油简介

石油又称原油，是从地下深处开采的棕黑色可燃黏稠液体，是古代海洋或湖泊中的生物经过漫长的演化形成的混合物。石油和天然气是生物有机体在沉积过程中、在缺氧的还原性环境和一定的压力和温度条件下生成的不溶于有机溶剂的物质，在成岩过程的晚期经过热解作用生成的。

石油的性质因产地而异，密度一般为0.8～1.0g/cm$^3$，凝固点差别很大（−60～30℃），沸点范围从常温至500℃以上，可溶于多种有机溶剂，不溶于水，但可与水形成乳状液。

石油组成：C（83%～87%）、H（11%～14%）、S（0.06%～0.8%）、N（0.02%～1.7%）、O（0.08%～1.82%）、Ni、V、Fe。碳氢化合物（烃类）是石油的主要成分，占95%～99%。

烃类中主要包括烷烃、环烷烃、芳香烃。以烷烃为主的石油—石蜡基石油，以环烷烃、

芳香烃为主的石油—环烃基石油，介于两者之间的称为中间基石油。

炼油企业总能耗包括新鲜水、电、汽、催化烧焦、工艺炉燃料以及热输出六项。其中催化烧焦和工艺炉燃料所占比例最大，均占炼厂总能耗的 1/3 左右，因此必须注意提高炉子的热效率，加强催化装置的能量回收和利用。中国石化作为我国最大的炼化企业，其能耗数据最能代表我国炼油行业的水平，从其统计数据看，近年来在炼油综合能耗和单因能耗上都呈现下降趋势，2008 年其平均炼油综合能耗达 63.93kg/t。

（二）石油炼制的主要工艺及其流程

石油工业是通过油气勘探、开发把油气资源从地下提升到地面，然后通过油气处理、输送将纯净油、气输送至目的地，将分离后污水注入地下目的层的过程。整个工作涉及勘探、开发、油气处理、输送、地面工程建设、供配电、供水、供热、井下作业等。

从地层开采石油可分为两大类：①利用地层本身能量来举升原油，称为自喷采油；②利用机械能量补给或完全依靠机械提供能量的原油举升方式，称为人工举升开采油，通俗地讲为机械采油。机械采油方式根据工作原理可分为气举采油、有杆泵采油和无杆泵采油三种方式。气举采油是自喷采油方式的延续，其原理将高压气注入井下，增加被采液体的能量，形成井下和地面的压力差，以能量释放的形式采油。机械采油系统、注水系统、集输系统、供配电系统以及热力系统是石油企业生产耗能的五大系统。

石油炼制是按原油中各组分沸点的差别，由蒸馏的方法，使原油得到分离。初馏时，通常把石油按沸点的不同“切割”成几个部分，即所谓的馏分。馏分的含义为馏出的部分，它仍是一种复杂混合物，但所含组分数比原油少很多。

1. 石油的预处理

原油中的盐大部分溶于所含水中，故脱盐脱水是同时进行的。为了脱除悬浮在原油中的盐粒，在原油中注入一定量的新鲜水（注入量一般为 5%），充分混合，然后在破乳剂和高压电场的作用下，使微小水滴逐步聚集成较大水滴，借重力从油中沉降分离，达到脱盐脱水的目的，这通常称为电化学脱盐脱水过程。

原油乳化液通过高压电场时，在分散相水滴上形成感应电荷，带有正、负电荷的水滴在做定向位移时，相互碰撞而合成大水滴，加速沉降。水滴直径越大，原油和水的相对密度差越大，温度越高，原油黏度越小，沉降速度越快。在这些因素中，水滴直径和油水相对密度差是关键，当水滴直径小到使其下降速度小于原油上升速度时，水滴就不能下沉，而随油上浮，达不到沉降分离的目的。

我国各炼厂大都采用两级脱盐脱水流程。原油自油罐抽出后，先与淡水、破乳剂按比例混合，经加热到规定温度，送入一级脱盐罐，一级电脱盐的脱盐率在 90%～95%之间，在进入二级脱盐之前，仍需注入淡水，一级注水是为了溶解悬浮的盐粒，二级注水是为了增大原油中的水量，以增大水滴的偶极聚结力。

2. 常减压流程

把原油蒸馏分为几个不同的沸点范围（即馏分）叫一次加工；一次加工装置有常压蒸馏或常减压蒸馏。将一次加工得到的馏分再加工成商品油叫二次加工；二次加工装置有催化、加氢裂化、延迟焦化、催化重整、烷基化、加氢精制等。将二次加工得到的商品油制取基本有机化工原料的工艺叫三次加工。三次加工装置由裂解工艺制取乙烯、芳烃等化工原料。

一般把原油中从常压蒸馏开始馏出的温度到 200℃之间的馏分称为汽油馏分（也称轻油

或石脑油馏分)，常压蒸馏 200～350℃之间的中间馏分称为煤柴油馏分或称常压瓦斯油（简称 AGO)，350～500℃的高沸点馏分或称减压馏分（简称 VGO)，而减压蒸馏后残留的大于 500℃的油称为减压渣油（简称 VR)。我国主要油田原油中的大于 500℃减压渣油的含量都较高，小于 200℃的汽油馏分含量较少。原油中的汽油馏分含量低、渣油含量高是我国原油馏分组成的一个特点。

常减压蒸馏是常压蒸馏和减压蒸馏在习惯上的合称，常减压蒸馏基本属于物理过程。原料油在蒸馏塔里按蒸发能力分成沸点范围不同的油品（称为馏分)。常减压装置产品主要作为下游生产装置的原料，包括石脑油、煤油、柴油、蜡油、渣油以及轻质馏分油等。

常减压工序是不生产汽油产品的，其中蜡油和渣油进入催化裂化环节，生产汽油、柴油、煤油等成品油；石脑油直接出售由其他小企业生产溶剂油或者进入下一步的深加工，一般是催化重整生产溶剂油或提取萃类化合物；减一线可以直接进行调剂润滑油。

常压蒸馏从正常原油中拔出的轻馏分，一般只占原油总量的 25%～40%，从常压塔底部出来的油，占原油的 60%以上。

将原油先按不同产品的沸点要求，分割成不同的直馏馏分油，然后按照产品的质量标准要求，除去这些馏分油中的非理想组分；或者通过化学反应转化，生成所需要的组分，进而得到一系列合格的石油产品。

典型的三段原油常减压蒸馏工艺流程如下（见图 4-23)：

(1) 一段蒸馏。原油蒸馏流程是拔头蒸馏，只有一个精馏塔，仅经过一次汽化，则就是一段蒸馏。

(2) 二段蒸馏。原油的蒸馏流程是常减压蒸馏，有两个精馏塔，经过了两次汽化，就称为二段精馏。

(3) 三段蒸馏。在常减压蒸馏塔的最前面再设一个初馏塔，原油加工流程方案中就有了三个精馏塔，则称为三段蒸馏。

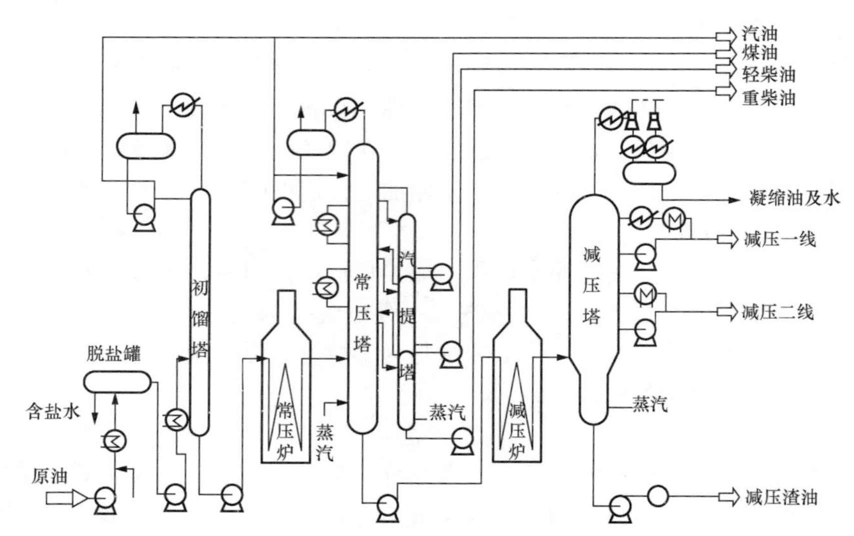


图 4-23　三段常减压蒸馏工艺流程

常减压蒸馏流程是每个炼油厂必须有的炼油加工的第一道工序，也是最基本的石油炼制过程。它采用蒸馏的方法反复地通过冷凝与汽化将原油分割成不同沸点范围的油品或半成品，得到各种燃料和润滑油馏分，有的可直接作为产品调和出厂，但大部分是为下一道工序提供原料。该流程通常由电脱盐、初馏、常压和减压蒸馏等工序组成。

作为炼油厂原油加工的第一道工序，常减压装置的能耗一般占全厂总能耗的14%左右，其用能水平的高低直接关系到整个炼油厂的能耗水平和经济效益。在常减压蒸馏装置能耗构成中，燃料消耗所占比例超过70%，蒸汽和电分别占整个装置能耗的10%～15%，因此在保证产品收率和质量的前提下，应尽可能地降低加热炉燃料消耗，这对常减压蒸馏装置节能至关重要。用于该装置的先进节能措施包括优化加热炉操作，提高效率和降低燃料消耗；用夹点技术优化换热流程，提高原油换热终温；采用预闪蒸等节能型流程，降低常压炉负荷；降低炉用燃料的含硫量，减轻露点腐蚀，促进烟气余热回收；应用新型换热器、高效塔盘和高效规整填料等；采用系统化技术，优化减压蒸馏操作方式，推广应用组合式抽真空系统降低蒸汽消耗；实行热联合，回收利用装置低温余热；采用变频调速技术，降低装置电耗等。

3. 催化裂化

催化裂化是最常用的生产汽油、柴油的生产工序，也是一般石油炼化企业最重要的生产环节。催化裂化一般是以减压馏分油和焦化蜡油为原料，但是随着原油日益加重以及对轻质油越来越高的需求，大部分石炼化企业开始在原料中掺加减压渣油，甚至直接以常压渣油作为原料进行炼制。

催化裂化是目前石油炼制工业中最重要的二次加工过程，也是重油轻质化的核心工艺。催化裂化是提高原油加工深度、增加轻质油收率的重要手段。

催化裂化生产装置以常压重油或减压馏分油掺入减压渣油为原料，与再生催化剂接触在480～500℃的条件下进行裂化、异构化、芳构化等反应，生产出优质汽油、轻柴油、液化石油气及干气（作炼油厂自用燃料）。使用催化剂的主要成分是硅酸铝，现大都为高活性的分子筛催化剂。反应后的催化剂经700℃左右高温烧焦再生后循环使用，如图4-24所示。

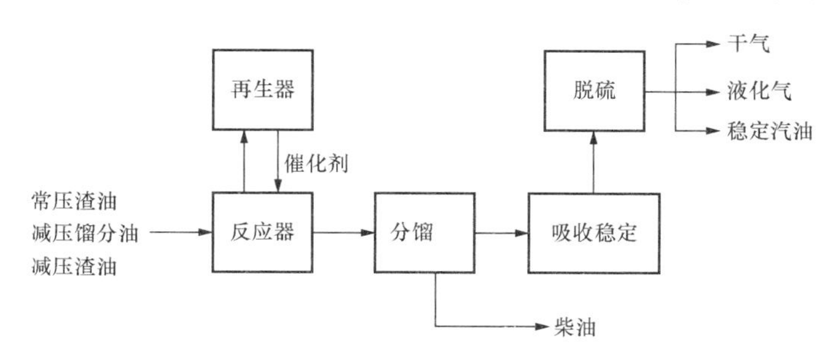


图4-24　催化裂化装置工艺流程简图

随着重油加工深度的增加，重油催化裂化装置的比例也在不断增加。催化裂化装置能耗一般占全厂总能耗的25%～35%，已成为炼油装置中首屈一指的能耗大户，进一步降低催化裂化装置能耗对提高企业经济效益有非常重要的意义。根据催化裂化装置的用能特点，节能重点包括三个方面：①采取优化原料组成、优选催化剂、优化操作条件等措施来提高目的产品的收率，减少生焦，同时优化设计，采用新技术、新设备减少蒸汽和动力消耗。②对再生烟气能量进行充分优化利用。③充分利用和优化利用反应油气热量。根据上述三方面的重点节能方向，此种装置可采取的先进节能措施如下：推广应用先进技术，降低焦炭产率和减少装置结焦；利用先进技术对余热锅炉进行改造；热联合和优化利用低温余热；应用再生烟气 CO 器外燃烧技术提高烧焦能力；加强与其他单元的热联合和低温余热的优化利用等。

4. 加氢裂化

加氢裂化是重质油轻质化的一种工艺方法。在较高压力和温度下（10～15MPa、400℃左右），氢气经催化剂作用使重质油发生加氢、裂化和异构化反应，转化为轻质油（汽油、煤油、柴油或催化裂化、裂解制烯烃的原料）的加工过程。它与催化裂化不同的是在进行催化裂化反应时，同时伴随有烃类加氢反应。加氢裂化的液体产品收率达 98%以上，其质量也远较催化裂化高。虽然加氢裂化有许多优点，但由于它是在高压下操作，条件较苛刻，需较多的合金钢材，耗氢较多，投资较高，故没有像催化裂化那样普遍应用。

加氢裂化属于石油加工过程的加氢路线，是在催化剂存在下从外界补入氢气以提高油品的氢碳比。加氢裂化实质上是加氢和催化裂化过程的有机结合，一方面能使重质油品通过裂化反应转化为汽油、煤油和柴油等轻质油品；另一方面又可防止像催化裂化那样生成大量焦炭，而且还可将原料中的硫、氯、氧化合物杂质通过加氢除去，使烯烃饱和。因此，加氢裂化具有轻质油收率高、产品质量好的突出优点。

加氢裂化过程的化学反应是石油烃类在高温、高压及加氢裂化催化剂存在下，通过一系列化学反应，使重质油品转化为轻质油品，其主要反应包括裂化、加氢、异构化、环化及脱硫、脱氮和脱金属等。

（1）烷烃。烷烃加氢裂化反应包括两个步骤，即原料分子在 C—C 键上的断裂和生成的不饱和碎片的加氢饱和。烷烃加氢反应速度随着烷烃分子质量增大而加快，异构化的速度也随着分子质量增大而加快。

（2）烯烃。烷烃分解和带侧链环状烃断链都会生成烯烃。在加氢裂化条件下，烯烃加氢变为饱和烃，反应速度最快。除此之外，还进行聚合、环化反应。

（3）环烷烃。单环环烷烃在过程中发生异构化、断环、脱烷基以及不明显的脱氢反应：双环环烷烃和多环环烷烃首先异构化生成五圆环的衍生物然后再断链。反应产物主要由环戊烷、环己烷和烷烃组成。

（4）芳烃。单环芳烃的加氢裂化不同于单环环烷烃，若侧链上有三个碳原子及以上时，首先不是异构化而是断侧链，生成相应的烷烃和芳烃。除此之外，少部分芳烃还可能进行加氢饱和生成环烷烃然后再按环烷烃的反应规律继续反应。

双环、多环和稠环芳烃加氢裂化是分步进行的，通常一个芳香环首先加氢变为环烷烃，然后环烷环断开变成单烷基芳烃，再按单环芳烃规律进行反应。在氢气存在下，稠环芳烃的缩合反应被抑制，因此不易生成焦炭产物。

（5）非烃类化合物。原料油中的含硫、含氮、含氧化合物，在加氢裂化条件下进行加氢反应，生成硫化氢、氨和水被除去。因此，加氢产品无需另行精制。

上述加氢裂化反应中，加氢反应是强放热反应，而裂化反应则是吸热反应，两者部分抵消，最终结果仍为放热反应过程，如图 4-25 所示。

通常，加氢类装置能耗占全厂总能耗的 10%～25%。众所周知，加氢装置是集催化反应技术、炼油技术和高压技术于一体的装置。与常减压、催化裂化等炼油装置相比，加氢装置能耗具有以下特点：①升压用电能在能耗中占 30%左右。②反应热随产品加工深度或转化率以及氢耗的增加而增加。③运转初期和末期操作条件不同，能耗也不同等。针对上述特

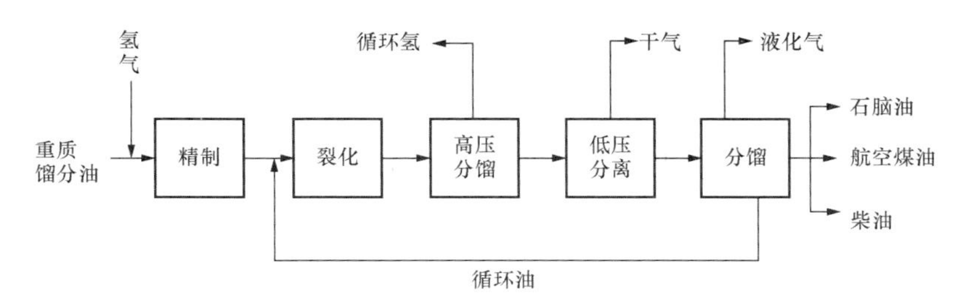


图 4-25　加氢裂化装置工艺流程简图

点，提出以下主要节能降耗措施：开发和应用先进的新型催化剂，在保证氢分压的基础上降低反应总压和动力消耗；采用先进的反应器内构件，降低径向温差，减少副反应和反应压降；采取循环氢脱硫措施，降低循环氢压缩机负荷与装置能耗；采用优化的加氢装置热高分流程，提高热量回收与利用；采用液力透平回收压力能，降低电耗；反应加热炉设置余热锅炉，提高加热炉热效率；反应部分采用炉前混氢，提高传热系数，反应系统的换热器均采用双壳程高效换热器；采用合理先进的分离和分馏流程，降低装置能耗。

5. 溶剂脱沥青

用萃取的方法，从原油蒸馏所得的减压渣油（有时也从常压渣油）中，除去胶质和沥青，以制取脱沥青油同时生产石油沥青的一种石油产品精制过程。脱沥青油可通过溶剂精制、溶剂脱蜡和加氢精制（或白土精制）制取高黏度润滑油基础油（残渣润滑油）；也可作为催化裂化和加氢裂化的原料。

在减压蒸馏的条件下，石蜡基或中间基原油中的一些宝贵的高黏度润滑油组分，由于沸点很高不能气化而残留在减压渣油中，工业上是利用它们与其他物质（胶质和沥青）在溶剂中的溶解度差别而进行分离的。常用的溶剂为丙烷、丁烷、戊烷、己烷或丙烷与丁烷的混合物。制取高黏度润滑油的基础油时，常用丙烷作溶剂。我国的丙烷脱沥青装置通常可生产两种脱沥青油，即残碳值较低的轻脱沥青油和残碳值较高的重脱沥青油，后者可作为润滑油料或催化裂化原料。

工艺流程包括萃取和溶剂回收。萃取部分一般采取一段萃取流程，也可采取二段萃取流程。以丙烷脱沥青为例，萃取塔顶压力一般为 2.8～3.9MPa，塔顶温度为 54～82℃，溶剂比（体积）为 6～10∶1，最大为 13∶1。

沥青与重脱沥青油溶液中含丙烷少，采用一次蒸发及汽提回收丙烷，轻脱沥青油溶液中含丙烷较多，采用多效蒸发及汽提或临界回收及汽提回收丙烷，以减少能耗。

临界回收过程是利用丙烷在接近临界温度和稍高于临界压力（丙烷的临界温度 96.8℃、临界压力 4.2MPa）的条件下，对油的溶解度接近于最小以及其密度也接近于最小的性质，使轻脱沥青油与大部分丙烷在临界塔内沉降、分离，从而避免了丙烷的蒸发冷凝过程，因而可较多地减少能耗。

近年来，各国致力于提高萃取效果，如改进溶剂回收流程和操作条件，并开展超临界萃取的研究。

6. 催化重整

主要原料为石脑油（轻汽油、化工轻油、稳定轻油），其一般在炼油厂进行生产，有时在采油厂的稳定站也能产出该项产品。质量好的石脑油含硫低，颜色接近于无色。

催化重整的主要产品有高辛烷值的汽油、苯、甲苯、二甲苯等产品（这些产品是生产合成塑料、合成橡胶、合成纤维等的主要原料），还有大量副产品氢气。

催化重整（简称重整）是在催化剂和氢气存在下，将常压蒸馏所得的轻汽油转化成含芳烃较高的重整汽油的过程。如果以 80～180℃馏分为原料，产品为高辛烷值汽油；如果以 60～165℃馏分为原料油，产品主要是苯、甲苯、二甲苯等芳烃，重整过程副产氢气，可作为炼油厂加氢操作的氢源。重整的反应条件是：反应温度为 490～525℃，反应压力为 1～2MPa。重整的工艺过程可分为原料预处理和重整两部分，见图 4 - 26。

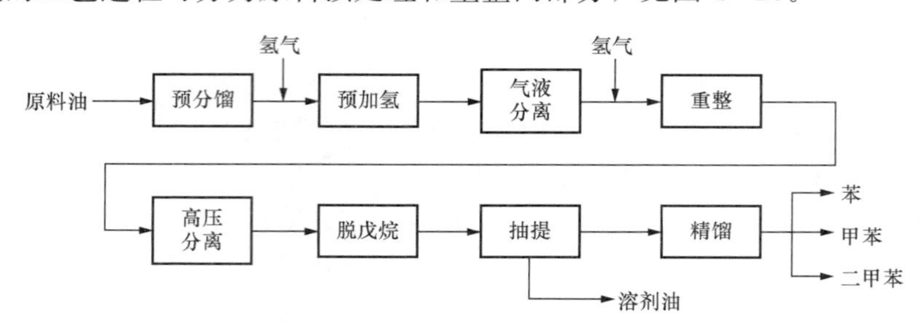


图 4 - 26 催化重整装置工艺流程简图

催化重整在炼油中的作用主要有：①能把辛烷值很低的直馏汽油变成 80～90 号的高辛烷值汽油。②能生产大量苯、甲苯和二甲苯，这些都是生产合成塑料、合成纤维和合成橡胶的基本原料。③可副产大量廉价氢气。催化重整得到的汽油、苯系列产品等可以作为产品销售，副产品氢气可以作为加氢反应的来源。

由常减压蒸馏初馏塔、常压塔顶来的直馏轻汽油馏分，经预分馏切出以前的馏分，将 60～180℃轻烃组分与氢气混合后，加热至 280～340℃进行预加氢，以去除硫、氮、氧等杂质，再与氢气混合加热至 490～510℃进入重整反应器，在铂催化剂的作用下，进行脱氢芳构化反应和其他反应生成含芳烃量较高的高辛烷值汽油，可直接用作汽油的调和组分，也可经芳烃抽提，分离提取苯，甲苯、二甲苯等化工产品。副产品有液化石油气和氢气。氢气可作为加氢精制和氢裂化装置用氢的主要来源。因而加氢精制往往与重整组成联合生产装置催化重整加氢精制。

所有的重整过程均采用固定床系列（通常是 3 个）反应器：第一反应器的主要反应是环烷脱氢，第二反应器发生 C5 环烷异构化生成环己烷的同系物和脱氢环化，第三反应器发生轻微的加氢裂化和脱氢环化。典型的工艺条件为：770K～820K 和 3000kPa，氢和烃的摩尔比为 10∶1～3∶1。

随着重油加工深度的增加，重油催化裂化装置的比例也在不断增加。催化裂化装置能耗一般占全厂总能耗的 25%～35%，已成为炼油装置中首屈一指的能耗大户。根据催化裂化装置的用能特点，节能重点包括三个方面：①采取优化原料组成、优选催化剂、优化操作条件等措施来提高目的产品的收率，减少生焦，同时优化设计，采用新技术、新设备减少蒸汽和动力消耗。②对再生烟气能量进行充分优化利用。③充分利用和优化利用反应油气热量。根据上述三方面的重点节能方向，此种装置可采取的先进节能措施如下：推广应用先进技术，降低焦炭产率和减少装置结焦；提高烟机与装置的同步运转率，进一步提高烟气能量的利用率；利用先进技术对余热锅炉进行改造；热联合和优化利用低温余热；应用再生烟气 CO 器外燃烧技术提高烧焦能力；加强与其他单元的热联合和低温余热的优化利用等。

7. 加氢精制

精制原料为含硫、氧、氮等有害杂质较多的汽油、柴油、煤油、润滑油、石油蜡等。精制产品为精制改质后的汽油、柴油、煤油、润滑油、石油蜡等产品。加氢处理是石油产品最重要的精制方法之一，指在氢压和催化剂存在下，使油品中的硫、氧、氮等有害杂质转变为相应的硫化氢、水、氨而除去，并使烯烃和二烯烃加氢饱和、芳烃部分加氢饱和，以改善油品的质量。有时，加氢精制指轻质油品的精制改质，而加氢处理指重质油品的精制脱硫。

加氢精制可用于各种来源的汽油、煤油、柴油的精制、催化重整原料的精制，润滑油、石油蜡的精制，喷气燃料中芳烃的部分加氢饱和，燃料油的加氢脱硫，渣油脱重金属及脱沥青预处理等。氢分压一般为 1～10MPa，温度为 300～450℃。催化剂中的活性金属组分常为钼、钨、钴、镍中的两种（称为二元金属组分），催化剂载体主要为氧化铝或加入少量的氧化硅、分子筛和氧化硼，有时还加入磷作为助催化剂。喷气燃料中的芳烃部分加氢则选用镍、铂等金属。双烯烃选择加氢多选用钯，见图 4-27。

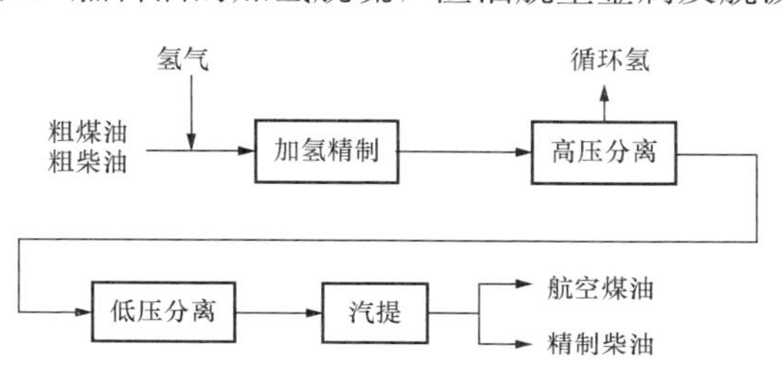

图 4-27　加氢精制装置工艺流程简图

各种油品加氢精制工艺流程基本相同，原料油与氢气混合后，送入加热炉加热到规定温度，再进入装有颗粒状催化剂的反应器（绝大多数的加氢过程采用固定床反应器）中。反应完成后，氢气在分离器中分离出，并经压缩机循环使用。产品则在稳定塔中分离出硫化氢、氨、水以及在反应过程中少量分解而产生的气态氢。

8. 延迟焦化

焦炭化过程（简称焦化）是提高原油加工深度、促进重质油轻质化的重要热加工手段。它又是唯一能生产石油焦的工艺过程，是任何其他过程所无法代替的，焦化在炼油工业中一直占据着重要地位。

焦化是以贫氢重质残油（如减压渣油、裂化渣油以及沥青等）为原料，在高温（400～500℃）下进行的深度热裂化反应。通过裂解反应，使渣油的一部分转化为气体烃和轻质油品，由于缩合反应，使渣油的另一部分转化为焦炭。一方面由于原料重，含相当数量的芳烃；另一方面焦化的反应条件更苛刻，因此缩合反应占很大比重，生成焦炭多。

炼油工业中曾经用过的焦化方法主要是釜式焦化、平炉焦化、接触焦化、延迟焦化、流化焦化等。目前延迟焦化应用最广泛，是炼油厂提高轻质油收率的手段之一，在我国炼油工业中将继续发挥重要作用。

延迟焦化的特点是，原料油在管式加热炉中被急速加热，达到约 500℃后迅速进入焦炭塔内，停留足够的时间进行深度裂化反应，使得原料的生焦过程不在炉管内而延迟到塔内进行，这样可避免炉管内结焦，延长运转周期。

以减压渣油为原料，经加热至 500℃左右，进入焦炭塔底部，在塔内进行较长时间的深度分解和缩合等反应。反应后的油气自焦炭塔顶逸出，经分馏得到气体、汽油、柴油、蜡油、重质馏分油等产品。焦化反应生成的焦炭则聚集在焦炭塔内，经大量吹入蒸汽和水冷后，用高压水（压力 13～15MPa，流量 140$m^3$/h）进行水力切割，变为块状石油焦成品。

焦化所产汽油、柴油很不稳定，含胶质高、颜色易变深并且含杂质多，必须进一步精制才能作为成品出厂。焦化重质馏分油作为催化裂化原料。石油焦可广泛用于冶金或作为化工生产的原料。

延迟焦化装置由于其工艺简单、投资低、操作费用低等特点而得到石油化工企业的重视与普遍应用。2005 年国内焦化装置能力将达到 4500 万 t/a，占原油一次加工能力的 20%左右。据预测，今后 20 年焦化工艺的应用仍将以年均 7%以上的速度逐步增长。为此，深入开展好延迟焦化装置的节能工作也具有非常重要的意义。在延迟焦化装置的能耗组成中，燃料消耗约占 70%，电消耗约占 15%，蒸汽消耗约占 10%，其余为水耗。因此，降低焦化装置能耗的重点须从节约燃料和电消耗入手。其主要节能措施包括：在满足产品收率的前提下，降低装置循环比，减少加热炉进料量，节约燃料消耗；采用高效空气预热器和高效加热炉火嘴；采用双面辐射加热炉提高加热炉效率；采用变频调速技术，降低电耗；优化加工流程，提高低温热的利用率；延长开工周期，降低装置能耗等。

9. 气体分馏

以脱硫后的液化石油气为原料，用精馏的方法分离制取丙烷、丙烯、丁烷、丁烯等组分，为石油化工生产提供原料的生产过程。其工艺大都采用五塔流程。精馏塔在 1～2.2MPa 的压力和稍高于常温条件下操作，见图 4-28。

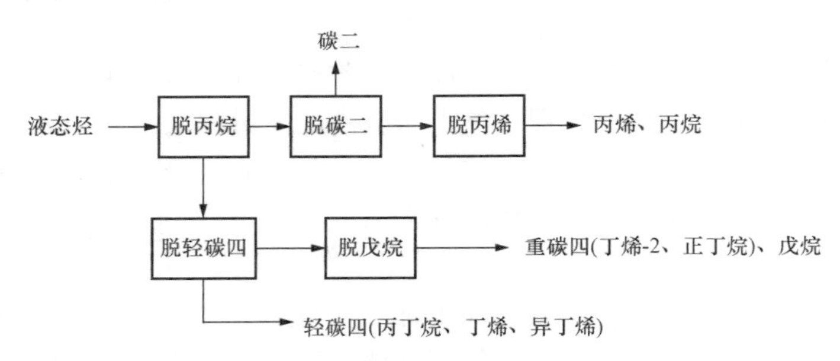


图 4-28 气体分馏装置工艺流程简图

## 二、石油化工工业的节能

我国炼油行业能耗逐年下降。近 30 年间，炼油综合能耗下降了 20.86%，主要生产装置能耗显著下降，常减压装置、催化裂化装置、延迟焦化装置、加氢裂化装置等装置能耗水平总体呈下降趋势。

与国外先进水平相比，我国多数炼油企业能耗指标还存在较大差距。主要炼油装置中除常减压蒸馏装置能耗水平较为先进外，其他主要装置平均能耗与国外先进水平相比还存在一定的差距，主要表现在：能量的集成优化程度不够、大量低温余热没有得到很好地利用、蒸汽动力系统能耗普遍较高、热电联产的潜力远未能发挥出来等。同时，原油质量的重质化和劣质化也日趋严重，这也是制约我国炼油企业炼油能耗降低的一个重要原因。

石化企业中热效率低的加热炉还大量存在，突出问题是排烟温度高，回收烟气余热的水热煤技术、搪瓷管技术等先进的技术还未被大量应用。石油化工企业在生产过程中伴生出可有效利用的能源，如低压蒸汽、高温热水等，目前其能量还没有被充分利用。

（一）节能方向

1. 能量的有效利用

（1）按质用能，按需供能。按质用能是根据输入能的能级确定其使用范围，按需供能则是根据用户要求需求的能级选择适当的输入能。

（2）能量的多级利用。根据用户对输入功不同能级要求使能源能级逐次下降，对能量进行多次利用，也就是梯级利用和多效利用。

2. 能量的充分利用

能量的充分利用，也就是减少排除损失，例如，保温、保冷不良造成的散热和跑冷损失，由废气、废液、废渣、冷却水等各种中间物或产品带走能量造成的损失。

3. 能量综合利用

能量综合利用，化工过程中热能和动能的配合使用，还有在此过程中热效率和机械能的综合利用。

（二）节能途径

1. 结构调整

国家调整经济结构、调整工业布局、调整产品结构等，如对效率低的小企业实行关、停、并、转。

2. 技术创新

通过采用新技术、新工艺、新设备、新材料以及先进操作方法达到提高产量和产值，降低能源消耗的效果。

（1）开发研究化工工艺流程，减小合成过程的复杂性，减小设备和耗能装置的台件数。

（2）改进装置的传热冷却效果，设计和使用先进装置，以提高效率，减少设备和管道的阻力，合理利用动力以减少消耗。

（3）坚持从源头开始抓节能，瞄准国外先进水平，积极采用先进节能技术。

（4）对蒸汽动力系统进行综合改造，降低系统自耗率和损失率；推广热电联产、蒸汽压差发电等技术和设备；研究和开发燃气轮机应用技术。

（5）推广应用先进过程控制系统技术。

（6）实现炼油化工一体化。实现炼油化工一体化可以将10%～25%的低值石油产品转化为高价值的石化产品，大幅度地提高资源利用效率。根据市场需求，灵活调整产品结构，共享水、电、汽、风、氮气等公用工程，节省投资和运行费用，以及减少库存和储运费用，达到原料的优化配置和资源的综合利用，提高企业的整体经济效益。

## 三、石油化工企业专用设备的节能监测

（一）精馏塔的节能监测

蒸馏与精馏工艺广泛用于化工行业，它是化工行业主要耗能设备之一。一个典型的石油化工厂精馏装置的能耗约占其总能耗的15%。

精馏塔热平衡中的收入项有塔外再沸器或塔内加热器载热体带入热量$Q_B$、进料带入物理热量$Q_F$和回流液带入物理热$Q_R$、支出项有塔顶蒸汽带出物理热$Q_V$、塔底产品带出物理热$Q_W$和向周围散失热量$Q_L$。由热平衡计算可知，普通精馏装置中再沸器或加热炉提供的热量约95%被冷凝器中的冷却水或其他冷却介质带走，只有5%的热量被有效利用。

1. 监测项目的选择

（1）塔顶和塔釜温度。塔顶与塔釜直接关系到产品的质量与能耗，是考察精馏操作是否正常的主要指标，可进行在线监测。从热能充分回收利用的角度出发，如何回收塔顶蒸汽带走的潜热，如何利用馏出液和釜液带走的显热十分重要，向精馏装置提供的热量只有约5%用于精馏，绝大部分都被冷却水带走。

（2）塔壁温度。

（3）回流化。回流化定义为回流量与塔顶产品量之比。塔顶上升的蒸汽全部冷却后，一部分冷凝液作为产品，另一部分回流入塔，回流量越多，产量越低，且能耗越大，然而回流又是实现精馏的必要条件。精馏过程的能量损失是由不同温度、不同浓度的物流相互传热以及流体流动的压降等不可逆因素引起的。在精馏过程中的物理能转化为扩散能，同时伴随物理能的降阶损失。温度差、浓度差、压强差都是精馏过程的推动力，推动力越大，则不可逆性越大，能量损失越大，因此减少能量损失的关键在于减少推动力，精馏过程的推动力主要由料液中各组分的相对挥发度、分离要求及回流比确定，若物料组成和分离要求一定，回流比就是影响推动力的主要因素。

回流比越大，推动力越大，精馏越容易；回流比增加，再沸器需供入的热量和冷凝器需移走的热量增加，故能耗也越大。从节能的角度出发，希望能耗尽可能少。精馏所需的最少热量是以最小回流比（$R_{min}$）操作所需的热量。最小回流比是精馏操作的一种极端情况，当回流比减到最小时，塔内某块塔板上的推动力减小到零，这表明达到规定的分离要求所需的气体接触面积无限大，气液接触时间无限长，因此需要无限多块塔板，即塔无限高，设备费无限大。最优回流比要通过经济核算，按设备费与操作费之和即总费用最小的原则确定。

2. 监测方法和监测结果计算

（1）塔顶温度与塔釜温度采用在线仪表监测。

（2）塔壁温度的监测可采用表面温度计或低温红外测温仪分段划片进行。

（3）回流比的监测。回流比的监测是利用经过校对的在线流量表测出馏出液和回流液的流量，如果无在线流量表，则建议用超声波流量计进行测量。

回流比 $R$ 的计算式为

$$R=\frac{L}{D} \tag{4-9}$$

式中 $L$、$D$——回流液量与塔顶产品（馏出液）量。

3. 考核与评价

（1）塔顶、塔釜温度参照工艺指标考核、评价。塔顶蒸汽带出的潜热和釜液带走的显热应充分回收利用，没有回收的应根据余热的种类、排出的情况、介质温度、数量以及利用可能性，进行综合热效率及经济可行性分析，决定设置回收利用设备的类型及规模。

（2）塔壁温度按 GB/T 8174—2008《设备及管道保温效果的测试与评价》考评。

（3）目前没有回流比的节能监测标准，但是在设计中有一个容易接受的推荐值；国外在20世纪60年代推荐 $R=1.4R_{min}$，70年代后期，由于西方能源价格上涨，操作费用相应增加，回流比的推荐值已降到最小回流比的1.3倍以下，有的甚至推荐 $R=$（1.1～1.1.5）$R_{min}$。我国常用的推荐值是 $R=$（1.1～2）$R_{min}$。

### （二）工业炉的节能监测

1．监测项目

监测项目包括：排烟温度、烟气中一氧化碳含量、炉体外表面温度、过量空气系数、热效率。

2．监测方法

监测采用现场测取数据（包括用在线仪表和便携式仪表测取）与监测期间的统计数据相结合的方法进行。

（1）监测使用仪表要求。监测采用的在线仪表和便携式仪表应检定合格，并在检定周期内，其精度不低于2.0级。

（2）监测准备。

1）明确监测任务、了解加热炉概况、确定测点布置、制定测试方案、准备测试仪表、落实安全措施。

2）检查加热炉的工作状态，确认加热炉已稳定运行2h以上，且不存在安全隐患。

（3）测点布置。

1）燃料、雾化蒸汽流量、温度、压力测量点及燃料取样口应设在进燃烧器之前。

2）燃烧用空气温度的测点。①空气不预热时，应设在进燃烧器之前；②用自身热源预热空气时，应设在鼓风机前的冷风管线上；③用外界热源预热空气时，应设在预热器之后的热空气管线上。

3）排烟温度测点应设在离开最后传热面处，即在烟气余热回收段的烟气出口处；无烟气余热回收段时，则设在对流段烟气出口处。

4）烟气中氧含量、一氧化碳含量取样口应设在辐射段出口及离开最后传热面处。

5）炉体外表面温度测点应具有代表性，一般1～2$m^2$设一个测点。

（4）监测。

1）监测期间，加热炉应始终保持处于稳定工况。

2）所有监测项目，每小时测取一次，共测取三组数据。

3）燃料的取样应与其他监测项目同步进行。

（5）监测合格指标，见表4-7。

表4-7　节能监测合格指标

| 监测项目 | 一般加热炉 | | | | | 裂解炉 | | |
|---|---|---|---|---|---|---|---|---|
| | 热负荷（MW） | | | | | 加工量［万t/(年·台)］ | | |
| | ≤1 | 1～6 | 6～23 | 23～35 | ＞35 | ≤3 | 3～6 | ＞6 |
| 排烟温度（℃） | ≤200 | ≤200 | ≤190 | ≤180 | ≤160 | ≤180 | ≤170 | ≤160 |
| 烟气中一氧化碳含量（$10^{-6}$） | ≤100 | ≤100 | ≤50 | ≤50 | ≤50 | ≤50 | ≤50 | ≤50 |
| 炉体外表面温度（℃） | ≤60 | ≤60 | ≤60 | ≤60 | ≤60 | ≤70 | ≤70 | ≤70 |
| 过量空气系数 | ≤1.4 | ≤1.35 | ≤1.3 | ≤1.25 | ≤1.2 | ≤1.25 | ≤1.2 | ≤1.15 |
| 热效率（%） | ≥70 | 70～86 | 86～88 | 88～90 | ≥90 | ≥90 | ≥92 | ≥94 |

**注**　烟气中一氧化碳含量、过量空气系数取辐射段出口处监测数据。

## 第五节 电力企业的节能监测

### 一、火力发电厂的节能监测

节能监测是节能工作的基础，进行节能监测为节能主管部门宏观管理提供服务，其大量详实系统的数据和分析意见直接提供给节能主管部门，为节能主管部门制定节能政策和措施，提供了科学可靠的依据。节能监测体系为企业节能降耗和提高经济效益服务，通过对用能设备的监测，可以直观地反映出单位用能状况，能有效地找出降耗的途径，挖掘节能潜力。

（一）火力发电厂的工艺流程

根据发电使用的能源形式，可以分为火力发电、水力发电、风力发电、太阳能发电、核能发电等，其中火力发电是依靠燃烧化石燃料来发电。火力发电是现在电力发展的主力军，发电量占我国整体发电量的80%。

火力发电一般是指利用石油、煤炭和天然气等燃料燃烧时产生的热能来加热水，使水变成高温、高压水蒸气，然后再由水蒸气推动发电机来发电的方式的总称。以煤、石油或天然气作为燃料的发电厂统称为火力发电厂。

火力发电厂的主要设备系统包括燃料供给系统、给水系统、蒸汽系统、冷却系统、电气系统及其他一些辅助处理设备。

火力发电系统主要由燃烧系统（以锅炉为核心）、汽水系统（主要由各类泵、给水加热器、凝汽器、管道、水冷壁等组成）、电气系统（以汽轮发电机、主变压器等为主）、控制系统等组成。前两者产生高温高压蒸汽；电气系统实现由热能、机械能到电能的转变；控制系统保证各系统安全、合理、经济运行。

1. 火力发电厂主要生产工艺

火力发电厂的生产过程可分成三个阶段：①燃料的化学能在锅炉中转变为热能，加热锅炉中的水使之变成蒸汽；②锅炉产生的蒸汽进入汽轮机，推动汽轮机旋转，将热能转变为机械能；③由汽轮机旋转的机械能带动发电机发电，把机械能变为电能。

火力发电厂整体工艺流程图如图4-29所示。

（1）燃烧系统。燃烧系统包括输煤、磨煤、燃烧、风烟、灰渣系统等，其流程如图4-30所示。

1）输煤。电厂的用煤量是很大的，一座装机容量4×30万kW的现代火力发电厂，煤耗率按360g/kWh计，每天需用标准煤（每千克煤产生7000kcal热量）10 368t。因为电厂燃煤多用劣质煤，且中、小汽轮发电机组的煤耗率在400～500g/kWh，所以用煤量会更大。据统计，我国用于发电的煤约占总产量的1/4，主要靠铁路运输，约占铁路全部运输量的40%。为保证电厂安全生产，一般要求电厂储备10天以上的用煤量。

2）磨煤。用火车或汽车、轮船等将煤运至电厂的储煤场后，经初步筛选处理，用输煤皮带送到锅炉间的原煤仓。煤从原煤仓落入煤斗，由给煤机送入磨煤机磨成煤粉，并经空气预热器来的一次风烘干并带至粗粉分离器。在粗粉分离器中将不合格的粗粉分离返回磨煤机再行磨制，合格的细煤粉被一次风带入旋风分离器，使煤粉与空气分离后进入煤粉仓。

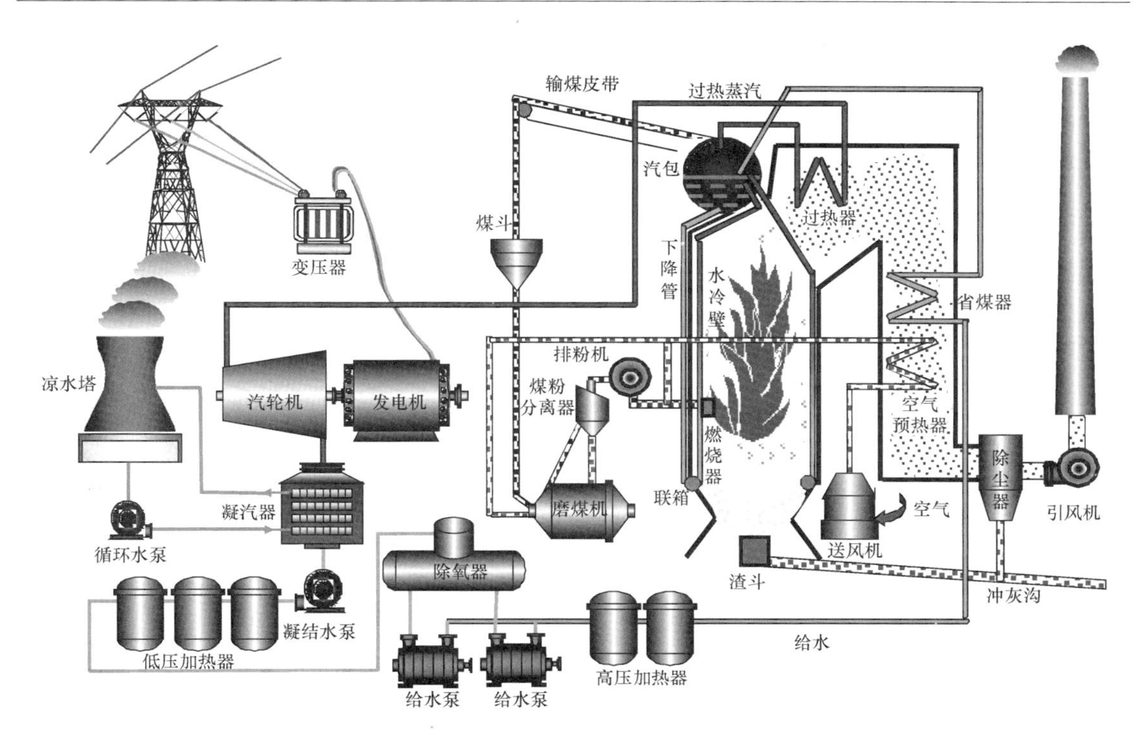


图 4-29　火力发电厂整体工艺流程

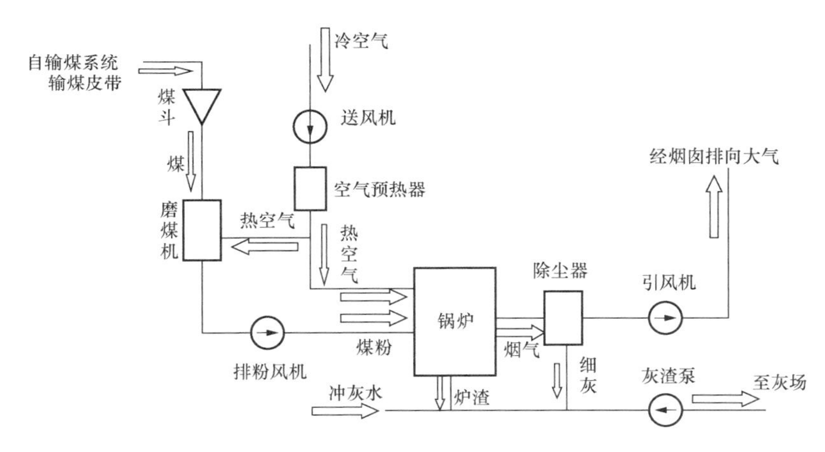


图 4-30　燃烧系统图

3）锅炉与燃烧。煤粉由可调节的给粉机按锅炉需要送入一次风管，同时由旋风分离器送来的气体（含有约10%未能分离出的细煤粉），由排粉风机提高压头后作为一次风将进入一次风管的煤粉经燃烧器喷入炉膛内燃烧。

4）风烟系统。送风机将冷风送到空气预热器加热，加热后的气体一部分经磨煤机、排粉风机进入炉膛，另一部分经燃烧器外侧套筒直接进入炉膛。炉膛内燃烧形成的高温烟气，沿烟道经过热器、省煤器、空气预热器逐渐降温，再经除尘器除去90%～99%的灰尘，经引风机送入烟囱，排向天空。

5）灰渣系统。炉膛内煤粉燃烧后生成的小灰粒，被除尘器收集成细灰排入冲灰沟，燃烧中因结焦形成的大块炉渣，下落到锅炉底部的渣斗内，经过碎渣机破碎后也排入冲灰沟，再经灰渣水泵将细灰和碎炉渣经冲灰管道排往灰场（或用汽车将炉渣运走）。

（2）汽水系统。火力发电厂的汽水系统是由锅炉、汽轮机、凝汽器、高低压加热器、凝结水泵和给水泵等组成，也包括汽水循环、化学水处理和冷却系统等。汽水系统流程如图 4-31 所示。

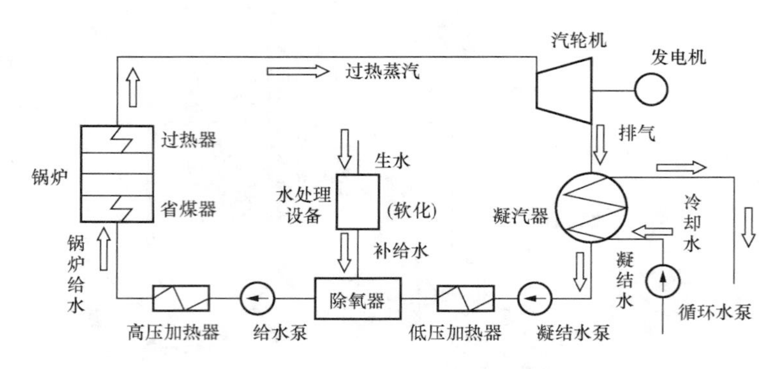


图 4-31 汽水系统流程

1）汽水循环系统。由锅炉产生的过热蒸汽沿主蒸汽管道进入汽轮机，高速流动的蒸汽冲动汽轮机叶片转动，带动发电机旋转产生电能。在汽轮机内做功后的蒸汽，其温度和压力大大降低，最后排入凝汽器并被冷却水冷却凝结成水（称为凝结水），汇集在凝汽器的热水井中。凝结水由凝结水泵打至低压加热器中加热，再经除氧器除氧并继续加热。由除氧器出来的水（叫锅炉给水），经给水泵升压和高压加热器加热，最后送入锅炉汽包。在现代大型机组中，一般都从汽轮机的某些中间级抽出做过功的部分蒸汽（称为抽汽），用以加热给水（叫做给水回热循环），或把做过一段功的蒸汽从汽轮机某一中间级全部抽出，送到锅炉的再热器中加热后再引入汽轮机的以后几级中继续做功（叫做再热循环）。

2）补水系统。在汽水循环过程中总难免有汽、水泄漏等损失，为维持汽水循环的正常进行，必须不断地向系统补充经过化学处理的软化水，这些补给水一般补入除氧器或凝汽器中，即是补水系统。

3）冷却水（循环水）系统。为了将汽轮机中做功后排入凝汽器中的乏汽冷凝成水，需由循环水泵从凉水塔抽取大量的冷却水送入凝汽器，冷却水吸收乏汽的热量后再回到凉水塔冷却，冷却水是循环使用的。这就是冷却水或循环水系统。

（3）电气系统。电气系统如图 4-32 所示，包括发电机、励磁系统、厂用电系统和升压变电站等。

发电机的机端电压和电流随其容量不同而变化，其电压一般为 10～20kV，电流可达数千安至 20kA。发电机发出的电能，其中一小部分（占发电机容量的 4%～8%），由厂用变压器降低电压（一般为 6kV 和 400V 两个电压等级）后，经厂用配电装置由电缆供给水泵、风机、磨煤机等各种辅机和电厂照明等设备用电，称为厂用电（或自用电）。其余大部分电能，由主变压器升压后，经高压配电装置、输电线路送入电网。

2. 火力发电厂主要设备

火力发电厂主要由锅炉本体、汽轮机本体、发电机本体这三大设备及其热力系统和辅助设备组成。

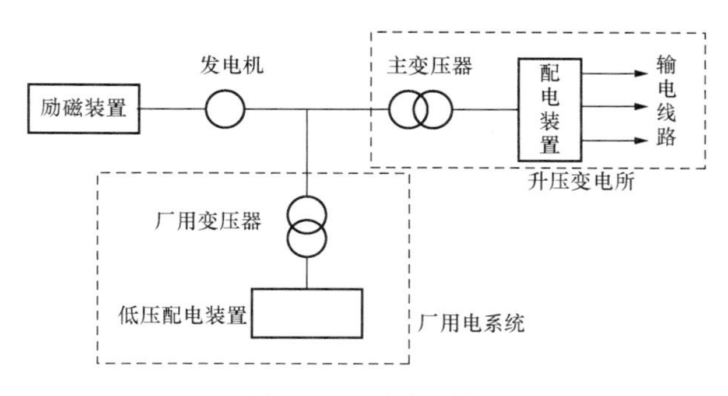


图 4-32　电气系统

(1) 锅炉本体。锅炉设备是火力发电厂中的主要热力设备之一，其系统简图如图 4-33 所示。由炉膛、烟道、汽水系统（其中包括受热面、汽包、联箱和连接管道）以及炉墙和构架等部分组成的整体，称为“锅炉本体”。它的作用是使燃料在炉膛中燃烧放热，并将热量传给工质，以产生一定压力和温度的蒸汽，供汽轮发电机组发电。目前，在我国大型电厂多用煤粉炉和沸腾炉。电厂锅炉与其他行业所用锅炉相比，具有容量大、参数高、结构复杂、自动化程度高、热效率高等特点。电站锅炉的各项操作基本实现了机械化和自动化，适应负荷变化的能力很强，工业锅炉目前仅处于半机械化向全机械化发展的过程中；电站锅炉的热效率在 90%以上，工业锅炉的热效率多在 60%～80%之间。

(2) 汽轮机本体。汽轮机本体是完成蒸汽热能转换为机械能的汽轮机组的基本部分，即汽轮机本身。它与回热加热系统、调节保安系统、油系统、凝汽系统以及其他辅助设备共同组成汽轮机组。汽轮机本体由固定部分（定子）和转动部分（转子）组成。固定部分包括汽缸、隔板、喷嘴、汽封、紧固件和轴承等。转动部分包括主轴、叶轮或轮鼓、叶片和联轴器等。固定部分的喷嘴、隔板与转动部分的叶轮、叶片组成蒸汽热能转换为机械能的通流部分。汽缸是约束高压蒸汽不得外泄的外壳。汽轮机本体还设有汽封系统，如图 4-34 所示。

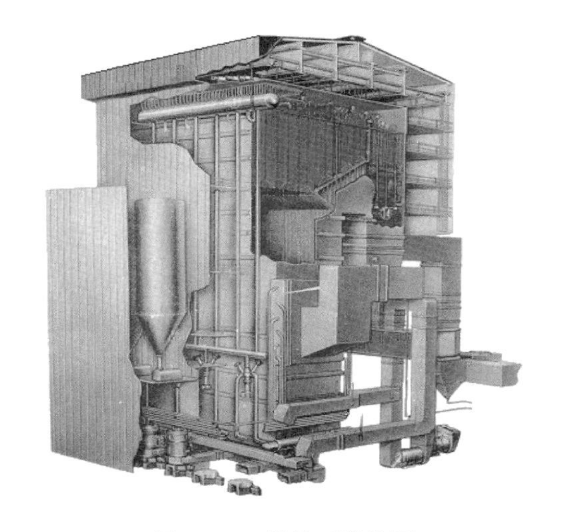

图 4-33　锅炉系统简图

图 4-34　汽轮机本体

（3）发电机本体。在发电厂中，同步发电机是将机械能转变成电能的唯一电气设备。因而将一次能源（水力、煤、油、风力、原子能等）转换为二次能源的发电机，现在几乎都是采用三相交流同步发电机。

在发电厂中的交流同步发电机，电枢是静止的，磁极由原动机拖动旋转。其励磁方式为发电机的励磁线圈 FLQ（即转子绕组）由同轴的并激直流励磁机经电刷及滑环来供电。

同步发电机由定子（固定部分）和转子（转动部分）两部分组成。

定子由定子铁芯、定子线圈、机座、端盖、风道等组成。定子铁芯和线圈是磁和电通过的部分，其他部分起着固定、支持和冷却的作用。

转子由转子本体、护环、心环、转子线圈、滑环、同轴激磁机电枢组成，如图 4－35 所示。

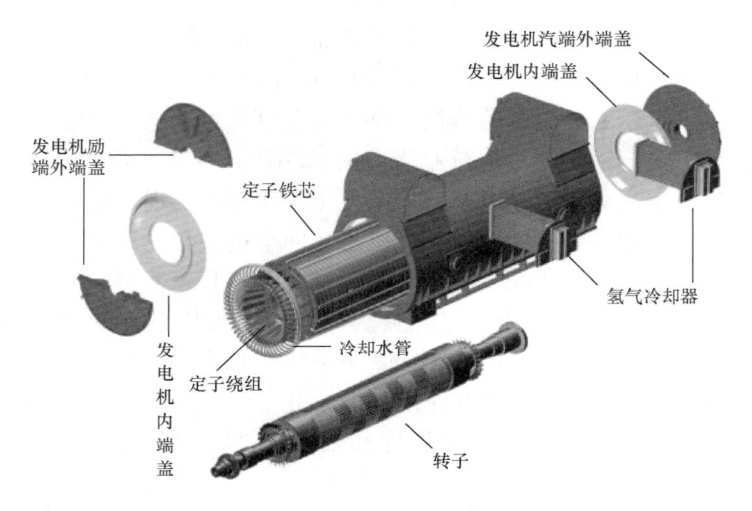


图 4－35 发电机本体

（4）热力系统及辅助设备。汽轮机部分的辅助设备有凝汽器、水泵、回热加热器、除氧器等。把锅炉、汽轮机及其辅助设备按汽水循环过程用管道和附件连接起来所构成的系统，叫做发电厂的热力系统。发电厂的热力系统按照不同的使用目的分为原则性热力系统、全面性热力系统、汽轮机组热力系统等。图 4－36 所示为回热抽气系统图。

### （二）火力发电厂节能监测

#### 1. 火力发电厂节能监测的意义

《电力工业节能技术监督规定》明文指出：“节能技术监督，即对影响发电、输变电设备经济运行的重要参数、性能和指标进行监督、检查、技术改造等阶段的节能技术监督，使其电、煤、油、气、水等消耗达到最佳水平”。显而易见，火力发电厂节能工作的主要内容是节煤、节油、节汽、节水、节电。节能监测是通过合理利用、科学管理、技术进步和经济结构合理布局等途径，以最少的能耗取得最大的经济效益。

我国能源生产和消费以煤为主，燃煤造成的二氧化硫和烟尘排放量均占其排放总量的80％～90％，主要污染物排放量已经超过环境承载能力，我国经济要想实现平稳、持续的发展，首先要解决能源和污染问题。

火力发电消耗的煤炭的一半以上都是用来直接燃烧，用于火力发电和采暖空调等，因此

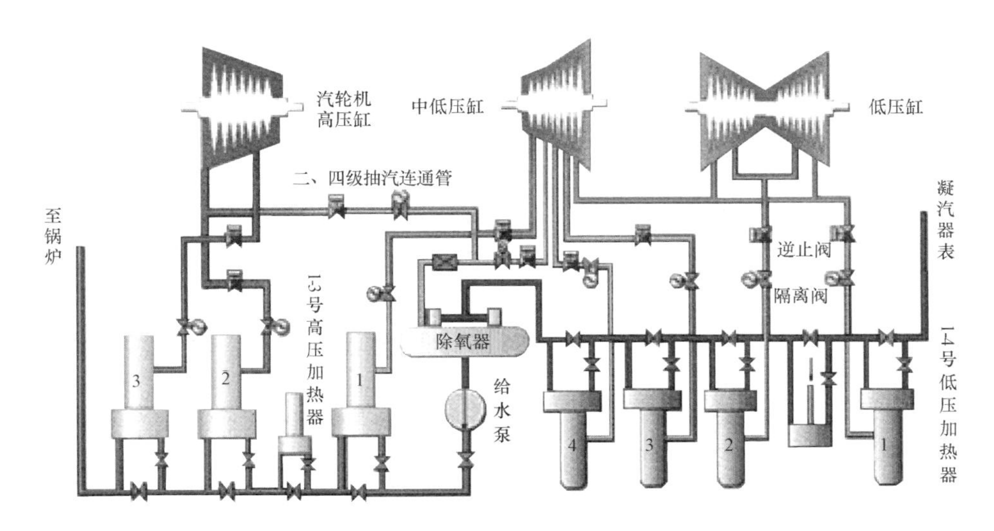


图 4-36　回热抽气系统图

电力工业是资源消耗的大户，提高电力生产和使用效率、降低资源消耗，特别是节约和降低煤炭、石油和水资源的消耗，对我国重要战略资源的节约和优化配置具有重要意义，是实现可持续发展的重要措施，是节能减排工作的重心。虽然国家一直在努力对发电结构进行调整，但煤电还是占很大比重，根据我国的电力战略规划，2030 年前电力工业的发展仍将以火力发电为主。据估计，2020 年我国装机容量将达 14 亿 kW，其中火力发电约 9.5 亿 kW。当前，我国火力发电及供热用煤占全国煤炭总量的 51%，产生的灰渣约占全国灰渣的 70%，火力发电用水量占工业用水总量的 40%，烟尘排放占工业排放的 33%，二氧化硫排放占工业排放的 56%，也足以表明火力发电厂节能减排势在必行。

2. 锅炉的节能监测

锅炉是利用燃料燃烧释放的热能或其他热能加热给水，以获得规定参数（压力、温度）和品质的蒸汽或热水的设备。

锅炉广泛用于各行各业的生产用汽、采暖、生活等方面，也用于容量小于 3000kW 的火力发电。目前我国工业和民用供热锅炉拥有量约 40 万台。总蒸发量为 100 万 t/h 左右，年耗煤量 3 亿多 t，约占全国原煤产量的 1/3。锅炉是一种重要的能源转换设备。

对锅炉的热平衡测定结果表明，我国锅炉热效率低，20 世纪 80 年代初，全国平均只有 50%多一点，而设计效率值为 70%～75%；蒸汽的热能利用率更低，只能达到约 30%，日本和美国则分别达到 51%和 51%。究其原因，主要是我国小容量锅炉所占比例很大，装备水平差，设备陈旧、炉型选择不合理，锅炉容量与负荷不匹配的情况很普遍；燃料品种变动大和管理、操作技术水平差，也是造成锅炉运行效率低的重要原因。因此，开展对锅炉的运行情况的监测，促进其节能降耗，提高能源利用率是节能监测的重要内容之一。

（1）监测项目的选择。锅炉能源利用的好坏在于进入锅炉的燃料燃烧效率的高低和高温烟气的显热被水和蒸汽吸收的多少。衡量锅炉能源利用水平的指标是锅炉热效率，影响或反映燃料燃烧效率和传热完善程度的是锅炉的各项热损失及其相关参数。锅炉的热损失包括：机械不完全燃烧热损失（$q_4$）、化学不完全燃烧热损失（$q_3$）、排烟热损失（$q_2$）、炉墙表面散热损失（$q_5$）和灰渣物理热损失（$q_6$），前两项直接影响燃烧效率的高低；排烟热损失则反映了锅炉设备的完善程度及传热的优劣；炉墙表面散热损失反映炉墙绝热状况的好坏；灰渣物理热损失很小，而且依燃料和炉型而异。

目前，我国锅炉以燃煤为主，而且容量小，装备水平低，运行状况差，在各项热损失中，主要是机械不完全燃烧热损失和排烟热损失，根据通常的规律和现场测定的数据，这两项损失占锅炉总热损失的85%以上。以层状燃煤锅炉为例，通常排烟热损失占供入能量的10%～20%，有的高达25%～30%；其次是机械不完全燃烧热损失，一般可达供入能量的8%～15%，有的高达10%～25%。

机械不完全燃烧热损失（$q_4$）的计算公式为

$$q_4 = \frac{328.7A^r}{Q_{bW}^r}\left(\frac{\alpha_{LZ}C_{LZ}}{100-C_{LZ}}+\frac{\alpha_{fh}C_{fh}}{100-C_{fh}}+\frac{\alpha_{Lm}C_{Lm}}{100-C_{Lm}}\right)\times 100(\%) \tag{4-10}$$

式中 $\alpha_{LZ}$、$\alpha_{fh}$、$\alpha_{Lm}$——炉渣、飞灰、漏煤占整个入炉煤含灰量的百分比，%；

$C_{LZ}$、$C_{fh}$、$C_{Lm}$——炉渣、飞灰、漏煤中的含碳量的百分比，%。

由此可以看出：在煤种已定的情况下，$q_4$ 的决定因素是 $\alpha_{LZ}$、$\alpha_{fh}$、$\alpha_{Lm}$和 $C_{LZ}$、$C_{fh}$、$C_{Lm}$。由于锅炉燃烧方式的不同，$\alpha_{LZ}$、$\alpha_{fh}$和 $\alpha_{Lm}$的组成百分比差别很大，按灰平衡的公式有

$$\alpha_{LZ}+\alpha_{fh}+\alpha_{Lm}=100(\%) \tag{4-11}$$

对于层状燃烧炉，$\alpha_{LZ}$占80%～85%；煤粉炉中，$\alpha_{fh}$占85%～90%；而沸腾炉中，$\alpha_{Lm}$（溢流灰百分比）占55%～65%，$\alpha_{LL}$（冷炉灰百分比）占10%～30%。因此应按锅炉的不同燃烧方式，选用主要灰渣的含碳量作为监测项目，如层燃锅炉选炉渣含碳量 $C_{LZ}$；煤粉炉飞灰含碳量 $C_{fh}$；沸腾炉溢流灰和冷炉灰含碳量 $C_{yL}$与 $C_{LL}$之和的平均值作监测项目。

锅炉的排烟热损失（$q_2$）的计算公式为

$$q_2 = \frac{(i_{py}-\alpha_{py}i_{LK}^0)(100-q_4)}{Q_r}\times 100\% \tag{4-12}$$

式中 $i_{py}$——排烟处烟气焓，kJ/kg；

$i_{LK}^0$——理论空气的焓，kJ/kg；

$\alpha_{py}$——排烟处空气系数；

$q_4$——机械不完全燃烧热损失，%；

$Q_r$——输入锅炉的热量，kJ/kg。

由此可知：排烟热损失主要取决于排烟处烟气的焓 $i_{py}$和排烟空气系数 $\alpha_{py}$，而排烟处烟气的焓 $i_{py}$的决定因素也是排烟空气系数 $\alpha_{py}$和排烟温度 $T_{py}$，排烟焓随排烟空气系数和排烟温度的变化成正比地变化。同时，空气系数增加会削弱对流换热而导致排烟温度升高。因此，排烟热损失也随排烟空气系数和排烟温度的变化成正比地变化。过高的排烟温度使排烟热损失增加，排烟温度过低又可能导致运行锅炉的低温腐蚀，为技术上所不允许；同样，空气系数过大也使排烟热损失增加，过小的空气系数又可能引起化学不完全燃烧。最理想的空气系数应该是上述两项热损失之和为最小时的空气系数。因此，既要以燃料完全燃烧为前提，又要控制锅炉在低空气系数下运行，即供给燃料燃烧的空气量略高于理论需要量。过量空气的多少取决于燃料种类、燃烧方式和锅炉负荷。操作中应尽可能在保证燃料完全燃烧的前提下，使空气系数接近表4-8所列下限值。

表 4-8　锅炉空气系数

| 燃烧方式 | 负荷率（%） | 空气系数 | | |
|---|---|---|---|---|
| | | 固体燃料 | 重油 | 气体燃料 |
| 火室燃烧 | 70～100 | 1.15～1.25 | 1.05～1.15 | 1.1～1.2 |
| 沸腾燃烧 | 70～100 | 1.1～1.2 | | |
| 火床燃烧 | 70～100 | 1.3～1.5 | | |
| 蒸发量 4t/h 锅炉炉体出口处 | 70～100 | 1.5～1.8 | | |

化学不完全燃烧损失不仅因锅炉供风不足而引起，也会因燃烧器或燃烧装置配风不当而发生。在保证完全燃烧的低过量空气下运行的层燃锅炉，从理论上讲，其化学不完全燃烧损失一般在 0.5%～1.0%之间。但对多台锅炉的热平衡测试结果表明，实际上大多数锅炉的空气系数都在 1.8 以上，化学不完全燃烧热损失平均在 1%左右。燃油、燃气的炉子即使在较大的过量空气下，因燃烧器混合不好或配风不当也会产生 CO 等。尤其是油类燃料，当 CO 产生时，就会冒黑烟。由此可见，即使在空气系数较大的情况下，化学不完全燃烧热损失仍然不可忽视。反映该项热损失的参数是存在于烟气中的 CO 等可燃气体和煤烟。通常 CO 等在排烟中的含量多少是通过烟气分析得到的，有时由于分析仪器的限制以及化验分析熟练程度的影响，排烟中的 CO 含量往往难以用奥氏仪准确测量，因而必须对少量试样采用气相色谱仪或吸附技术的实验室检测。当然，是否需要实验室检测，可视监测的需要和可能而定。一般情况，可采用环保监测的指标——锅炉的排烟黑度（反映排烟中煤烟等物质含量的定性指标）作为锅炉考核评价燃烧是否完全的监测指标。

锅炉的炉墙表面散热损失，一般占锅炉总输入热量的 3%～5%。显然该项热损失不是锅炉的主要热损失。但与大容量的锅炉相比，锅炉的炉墙表面散热损失要大得多。这说明锅炉的炉体保温状况不及大容量锅炉，这不仅造成能源的浪费，还严重地恶化劳动条件。护墙保温结构的完整性差，密封不严时，不仅会造成墙面局部温度增高，使散热量增加。同时由于漏风也会导致其他热损失增加。炉墙表面散失热量是因炉墙温度高于环境温度而产生辐射、对流传热所造成的。加强墙体绝热，降低炉墙表面温度，就可减少炉墙表面散失热量。由于炉墙是锅炉设备的一部分。一旦安装完毕，再要改变其结构就不容易了。因此，从这个角度讲，炉墙表面温度对运行中的锅炉又是一个不可控制或调整的参数，对其监测并评价主要是作为维修与改造锅炉、实施炉体保温措施的依据。

锅炉效率的定义式为

$$\eta = \frac{Q_{yx}}{Q_r} \times 100(\%) \tag{4-13}$$

式中　$Q_{yx}$——蒸汽（或热水）带出的有效热量，kJ/kg；

$Q_r$——锅炉的输入热量，kJ/kg。

锅炉热效率是反映其能源利用水平的综合指标。国家对不同类型、不同容量锅炉的热效率都有具体的规定范围；而且蒸汽（热水）生产的工艺过程相对比较简单，又有一套比较完整、成熟、易于掌握的测试技术，因此可选定锅炉的正平衡热效率作为监测项目。

综上所述，一般锅炉的节能监测可以通过对一项综合指标（正平衡热效率）和 5 个单项指标［排烟温度 $T_{py}$、排烟空气系数 $\alpha_{py}$、炉渣（或炉灰）含碳量 $C_{LZ}$、排烟黑度和炉墙表面温度］的正确测定，来考核评价锅炉的运行状况和用能水平。

应该指出：对上述所列监测项目，应视燃料、燃烧装置和监测目的的不同，本着突出重点、简化方法，点面结合。以求实效的原则，根据具体情况决定取舍。如燃用气体、液体燃料的锅炉就无需监测灰渣含碳量；又如锅炉热效率属不定期监测项目，它只在新设备鉴定试验、燃烧调整试验，改变燃料或设备改造后，要对其经济性进行评价时，方可进行监测。

（2）检测方法及计算结果。锅炉属于连续生产设备，对其监测要求简捷迅速，除锅炉热效率监测持续时间较长，需 4～5h 外，其他项目的监测时间可定为 1～2h。为使监测数据正确可靠，反映实际情况，实施锅炉监测，应在锅炉热工况稳定，并处于正常运行负荷时进行。监测结果计算宜以环境温度为基准。

1）排烟温度的测量。排烟温度的测量一般是采用热电偶（配以自动记录仪）进行连续或定时记录，或使用燃烧效率监测仪测量。其测点布置：无尾部受热面的锅炉布置在锅炉烟气出口约 1m 处烟道截面的中心点上；有尾部受热面的锅炉布置在尾部受热面烟气出口 1m 内烟道截面的中心点上。取样点应避开烟道转弯或有局部收缩的位置。排烟温度每隔 10min 记录一次，计算时取其算术平均值。

2）空气系数的监测。空气系数是通过烟气分析结果计算得到的。烟气成分的测量一般是采用烟气全分析仪、气相色谱仪或燃烧效率监测仪。测点位置的布置与排烟温度监视点相同。取样管或探头的插入，应严格遵守烟气取样的要求，要严格密封不能使冷空气吸入，应把取样管或探头插至接近烟道中心部位。对于超过 4m 的宽烟道应在两侧分设测点，取样后应及时分析。

另外，还可以用烟气中的含氧量来直接量度过量空气。因为烟气中的 $O_2$ 含量只随过量空气的增加而增加，而且，当过量空气相同时，烟气中 $O_2$ 含量随燃料种类的变化很小。因此，可选取烟气中 $O_2$ 含量作为监测对象来计算过量空气。过量空气正比于烟气中 $O_2$ 摩尔百分数，即过量空气百分数$=K\left(\frac{O_2}{21-O_2}\right)$，其中的 $K$ 值，对天然气为 90；对液体燃料为 97；对煤为 97。$O_2$ 的体积是以干燥基（奥式分析仪等）为准的。过量空气也可根据烟气中 $O_2$ 含量的测量结果，采用图解法求得。

在很广的燃料范围内，烟气中 $O_2$ 含量正比于过量空气的这种单一函数关系，使它无论是对单一燃料，还是复合燃料都极其有用。这也是烟气氧分析仪（如氧化锆式氧测定仪、磁式氧测定仪等）能够在运行和试验中被广泛应用的原因。

3）排烟黑度的监测。排烟黑度可用林格曼黑度计进行监测。

4）炉渣、飞灰含碳量的监测。飞灰采样用采样器，应基本保证“等速取样”。

5）炉墙外壁面温度的监测。炉墙外壁面温度监测，可使用热电偶表面温度计和半导体点温计，或用非接触式红外测温仪进行。测定炉墙外壁面温度的测点布置，可按在锅炉炉体散热面上每间距 1m 均布一个测点，凡遇炉门、检查门时，应在离开门边沿 0.5m 处设测点。用红外测温仪扫描测试时，应事先按上述布点原则画出应扫描的区域，按划定的区域进行扫描测定，在测试前应核定出炉墙表面材质的黑度值，然后再进行正式测量。

6）锅炉热效率。锅炉热效率的测算：包括蒸汽（或热水）所载有效热量和以燃料低位发热量为主的供入热量的测算。有效热量的测算应区分过热蒸汽、饱和蒸汽和热水而对其温度、压力，乃至蒸汽湿度有选择性地进行测试。锅炉供入热的测算应根据不同燃料和锅炉装备情况选择测试项目和参数。现以燃煤锅炉为例，简述其测试和计算。

燃煤锅炉热效率的计算公式为

①饱和蒸汽锅炉

$$\eta=\frac{(D+D_{zy})(h_{bq}-h_{gs}-rw/100)}{BQ_{DW}^{y}}\times100(\%) \tag{4-14}$$

②过热蒸汽锅炉

$$\eta=\frac{D(h_{gq}-h_{gs})+D_{zy}(h_{zy}-h_{gs}-rw/100)}{BQ_{DW}^{y}}\times100(\%) \tag{4-15}$$

③热水锅炉

$$\eta=\frac{G(h_{cs}-h_{gs})}{BQ_{DW}^{y}}\times100(\%) \tag{4-16}$$

式中　$\eta$——锅炉热效率，%；

$D$——锅炉出力，kg/h；

$G$——热水锅炉循环水量，kg/h；

$D_{zy}$——锅炉自用蒸汽量，kg/h；

$h_{bq}$——饱和蒸汽焓，kJ/kg；

$h_{gs}$——给水焓，kJ/kg；

$h_{gq}$——过热蒸汽焓，kJ/kg；

$h_{zq}$——自用蒸汽焓，kJ/kg；

$h_{cs}$——热水锅炉出水焓，kJ/kg；

$r$——水的汽化潜热，kJ/kg；

$w$——蒸汽湿度，%；

$B$——燃料消耗量，kg/h 或 $m^3$/h；

$Q_{DW}^{y}$——燃料应用基低位发热量，kJ/kg 或 kJ/$m^3$。

说明：(1) 当使用锅炉系统以外的热源对燃料和空气进行加热时，来热量 $Q_{WL}$(kJ/kg 或 kJ/$m^3$) 应测算并计入锅炉输入热量中。

(2) 对于燃油锅炉。用以加热燃油和燃油进行雾化所消耗的自用蒸汽带入锅炉的热量 $Q_{zy}$(kJ/kg 或 kJ/$m^3$) 应测算并计入锅炉输入热量中。

在测量锅炉热效率时，要尽量利用现场的计量检测仪表。

耗煤量的测定一般以磅计量并累计。不符合颗粒要求的大块煤，应在过磅前拣出。在原煤过磅的同时进行煤样采集，采样可在过磅前的车上或炉前地面上采用三点法或五点法进行。采集的煤样应及时置于密封箱或塑料袋内，以避免外水分的散失。煤样经过破碎、过筛、掺合、缩分，然后进行煤的工业分析。其采样和工业分析应分别符合 GB 474—2008《煤样制备方法》、GB 475—2008《商品煤样人工采取方法》和 GB/T 212—2008《煤的工业分析方法》。

准确地测量锅炉的蒸发量，对于保证监测的精度，具有特别重要的意义。蒸发量可通过测定蒸汽流量或给水流量来确定。蒸汽流量的测定可利用现场经校验标定的蒸汽流量表。对于锅炉，一般采用测定给水量的办法来确定蒸发量，这种办法既简单又准确。

在测定给水量时，给水管路，特别是水泵不能有泄漏。当避免不了泄漏时，应收集泄漏水量，从测算的给水总量中减去泄漏水量，才是实际的锅炉给水量。若多台锅炉运行时，应在给水系统中单独设立监测炉台的计量水箱。蒸汽湿度可用“热平衡法”、“氯根法”、“碱皮法”三种方法中的任一方法测定。为使蒸汽取样有代表性，应进行蒸汽等速取样。

用氯根法测算蒸汽湿度的公式为

$$蒸汽湿度 = \frac{蒸汽冷凝水氯根含量}{炉水氯根含量} \times 100(\%) \quad (4-17)$$

对于下列锅炉，若现场无取样条件时，可按表 4-9 所列蒸汽湿度选取。

**表 4-9 锅炉蒸汽湿度概略值**

| 锅 炉 形 式 | | 蒸汽湿度（%） |
|---|---|---|
| 卧式双火筒锅炉 | | 可忽略不计算 |
| 卧式外燃回水管，内燃回水管、卧式单火筒 | | 1～2 |
| 立式横火管、横水管 | | 2～3 |
| 双横汽包分联箱水管双纵汽包水管 | 装旋风汽水分离器时 | 可忽略不计算 |
| | 未装者 | 2～3 |

根据上述各项测算数据和监测期内经过校验的锅炉运行监督仪表记录的蒸汽压力、温度，查出蒸汽（或热水）的有关热物性参数，即可按前述热效率公式计算得到监测期的锅炉热效率。

（3）检测评定技术指标。根据节能监测的要求，监测应对影响锅炉能耗的重点项目进行现场测试，并做出定性定量的判断评定。其考核评定可根据 GB 3486—1993《评价企业合理用热技术导则》的有关规定进行，该导则中暂无限定值的监测项目，例如，煤粉炉的飞灰含碳量 $C_{fh}$、沸腾炉溢流灰和冷炉灰的含碳量（$C_{yl}$和 $C_{LL}$）等可根据被监测锅炉的设计值并参考同类型锅炉的运行测试数据进行综合评价。锅炉排烟黑度的考核评价指标—林格曼黑度应低于 1 度。应该指出的是：在考核评价锅炉排烟温度时，任何锅炉的排烟温度都不允许低于烟气的露点。

3. 风机机组节能监测

风机机组由原动机（电动机、热机等）、联轴节（耦合器）和风机本体组成，风机主要由叶轮转子和壳体及其他一些辅助部件组成。风机是一种能源转换设备，风机机组是把供给它的电能或其他形式的能量转换成气体的压力能。风机作为配套或辅助设备，广泛用于国民经济各个部门。据不完全统计，全国的风机使用最近 200 万台，年耗电量约占全国用电量的 1/10。调查表明，由于风机用户选型、安装、维护和管理不当，特别是风机的调速技术没有广泛推广应用，风机机组不能得到充分的发挥，风机机组的运行效果较差，效率较低，造成能源的很大浪费。因此很有必要对运行风机机组进行节能监测。

风机的主要性能参数有风压、风量、功率、效率和转速。

（1）检测项目的选择。

1）风压和风量。风压和风量是风机选型及使用时的两项重要指标。监测这两项指标的目的是看其运行参数接近铭牌值的程度，进而分析判定风机选型是否合理，与拖动电动机是否匹配。

2）效率。风机机组的效率表明了供给机组的能量有多大比例转换为有效利用能量（压力能），它是衡量风机机组运行经济性的前提。

（2）检测方法和监测结果计算。

1）风压的测量。风压是风机出口全压与风机入口全压之差，而全压 $p_q$ 是静压 $p_j$ 和动

压 $p_d$（$=\rho v^2/2$）之和。

风压的计算式为

$$p = p_{q2} - p_{q1} = \left(p_{j2} + \frac{\rho_2 v_2^2}{2}\right) - \left(p_{j1} + \frac{\rho_1 v_1^2}{2}\right) \tag{4-18}$$

式中　$p_{q1}$、$p_{q2}$——风机入、出口处流体全压，Pa；

$p_{j1}$、$p_{j2}$——风机入、出口处流体静压，Pa；

$v_1$、$v_2$——风机入、出口处流体速度，m/s；

$\rho_1$、$\rho_2$——风机入、出口处流体的密度，kg/m$^3$。

2）风量的测量。风量是指单位时间流经风机的气体量。风量的测量可以用各种流量计或使用现场经过校正的流量计直接测量，或使用流速测量仪表，如皮托管、热线（球）风速仪等间接测量。

应当指出，由于气体有黏性和附面层原理，流动气体在管内通道截面上各点的速度是不同的，因此必须进行全截面上的速度测量，最后求出平均值。

风量的直接测量，一般是在风机的入口处或由现场流量计进行，计算比较简单。如果是通过测量速度间接测量风量，还应在测量面上同时测量气体温度和成分。风量的计算公式为

$$Q = 3600A\bar{v} \tag{4-19}$$

$$\bar{v} = \frac{1}{n}\sum_{i=1}^{n} v_i \tag{4-20}$$

式中　$Q$——测量面上的气体流量，m$^3$/s；

$A$——测量面的截面积，m$^2$；

$\bar{v}$——测量面的气体平均速度，m/s；

$n$——测量面上的测量点数；

$v_i$——测量面上各测点风速，m/s。

用皮托管测量风速时

$$\bar{v} = K\sqrt{\frac{2\bar{p}_d}{\rho}} = \frac{1}{n}\sum_{i=1}^{n} K\sqrt{\frac{2p_{di}}{\rho}} \tag{4-21}$$

$$\sqrt{\bar{p}_d} = \frac{1}{n}\sum_{i=1}^{n}\sqrt{p_{di}} \tag{4-22}$$

$$\rho = \rho_0\,\frac{273}{T}\times\frac{p_{atm} \pm p_j}{101325} \tag{4-23}$$

式中　$K$——测量皮托管的校验修正系数，对标准皮托管 $K=1.0$；

$\bar{p}_d$——测量面上各测点的平均动压值，Pa；

$p_{di}$——测量面上各测点的动压值，Pa；

$\rho$——测量面处气体的密度，kg/m$^3$；

$\rho_0$——标准状态下的气体密度，kg/m$^3$；

$T$——测量面处的气体温度，K；

$p_{atm}$——测量时大气压力，Pa；

$p_j$——测量面上的静压值，Pa。

3）效率的测量。

a. 风机的电能利用率（风机机组效率）是指风机机组在实际运行情况下对电能的有效利用程度，即

$$\eta_d = \frac{E_{yx}}{E_{gg}} \times 100 = \frac{pQ \times 10^{-3}}{3600P} \times 100 \tag{4-24}$$

b. 风机的效率是指风机在实际运行中的全压有效功率与输入风机的轴功率之比，即

$$\eta = \frac{E_{yx}}{E_{zh}} \times 100 = \frac{pQ \times 10^{-3}}{3600P_{zh}} \times 100 \tag{4-25}$$

式中 $\eta_d$、$\eta$——风机的电能利用率和风机效率，%；

$E_{yx}$——风机的有效能（功率），kW；

$E_{gg}$、$E_{zh}$——供给风机机组的能量和供给风机（本体）的能量，kW；

$P$、$P_{zh}$——风机机组的输入功率和风机本体的轴功率，kW；

$Q$——风机风量，$m^3/h$；

$p$——风机风压，Pa。

风机机组的输入功率测量和计算与异步电动机相同。风机轴功率是指电动机输送给风机的功率，它可以采用电流法或闪光转速测定法等在现场测出，但难度和工作量较大，可采用实测电动机运行电流计算，即

$$P_{zh} = P_e\beta\eta_c \tag{4-26}$$

$$\beta = \sqrt{\frac{I^2 - I_0^2}{I_e^2 - I_0^2}} \times 100 \tag{4-27}$$

式中 $P_e$——电动机额定功率，kW；

$\beta$——电动机负荷率，%；

$I$——实测电动机运行电流，A；

$I_e$、$I_0$——电动机额定电流和空载电流，A；

$\eta_c$——风机与电动机间的机械传动效率，%。

（3）检测结果的考核与评价。

1）在风机正常运转时，其出口风压、风量应达到或接近铭牌值。

2）根据 GB/T 3485—1998《评价企业合理用电技术导则》中规定：通风机、鼓风机效率不能低于 70%。

3）凡属国家规定的淘汰型产品，又未进行节能技术改造的，一般都评为非节能型机组。

4. 水泵机组的监测

（1）检测项目的选择。水泵的基本性能参数主要有流量、扬程（压头）、轴功率和效率。供水或供专用液体介质的配套设计选型中都是根据使用要求的流量或扬程这两个主要参数进行的。但是，由于种种原因，在使用中并非能达到其基本性能参数值，从而造成能源的浪费或影响工艺正常进行。

（2）检测方法及检测结果计算。

1）流量。水泵流量的测量方法很多，但真正简便、迅速和较准确地适用于现场运行的，特别是对地下闭环供水系统不能停产的情况下进行测量的方法则很少。目前流量检测项采用的方法有：利用经过校对的现场流量计（由于传统的工艺设计和施工问题，一般都没有装配

流量计）测量、容积法或称量法测量、超声波流量计测量、皮托管（需要在管道测量面上开孔）测量和水堰法（对于明渠）测量等。在测量中，大都要求（容积法或称量法除外）测量截面上、下游保证一定长度的管段。

①容积法测量流量。对于大流量水泵，可采用现场能计量容积的蓄水池（吸水池或注水池）。测量时，相应地切断进或出水，或稳定进、出水量。每次测量时间要持续在 1min 以上，初始水位与终了水位的高度差需要在 0.2m 以上。流量 $Q$ 的计算公式为

$$Q = A(h_2 - h_1)/\tau \tag{4-28}$$

式中　$A$——水池（箱）液面处截面积，$m^2$；

$h_2$、$h_1$——相应为测量时的终了水位和初始水位，m；

$\tau$——测量时间（吸水和注水），s。

此法也适用于如喷淋室等多出口的特殊测量，不同的是对其全部出水口都要测量出水量。

②超声波流量计测量水量。超声波流量计的最大优点是能携带和使用方便，无须切割管道和在管道上开测量孔，不影响水泵正常运行，该仪器适用于各种材质的管道，可测量清水、浊度不大的污水、海水及油类等的流速、流量。但不能用于浊度太大的污水、泥浆泵等的测量，待测量流体中有气泡时也不能使用。另外，测量截面要求选定在离水泵及局部阻力部件一定距离的直管段上。一般，上游直管段长度不得小于 $10D$，下游直管段长度不得小于 $5D$（$D$ 为管道直径）。

③其他测量方法，如利用各种流量表以及皮托管测量，仪表安装时都要求切开管道或钻测孔，要求安装皮托管导向套和密封，以防止喷水（出口侧）和吸入空气（进口侧）而影响测量精度等。

④水堰法测量流量。水堰法适用于明渠测量，无法用于封闭系统。GB/T 3214—2007《水泵流量的测定方法》中规定了直角三角堰流量的测量方法。

作为节能监测，最合适的流量测量仪表是超声波流量计。

2）扬程测量。水泵扬程的测量应有两个测点，即水泵进口压力和出口压力。当泵为吸入式工作状态时，进口侧（水井或水池）水位低于水泵轴线，进口为负压，采用真空压力表或 U 形管压力计测量进口压力；当泵为压入式工作状态时，进口侧水池水位高于水泵轴线，可采用压力表或 U 形管压力计测量进口压力。进、出口压力表安装位置高度差用米尺测量。进、出口液体流速按照流量测量值和管道截面积计算平均流速。

水泵扬程 $H$ 按下式计算：

①当进口压力为正值时（对于压入式水泵）

$$H = \frac{(p_2 - p_1)}{\rho g} + \frac{v_2^2 - v_1^2}{2g} + \Delta Z \tag{4-29}$$

②当进口压力为负值时（对于吸入式水泵）

$$H = \frac{(p_2 + p_1)}{\rho g} + \frac{v_2^2 - v_1^2}{2g} + \Delta Z' \tag{4-30}$$

式中　$p_1$、$p_2$——进、出口压力表读数，Pa；

$v_1$、$v_2$——进、出口压力测点截面积平均流速，m/s；

$\Delta Z$、$\Delta Z'$——出口和进口压力表之间的垂直高度差。

流速为

$$v = \frac{4Q}{\pi D^2} \tag{4-31}$$

式中 $Q$——水泵流量，$m^2/s$；

$D$——压力测点处管道有效直径，m。

3）效率测量。

①水泵机组效率指水泵机组在实际运行情况下对电能的有效利用程度（即水泵电能利用率），即

$$\eta_d = \frac{E_{yx}}{E_{gg}} \times 100 = \frac{\rho g Q H \times 10^{-3}}{3600P} \times 100 \tag{4-32}$$

②水泵的效率则为水泵对轴功率的有效利用程度，即

$$\eta = \frac{E_{yx}}{E_{zh}} \times 100 = \frac{\rho g H Q \times 10^{-3}}{3600P_{zh}} \times 100 \tag{4-33}$$

式中 $Q$——体积流量，$m^3/s$；

$H$——泵的实际扬程，m；

$\rho$——液体密度，$kg/m^3$，对于常温清水取 $1000kg/m^3$；

$g$——重力加速度，$m/s^2$；

$P$、$P_{zh}$——分别为原动机输入功率和泵的轴功率，kW。

求水泵机组的效率时需要测量原动机的输入功率 $P$，可采用三相累计电表读数或参阅异步电动机输入功率测量方法。

求水泵本体效率时需要测量水泵的轴功率 $P_{zh}$，即

$$P_{zh} = P_2\eta_c = P_e\beta\eta_c \tag{4-34}$$

式中 $P_2$——原动机输出功率，kW；

$\eta_c$——传动效率，%，对于直接传动方式 $\eta_c=1.0$，对于齿轮传动方式 $\eta_c=0.98$，对于平皮带传动 $\eta_c=0.97$，对三角皮带传动 $\eta_c=1.0$；

$P_e$——电动机额定功率，kW（铭牌值）；

$\beta$——电动机负载率，%。

（3）检测结果的考核与评价。

1）在水泵正常运转时，其流量和扬程应当达到或接近铭牌值。

2）根据 GB/T 3485—1998 中规定：离心泵、轴流泵的效率不得低于 60%，否则必须改造或更换。

3）凡属国家规定的淘汰型产品，又未进行节能技术改造，一般都评价为非节能型机组。

（三）火力发电厂节能评价体系

通过对影响煤耗、水耗、油耗、电耗以及材料消耗等指标的主要因素层层分解，确定反映火力发电厂能耗状况的各项指标。

1. 火力发电厂节能评价指标基本构成

按相互影响的层面划分，火力发电厂节能中的 54 个指标评价构成如图 4-37 所示。

2. 火力发电厂节能指标权重分配

按指标评价权重的层面划为分三级指标，火力发电厂节能指标中一级指标有 4 个：供电（热）煤耗，锅炉热效率和热耗率为二级指标，并分别包含有 5 个和 16 个三级指标；综合厂

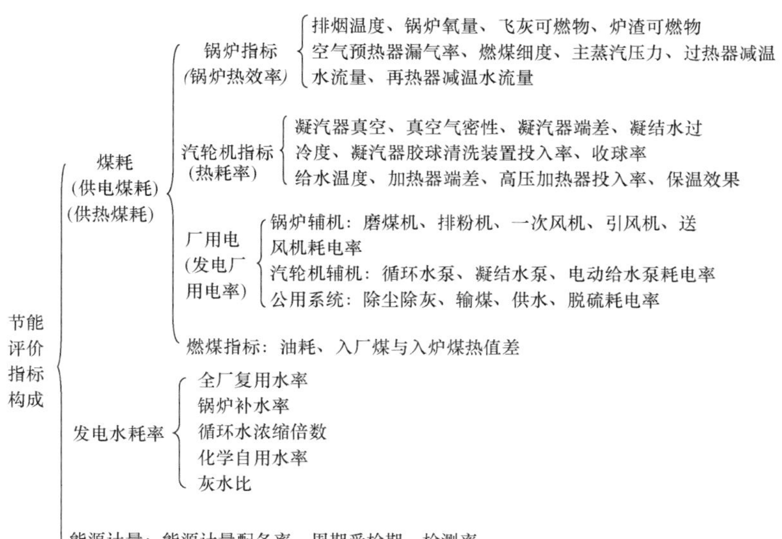


图 4-37　火力发电厂节能指标评价构成

用电率，二级指标为发电厂用电率、非生产厂用电率和供热用电，其中发电厂用电率包含有 11 个三级指标；燃油消耗量，无二级和三级指标；单位发电量取水量，包含 5 个二级指标，见表 4-10。

**表 4-10　　火力发电厂节能指标权重分配**

| 一级指标 | | 二级指标 | | 三级指标 |
|---|---|---|---|---|
| 项目 | 权重（%） | 项目 | 权重（%） | |
| 供电（热）煤耗 | 65 | 锅炉效率 | 100 | 排烟温度、锅炉氧量、飞灰可燃物、炉渣可燃物、空气预热器漏风率 |
| | | 热耗率 | 550 | 高压缸效率、中压缸效率、低压缸效率、主蒸汽温度、再热蒸汽温度、主蒸汽压力、再热蒸汽压力、过热器减温水流量、再热器减温水流量、凝汽器真空度、真空严密性、凝汽器端差、凝结水过冷度、给水温度、加热器端差、高压加热器投入率、补水率 |
| 综合厂用电率 | 20 | 发电厂用电率 | 170 | 磨煤机耗电率、一次风机耗电率、排粉机耗电率、引风机耗电率、送风机耗电率、循环水泵耗电率、凝结水泵耗电率、电动给水泵耗电率、除灰除尘耗电率、输煤耗电率、脱硫耗电率 |
| | | 非生产厂用电率 | 20 | |
| | | 供热用电 | 10 | |
| 单位发电量取水量 | 10 | 发电除盐水耗 | 25 | |
| | | 工业废水回收率 | 20 | |
| | | 循环水浓缩倍率 | 30 | |
| | | 化学自用水率 | 10 | |
| | | 灰水比 | 15 | |
| 燃油消耗量 | 5 | | 50 | |

（1）一级指标间的权重分配。

1）由于煤炭占发电成本的70%左右，因此将与煤耗有关的指标权重取为65%。

2）厂用电占发电成本不到10%，但由于从节能降耗的角度，降低厂用电率相对比较困难，因此取与厂用电有关的指标权重为20%。

3）油耗占发电成本的比重相对最小，故取其权重为5%。

4）水耗大约占发电成本的3%～4%，考虑到我国水资源缺乏，取其权重为10%。

（2）二级指标权重根据一级指标和三级指标的权重进行分配。

（3）三级指标之间的权重是按照其对一级指标影响的程度进行分配。

（4）考虑到不同级别指标对机组节能状况的影响不同，在计算节能指标评价总分时，对不同级别指标乘以不同的系数，即采用下式计算

指标评价总分＝0.7×一级指标总分＋0.3×二级指标总分

3. 火力发电厂节能管理评价

按专业分类和实践经验，将节能管理分为3个主要类别和8个主要项目。火力发电厂节能管理评价表中（见表4-11）对不同类别和项目的权重是综合考虑其对火力发电厂节能的影响、生产管理的实际可操作性等因素进行分配的。

**表4-11 节能管理评价指标**

| 类别 | 权重（%） | 项目 | 权重（%） |
|---|---|---|---|
| 基础管理 | 30 | 管理机构 | 2 |
| | | 监督与分析 | 10 |
| | | 计划和规划 | 10 |
| | | 燃料管理 | 8 |
| 技术管理 | 40 | 热力试验 | 18 |
| | | 运行调整 | 22 |
| 设备管理 | 30 | 检修维护 | 16 |
| | | 技术改造 | 14 |

## （四）火力发电厂的节能途径

1. 规划实现火力发电厂

（1）电站优化设计。受一次能源结构特点的影响，火电装机容量比重偏大，水电、核电、可再生能源发电比重偏小，特别是核电发展缓慢。因此加大水电、核电、可再生能源和新能源的比重，优先发展水电、风电等清洁能源和可再生能源项目显得尤为重要。

电站设计充分发挥生产、建设和科研机构的综合作用，通过电站概念设计优化各系统及设备。

通过对火力发电机组的系统设计、参数匹配和设备选型进行优化，进一步提高电厂效率，降低工程造价，使火力发电厂设计指标达到领先水平。

消化吸收国内外现代化大型火力发电厂先进可靠的成熟设计优化技术和成功经验，采用节能新技术、新产品、新工艺以及节能降耗与环保新技术。

总结电站设计和技术改造经验，及时修订设计技术标准、规程与规范，不断完善并应用于火力发电厂工程项目建设。

(2) 关停小容量机组，推广大容量机组。根据蒸汽动力循环的基本原理及热力学第一定律和第二定律的分析，发展高参数、大容量的火力发电机组是我国电厂节能的一项重要措施。不同容量等级火力发电机组效率与煤耗的关系如图 4-38 所示。

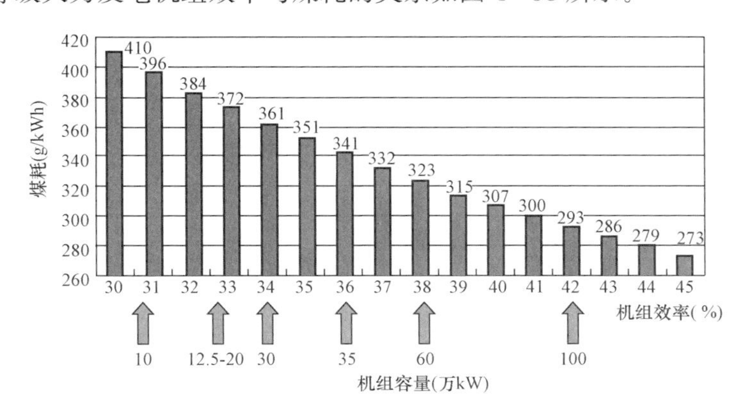


图 4-38　不同容量等级火力发电机组效率与煤耗的关系

由图 4-38 可以看出，单台发电机组容量越大，单位煤耗越小。因此，关停小容量机组，推广大容量机组对减少能耗、提高能源利用率具有重大意义。

在未来我国的发电市场中，大发电企业分散开发、无序建设的格局将被改变，取而代之的是基于效率优先的大能源基地、连接大能源基地与能源消费集中地区的送电线路的建设与投资。

(3) 发展热电联产。积极鼓励、支持、优先发展热电联产集中供热，是节约能源的需要。我国电力发展主要依赖煤炭，因此存在不可避免的环境污染问题。面对环境压力，电力工业今后发展必须考虑优先发展水电，调整和优化火电结构（如适当发展燃气电站和扩大洁净煤燃烧技术的应用），适当发展核电和新能源发电（如风力发电、地热与潮汐电站），鼓励热电联产。热电厂是改善环境质量的重要措施。热电厂的锅炉容量大、热效率高、烟囱高、除尘效率高，如选用循环流化床锅炉还可在炉内脱硫，由于集中实现热电联产还更有利于灰渣综合利用和节省宝贵的城市建设占地。热电联产是一种供热量大、供热参数高、供热范围广、节能量多，既能满足工业用汽，又能满足民用采暖、热水供应，供热价格便宜的供热方式。正是由于热电联产集中供热能够有效地改善环境质量，所以积极发展热电联产是节约能源、改善环境质量的有效措施，完全符合国家的产业政策。据电力工业统计资料，我国的热电厂热效率均能超过常规火力发电厂的热效率一倍以上。实现热电联产的小型供热机组，其热效率超过大型高参数常规火力发电机组。

(4) 优化接线方案。只有当火力发电厂在电力系统中的接线方案合理时，才能降低网损率，避免功率过多地损失在输电环节，提高火力发电厂输出功率的利用率。这就要根据能源分配原则，即损耗最小和线路距离最短的原则，先将供电区域分成若干区域，在各个分区内选择接线方案，最后再整体分析。采取先技术后经济的比较选择，在技术合理的供电方案中首先要进行粗略地经济比较，方法是按象征升压变电站投资大小的断路器数和象征线路投资大小的线路长度进行比较，再考虑以下经济因素：电能损耗、主要原材料的消耗量、工程总投资及年运行费用。譬如，暂时不考虑经济性，采用单母线接线时，使用进线母线断路器 2 台，母线分段断路器 1 台，而采用双母线分段接线时，使用进线母线断路器 2 台，母线分段兼联络断路器 3 台，显然，单母线接线的投资较少，故优先选用单母线接线方式。

2. 通过对生产环节的控制，实现节能减排

火力发电厂的主要生产环节可大致分为燃料的入厂和入炉、水处理、煤粉制备、锅炉燃烧以及蒸汽的生产和消耗、汽轮机组发电和电力输送等。发电过程中任何一个主要生产环节中均存在能源损耗的问题，如果能够通过有效的技术管理手段使各环节的能源消耗水平得到合理控制，并努力消除生产过程中可以避免的能量浪费，就能真正达到节能的目的。

（1）提高燃煤质量，实现节能减排。煤粉锅炉被广泛地应用于火力发电厂中。一般来讲，燃料的成本占发电成本的 75%左右，占上网电价成本 30%左右。煤质对火力发电厂的经济性影响很大，如果煤质很次，会限制电厂出力，使电厂煤耗和厂用电率上升，且锅炉本体及其辅助设备损耗加大；如果煤质好价优，则锅炉燃烧稳定、效率高，机组带得起负荷，不仅能够减少燃料的消耗量，更有利于节约发电成本，因此入厂和入炉燃料的控制是发电厂节能工作的源头。

燃煤质量是否得到有效控制，将在很大程度上影响到其后续生产环节的能源消耗。火力发电的燃煤要经过诸如计划、采购、运输、验收、配煤、储备及厂内输送，煤粉制备等多个环节，最后才能送入锅炉燃烧。对燃煤质量的控制应在上述各环节上都要落到实处。

（2）提高锅炉燃烧效率，实现节能减排。锅炉是最大的燃料消耗设备，燃料在锅炉内燃烧过程中的能量损失主要包括排烟热损失、可燃气体未完全燃烧热损失、固体未完全燃烧热损失、锅炉散热损失、灰渣物理热损失等。降低排烟热损失的主要措施：降低排烟容积，控制火焰中心位置、防止局部高温，保持受热面清洁，减少漏风和保障省煤器的正常运行等；降低可燃气体未完全燃烧热损失的主要措施：保障空气与煤粉充分混合，控制过量空气系数在最佳值，进行必要的燃烧调整，提高入炉空气温度，注意锅炉负荷的变化并控制好一、二次风混合时间等；降低固体未完全燃烧热损失的主要措施：选择最佳的过量空气系数，合理调整和降低煤粉细度，合理组织炉内空气动力工况，并且在运行中根据煤种变化，使一、二次风适时混合等；降低锅炉散热损失的主要措施：水冷壁和炉墙等结构要严密、紧凑，炉墙和管道的保温良好，锅炉周围的空气要稍高并采用先进的保温材料等；降低灰渣物理热损失的主要措施：控制排渣量和排渣温度。由此可见，通过提高锅炉燃烧效率来节能减排的潜力很大。

（3）提高汽轮机效率实现节能减排。在汽轮机内蒸汽热能转化为功能的过程中，由于进汽节流，汽流通过喷嘴与叶片摩擦，叶片顶部间隙漏汽及余速损失等原因，实际只能使蒸汽的可用焓降的一部分变为汽轮机的内功，造成汽轮机的内部损失。

降低汽轮机内部损失的方法有：①通过在冲动级中采用一定的反动度，蒸汽流过动叶栅时相对速度增加，尽量减小叶片出口边厚度，采用渐缩型叶片、窄型叶栅等措施来降低喷嘴损失；②通过改进动叶型线，采用适当的反动度来降低动叶损失；③通过将汽轮机的排气管做成扩压式，以便回收部分余速能量来降低余速损失等。

（4）改善蒸汽质量。蒸汽压力和温度是蒸汽质量的重要指标。如果汽压低，外界负荷不变，汽耗量增大，煤耗增大；汽压过低，迫使汽轮机减负荷。过、再热蒸汽温度偏低，压力变时热焓减少，做功能力下降。也就是，当负荷一定时，汽耗量增加，经济性下降。如何合理控制这两大指标，提高经济性，也具有重大意义。

（5）提高设备利用率，实现节能减排。编制风机、制粉设备单耗定额和输煤系统输煤单

位电耗定额，并颁布实施、加强考核，这样可以降低输煤电耗，而且可以降低设备磨损；充分提高公用系统设备的利用率，对不合理的系统及运行方式进行改进；除灰系统设备自动投入率要高，确保输灰、输渣设备有效利用及水的回收。

（6）采用变频调速技术，实现节能减排。发电厂厂用电量占机组容量的5%～10%，除去制粉系统以外，泵与风机等火力发电机组的主要辅机设备消耗的电能占厂用电的70%～80%。泵与风机的节电水平主要通过耗电率来反映。泵与风机的节能，重点要看其是否耗能过多、风机与管网是否匹配。大容量机组的火力发电厂的节水重点在于灰渣排放系统。目前电厂主要用水力系统将灰渣排到储灰场和储渣场。目前火力发电厂中的主要用电设备能源浪费比较严重，具体表现如下：①通过改变挡板或阀门开度进行流量调节时，风机必须满功率运行，不仅效率低下，节流损失大，且设备损坏快；②执行机构和液力耦合器可靠性差，易出故障，设备利用率低，精度差，存在严重非线性和运行不可靠的缺点；③电动机按定速方式运行，输出功率无法随机组负荷变化进行调整，浪费电能；④电动机启动电流大，通常达到其额定电流的6～8倍，严重影响电动机的绝缘性能和使用寿命。

解决上述问题最有效的手段之一就是利用变频技术对这些设备的驱动电源进行变频改造。变频调速控制节能原理是通过改变频率$f$来改变电动机的转速。理论上这种调速方式调节范围宽（0～100%），且线性度很好，变频器设备本身能耗很低，无论是轻载还是满载都有很高的效率。此外，其运行可靠性、调节精度及线性度（可达99%）都是其他调速方法无法相比的。采用变频调速技术既节约了电能，又可方便地组成封闭环控制系统，实现恒压或恒流量控制，同时可以极大地改善锅炉的整个燃烧情况，使锅炉的各个指标趋于最佳，从而使单位煤耗、水耗一并减少。

## 二、电网的节能监测

### （一）电网基本介绍

由发电、变电、输电、配电和用电这五个环节所组成的电能生产、变换、输送、分配和消费的整体，就叫做电力系统。在电力系统中，除发电和用电这两个环节以外的部分，即把由输电、变电、配电设备及相应的辅助系统组成的联系发电与用电的统一整体称为电力网，简称电网。电网是连接发电厂和用户的中间环节，是传送和分配电能的装置。电网是由不同电压等级的输配电线路和变电站组成的，按其功能的不同常分为输电网和配电网两大部分。输电网是由35kV及以上的输电线路和与其连接的变电站组成，是电力系统的主要网络，其作用是将电能输送到各个地区的配电网或直接送给大型企业用户。配电网则由10kV及以下的配电线路和配电变压器所组成，其作用是将电能馈送至各类电能的用户。

#### 1. 输电网

由于发电厂与用电负荷中心一般相距很远，将发电厂发出的电能通过升压变压器升压（变电）至35～1000kV后，在高压架空输电线路上进行远距离的输送，直至用电负荷中心的全过程称为输电。输电是电力系统的重要组成部分，它使得电能的开发和利用超越了地域的限制。电能与其他能源的输送方式相比，具有效益高、损耗小、污染少，且易于调节和控制等特点。另外，高压输电线路还可以将不同地点的发电厂连接起来，构成大规模的联合电力系统，以使得电能的质量进一步提高，同时起到互相支援、互为补充的作用。它已成为现代社会的能源大动脉。按照输送电流的性质来分，有交流输电和直流输电两种。目前较为广泛应用的是交流输电，但近年来直流输电也越来越受到人们的重视；按照输电线路的结构来分又有架空线路和直埋敷设两种形式。

输电的功能是将发电厂发出的电力输送到消费电能的地区，或进行相邻电网间的电力互送，使其形成互联电网或统一电网，保持发电和用电或两电网间供需平衡；配电的功能是在消费电能的地区接受输电网受端的电力，进行分配。输电线路和配电线路电压等级、输送容量和配电距离见表4-12。

**表4-12 输电线路和配电线路**

| 标准电压等级（kV） | | 输送容量（MVA） | 输送距离（km） |
|---|---|---|---|
| 配电线路 | 10 | 0.2～2 | 6～20 |
| | 35 | 2～15 | 20～50 |
| 输电线路 | 110 | 10～50 | 50～150 |
| | 220 | 100～500 | 100～300 |
| | 330 | 200～800 | 200～600 |
| | 500 | 1000～1500 | 150～850 |
| | 750 | 2000～2500 | 500以上 |

输电网由输电和变电设备构成。输电设备主要有输电线、杆塔、绝缘子串、架空线路等；变电设备有变压器、电抗器（用于330kV以上）、电容器、断路器、接地开关、隔离开关、避雷器、电压互感器、电流互感器、母线等一次设备和确保安全、可靠输电的继电保护、监视、控制及电力通信系统等二次设备。变电设备主要集中在变电站内。对于直流输电，它的输电功能由直流输电线路的换流站的各种换流设备，包括一次设备和二次设备实现。输电网一次设备和相关的二次设备协调配合是实现电力系统安全、稳定运行，避免连锁事故发生，防止大面积停电的重要保证。

电网按电压等级的高低分层，按负荷密度的地域分区；不同容量的发电厂和用户应分别接入不同电压等级的电网；大容量的电厂应接入主网，较大容量的电厂应接入较高电压的电网，容量较小的可接入较低电压的电网。配电网应按地区划分，一个配电网担任分配一个地区的电力及向该地区供电的任务。配电网之间通过输电网发生联系。不同电压等级的电网的纵向联系通过输电网逐级降压形成。电力系统之间通过输电线连接，形成互联电力系统。连接两个电力系统的输电线称为联络线。

2. 配电网

配电网是由架空线路、电缆、杆塔、配电变压器、隔离开关、无功补偿电容器以及一些附属设施等组成的。在电力网中起重要分配电能作用的网络就称为配电网；配电网一般是指35kV及其以下电压等级的电网，作用是给城市里各个配电站和各类用电负荷供给电源。

配电网按电压等级可分为高压配电网（35～110kV）、中压配电网（6～10kV）、低压配电网（220V/380V）；在负载率较大的特大型城市，220kV电网也有配电功能；按供电区的功能可分为城市配电网、农村配电网和工厂配电网等。

在城市配电网系统中，主网是指110kV及其以上电压等级的电网，主要起连接区域高压（220kV及以上）电网的作用。

3. 变电

通过电压变换装置将低电压变换为高电压或将高电压变换为低电压的过程称为变电。变压器是变电站的主要设备，分为双绕组变压器、三绕组变压器和自耦变压器，即高、低压每相共用一个绕组，从高压绕组中间抽出一个头作为低压绕组的出线的变压器。电压高低与绕组匝数成正比，电流则与绕组匝数成反比。

变压器按其作用可分为升压变压器和降压变压器。前者用于电力系统送端变电站，后者用于受端变电站。变压器的电压需与电力系统的电压相适应。为了在不同负荷情况下保持合格的电压，有时需要切换变压器的分接头。

4. 基本参量

电网中的基本参量有总装机容量、年发电量、最大负荷、额定频率、最高电压等级等。

（1）总装机容量。该区域电网中实际安装的发电机组额定有功功率的总和。

（2）年发电量。该电网中所有发电机组全年实际发出电能的总和。

（3）最大负荷。在规定统计时间内（如一天、一月、一年），该电网总有功功率负荷的最大值。

（4）额定频率。按国家标准规定，我国所有交流电力系统的额定频率为 50Hz。

（5）最高电压等级。该电网中最高电压等级为电力线路的额定电压。

（二）电网损失分析

在电力变压、输送过程中，由于电阻（或电导）的存在，将产生一定的有功功率和电能损耗，消耗在线路、变压器等电气设备上的电量，就是线路损失电量，简称线损。

损失电量占供电量的百分比，称线损率，即

线损率=（供电量－售电量）/供电量×100%

这种计算方法，并不能真正反映电网输变电设备中电能损失的大小。因为它除了输变电设备的电能损失外，还包括了电网运行管理中的一些不明损失（如表计误差、管理工作中的漏洞等）。一般将这种办法计算出的线损率，称为统计线损率；把经过理论分析计算得出的线损率，称为理论线损率。

一般 35kV 及以上线路的损失，称为供电线路损失；6～10kV 及以下线路的损失，称为配电线路损失。

1. 供电线路损失情况

供电部门管理的 10kV 农村配电网和城市配电网线路功率因数大都在 0.65～0.85 之间，非电业管理的企业用户，其内部 10kV 配电网功率因数在 0.85 左右；由于大部分 380V 用电线路动力设备实际出力比额定容量小及家用电器的特性决定了其功率因数偏低，线损偏高。

10kV 与 380V 电网功率因数偏低的主要原因是无功补偿设备集中在变电站 10kV 侧，只对 10kV 以上电网具有补偿作用，没有实现无功就地补偿，380V 配网无功功率投入不足，缺乏可靠实用的无功功率补偿设备以及合理的补偿方式。无功功率不足，是功率因数低的主要原因，造成了 10kV 及以下配电网有功功率损失较大。

2. 配电线路损失分析

配电线路消耗的无功功率仅次于感应电动机，约占无功功率的 20%。电网改造中考虑解决过负荷问题较多，在选择变压器容量时往往不经过调查，没有与实际负荷配合，只选择容量大的变压器，而配电变压器负荷的特点是用电时间集中，白天和黑夜多数为轻载或空载状态，由于变压器负荷电流小，同时受空载励磁损耗的影响，功率因数较低，空载和轻载时变压器自身功率因数只有 0.5～0.6，消耗的无功功率占变压器容量的 10%左右。

提高电网功率因数，降低电能损耗。提高电网功率因数的方法，归纳为提高设备本身的功率因数和利用无功补偿设备，以就近解决无功功率需要两个方面。

（1）合理选择使用变压器，调整并联变压器台数，降低电能损耗。变压器的最佳负载率，是按有功功率损失最小确定的，一般为60%～80%。

（2）采用并联电容器提高功率因数。在配电线路上，安装补偿电容器是直接减少线路无功功率输入量和缩短线路无功功率输送距离，从而达到降低线路损耗的有效技术手段，并可以有效地提高供电电压。

（三）电网节能监测方案

1. 企业供配电系统节能监测项目

（1）日负荷率。电网负荷率是一个总的概念：电网负荷率＝电网平均负荷/电网设计的最大负荷。而具体的负荷率又分为日负荷率、年负荷率、年平均日负荷率等。具体的意义也因为具体的概念的不同而有些差别。总的来说，负荷率是描述平均负荷（电量）与最大负荷的比率的物理量。

电网负荷率与系统有功负荷高峰低谷有关。电网负荷率高表明该地区负荷峰谷差较小，负荷比较平均，电网负荷率低说明该地区峰谷差异较大，需要削峰填谷，使各时段负荷变化减小。

调整负荷，提高负荷率，不仅使用电单位的用电达到经济合理，而且也为整个电网的安全经济运行创造了条件。

（2）变压器负荷率。

1）变压器降耗改造。变压器数量多、容量大，总损耗不容忽视。因此降低变压器损耗是势在必行的节能措施。若采用非晶合金铁芯变压器，具有低噪声、低损耗等特点，其空载损耗仅为常规产品的1/5，且全密封、免维护，运行费用极低。S11系统是目前推广应用的低损耗变压器，空载损耗较S9系列低75%左右，其负载损耗与S9系列变压器相等。因此，应在输配电项目建设环节中推广使用低损耗变压器。

2）变压器经济运行。变压器经济运行是指在传输电量相同的条件下，通过择优选取最佳运行方式和调整负荷，使变压器电能损失最低。变压器经济运行无需投资，只要加强供、用电科学管理，即可达到节电和提高功率因数的目的。每台变压器都存在有功功率的空载损失和短路损失、无功功率的空载消耗和额定负载消耗。变压器的容量、电压等级、铁芯材质不同，故上述参数各不相同。因此，变压器经济运行就是选择参数好的变压器和最佳组合参数的变压器运行。

选择变压器的参数和优化变压器运行方式可以从分析变压器有功功率损失和损失率的负载特性入手。

（3）线损率。降损节能是衡量和考核电网企业生产技术和经营管理水平的一项综合性经济技术指标。线损由技术线损和管理线损组成。在电网中，只要有电流流过，就要消耗电能。电能在电力网输、变、送、配电过程中产生的电量损耗称技术线损。管理线损是指由于电力管理部门和有关人员管理不够严格，出现漏洞，造成用户窃电或违章用电，电网元件漏电，电能计量装置误差以及抄表人员错抄、漏抄等引起的电能损失；这种损失既没有规律性，又不易测算，所以又称为不明损失。降损节能是有效提高电力企业经济效益的重要途径之一。

降低线损的技术措施可分为建设性措施和运行性措施两种。

1）建设性措施。通过增加投资费用，更新改造原有设施，从而达到降低线损的目的，具体可以从以下几方面考虑：

①加快高耗能变压器的更新改造。为降低变压器自身的损耗，宜选用S11系列低耗能变压器或非晶合金变压器。

②合理配置变压器。对于长期处于轻载运行状态的变压器，应更换小容量变压器；对于长期处于满载、超载运行的变压器，应更换容量较大的变压器。变压器容量的选择，一般负荷在65%～75%时效益最高。配电变压器应尽量安装于负荷中心，且其供电半径最大不超过500m。农村用电有其自身的特点，受季节和时间性的影响，用电负荷波动大，有条件的地方可采用子母变压器供电，在负荷大时进行并联运行，一般负荷可采用小容量变压器供电，负荷较大时可采用大容量变压器供电。无条件的地方一般要考虑用电设备同时率，按可能出现的高峰负荷总千瓦数的1.25倍选用变压器。

③增建线路回路，更换大截面导线。根据最大负荷和相应的最大负荷利用小时数，与经济电流密度比较，如果负荷电流超过此导线的经济电流数值，应采取减小负荷电流或更换导线，架设第二回线路，加装复导线。

④增装必要的无功功率补偿设备，进行电网无功功率优化配置。功率因数的高低，直接影响损耗的大小，提高功率因数，就要进行无功功率补偿，无功功率补偿应按“分级补偿、就地平衡”的原则，采取集中、分散和随即补偿相结合的方案，对没有安装集中补偿装置的变电所10kV母线上加装补偿电容器，使无功功率得到平衡。在线路长、负荷大的10kV线路上安装并联电容器进行分散补偿；对容量为30kVA及以上的10kV配电变压器应随即就地补偿，使配电变压器自身无功功率损耗得到就地补偿；对7.5kW及以上年运行小时数在100h以上的电动机重点进行随即补偿。低压线路也应安装无功功率补偿装置，通过一系列的无功功率补偿措施，将电网的电力率保持在0.9以上。

强化计量装置的更换与改造。用电计量装置应安装在供电设施产权界处，并提高计量装置的准确度。选用86系列宽幅度电能表或电子式电能表、防窃电能表有非常可观的降损效果。它的主要优点是：①自耗小（0.3W左右）；②误差线性好；③准确度高；④抗倾斜；⑤正反向计数；⑥有较强的防窃电性能。实行一户一表计量每户电量并作为收费的依据，有利于监督、分析用电损失情况，及时消除损耗高的原因。

2）运行性措施。运行性措施是指在已运行的电网中，合理调整运行方式以降低网络的功率损耗和能量损耗。实际操作中的主要方法有：

①电压的调整。变压器的损耗主要是铜损和铁损，而农村配电网中一般变压器的铁损大于铜损，是配电网线损的主要组成部分。如果变压器超过额定电压5%运行时，变压器铁损增加约15%以上；若超过电压10%，则铁损将增加约50%以上；当电网电压低于变压器的所用分接头电压时，对变压器本身没有什么损害，只是可能降低一些出力；同时电动机在$0.95U_e$下运行最经济，所以适当降低运行电压对电动机也是有利的。如果变压器铜损大于铁损，提高运行电压，则有利于降损。因此及时调整变压器的运行分接头（要保证正常电压偏差），是不花钱就可降低线损的好办法。

②三相负荷平衡。如果三相负荷不平衡，将增加线损。这是因为三相负荷不平衡时，各相的负荷电流不相等，就在相间产生了不平衡电流，这些不平衡电流除了在相线上引起损耗

外，还将在中性线上引起损耗，这就增加了总的线损。如果三相负荷平衡，则向量差为零，应当尽可能使各相负荷相对平衡，否则，中性线上将有电流流过。中性线上流过的电流越大，引起的损耗也越大。因此在运行中经常调整变压器的各相电流，使之保持平衡，以降低线损。一般要求配电变压器出口处的电流不平衡度不大于10%，因为不对称负荷引起供电线路损耗的增加与电流不对称度的平方成正比。在低压三相四线制线路中线路的电流不平衡附加线损也是相当大的，定期地进行三相负荷的测定和调整工作，使变压器三相电流接近平衡，这也是无需任何投资且十分有效的降损措施。

③导线接头处理。导线接头的接触电阻一般较小，如果施工工艺较差，接触电阻将猛增，而此处的电能损耗和接触电阻成正比，除提高施工工艺减少接触电阻的办法外，还可以在接头处加涂导电膏的办法，使点与点的接触变成面与面的接触，从而进一步减少接触电阻。

④加强对电力线路的维护和提高检修质量。定期进行线路巡查，及时发现、处理线路泄漏和接头过热事故，可以减少因接头电阻过大而引起的损失。对电力线路沿线的树木应经常剪枝伐树，还应定期清扫变压器、断路器及绝缘瓷件。

（4）企业用电体系功率。用电体系有功功率与视在功率之比，即功率因数；以用电体系有功电量与无功电量为参数计算而得的功率因数，即企业用电体系功率因数，又称企业用电体系加权平均功率因数。

交流电网需要电源同时供给有功功率和无功功率，有功功率用于电能做功，无功功率用于建立交变电磁场。由于用电体系的负载大多数都是感性负载，而不是纯电阻性负载，既要消耗有功功率，也要消耗一些无功功率，因而用电体系有功功率与视在功率之比，即功率因数通常是小于1的正数。

若用电体系消耗的有功功率一定，则消耗的无功功率越大，功率因数越低，为了满足用电的要求，必须加大电网供电线路和变压器的容量，这不仅需增大电网供电的投入，也造成企业用电的浪费。因此，各地区电网普遍实行按功率因数调整用电收费价格的办法，规定对一个企业的功率因数要求达到一定的数值，企业功率因数低于规定值，要多收电费；企业功率因数高于规定值，可减少收费，有奖有罚。可见，提高功率因数对企业有利，对整个社会电网的运行有利，经济效益明显。

为此，GB/T 3485—1998中规定：企业应在提高自然功率因数的基础上，合理装置集中与就地补偿设备，在企业最大负荷时的功率因数不低于0.90；低负荷时，应调整无功功率补偿设备的容量，不得过补偿。

（5）电网无功功率配置。大量无功电流在电网中会导致线路损耗增大，变压器利用率降低，用户电压跌落。无功功率补偿是利用技术措施降低线损的重要措施之一，在有功功率合理分配的同时，做到无功功率的合理分布。

无功功率优化的目的是通过调整无功功率潮流的分布降低网络的有功功率损耗，并保持最好的电压水平。

2. 企业供配电系统节能监测方法

监测应在用电体系处于正常生产实际运行工况下进行，测试期为一个代表日（24h）。监测所有的仪表应能满足监测项目的要求，仪表必须完好，并且电能计量仪表准确度应不低于2.0级。测试仪表、测试条件、测试和计算方法应符合GB/T 3485—1998和GB/T

13462—2008《电力变压器经济运行》的有关规定。测试数据每小时准点记录一次。

（1）日负荷率的测试与计算。用电体系日平均负荷与日最大负荷的数值之比的百分数，即日负荷率 $K_f$（%）在测试期内，测算以下参数：

1）日平均负荷。用电体系在测试期内实际用电的平均有功负荷 $P_p$（kW），其数值等于实际用电量除以用电小时数。

2）日最大负荷。用电体系在测试期出现的最大小时平均有功负荷 $P_{max}$（kW）。

用电体系在测试期的日负荷率 $K_f$（%）按式（4-35）计算

$$K_f = \frac{P_p}{P_{max}} \times 100 \tag{4-35}$$

（2）变压器负载系数的测试与计算。电力变压器运行期间平均输出视在功率与其额定容量之比，即变压器负载系数 $B$，又称变压器平均负载系数。

在测试期内，分别测算每台变压器的下列参数：

1）运行期间：变压器投入运行的时间 $t$，h。

2）有功电量：运行期间变压器负载侧的有功电量 $E_p$，kWh。

3）无功电量：运行期间变压器负载侧的无功电量 $E_q$，kvarh。

4）额定容量：变压器额定容量 $S_e$，kVA。

测试期的变压器负载系数 $B$ 为

$$B = \frac{S}{S_e} \tag{4-36}$$

式中　$S$——变压器平均输出视在功率，kVA。

$$S = \frac{\sqrt{E_p{}^2 + E_q{}^2}}{t} \tag{4-37}$$

变压器负载系数也可以用以下方法测算其近似值：

1）分别测算每台变压器运行时负载侧的均方根电流 $I_2$，A。

2）记录每台变压器负载侧额定电流 $I_{2e}$，A。

3）变压器负载系数 $B$ 为

$$B \approx \frac{I_2}{I_{2e}} \tag{4-38}$$

变压器综合功率损耗率最低时，其输出视在功率与额定容量之比，即变压器综合功率表经济负载系数 $B_z$。

（3）线损率的测试与计算。供给用电体系的电量由体系受电端经变电站至低压供配电线路末端所损耗的电量之和占体系总供给电量的百分数，即线损率 $a$,%。

在测试期内，测算以下参数：

1）用电体系实际总供给电量 $E_r$，kWh。

2）每台变压器的损耗 $\Delta E_s$，kWh。

3）每条线路的损耗 $\Delta E_{sx}$，kWh。

4）电气仪表元件的损耗 $\Delta E_y$，kWh。

$\Delta E_y$ 在现场监测时，允许忽略不计，测试期的线损率 $a$（%）按式（4-39）计算为

$$a = \frac{\sum \Delta E_S + \sum \Delta E_{SX}}{E_r} \times 100 \tag{4-39}$$

（4）企业用电体系功率因数的测试与计算。用电体系有功功率与视在功率之比，即功率因数；以用电体系有功电量与无功电量为参数计算而得的功率因数，即企业用电体系功率因素 $\cos\varphi$，又称企业用电体系加权平均功率因数。

在测试期内，测算以下参数：

1）供给用电体系的总有功电量 $E_{rp}$，kWh。

2）供给用电体系的总无功电量 $E_{rq}$，kvarh。

测试期的企业用电体系功率因数 $\cos\varphi$ 为

$$\cos\varphi=\frac{E_{rp}}{\sqrt{{E_{rp}}^2+{E_{rq}}^2}} \tag{4-40}$$

当备有功率因数表时，可直接读取功率因数 $\cos\varphi$ 的值。

### （四）高效节能输电

为了解决对输电容量的需求持续增长与建设新线路困难的矛盾，近年来人们开始将更多的注意力从电网的扩张转移到挖掘现有网络的潜力上，研究利用其他高效节能输电新技术来均衡电网的潮流和提高输电线路的输送容量，从而提高输电网的输送能力。

目前有柔性输电技术、紧凑型输电技术等高效节能输电技术。

#### 1. 柔性输电技术

柔性输电技术是基于现代大功率电力电子技术及信息技术的现代输电技术。

柔性输电技术可提高输配电系统的可靠性、可控性、运行性能及电能质量，是一项对未来电力系统的发展可能产生巨大变革性影响的新技术。柔性输电技术可分为柔性直流输电技术和柔性交流输电技术。

（1）柔性直流输电技术。柔性直流输电自身灵活控制潮流和交流电压的功能对系统短路比无影响，可将它放置在系统薄弱环节以增强系统稳定性，适合于向远地负载、小岛、海上钻井等孤立网络供电，尤其适用于风力发电系统。

柔性直流输电技术用于连接风电场和电网具有独特的优势，它无需额外的无功功率补偿，能实现风力发电的远距离能量输送。它可以连接多台风电机组，甚至多个风电场，从而减少换流站的个数，节约成本。

（2）柔性交流输电技术。柔性交流输电技术，又称为灵活交流输电技术。该技术是基于电力电子技术改造交流输电的系列技术，它可以对交流电的无功功率、电压、电抗和相角进行控制，从而能有效提高交流系统的安全稳定性，满足电力系统长距离、大功率安全稳定输送电力的要求。

#### 2. 紧凑型输电技术

从电网建设的远景和特高压电网规划来看，线路不断增多，线路走廊资源越来越紧张，特别是由于规划部门对土地审批越来越严格，线路通道在很多地区已经成为影响电网建设的主要因素。紧凑型输电技术与常规型输电技术相比，具有降低电能输送成本，减少输电走廊对土地的占用等特点，是经济发达、土地昂贵、房屋稠密地区节省线路走廊和工程投资、提高输送容量的有效方法之一。

### （五）影响电网发展的关键技术

随着人类社会对全球常规一次能源资源可持续供应能力以及对生存环境恶化的担忧，未来能源发展将从资源引导型转为技术驱动型，这是世界能源发展的总体趋势。电网发展尤其如此。

根据我国能源及电力工业的特点，以及电网发展的目标定位，将对我国电网发展产生重大影响的关键技术如下。

1. 特高压输电技术

特高压交直流输电技术为长距离、大容量、低损耗电力输送提供了有效的技术手段，是提高电网能源输送能力和在更大范围内开展电力国际合作的重要前提，也是提高我国电力行业国际影响力和竞争能力的重要契机。

特高压输电技术的优越性有：

（1）输送容量大。1000kV特高压交流按自然功率输送能力是500kV交流的5倍，在采用同种类型的杆塔设计的条件下，1000kV特高压交流输电线路单位走廊宽度的输送容量约为500kV交流输电的3倍。

（2）节约土地资源。±800kV直流输电方案的线路走廊宽度约76m，单位走廊宽度输送容量约为84MW/m，是±500kV直流输电方案的1.3倍，溪洛渡、向家坝、乌东德、白鹤滩水电站送出工程采用±800kV级直流与采用±600kV级直流相比，输电线路可以从10回减少到6回。总体来看，特高压交流输电可节省约2/3的土地资源，特高压直流可节省约1/4的土地资源。

（3）输电损耗低。与超高压输电相比，特高压输电线路损耗大大降低，特高压交流线路损耗是超高压线路的1/4；±800kV直流线路损耗是±500kV直流线路的39%。

（4）工程造价省。采用特高压输电技术可以节省大量导线和铁塔材料，以相对较少的投入达到同等的建设规模，从而降低建设成本。在输送同容量条件下，特高压交流输电与超高压输电相比，节省导线材料约1/2，节省铁塔用材约2/3。1000kV交流输电方案的单位输送容量综合造价约为500kV输电的3/4。

2. 信息化及智能控制技术

该技术包括实时数据采集技术、实时控制技术，以及智能化控制策略等。

3. 电网安全控制与大事故防御技术

随着系统规模的逐步扩大以及电网功能的扩展，电网安全的重要性进一步提高。重点是研发具有动态安全分析、预警和辅助决策功能的新一代电网调度自动化系统，以及具有自适应能力、协调优化的电网动态安全稳定保障系统；加强推进先进电力电子技术的开发和应用，为大电网安全运行提供行之有效的技术保障手段和策略。

4. 提高电网输配电效率的更新改造技术

目前我国每年数千亿元的电网建设投入，预示着未来30～50年乃至更长时期内，大规模的输配电设施将达到其经济寿命期，因此，必须提前做好提高电网输配电效率和相关设施经济寿命的更新改造技术储备。

5. 交互式电能控制技术

随着高效率、低污染的各种分布式能源系统的发展和应用，大电网与用户自有的分布式发电系统实现协调发展已成为世界电力系统发展的一个必然趋势。随着我国天然气管网覆盖面的逐步扩大以及天然气供应能力的提高，以天然气为燃料的分布式能源系统也将逐步在我国大中型城市中得以广泛应用；另外，太阳能光伏发电技术等也将逐步发展到商业化应用。因此，交互式电能控制技术的开发应尽快提上议事日程。

6. 适应不同特性电源接入和高效稳定运行的电网运行、控制和调度技术

根据国家能源发展的总体安排，未来的发电能源结构将逐步由目前以煤电和水电为主的单元格局转变为以煤炭、水电、核电以及风电和太阳能等其他可再生能源并存的多元化格局，因此，未来电网将面临如何在充分接纳各种特性的电源的前提下，保证稳定、高效运行的难题。尤其是现阶段我国风电开发中所特有的“小网大容量、弱网大规模”的风电开发模式特点，更需要进一步加强相应的电网运行、调度和控制技术开发，以适应风电开发的需要，并实现电网的安全、稳定、高效运行。

7. 大型电力储存技术

随着大规模呈间歇性的风电、太阳能等可再生能源发电技术的开发应用和接入系统，以及具有交互式供电能力的分布式电源系统的发展，开发以高效率、长寿命、低成本、低污染为特征的先进大型储能技术已成为世界主要发达国家（如欧盟、美国等）的技术开发重点。先进大型储能技术也是电动汽车发展的重要前提，还是需求侧削峰填谷和提供电力应急供应的有效技术手段。

8. 其他相关前瞻性技术

例如，超导技术及其在电力系统中的应用。国内已开展了配电系统的相关技术与设备研发，美国把超导技术作为其未来全国输电技术的重要手段。氢能及燃料电池技术等也将对未来电力终端应用产生重大影响，并对电网运行与管理模式产生影响。

## 第六节　轻纺企业的节能监测

### 一、轻工企业的节能监测

轻纺工业，即轻工和纺织工业，是生产消费资料的工业部门，是国民经济的重要组成部分。其中轻工业又包括造纸、食品、皮革、塑胶、家电、照明、日用陶瓷、日用玻璃、家具、五金等十几个行业。轻纺产品不仅是人民的基本生活资料，也广泛用于国防、重工业、文教卫生等方面。轻纺工业也是国家积累资金和出口创汇的重要生产部门。

从能源消耗情况来看（见图 4 - 39），轻纺工业中纺织、造纸是能耗最大的两个行业，能源消耗量分别占轻纺工业能耗总量的 27%和 17%。此外，农副食品、食品饮料行业的能耗也相对较高。综合分析能耗和节能投资情况，轻纺工业节能市场中，最值得关注的几个行业包括：纺织、造纸和食品饮料。这几个行业中，除了电力以外，水和蒸汽也是被关注和重视的能源。

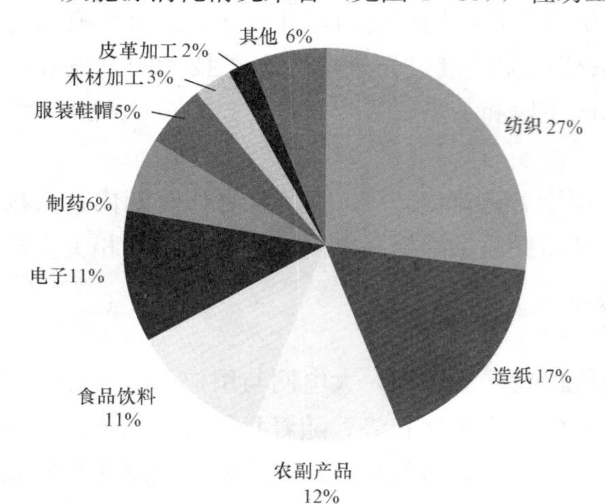

图 4 - 39　轻纺工业能耗分布概况

在工业生产中，轻工业是 8 个重点耗能行业之一，约占全国工业总耗能的 6.75%，其中造纸行业耗能约占工业的 2%。终端消费中，家电和照明的耗电量占全国总发电量的 25%左右。在废水排放量方面，轻工的造纸、食品（味精、柠檬酸、酒精）、皮革、

塑胶、洗涤5个行业约占全部废水排放量的24%，$COD_{cr}$排放量约占全部工业$COD_{cr}$排放量的58%，其中造纸行业废水排放为19%，$COD_{cr}$排放为35%。家用电器电子具有环境危害性，产品含有的有毒有害物质如不妥善处理，将污染环境，危害人体健康。

目前，我国纺织工业总耗能占全国工业总耗能的4.3%，企业用水量占全国工业企业的8.51%；废水排放量占全国工业废水排放总量的10%，其中80%为印染废水，平均回用率仅为10%左右。总体来看，多数纺织企业节能减排投入不足，先进工艺装备采用率较低。

（一）造纸工业工艺流程

造纸是从木材、稻草、甘蔗渣、废纸等原料中分离出纤维质，经过洗涤、打浆等处理后，用造纸机支撑纸张的过程。根据所生产纸的种类，将上述两种纸浆按适当比例配合，再经过洗涤、打浆等，由造纸机造成纸。造纸机制出的纸再经涂布、复卷等精加工处理后出厂。整个过程可分为制浆、造纸和精整三大系统。典型的造纸工艺流程如图4-40所示。

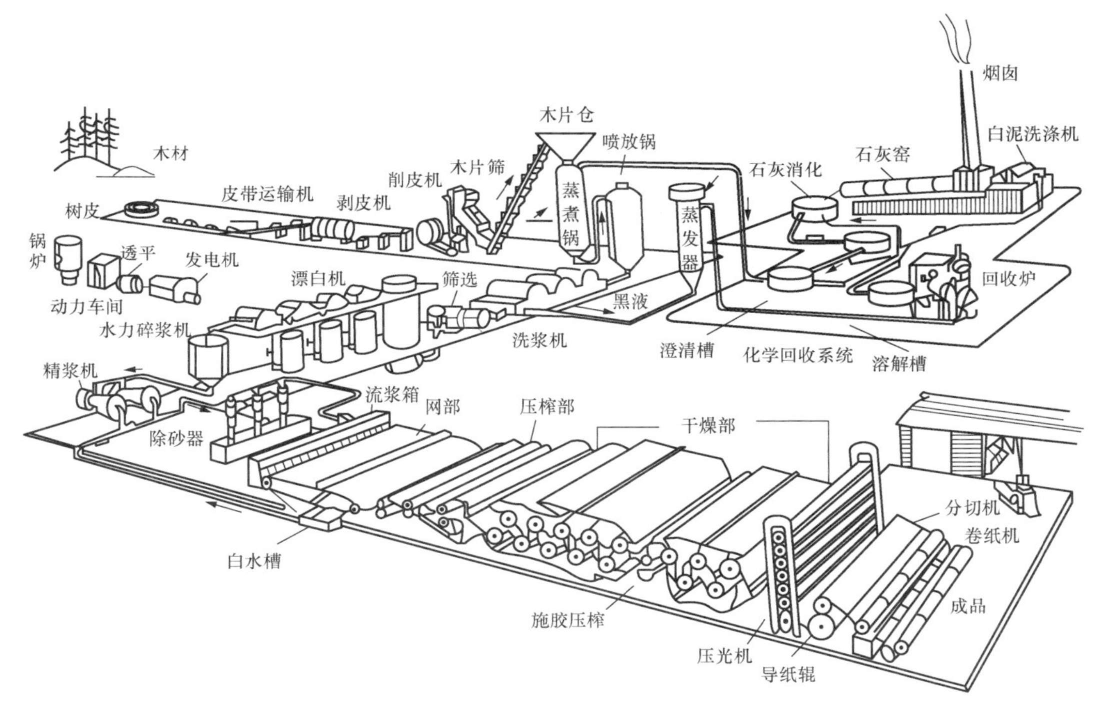


图4-40　典型的造纸工艺流程

1. 制浆工艺流程

制浆，就是利用化学或机械的方法，或两者结合的方法，使植物纤维原料离解，变成本色纸浆（未漂浆）或漂白纸浆的生产过程。制浆工艺流程主要包括备料、磨浆（或蒸煮、浸渍、洗涤）、筛选、漂白等过程。

草浆的备料主要是切断和净化，备料工艺分为干法备料、湿法备料和干湿结合法备料三种。竹子的备料有削片备料和撕丝除髓备料两种工艺。煎渣的备料主要是除髓棉轩的备料，一般采用刀辗切草机切断和锤式粉碎机破碎、离解，经风选后送蒸煮。木浆的备料过程包括锯断、剥皮、除节、劈开、削片和筛选等工序。根据浆种、原料种类、生产规模的不同，备料工序也有差别。例如，生产磨石磨木浆，原木仅需经过锯断、剥皮等工序，生产漂白硫酸盐浆则需经过上述所有过程。若不用原木，用板皮生产硫酸盐浆，只需经过削片和筛选两道工序。

蒸煮过程主要是脱木素的过程，其程序大致可分为装料、送液，升温、小放气，在最高压力或温度下保温，大放气和放料。根据蒸煮液的不同，可分为碱法蒸煮和亚硫酸盐法蒸煮。主要的蒸煮设备有间歇性蒸煮锅（立锅）和蒸球泵，以及连续蒸煮的卡米尔和潘迪亚连续蒸煮器等。

磨浆的目的是根据纸张或纸板的质量要求以及使用的纸浆的种类和特征，在可控的情况下用物理方法改善纤维的形态和性质，使制造出来的纸张和纸板符合预期的效果。磨浆主要是利用物理方法，对水中纤维悬浮液进行机械处理，使纤维受到剪切力，改变纤维的形态使纸浆获得某些特征（如机械强度、物理性能），以保证出来的产品取得预期的质量要求。磨浆可分为间歇式磨浆和连续式磨浆，主要的磨浆设备有圆盘磨浆机等。

纸浆的筛选是根据浆中杂质与纤维之间尺寸大小和形状的不同，细浆（良浆）通过筛板，浆渣被截留而分离的生产过程。主要的筛选设备有振动筛、离心筛、压力筛等。

纸浆的漂白可分为两大类。一类为溶出木素式漂白，通过化学品溶解纸浆中的木素使其结构上的发色基团和其他有色物质受到彻底的破坏和溶出。另一类为保留木素式漂白，在不脱除木素的条件下，改变或破坏纸浆中属于醌结构、酚类、金属螯合物、羰基或碳碳双键等结构的发色基团，减少其吸光性，增加纸浆的反射能力。

草浆生产工艺流程见图 4-41。其主要耗能设备有切草机、螺旋送料器、碎浆机、蒸球泵、浆泵、真空泵、打浆机等。

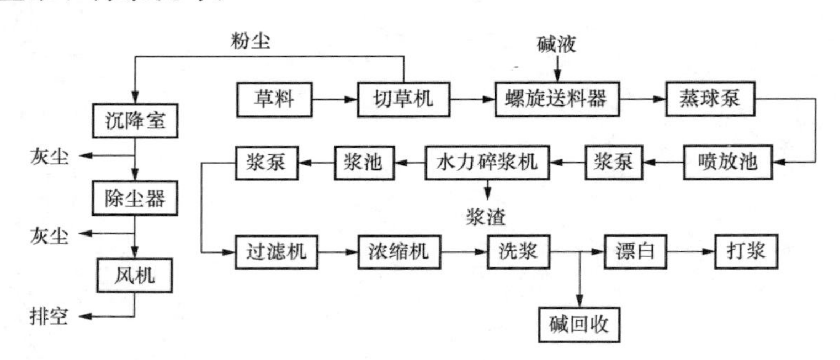


图 4-41 草浆生产工艺流程

木浆的生产工艺流程见图 4-42。其主要耗能设备是削片机、螺旋送料器、混合泵、喷放锅泵、黑液泵、热水泵、白水泵、真空泵、打浆机等。

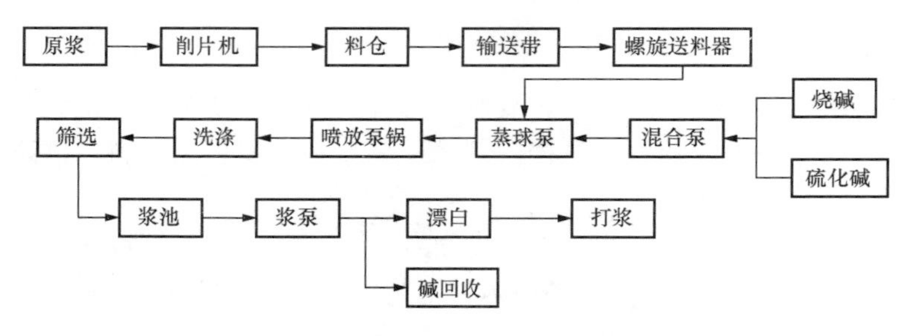


图 4-42 木浆生产工艺流程

2. 造纸工艺流程

造纸工艺流程大同小异，包括浆料的制备和抄造两部分，基本的流程如图 4-43 所示。

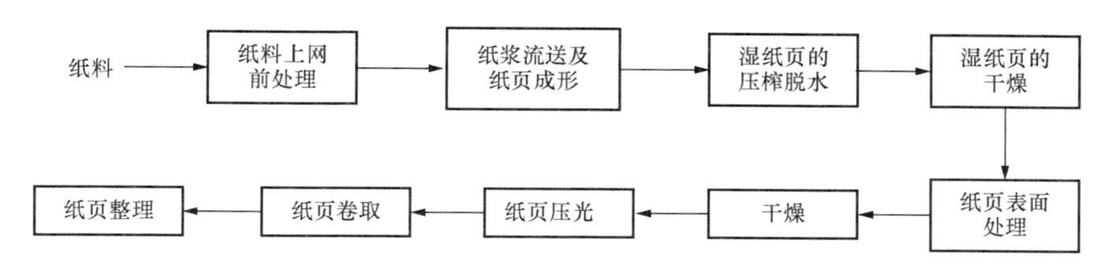


图 4-43　造纸工艺流程

浆料制备是浆料到达造纸机之前所有处理过程的总称，即纸浆在抄造前需要经过打浆、施胶、加填（料）、染色及添加所需的助剂等处理，使抄造纸张能达到预期的质量要求的过程。

一般情况下，纸和纸板的抄造主要由浆料上网前的处理、纸浆流送及纸页成形、湿纸页的压榨脱水、湿纸页的干燥、纸页的压光和卷取等过程组成。但在一些情况下，为了制造表面性能和印刷性能优良的高档纸和纸板，在抄造过程中增加纸页表面处理部分，进行表面施胶或机内涂布，例如，采用增加机内涂布设备生产轻量涂布纸、涂布白板纸，采用表面施胶设备生产胶版印刷纸、邮票纸等。

造纸最主要的也是能耗最大的设备是造纸机。其一般包括流浆箱、网部、压榨部、压光部、卷纸复卷部等各工段。

3. 精整工艺流程

（1）网部。使浆料从头箱流出在循环的铜丝网或塑料网上并均匀的分布和交织。

（2）压榨部。将网面移开的湿纸引到一附有毛、布的两个滚辊间，借滚辊的压挤和毛布的吸水作用，将湿纸作进一步的脱水，并使纸质较紧密，以改善纸面，增加强度。

（3）压光。由于经过压榨后的湿纸，其含水量仍高达 52%～70%，此时已无法再利用机械力来压除水分，故改让湿纸经过许多个内通热蒸汽的圆筒表面使纸干燥。

（4）卷纸。由卷纸机将纸幅卷成纸卷。

（5）裁切、选别包装。取前面已卷成筒状的纸卷多支，用裁纸机裁成一张张的纸，再经人工或机械的选别，剔除有破损或污点的纸张，最后将每 500 张包成一名（通常叫做一令）。

（二）造纸节能技术

造纸工业不仅是技术密集、投资密集的部门，而且是轻工业中的耗能大户。2005 年，我国吨浆纸综合能耗为 1.38t，国外吨浆纸产品综合能耗为 0.9～1.2t，比我国单位能耗低 15%左右。但是应该看到国外能耗的 1.2t 左右是指制浆造纸过程消耗的总能量，实际需要外购的能量仅为 0.6～0.88t。相当大数量的能源是靠燃烧蒸煮废液、树皮及其他废料而获得的。

20 世纪 70 年代，美国造纸工业的能源自给率就达到 47.1%，北欧各国更先进，芬兰为 54%，瑞典高达 62%。我国的情况与先进国家相比，发展很不平衡。只有少数造纸企业能源自给率达到 20%～30%，而为数众多的中小型企业对制浆废液和其他伴生能源几乎尚未利用，这不仅是对能源的极大浪费，而且对环境造成严重的污染，表明我国造纸工业的节能大有潜力。

我国造纸工业的节能当务之急是淘汰落后产能、原料结构的优化、推广节能减排技术，确保我国造纸工业向着大型化、技术和资金密集化的方向发展。

下面简单介绍几种造纸行业的节能技术。

1. 备料蒸煮节能技术

（1）草类原料合理储存，不仅可以平衡全年生产，使其水分均匀，还能使果胶、淀粉、蛋白质、脂肪自燃发酵，纤维胞间组织受到破坏，在蒸煮时，药液更容易渗透，能降低碱耗和能耗。

（2）原料的筛选要尽可能除去草叶、鞘、节、根、膜、髓、糠、谷壳、谷粒和泥沙，备料时若不能除去，会增加碱、汽、水的消耗。可针对不同原料采用干、湿法备料或风选除尘。

（3）蒸煮使用薄木片，可使纸浆得率提高 2%，筛浆率降低一半，用碱量下降 2%～5%。对高得率浆而言，降低筛浆率意味着可降低磨浆能耗。

（4）在硫酸盐法蒸煮过程中，适当提高蒸煮液的硫化度、提高白液浓度和温度能起到节能作用。

（5）蒸煮的液化、最高温度、保温时间等对能耗产生比较大的影响，在保持 H 因子不变的前提下，蒸煮时要尽可能采用较低的液比、较低的蒸煮温度，并可以适当延长蒸煮时间。

（6）装锅采用预浸装锅，可以提高装锅量，节约装锅用的蒸汽，还可以缩短蒸煮时间。

（7）提高装锅量能够节能，蒸煮曲线固定后，每一锅次的散热损失都相等，提高装锅量能减少分摊到每吨浆的热损失，使吨浆能耗下降。大容积的蒸煮锅（球）比小容积的蒸煮锅（球）吨浆耗热低。对每吨浆来说，大容积蒸煮锅（球）的散热损失要比小容积的小。

（8）采用冷喷放，可使浆液温度降低至 90～95℃，降低蒸汽损失，吨浆节约蒸汽 0.6～0.9t。间歇蒸煮大放气或喷放的热量可用来预热下一锅蒸煮液，也可用来蒸发废液，还可用来加热污水，通过热交换生产清洁的温热水。

2. 洗选漂节能技术

（1）采用高效的纸浆洗涤设备，如鼓式真空洗浆机、单螺旋挤浆机、双辊挤浆机、置换洗浆机，并用逆流洗涤的工艺，大大提高了黑液提取率，可以达到 90%以上，提取的黑液浓度高，可节省蒸发用蒸汽，黑液中的固形物在碱回收车间，既回收蒸煮用碱，又利用其产汽。

（2）采用封闭热筛选工艺比传统的筛选工艺，热量损失减少，提取黑液温度高；此外，封闭热筛选浆液浓度较高，可节约输送设备的电耗。

3. 碱回收节能技术

（1）适当增加蒸发器的效数有利于节能，采用多效蒸发器的目的在于充分利用热能。通过二次蒸汽的再利用，可减少蒸汽的消耗量，提高蒸汽的经济性。但是并不代表效数越多越好，还受到经济和计算因素的限制，因此在确定蒸发器效数时，应该综合考虑设备费用和操作费用总和最小来确定最合适效数。在蒸发操作中，为保证传热的正常进行，多效蒸发器间应有合适温差。

（2）蒸发采用板式蒸发器，板式蒸发器具有蒸发效率高、结垢轻、易除垢等优点，板式蒸发器一般来说热效率比管式蒸发器高 10%～15%，节能性较好。余热回收采用效果更好的板式冷凝器，经过热交换，回收热水，节约能源。

（3）碱回收炉烟气中的粉尘容易在过热器、锅炉管束及省煤器上造成结垢，吹灰一般使用蒸汽，为节约蒸汽，可采用合理吹灰压力、增加吹灰器的运行，采用这些措施可节约总产汽量3%～5%。

（4）燃烧工段采用单汽包喷射燃烧炉，提高碱炉的热效率。引风机采用变频风机，节约电能。

（5）苛化工段配置新型预挂式真空洗渣机，可提高白泥的干度，降低了碱的损失，有利于碱回收率的提高，也有利于白泥的运输。

（6）石灰窑节能主要采用排出石灰通过管式冷却器冷却，同时预热燃烧空气，绝热砖采用浇注成型砖；石灰窑的长度与直径之比为29∶1，采取上述措施可节约石灰窑总用能的20%左右。

4. 打浆节能技术

（1）选用高效节能打浆设备，合理选择齿形和磨片材质，对节能有一定效果，一般节能10%～40%。合理选择盘磨机速度和荷载能减少15%～30%能耗。

（2）采用中浓打浆比低浓打浆可有效保留和提高阔叶木浆的固有强度和结合强度，阔叶木浆抄造纸张的各项物理强度指标均有提高，能耗降低36%左右，对于针叶木浆，中浓打浆能提高纸张物理强度指标10%～24%，能耗降低30%。

（3）磨浆机选用高效的传动装置，配用高性能长寿命打浆磨盘和先进的自动控制系统，实现恒功率。

（4）水力碎浆机采用中浓碎浆，比低浓碎浆可降低能耗约40%，相同容积的设备可提高生产能力1倍。

5. 流送系统节能技术

通过采用PLC自动控制技术和变频技术，实现流浆箱浆网速比的稳定控制，使流浆箱的浆网速比及压力的控制精度均大为提高，能自动适应纸机的不同网速，并可根据网速自动设定总压，从而可改善纸的匀度，方便操作，稳定工艺条件；同时，冲浆泵使用变频器调速替代阀门调节浆流量，使冲浆泵的能耗降低，节能30%以上。

6. 纸机节能技术

（1）纸机网部采用整饰辊不仅可以改善纸页匀度，增加水印，还可以提高纸页干度。

（2）采用靴式压榨，提高了纸页进烘干部的干度，降低了蒸汽消耗。压榨部水分每降低1%，就可节约蒸汽5%。对纸机而言，网部、压榨部和烘干部脱出同样质量的水所需的成本之比为1∶70∶330，因此纸机应尽可能在网部和压榨部脱出较多的水，以节约干燥部蒸汽消耗。

（3）多缸造纸机干燥部所消耗的能量大约占整台纸机能耗的60%～80%，采用热泵系统能对造纸机干燥各段的供汽温度进行单独调节，使烘缸排出冷凝水顺畅。主要以工作蒸汽减压前后的势能差为动力，回收汽化缸二次蒸汽使其增压，提高能量品位供生产使用，可节约蒸汽量7%。

（4）纸机使用聚酯干网比干毯和帆布节能，聚酯干网不吸湿，可省去干毯缸，节约蒸汽。

（5）采用变频器后可提高纸机的运转性能，各分部速度既准确又易于调整，传动效率高，降低动力消耗10%～35%。此外，各部分的负荷控制和传动的管理比较方便，降低了维护费用，减少运行成本。

（6）纸机烘缸采用全封闭汽罩，收集纸机汽缸散发的大量热湿气体，并设置该部分气体的废热回收设备，采用两级热回收，将回收的热量用于纸机干燥部加热及屋面热风系统，可提高热效率10%～15%。封闭汽罩还能有效调节罩内气流，使纸页横向水分分布均匀而稳定，减少断头，提高了纸机效率和成纸质量。封闭汽罩还改善了操作条件，减轻了车间通风。

（7）烘缸内设扰流棒，可明显减少烘缸所需的驱动力与驱动扭矩，可大大提高烘缸的传热速度和传热的均匀性，提高热效率，降低热能消耗。烘缸采用固定虹吸管式排水装置，需要压力差较低，冷凝水排出顺畅，提高了干燥速率。

（8）在纸机完成部进行水分自动控制，可将纸页水分控制在上限。纸页水分每提高1%，每吨干纸少蒸发水分10kg，相当于24 244kJ的热量，折1.184kg标准煤。

（9）真空泵使用变频器后，可根据真空度所需的抽气量实时调整真空泵电动机的转速，在真空泵富余量大大超出生产工艺需求时，变频器可降低真空泵转速，从而达到节能的目的。在纸机压榨部的高真空系统中，目前数台真空泵并列运行的情况，有的企业控制抽气量的方法是将多台真空泵全部运行，并通过阀门来调节，这样耗电严重。可采用变频恒真空控制抽气量，选取其中1台为变频真空泵，其余为工频真空泵，可以节能。

（10）采用红外干燥技术，红外干燥不受纸页表面状况的影响，红外线能迅速浸透纸页，在纸页内部转化为热能，对纸页进行干燥。用红外干燥技术能改善纸页水分均匀性，提高电动机转速，降低能耗。

（11）抄纸机选用全封闭式冷凝水回收系统，既可以降低热量回收时的跑、冒、滴、漏，又可以减少热损失和热污染。

7. 其他节能技术

（1）芦苇备料产生的苇膜、苇黯、苇穗，麦草备料产生的谷粒、尘土、草叶、草节，杨木备料产生的树皮、木屑，送废料锅炉用作燃料。麦秸平均低位发热量为14 700kJ/kg，稻秆平均低位发热量12 545kJ/kg、薪柴平均低位发热量16 726kJ/kg，充分利用这些燃料，能提高造纸工业的能源自给率10%～20%。

（2）污水处理站产生的沼气，送锅炉作为燃料使用。沼气平均低位发热量为21 000kJ/$m^3$。

（3）化学机械浆磨浆产生的废蒸汽进入余热锅炉，利用炉内管式热交换器进行热交换，其热交换率一般为75%，经热交换后进入系统清水变成蒸汽供生产用。

（4）不同的化学助剂在制浆、造纸工艺中采用，其节能也比较明显。如蒸煮中的惠酶，漂白前木聚糖酶预处理，采用这些助剂能提高浆得率和减少化学品消耗。

（5）提高机械浆在印刷书写纸的比重，由于机械浆得率高，药品、蒸汽单耗低，因此生产成本较低，提高机械浆配比，本身就意味着节能。

（6）采用气流干燥浆能节能，传热效率高，能耗比烘缸干燥减少75%。

造纸企业既是用电大户也是用热大户，采用热电联产能极大提高能源利用效率。

## 二、纺织企业的节能监测

纺织工业，是指将自然纤维和人造纤维原料加工成各种纱、丝、线、绳、织物及其染整制品的工业部门，如棉纺织、毛纺织、丝纺织、化纤纺织、针织、印染等工业。

据统计，2006年纺织规模以上企业总能耗为7803万t，占全国工业总能耗的

4.1%。其中，燃料约占消耗能源的60%（煤炭约占50%，石油、煤气约占10%），电力约占消耗能源的40%。纺织工业能源消耗结构见图4-44。

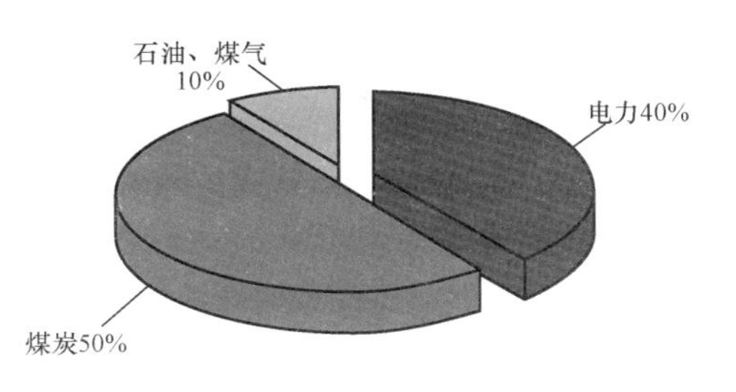

图4-44　纺织工业能源消耗结构

纺纱、织布以电力消耗为主，印染以蒸汽为主，电力为辅。统计数据显示，当前我国电力、钢铁、有色、石化、建材、化工、轻工和纺织8个行业主要产品单位能耗平均比国际先进水平高40%。

（一）纺织工业的主要工艺流程

纺织工业生产主要分三大块，即纺纱、织布、印染。

1. 纺纱工艺

纺纱工艺流程图如图4-45所示，经清花、梳棉、精梳、并条、粗纱、细纱、络筒等工序，包装后得到成品。

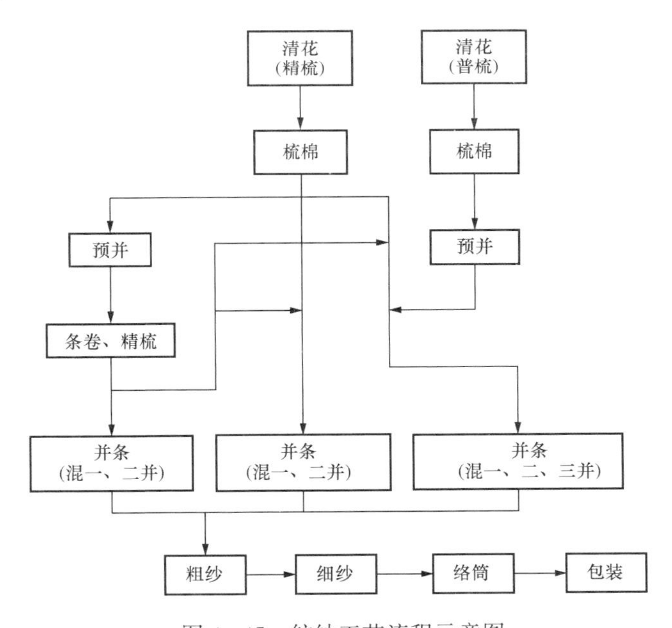

图4-45　纺纱工艺流程示意图

（1）清花。根据产品需要进行配棉后经抓棉机抓取，通过吸斗输送到开棉机，把原棉开松混合，并去除杂质、异纤维及部分短绒输送到开棉机，进一步开松除杂，经输棉管道输送到给棉机，经进一步充分混合后由成卷机做成均匀、一定长度、定量的棉卷（清梳联装备可不经成卷直接将棉纤维送入梳棉机喂棉箱）。

（2）梳棉。在刺辊的高速运转、盖板、道夫、锡林的相互作用下对清花工序的棉卷进行开松，排除棉中的杂质、短绒，将棉层梳理成单纤维状态，制成一定长度、定量的棉条（生条），整齐摆放入筒。

（3）精梳。梳棉生条经棉预并均匀成条，制成一定量的棉条后由条卷机并合成均匀的一定量小卷，供精梳进一步梳理。精梳机通过钳板、锡林、顶梳等相互作用，排除绝大部分的短绒、杂质，制成定长、定量的棉条，整齐摆放入筒。

（4）并条。精梳成条由并条机的压力棒牵伸机构进行两次合并均匀牵伸成定长、定量的棉条。

（5）粗纱。将棉条经粗纱机牵伸机构牵伸拉细后，再经加捻卷绕机构（锭翼、锭子）加捻卷绕，制成一定规格的粗纱。

（6）细纱。粗纱经细纱机长短皮圈牵伸机构牵伸成均匀、细长的棉条，再向加抢、卷绕机构加捻卷绕成细纱管纱。

（7）络筒。将细纱管纱经络筒机清纱器清除粗节，再由捻结器拧结，通过络筒卷绕成定重量的筒子，包装后入仓。

2. 织布工艺

织布工艺流程如图 4-46 所示，经整经、浆纱、穿综、织造、修验，最后包装入库。

（1）整经。将筒子上的棉纱卷绕到经轴上。

（2）浆纱。按所需的总经根数合并几个经轴上的经纱进行上浆并卷绕成织轴。

（3）穿综。根据织物工艺要求把经纱按一定规律穿入停经片、综丝、钢箱。

（4）织造。将织轴上的经、纬纱交织成布。

（5）修验。对坯布上可修疵点进行织补。

（6）入库。将织物包装后放至仓库中。

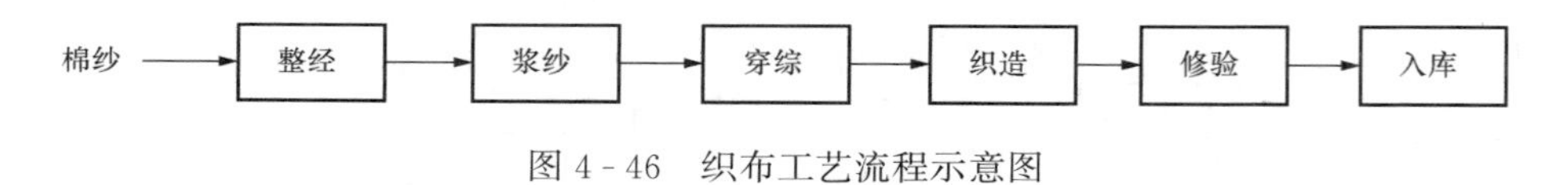


图 4-46 织布工艺流程示意图

3. 印染工艺

印染工艺流程见图 4-47。

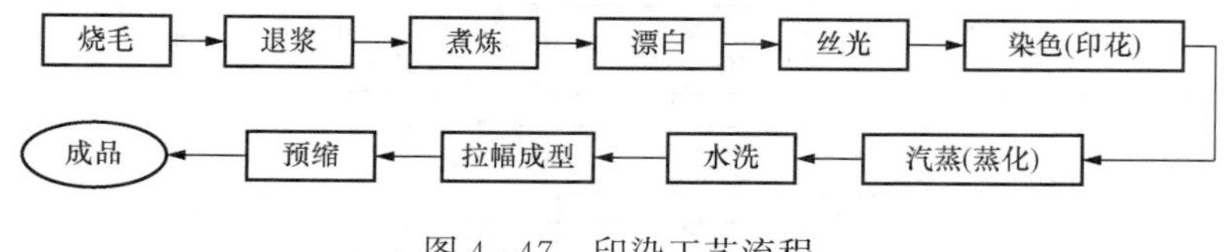


图 4-47 印染工艺流程

（1）烧毛。去除织物表面纤毛，使布面光洁美观，并防止在后加工时由于纤毛的脱落而造成各种疵病。

（2）退浆。去除原坯布上的浆料和棉纤维上的杂质。

（3）煮炼。用化学方法去除棉布上的杂质和精炼纤维的过程。棉布经过煮炼后，吸湿性及白度均有所提高。

（4）漂白。为了更好地满足后加工的需要，用此道工序去除色素，提高白度，经过漂白，织物上残留的棉籽壳等天然物质又得到进一步去除。

（5）丝光。棉布经丝光后，能获得耐久性的光泽并能提高吸收染料的能力，同时提高产品的尺寸稳定度，降低缩水率。丝光也是对棉纤维的一次定型处理。

(6) 染色。将织物浸入染液中，染液渗透到织物内，最终使纤维染上颜色的加工过程。

(7) 汽蒸。织物经过含有饱和蒸汽的蒸箱，使纤维膨化，使染料及其他化学药品扩散进入纤维内部，提高染色牢度。

(8) 印花。将染料或涂料制成色浆施敷于纺织品上，印制出花纹图案的加工过程。

(9) 蒸化。使印花纺织品完成纤维和色浆膜的吸湿和升温，加速染料的还原和在纤维上的溶解，使染料扩散进入纤维内部且固着于纤维上。

(10) 水洗。将印花和染色加工中残留在织物上的糊料、染料等化学药品清洗掉，使织物上的花纹清晰，色泽饱满，手感柔软。

(11) 拉幅成型。使织物的幅宽整齐划一，尺寸形态得到稳定，纠正纬斜、纬弯等疵病。

(12) 预缩。通过超喂热轧加工，使织物预先收缩，以降低织物缩水率保持尺寸稳定。

(13) 成品。对后整理车间下来的面料进行检验、打卷、包装，为入库做准备。

(二) 纺织工业节能技术

我国是世界上最大的纺织品生产国，纱、布等产量均居世界第一位。然而，纺织行业在高速发展的同时，却面临着环境的约束和日趋激烈的国际市场竞争，尤其是资源利用率偏低、能耗居高不下，高能耗带来的高成本严重削弱了纺织企业的竞争力。统计数据显示，当前我国纺织、轻工等8个行业主要产品单位能耗平均比国际先进水平高40%，因此，在节能方面，存在着较大的潜力空间。我国印染企业总体上与国外相比单位产品取水量是发达国家的2～3倍，能源消耗量则为3倍左右。通常，印染环节能耗占纺织产品链能耗的30%以上，而印染环节的能源利用效率却很低，印染厂用能50%为蒸汽，主要在给水加热达到工艺温度、烘干、蒸汽三方面，其中给水加热占到消耗量的65%以上，高温排液量大，热能利用率只有35%左右。目前，只有少部分企业采用余热回收利用技术，而量大面广的企业热废气、热废水直接排放，设备控制没有节能装置。

1. 节电锭带的应用

(1) 技术内容。采用CNG橡胶节电锭带代替棉锭带。

(2) 效果分析。采用CNG橡胶节电锭带代替棉锭带，可节电5%左右，节电效果比较明显，并且不影响成纱质量。

(3) 典型案例。某纺纱厂，在FA506型细纱机上分别配用棉锭带、CNG橡胶节电锭带进行纺纱节电试验对比。纺纱品种为T/C13tex，设计捻度为每10cm 95.2捻，锭速105r/min；锭子型号为3203型。试验在10台FA506型细纱机上进行，改前全部配用棉锭带，改后全部配用CNG橡胶节电锭带。为保证试验的准确性，缩短改前、改后间隔时间，使更换锭带，机械状态、纺纱工艺保持不变。在同台、同品种、同工况条件下对CNG橡胶节电锭带与棉锭带的用电情况进行了测试，测试时间为6个月。棉锭带纺纱产量为344kg，用电量为795.6kWh，单耗2.313kWh/kg；CNG橡胶节电锭带纺纱产量为94kg，用电量为204.9kWh，单耗2.18kWh/kg，CNG橡胶节电锭带相对于棉锭带节电率为5.76%。细纱机万锭年节电量约为$1.78\times10^5$kWh，每万锭年节约电费10.68万元，全年节约电费213.6万元。

2. PLC和变频技术

(1) 技术内容。空调系统耗电量占总耗电量的30%左右。由于空调系统都是按最大负载并增加一定余量设计，而实际上一年当中，大部分时间负载都在70%以下运行。另外，由于控制精度受到限制，造成能源浪费和设备损失，从而导致生产成本增加，设备使用寿命缩短，设备维护、维修费用增大。

对空调系统送风机实行变频控制，利用变频器、PLC（可编程序控制器）、数模转换模块、温湿度传感器等器件的有机结合，构成温差闭环自动控制系统。变频器装机容量按照系统最大负荷再增加10%～20%余量选择。

（2）效果分析。风机、泵类设备均属平方转矩负载。当转速降为原转速的80%时，功率降为原功率的51.2%。采用变频器和PLC控制可以调节电动机转速，从而达到节电目的，节电率一般在20%～50%。

（3）典型案例。2006年，某纺织企业对空调送风机实行了变频控制，以后纺工序为例，风机型号为Y280M-6，额定功率为45kW，额定转速为980r/min，全年运行时间按照340天计算。改造前，年耗电量为160 574kWh，改造后，年耗电量为96 466kWh，节电率40%，年可节约电费8万余元，投资回收期约15个月，节能效果明显。

3. 活性染料短流程湿蒸染色

（1）技术内容。活性染料短流程湿蒸染色是一种全新的平幅染色工艺。该工艺特点是织物浸轧染液后，不经预烘，直接在一个可控制温度和湿度的反应箱内进行反应，处理后的织物各方面性能与传统工艺相比，都有明显提高。

该技术工艺流程为：进布→浸轧染液（染料与碱剂轧液率为60%～70%）→红外线反应区高温蒸汽箱→水洗→皂洗→水洗→烘干。

（2）效果分析。该工艺具有流程短、重现性好、工艺条件相对宽、固色率高、色泽鲜艳、节能、节约染化料、有利于环境保护等优点，与传统工艺相比，能耗可降低20%～30%。

4. 蒸发冷却技术

（1）技术内容。空气调节是棉纺织厂必不可少的环节之一，空调用电占总用电量的15%～25%。蒸发冷却技术是一种新型空调制冷技术，它利用干湿球的温差作为推动力，使空气和水进行热湿交换，制冷性能系数（COP）很高。蒸发冷却空调主要有三种形式，即单元式直接蒸发冷却空调机、湿膜蒸发式加湿（降温）器及间接蒸发冷却和直接蒸发冷却相结合的复合式蒸发冷空调机。

（2）效果分析。蒸发冷却制冷机与一般常规制冷机相比，COP可提高2.5～5倍，从而大大降低空调制冷能耗。

5. 微波技术

（1）技术内容。微波技术可用于纺织材料的测湿、烘干、染料及高分子材料的合成及染整加工等，具有均匀、高效、节能、污染小等特点。微波技术在纺织上的应用主要有：

1）微波测湿。回潮率、含水率是纺织材料的重要性能之一。近年来，智能微波测湿仪已被用于测湿。测湿原理为：当微波发射到纺织材料上，材料在微波外电场作用下，分子产生极化，微波以很高的频率变化电场极性而使分子快速转动，相邻分子之间相互作用产生类摩擦效应，使分子热运动加剧，材料温度升高。

2）微波加热与烘干。微波加热是靠电磁波将能量传递到纺织品内部，微波加热烘干具有快速、均匀及穿透性大的特点，含水织物的水分在微波场中可得到快速地烘燥，织物回潮率在短时间内可降至2%以内。

3）微波染整加工。微波在烘燥等领域内的应用已很普遍，并已作为热源用于人们的日常生活中。在染整行业，除了可用于烘干外，还可用于染色。微波染色是一种应用电磁波进行染色的技术，与传统染色相比，具有污染小，节约能源，降低成本，染色织物稳定的特点。

（2）效果分析。

1）微波测湿技术。应用微波测湿技术，对于质量为10g左右的棉纤维、合成纤维、羊毛等分子材料，耗电功率为250W，测湿时间只需2～5s；而传统的烘箱测湿法耗电功率一般为3000W，测湿时间为1.5h，且易损坏纤维。

2）微波加热技术。微波加热不仅具有反应速度快、反应效率高的特点，而且有益于环境。

3）微波染整加工。与传统染色相比，微波染色的优点：①热量在纤维内部扩展，无游移、渗化、白花，着色均匀，色牢度高，质量好；②染料扩散迅速，固色时间短，甚至可缩短至1/10；③设备简单，控制迅速、简便，可以实现自动控制，加工速度快。

6. 低温等离子技术

由于低温等离子体所具有的既可改善聚合物表面性质，同时又不改变聚合物母体性质的特点，使其非常适合纺织材料的改善，且具有节能、高效、无污染等特点。最常用于纺织品改性的低温等离子体可分为两类，即电晕放电和辉光放电。两者比较起来，辉光放电比较稳定，对材料的作用比较均匀，改性的效果比较好，因此大多纺织品的低温等离子体改性处理都采用辉光放电。但辉光放电是在低气压下进行的，设备价格昂贵，且很难实现连续化处理，所以受到一定的限制。电晕放电是在常压下进行的，设备价格较低，可实现连续化处理，因此许多人也在尝试用它来对纺织品进行改性。

7. 连续加工技术

虽然连续加工技术设备占地面积大，投入高，整个生产过程中需要有经验和技能的管理人员进行适当的管理和控制。但可以肯定的是，连续化加工具有生产重现性好、批与批之间变化小，节能、节水、省时、劳动力成本低，减少人工操作和提高生产效率等优点，因而它带来的效益是长期性的。

8. 短流程/快速系统

染整设备的处理速度越来越快，与此相伴的是设备体积也越来越大，这意味着单位时间内的能耗越来越高，但对于单位产量的织物，能耗通常是降低的。

（1）尽可能以先进的浸轧显色工艺替代卷染机染色。

（2）染色涤棉混纺织物时，省去涤纶纤维染色后的中间烘燥。

（3）用同一类染料染色双组分混纺织物。

9. 取消或合并操作单元

（1）一步法预处理工艺。将传统的多步前处理工艺合并，可节能，节约化学品、水和时间。

（2）热丝光。包括织物在一定高温下浸渍高浓度的氢氧化钠丝光溶液，以获得丝光和煮炼的效果，然后在保持预设强力的条件下，冷却溶胀的织物，再洗除多余的碱液。

将合成纤维织物的荧光增白和热定形合并为一步，将染色和整理合并为一步，整理浴中含有整理剂（如高分子树脂）、一定的染料（还原、直接、活性染料或者涂料）、添加剂（润湿剂、柔软剂），并辅以相应的催化剂。这种一步法工艺可使纤维素纤维及其混纺织物的染色与树脂整理同时完成，并且能耗低、用水量少、化学品用量低，从而减轻了环境负担和生产总成本。

## 第七节　机械加工企业的节能监测

### 一、机械加工工业的能耗概述

当前我国机械工业发展速度已连续5年超过20%，总规模位居世界前列，但总体水平与发达国家相比仍有较大差距，主要体现在：产业结构不尽合理；大部分企业自主创新能力较弱，产品升级换代缓慢；能源和原材料消耗大，污染严重。

对于机械工业而言，单位增加值能耗不高，总量却不小，各行业综合能耗水平差异较大。近年来，我国机械工业全行业和大中型企业综合能耗逐年下降，2004年万元增加值综合能耗为0.73t标准煤，2005年为0.65t标准煤，2006年为0.56t标准煤。

2006年，机械工业行业总能耗约8134.2万t标准煤，占工业能耗的4.6%，占全国能耗总量的3.3%；万元增加值能耗为0.56t标准煤，相当于全国工业万元增加值能耗的24.8%，全国GDP综合能耗的47.4%。与此同时，机械工业十分重视高效节能产品的研发，开发了许多高效节能重大技术装备和量大面广的通用产品，节能效果显著。例如，火力发电设备制造业实现由亚临界参数向超临界、超超临界的升级，机组效率提高了2%～5%；发展高效电动机，比普通电动机效率提高5%～2%，2005年产量达3000万kW，约占全部产量的23%；在关键部件应用方面，以电力电子技术实现变频调速，节约了大量能量；积极推广节能变压器；开发了风机、水泵、压缩机等高效通用机械产品。

尽管我国机械工业单位增加值能耗远远低于高耗能行业，也低于全国万元GDP能耗，但单位产品综合能耗与工业发达国家相比还有差距。热加工工艺是机械工业制造过程中的主要耗能环节。2006年，我国铸造、热处理和锻造等行业消耗能源4056.8万t标准煤，占机械工业总能耗的49.9%。铸造行业每生产1t铸铁件能耗为0.55～0.7t标准煤，国外为0.3～0.4t标准煤；锻造行业每吨锻件平均能耗约为0.88t标准煤，日本仅为0.515t标准煤；重型行业炼钢平均吨钢总能耗为800～1000kWh，国外先进水平仅为550～600kWh。

作为高耗材行业，机械行业2004年消费钢材12 510万t，占同期全国钢材产量的39%；消费铜材为358万t（国产仅有220万t）；消耗铝材为152万t，占全国铝材产量的28%。在材料利用方面，国内轴承生产企业轴承套圈材料利用率一般水平在50%左右，而发达国家可达75%。

### 二、机械加工企业工艺及能耗分析

（一）铸造工艺

1. 工艺流程

铸造是将金属熔炼成符合一定要求的液体并浇进铸型里，经冷却凝固、清整处理后得到有预定形状、尺寸和性能的铸件的工艺过程。铸造毛坯因近乎成形，而达到免机械加工或少量加工的目的，降低了成本并在一定程度上减少了时间。铸造是现代机械制造工业的基础工艺之一。

铸造种类很多，按造型方法可分为：普通砂型铸造，包括湿砂型、干砂型和化学硬化砂型3类；特种铸造，按造型材料又可分为以天然矿产砂石为主要造型材料的特种铸造（如熔模铸造、泥型铸造、铸造车间壳型铸造、负压铸造、实型铸造、陶瓷型铸造等）和以金属为主要铸型材料的特种铸造（如金属型铸造、压力铸造、连续铸造、低压铸造、离心铸造等）两类。

铸造工艺通常包括：

（1）铸型（使液态金属成为固态铸件的容器）准备，铸型按所用材料可分为砂型、金属型、陶瓷型、泥型、石墨型等，按使用次数可分为一次性型、半永久型和永久型，铸型准备的优劣是影响铸件质量的主要因素。

（2）铸造金属的熔化与浇注，铸造金属（铸造合金）主要有铸铁、铸钢和铸造有色合金。

（3）铸件处理和检验，铸件处理包括清除型芯和铸件表面异物、切除浇冒口、铲磨毛刺和披缝等凸出物以及热处理、整形、防锈处理和粗加工等。

不同的铸造方法有不同的铸型准备内容。以应用最广泛的砂型铸造为例，铸型准备包括造型材料准备和造型造芯两大项工作。砂型铸造中用来造型造芯的各种原材料，如铸造砂、型砂黏结剂和其他辅料，以及由它们配制成的型砂、芯砂、涂料等统称为造型材料，造型材料准备的任务是按照铸件的要求、金属的性质，选择合适的原砂、黏结剂和辅料，然后按一定的比例把它们混合成具有一定性能的型砂和芯砂。常用的混砂设备有碾轮式混砂机、逆流式混砂机和叶片沟槽式混砂机。

造型造芯是根据铸造工艺要求，在确定好造型方法，准备好造型材料的基础上进行的。铸件的精度和全部生产过程的经济效果，主要取决于这道工序。在很多现代化的铸造车间里，造型造芯都实现了机械化或自动化。常用的砂型造型造芯设备有高、中、低压造型机、抛砂机、无箱射压造型机、射芯机、冷和热芯盒机等。

铸件自浇注冷却的铸型中取出后，有浇口、冒口及金属毛刺披缝，砂型铸造的铸件还黏附着砂子，因此必须经过清理工序。进行这种工作的设备有抛丸机、浇口冒口切割机等。砂型铸件落砂清理是劳动条件较差的一道工序，所以在选择造型方法时，应尽量考虑到为落砂清理创造方便条件。有些铸件因特殊要求，还要经铸件后处理，如热处理、整形、防锈处理、粗加工等。

铸造是比较经济的毛坯成型方法，对于形状复杂的零件更能显示出它的经济性。如汽车发动机的缸体和缸盖，船舶螺旋桨以及精致的艺术品等。有些难以切削的零件，如燃汽轮机的镍基合金零件不用铸造方法无法成形。

另外，铸造的零件尺寸和重量的适应范围很宽，金属种类几乎不受限制；零件在具有一般机械性能的同时，还具有耐磨、耐腐蚀、吸震等综合性能，是其他金属成型方法如锻、轧、焊、冲等所做不到的。因此在机械制造业中用铸造方法生产的毛坯零件，在数量和吨位上迄今仍是最多的。

铸造生产经常要用的材料有各种金属、焦炭、木材、塑料、气体和液体燃料、造型材料等。所需设备有冶炼金属用的各种炉子，有混砂用的各种混砂机，有造型造芯用的各种造型机、造芯机，有清理铸件用的落砂机、抛丸机等。还有供特种铸造用的机器和设备以及许多运输和物料处理的设备。

铸造生产有与其他工艺不同的特点，主要是适应性广、需用材料和设备多。铸造生产会产生粉尘、有害气体和噪声对环境的污染，比起其他机械制造工艺更为严重，需要采取措施进行控制。

2. 工艺节能建议

铸造行业是机械工业的耗能大户，能耗高、能源利用率低、污染严重、经济效益差等制约了铸造行业的发展。节能技术与节能措施包含以下几个方面。

（1）黏结剂的循环再利用。环保型砂芯无机黏结剂和砂处理及再生技术得到越来越多的关注。Laempe 公司的 Beach - BoX 无机黏结剂是含有多种矿物质的流体，芯砂用 95%砂及 5%黏结剂，如铸件用干法除芯，黏结剂残留在砂中，为激活黏结剂，只要加入 2.5%的水可重复使用多次而不用再加新的黏结剂，这就意味着在生产中每批最大黏结剂加入量仅为 1.6%，通过除水导致黏结剂组分的化学反应而硬化，可使用时间无限制，但相对湿度不应超过 70%，混制好的砂密封好可长期储存。Foundry Automation 和 MEG 的黏结剂为粉状，用于铝合金制芯、储存和浇注过程中均不发气，且均无树脂类黏结剂可能引起的环境问题。湿法清砂的水可回用 85%，回收的材料可 100%再使用。

（2）旧砂回收与再利用。在欧美工业发达国家，一直把旧砂再利用作为一项重大研究课题，取得了较好的研究成果，并已经付诸工业生产。在浇铸有色金属件、铸铁件以及铸钢件时，根据旧砂的烧结温度，用机械法再生旧砂，其再生率大致分别为 90%、80%及 70%。旧砂回用与湿法再生结合是最经济最理想的选择，两级湿法再生去除率（$Na_2O$）达 85%～95%，单级也可达 70%。90%的旧砂回收再利用，质量接近新砂。英国理查德（Richard）公司采用热法再生，可以提高再生率 10%～20%。而且，热法旧砂再生成套设备的成本回收期较短，一般运转两年就可收回成本。回收得到的无法用机械法再生处理的锆砂采用热法处理后，再生砂的质量优于新砂。在美国，铸造行业用砂年消耗量在 500 万 t 左右，研究发现，铸造用后的旧砂用于高速公路路基材料，完全可以满足高速路建设所用材料的性能要求，其性能同样优于同品种的新砂。

（3）铸模和模料的再生。自 20 世纪 90 年代以来，美国和欧洲各国将精铸生产厂家废弃的模料或回收模料，经特殊的净化处理，再按用户不同需求调整成分，形成“回收—再生模料”，这种技术的关键在于采用先进的多级过滤或者离心分离法，加速操作过程并获得更纯净的模料。研究中发现，在钢制铸模表面涂一层硬质薄膜，可以有效地抑制腐蚀，利用氮和碳化物的保护作用提高对热裂、腐蚀等破坏行为的抵抗力，以薄膜取代厚的氧基涂层材料，从而有效地延长铸模使用周期，其核心技术是 PACVD 技术，即等离子化学蒸汽沉积。

（4）以熔炼为中心的节能技术。铸件熔炼部分的能耗约占铸件生产总能耗的 50%，由于熔炼原因而造成的铸件废品约占总废品的 50%。因此，采用先进适用的熔炼设备和熔炼工艺是节能的主要措施。下面以铸铁熔炼的节能技术为例说明。

1）推广冲天炉—电炉双联熔炼工艺。冲天炉—电炉双联熔炼工艺是利用冲天炉预热、熔化效率高和感应电炉过热效率高的优点，来提高铁液的质量，达到降低能耗的目的。近些年来，随着焦炭、生铁等原材料价格的大幅度上扬和铸件品质要求越来越高，单独使用电炉熔炼日益增多，利用夜间低谷电生产，也取得了较好的经济效益和节能效果。

2）推广采用热风、水冷、连续作业，长炉龄冲天炉向大型化、长时间连续作业方向发展是必然趋势。国外的铸造企业把其作为一项重要节能措施加以应用。近些年来，国内也在这些方面做了大量的工作，已有部分企业采用，取得了明显的节能效果。例如，采用大排距双层送风冲天炉技术，可节约焦炭20%～30%，降低废品率5%，Si、Mn烧损分别降低5%、10%；水冷无炉衬和薄炉衬冲天炉，连续作业时间长，可节能30%以上；热风冲天炉既节能又环保。

3）推广应用铸造焦冲天炉熔炼工艺。采用铸造焦燃料是提高铁液温度和质量的有效途径。国外大多数冲天炉熔炼采用铸造焦。由于铸造焦价格高或是由于习惯等原因至今国内大多数企业仍使用冶金焦，甚至有的企业使用土焦，这不仅影响铸件质量，而且焦耗量大。如应用铸造焦，废品率可下降2%。因此，发展铸造焦生产，推广应用铸造焦是提高铸件质量，降低能源消耗的措施之一。

4）采用富氧送风工艺。除湿送风冲天炉使用冶金焦时，铁液温度很难稳定达到1500℃。如采用3%的富氧送风就能保证，并且每吨铁液可净降低能耗10kg左右标准煤。冲天炉除湿送风通常在南方潮湿地区使用，它可以提高铁液温度，减少硅、锰等元素的烧损。提高铁液质量和熔化率，降低焦耗13%～17%。

5）冲天炉采用计算机控制技术。冲天炉采用计算机控制包含计算机配料、炉料自动称量定量和熔化过程的自动化控制。使冲天炉处于优化状态下工作，可获得高质量的铁液和合适的铁液温度。与手工控制相比，可节约焦炭10%～15%。

6）推广使用冲天炉专用高压离心节能风机。目前国内仍有不少冲天炉使用罗茨或叶氏容积式风机，能耗大、噪声大。采用冲天炉专用高压离心节能风机，可节电50%～60%，熔化率提高33%左右。

（5）以加热系统为中心的节能技术。铸造生产中工业炉窑能耗仅次于熔化设备，约占总能耗的20%。对各种加热炉、烘干炉、退火炉，应从炉型结构到燃烧技术等进行技术改造。采用耐火保温材料改造现有炉窑，节能效果显著。对燃煤工业炉的加煤采用机械加煤比手工加煤节能20%左右。将燃煤的砂型、砂芯烘干炉改为明火反烧法，可节煤15%～30%。对型芯烘干炉采用远红外干燥技术可节电30%～40%。对大型铸件采用振动时效消除应力处理比采用热时效处理可节能80%以上。可锻铸铁锌气氛快速退火工艺可节电或降低煤耗50%以上。

（6）以采用先进适用造型制芯技术与装备为中心的节能技术。目前，国内几种造型工艺的能耗比例分别为湿型1，自硬砂1.2～1.4，黏土干砂3.5。黏土干砂型能耗最高，应予以淘汰。湿型能耗最低，且适应性强，这是湿型仍大量采用的原因之一。应根据铸件品质要求、铸件特点来选用先进的高压、静压、射压、气冲造型工艺和设备，以及应用自硬砂技术、消失模铸造技术和特种铸造技术。用树脂自硬砂、水玻璃有机酯自硬砂和VRH法造型制芯工艺代替黏土干型。可提高铸件尺寸精度和降低表面粗糙度，提高铸件质量，降低能耗。特种铸造工艺与普通黏土砂相比，铸件尺寸精度为2～4级，表面粗糙度为1～3级，质量减轻10%～30%，加工余量减少5%以上，铸件废品率也大大降低，综合节能效果显著。铸件合格率每提高1%，每吨铁水可多生产8～10铸件，相当于节煤5～7kg。铸件废品率每降低1%，能耗就降低1.25%。铸件质量每降低1%，能耗就降低1.01%。由此可见，采用先进工艺技术与装备，提高铸件质量，降低铸造废品率是提高能源利用率，降低能耗的一条重要途径。

(7) 推广低应力铸铁、铸态球铁等技术。我国用于灰铸铁件热时效的能耗每吨铸件为40～100kg标准煤，用于球墨铸铁件退火、正火的能耗每吨铸件为100～180kg标准煤。除少数企业生产汽车发动机、内燃机铸件不用热时效工艺外，大多生产这类铸件的企业仍采用热时效工艺消除应力，这是我国铸造行业能耗居高不下的原因之一。推广使用薄壁高强度灰铸铁件生产技术和高硅碳铸铁件生产技术，生产汽车发动机、内燃机的缸体、缸盖和机床床身等铸件，可获得不用热时效工艺的低应力铸铁件，达到节能目的。我国球墨铸铁件中高韧性铁素体球铁和高强度珠光体球铁占有很大的比重，通常是采用退火、正火处理。采用铸态球墨铸铁生产技术省去了退火、正火处理工序，节约能源，避免了因高温处理而带来的铸件变形、氧化等缺陷。采用球铁无冒口铸造工艺，可提高工艺出品率10%～30%，降低能耗也很显著。例如，2003年中国铸件总产量为1987万t，其中灰铸铁件为1049万t，球墨铸铁件为470万t，因此，推广应用低应力铸铁件、铸态球墨铸铁件和球铁无冒口铸造技术，对于全行业的节能降耗具有重要的意义。铸钢件采用保温冒口、保温补贴，可使工艺出品率由60%提高到80%。

(8) 推广冲天炉废气利用和余热回收技术。目前，我国90%的铸铁是用冲天炉熔炼生产的，这种状况仍将保持相当长的时间。铸造行业的余热利用主要集中在冲天炉上。冲天炉熔炼时排出大量的烟气，烟气中含有可燃性碳粒和可燃性气体，既造成环境污染，又浪费大量的热能。冲天炉熔炼时除38%～43%的有效热量用于熔炼外，烟气带走的热量为7%～16%，不完全燃烧热量（可燃性气体）为20%～25%，固体不完全燃烧热量为3%～5%。这些热量占30%～45%。由此可见，冲天炉熔炼的余热利用潜力很大。我国冲天炉的余热利用绝大多数是利用密筋炉胆预热鼓风，热风温度为200℃左右，余热利用率低。近些年来，有部分企业使用长炉龄连续作业热风冲天炉，充分利用了废气的余热和可燃烧碳粒及可燃烧性气体再燃烧的热量，使热风温度达600～800℃，冲天炉铁水温度达1500～1550℃，熔化效率提高45%，既达到节能、提高铁水质量的目的，又实现了环境保护的要求。

(9) 开发先进技术。日本铸造业通过对铸造设备、铸造材料、铸造工艺的改进，使铸造企业节能降耗，并对环境污染降到最低。例如：改造后的冲天炉使用变频控制，增加除尘装置，使耗费的电力减少一半，60%的排放热量循环利用，废气排放可达到任何国家的排放标准。重新改造后的节能造型机，由于采用了高频振动，所需的能量仅为油压式造型机的10%。消失模铸造在生产净尺寸铸件上有优势，造成的污染极少，有利于环境保护，被称为绿色铸造工艺。

利用太阳能处理铝精炼时的浮渣及铸造用砂，可以较大程度地节约能源消耗。而这种处理所利用的主要设备是一台旋转的直接加热的干燥炉。在德国科隆DLR，利用太阳能加热处理固体废物的生产过程已经在商业范围内发展，并且应用到了铝废料的重熔，避免了传统的处理方式，需要消耗大量的能量导致成本较高，使很多企业将这些废料堆积起来。

(二) 锻造工艺

1. 工艺流程（见图4-48）

锻造按成型方法可分为：①开式锻造（自由锻）。利用冲击力或压力使金属在上下两个抵铁（砧块）间产生变形以获得所需锻件，主要有手工锻造和机械锻造两种。②闭模式锻造。金属坯料在具有一定形状的锻模膛内受压变形而获得锻件，可分为模锻、冷镦、旋转

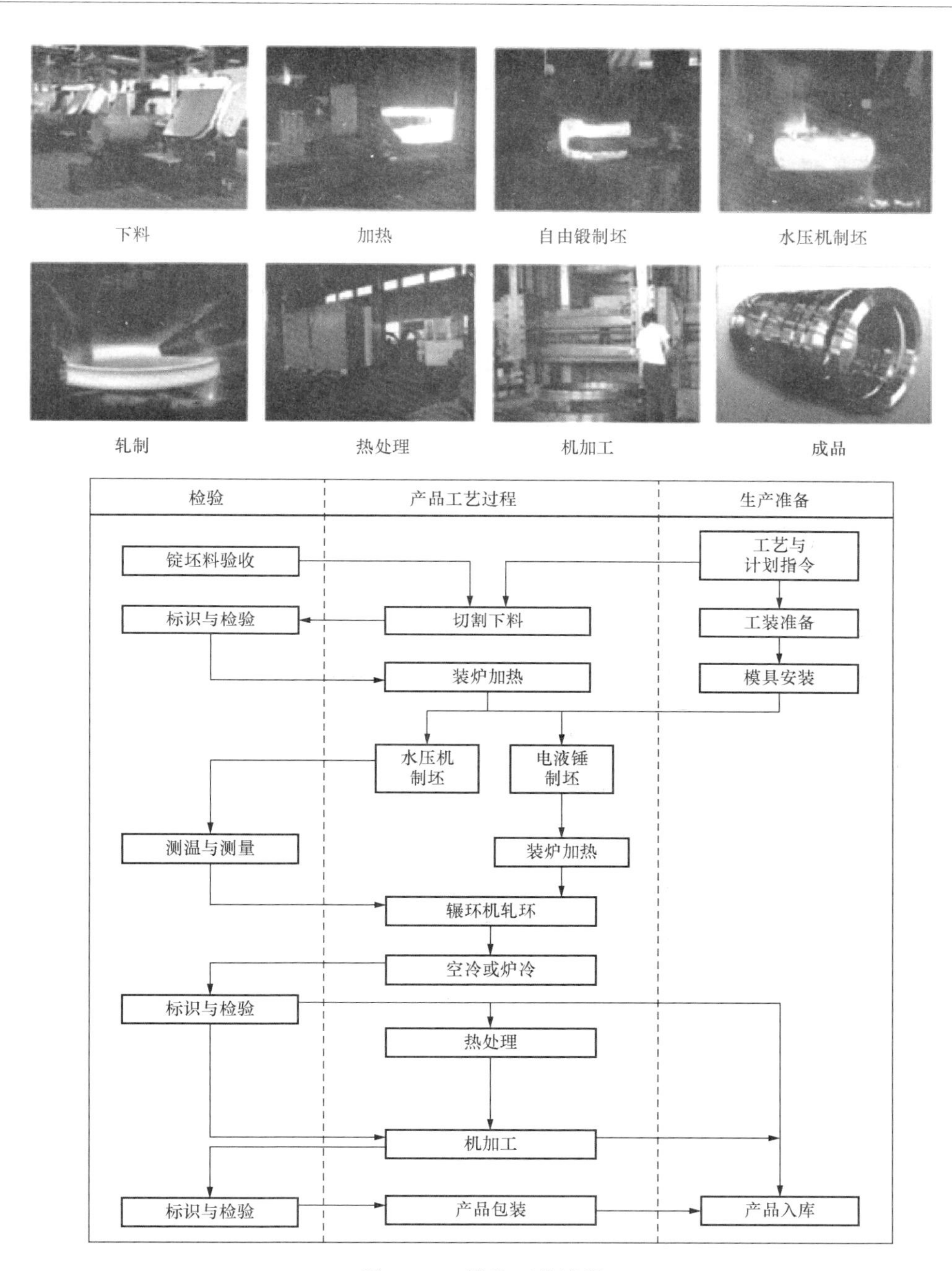


图 4-48　锻造工艺流程

锻、挤压等。

按变形温度锻造又可分为热锻（加工温度高于坯料金属的再结晶温度）、温锻（低于再结晶温度）和冷锻（常温）。

锻造用料主要是各种成分的碳素钢和合金钢，其次是铝、镁、钛、铜等及其合金。材料的原始状态有棒料、铸锭、金属粉末和液态金属等。金属在变形前的横断面积与变形后的模断面积之比称为锻造比。正确地选择锻造比对提高产品质量、降低成本有很大关系。

机械装备中的主承力结构或次承力结构件一般地都是由锻件制成的，锻件广泛地应用于国民经济、国防工业和社会生活的各个领域。锻压加工过程消耗大量的金属、能源和其他物质，属于节能节材减排的重点行业之一。

2. 工艺节能建议

锻造行业能源消耗主要表现在锻锤、压力机等设备耗能、坯料加热、锻件热处理。锻造行业拥有的各类锻锤和压力机结构，大部分是沿袭苏联20世纪四五十年代的设计方案，存在先天性能耗高问题。自由锻造液压机和模锻液压机的工作介质为水或油，多采用成套的泵—蓄能器提供动力，通过管道将动力传送至液压机做功，主要生产大型自由锻件和模锻件。模锻压力机包括双盘摩擦螺旋压力机、机械压力机以及离合器式和电动直驱式螺旋压力机，是我国生产各类民用或军用机械产品大中小型模锻件的主要设备。

坯料加热和锻件热处理的加热炉分别为电加热炉和燃料（煤气、天然气、油）加热炉，总量超过10 000台。根据行业调研资料显示，就锻造加热环节，在可比条件下（生产同等重量、形状复杂程度相当的锻件），能耗统计表明，每生产1t锻件，将消耗油401元，消耗煤215元，消耗天然气145元或电123元。燃煤炉的能耗大约是电加热炉的两倍，燃油加热炉的能耗大约是电加热炉的3.3倍。

锻造工艺节能建议：

（1）推广冷挤压及冷锻工艺。在原生产过程中，需要各种加热及热处理，锻造过程中80%的能耗在此过程中，通过冷锻工艺，可以最大限度地减少用热量，减少热能的应用。

（2）余热热处理工艺的应用。余热热处理工艺是指利用锻造过程中产生的余热来完成所需要的热处理，包括余热淬火、余热等温、余热正火等。

（3）燃油炉的改造。主要措施为减少热量的散失，增加保温层，减小炉门通径，增加炉门，采用高级雾化喷嘴。

（4）中频感应器的匹配。采用专用的中频感应器，使之感应能力大大提高，达到最佳匹配效果，提高加热效率。

（5）热处理炉的改造。提高热处理炉的保温能力，减少其散热。

（6）循环水系统的改造。加装水净化及散热系统，使水能够循环利用，减少了水的使用。

（7）蒸汽锤改电液锤。对原有蒸汽、空气锻锤的驱动部分进行改造，取消原有动力供应系统。蒸汽、空气锻锤改电液锤的特点是用电液锤动力头来替代原蒸汽锤或空气锤的汽（气）缸，原锤的锤体和基础都保持不动。电液锤驱动头工作原理就是液压蓄能、气体膨胀和自重做功。电液锤驱动头主要由驱动头、动力头和电控柜组成。动力头是电液锤的打击部件、泵站为其提供动力，电控柜进行逻辑控制。动力头包括主箱体、主操纵阀、蓄能器、氮气罐等；液压站包括油箱、电控卸荷阀、齿轮油泵及配用电动机、先导卸荷阀、油过滤装置、冷却器等。项目改造后能源利用率可提高至20%左右。

（8）谐波治理及功率因数的提高。由于在冶炼过程中，使用中频炉，企业内部的功率因数低，谐波含量大，针对于此，需要针对企业性质，加装动态无功功率补偿装置及动态谐波治理装置，这样可减少线损。

（9）水循环中水泵的变频改造。通过采用恒压供水的方式，来控制水泵的转速，达到节能的目的。

（三）热处理工艺

1. 工艺流程

热处理工艺主要用来改善材料的性能及消除内应力，一般可分为预备热处理、最终热处理、去除内应力处理。

在机械零件或加工模具的制造过程中，往往要经过各种冷、热加工，同时在各加工工序之间还经常要穿插多次热处理工艺。

钢的热处理工艺过程包括加热、保温和冷却三个阶段，它可用温度—时间坐图形来表示，称为钢的热处理工艺曲线，如图 4-49 所示。

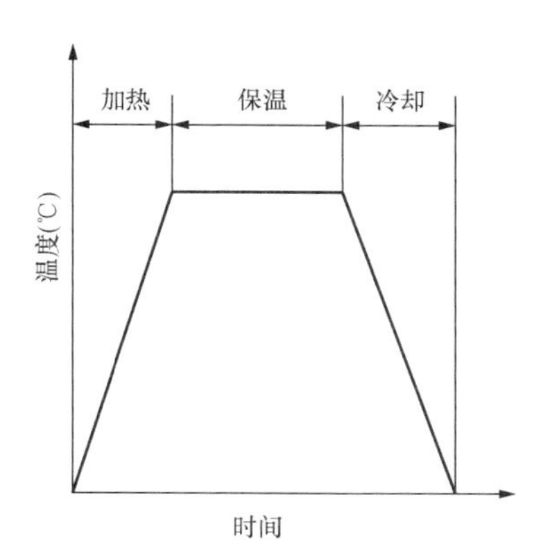

图 4-49　钢的热处理工艺曲线

钢的热处理工艺流程如下：

（1）退火。将工件加热到一定温度下，保温后，随炉冷却。

退火的目的是消除内应力、降低硬度、改善加工性能和细化晶粒，提高材料的力学性能。

（2）正火。将工件加热到一定温度下，保温后，在空气中冷却。正火的目的与退火相似，由于在空气中冷却，冷却速度稍大，正火后得到的组织比退火的更细、硬度也高一些。与退火相比，正火生产周期短、生产率高，因此应尽量用正火替代退火。在生产中，低碳钢常采用正火来提高切削性能，对一些不重要的中碳钢零件可将正火作为最终热处理。

（3）淬火。淬火是将工件加热到一定温度，保温后，在水或油中快速冷却。淬火的目的是提高钢的硬度和耐磨性。

（4）回火。回火是在淬火后必须进行的一种热处理工艺。因为工件淬火以后，得到的组织很不稳定，存在较大的内应力，极易造成裂纹，如在淬火后及时进行回火，就能不同程度地稳定组织、消除内应力，获得所需要的使用性能。

根据不同的回火温度，回火处理有三种：高温回火、中温回火和低温回火。

调质处理：淬火加高温回火，高温回火的温度为 500～650℃，适用于中碳钢，可获得较高的综合力学性能。它适用于生产重要零件（如轴、齿轮和连杆等）。

中温回火（350～450℃）后，材料具有较高的弹性，硬度适中，适用于各种弹性零件（如弹簧）的生产。

低温回火（150～250℃）后，材料仍保持有较高的硬度，使工件具有很好的耐磨性，它适用于各种工具、滚动轴承等。

（5）表面淬火。将零件表层以极快的速度加热到临界温度以上奥氏体化，而心部因受热较少还来不及达到临界温度，接着用淬火介质进行急冷，使表层淬成马氏体，心部仍保持淬火前组织的一种工艺，经表面淬火后，钢件得到表层硬度高、耐磨，心部硬度低、韧性好的性能。

表面淬火有多种方法，现在常用感应加热表面淬火法。此外，还有火焰加热表面淬火法、电接触加热表面淬火法等。

（6）化学热处理。将金属或合金工件置于一定温度的活性介质中保温，使一种或几种元素渗入它的表层，以改变其化学成分、组织和性能的热处理工艺，称为化学热处理。

化学热处理使工件的表层和心部，得到迥然不同的组织和性能，从而显著提高零件的使用质量，延长使用寿命；它还能使一些价廉易得的材料改善性能，来代替某些比较贵重的材料。

化学热处理形式很多，按其主要目的大致可分两类：一类是以强化为主，例如渗碳、氮化（渗氮）、碳氮共渗、渗硼等，主要目的是使零件表面硬度高、耐磨并提高疲劳抗力；另一类是以改善工件表面的物理、化学性能为主，如渗铬、渗铝、渗硅等，目的是提高工件表面抗氧化、耐腐蚀等性能。

2. 常用热处理设备及节能建议

（1）热处理设备。常用热处理设备有加热设备、冷却设备和检验设备等。

1）加热设备。加热炉是热处理车间的主要设备，通常的分类方法为：按能源分为电阻炉、燃料炉；按工作温度分为高温炉（>1000℃）、中温炉（650～1000℃）、低温炉（<600℃）；按工艺用途分为正火炉、退火炉、淬火炉、回火炉、渗碳炉等；按形状结构分为箱式炉、井式炉等。

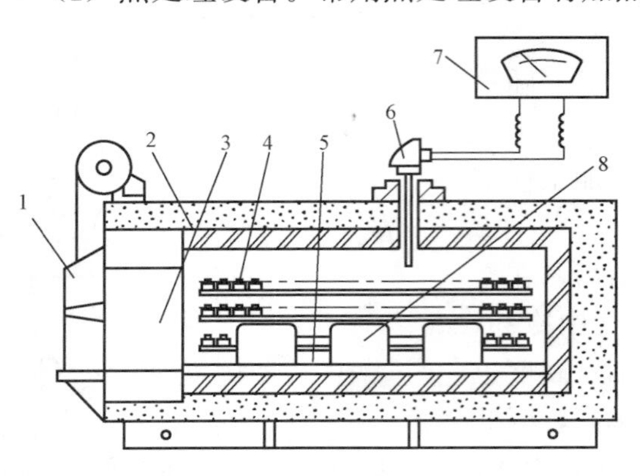

图 4-50 中温箱式电阻炉

1—炉门；2—炉体；3—炉膛前部；4—电热元件；5—耐热钢炉底板；6—测温热电偶；7—电子控温仪表；8—工件

常用的热处理加热炉有电阻炉和盐浴炉。

①中温箱式电阻炉应用最为广泛，常用于碳素钢、合金钢零件的退火、正火、淬火及渗碳等，如图 4-50 所示。

②井式炉宜于长轴类零件的垂直悬挂加热，可以减少弯曲变形，可用吊车装卸工件，故应用较为广泛，如图 4-51 所示。

③盐浴炉是用液态的熔盐作为加热介质，加热速度快而均匀，工件氧化、脱碳少，可进行正火、淬火、化学热处理、局部淬火、回火等，如图 4-52 所示。

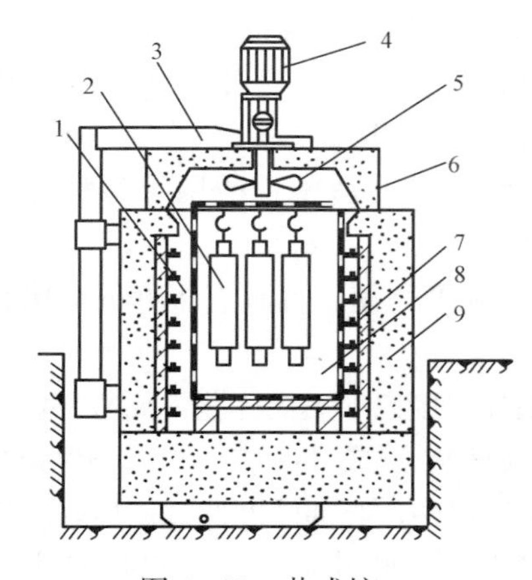

图 4-51 井式炉

1—装料筐；2—工件；3—炉盖升降机构；4—电动机；5—风扇；6—炉盖；7—电热元件；8—炉膛；9—炉体

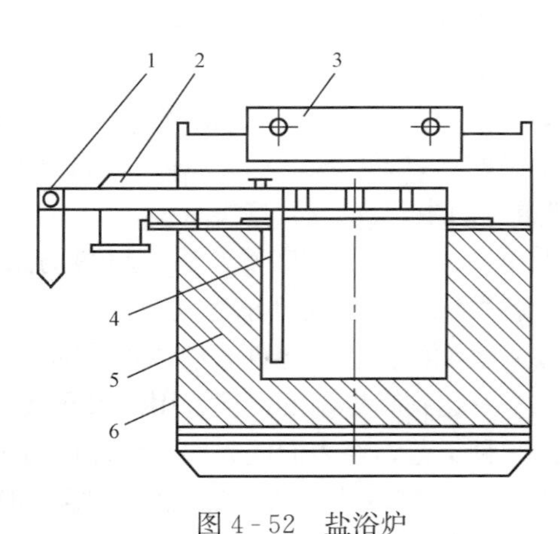

图 4-52 盐浴炉

1—连接变压器的铜排；2—风管；3—炉盖；4—电极；5—炉衬；6—炉壳

2）冷却设备。常用的有水槽、油槽、浴炉、缓冷坑等，介质包括自来水、盐水、机油、硝酸盐溶液等。

3）检验设备。常用的检验设备有洛氏硬度计、布氏硬度计、金相显微镜、物理性能测试仪、游标卡尺、量具、无损探伤设备等。

（2）热处理设备节能建议。加热设备的节能潜力巨大，对节能的设备基本要求是，有较大的炉膛、有效的利用面积率、均匀的温度区域、较高的装载量、良好的加热装置、廉价的能源、良好的传热效果、良好的保温能力、较少的热损失及较高的热效率等。按该要求，对设备进行引进、改造、自发研制以及合理使用，有效地开展节能生产。

1）合理选择能源。

①用电干净，易控制。如井式电阻炉，属间接加热工件，热效率较低，通过强化辐射、减少炉衬蓄热及炉壁散热来提高热效率；脉冲离子氮化炉，用电能把低真空的气体电离成离子，在电场作用下，高速冲击工件，在加热工件的同时，把氮元素渗入工件，这种热处理方式有较高的热效率；中频感应加热，处于交变电磁场中的曲轴，内部产生交变电流（即涡流）而把曲轴表面瞬间加热至高温，属直接加热，有很高的热效率，达 55%～90%，感应淬火属局部处理，比整体淬火节能近 80%～90%。

②用燃料便宜，最好用天然气或煤气等高热值的气体，可以在喷射式烧嘴上形成火焰，通过热冲击、热辐射、热对流的方式，直接加热工件，有高的换热系数和加热速度，故热效率高。台式正火炉、连续正火流水线等用天然气作加热能源来处理工件。

2）减少热损失，提高热效率。

①台式正火炉及正火流水线，为减少炉衬蓄热采用复合炉衬，炉壁使用陶瓷纤维，内壁表面涂红外反射涂料；考虑到炉底强度要求高，采取黏土砖＋轻质耐火砖结构，炉门为内壁贴陶瓷纤维。

②自制台式正火炉，为提高炉子密封性，炉体尽量少开孔，以避免热量散失。

③井式电阻炉，减少料盘、料框的重量，只要能承载设备允许的最大装炉量即可，避免消耗更多的能量来加热料盘、料框。

3）燃料炉—高效燃烧嘴的开发应用。优良的燃烧嘴，应能自动调节燃气与空气的比例，且燃烧的火焰能实现炉内强辐射及强对流。正火流水线使用的是 SIC100HB 型燃烧嘴，与对面相对交叉均匀放置在炉两侧壁接近底部处，点火后迅速升温，有利于促进热气流再循环，可显著节能。

4）充分利用余热及废热。

①氮化，如图 4-53 所示。加热到 590℃，保温 3h，停电随炉降温到 540℃，利用炉内余热继续通介质氮化，可获得良好的效果，前提是设备密封性好。用额定功率 180kW、型号为 SL02-35 的井式氮化炉，处理同样的产品，改进后每条曲轴产品可节省 20kWh。

②正火流水线利用天然气作燃料加热，其烟筒排除废气的同时，也带走炉内 20%～50%的热量。但在设备设计安装时应充分考虑到余热的再利用，把助燃空气管道设置在紧贴烟筒以预热，助燃空气刚进入炉内能达到 100～100℃，可降低热损耗。

5）炉型的合理选择。当热处理产品的批量及工艺确定后，选用炉型就成为实现工艺、节能和降低成本的关键。连续式炉比周期式炉耗能少，各种炉子的热效率顺序由高到低为：振底式炉、井式炉、输送带式炉、箱式炉或台式炉。当批量大时，宜选用连续式炉；当品种

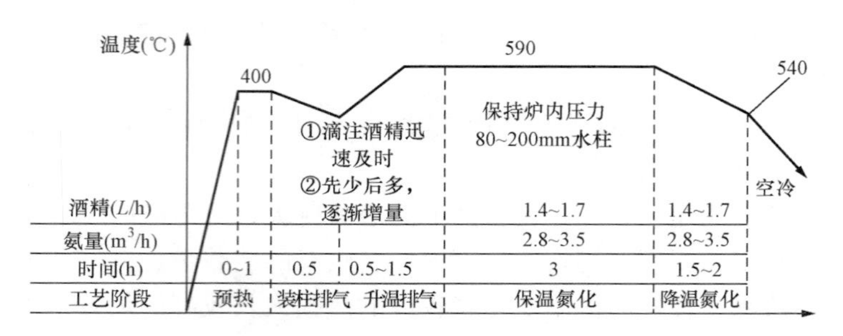


图 4-53 氮化处理温度控制图

比较多数量较少，就集中使用周期炉。

6）推广氨基气氛井式电阻炉热处理。氨基气氛用于客户特殊要求的回火热处理，可以达到少无氧化脱碳和工件表面光亮无锈蚀的效果；用于化学热处理可减少内氧化、防腐蚀，提高化学热处理质量。氨基气氛气源丰富，成本低廉，安全性好，适应性强，污染少，废气燃烧后生成水和氮气释放空气中。一般选用液化的氨气作保护气氛及化学热处理的介质资源。

## 第八节 产品能耗的节能监测

### 一、产品能耗的概念及能耗定额

能耗是能源消耗量的简称。它只反映规定的耗能体系，如一个国家、一个地区、一个行业或一个企业能源消耗水平，一般情况下它主要只与企业的生产规模及其工艺构成有关。

能耗分为两类：一类称为单项能耗，是指规定的耗能体系在一段时间内实际消耗的某种能源的数量；另一类称作综合能耗，是指规定的耗能体系在一段时间内实际消耗的各种能源综合折算后的效率，它是在单项能耗基础上发展起来的，用于国家计划统计或对企业能源消耗量的计算和考核。

综合能耗是规定的耗能体系在一段时间内实际消耗的各种能源实物量按规定的计算方法和单位分别折算为一次能源后的总和。

所消耗的各种能源包括一次能源（如原煤、原油、天然气等）、二次能源（如热力、电力、石油制品、焦炭等）和耗能工质（如氧气、氮气、压缩空气、水等）所消耗的能源。

企业实际消耗的各种能源，系指用于生产活动的各种能源，它包括主要生产系统、辅助生产系统和附属生产系统所消耗的各种能源，不包括生活用能和批准的基建项目用能。

综合能耗计算时用规定的统一单位“标准煤”（简称“标煤”），把实际消耗的各种能源分别折算到一次能源，赋予其可求和性，使得综合能耗指标能够集中地反映企业能源消耗的全面情况和总体概念。

能耗的概念只反映能源的消耗水平，不能反映能源的利用效果，只有把能耗与其生产的效果——产出产品的产量或产值结合起来才能说明能源利用的效果。这里引入产品单位产量或产值能耗的概念，其含义即为生产单位产品或创造单位净产值（价值量）所消耗的能源量。对应于单项能源能耗和综合能耗，产品能耗分为：产品单位产值单项能耗、产品单位产量单项能耗和产品单位产值综合能耗、产品单位产量综合能耗和产品可比单位产量综合能耗，它们的计算如下：

产品单位产值单项能耗 $e$ 等于某种单项能源实物耗量 $e_s$ 除以同期内产出的净产值（价值量）$G$

$$e=\frac{e_s}{G} \tag{4-41}$$

产品单位产量单项能耗 $e_m$ 等于某种能源实物耗量 $e_s$ 除以同期内产出的合格产品量 $m$

$$e_m=\frac{e_s}{m} \tag{4-42}$$

产品单位产值综合能耗 $E_g$ 等于综合能耗 $E$ 与同期内产出的净产值（价值量）$G$ 之比

$$E_g=\frac{E}{G} \tag{4-43}$$

产品单位产量综合能耗 $E_D$ 等于综合能耗 $E$ 与同期内产出的合格产品量 $m$ 之比

$$E_D=\frac{E}{m} \tag{4-44}$$

说明：

（1）产品产量是指合格的最终产品量和中间产品量；对某些以工作量或原材料加工量为考核能耗对象的企业，产品产量用工作量或原材料加工量代替。

（2）产品产量可用实物量计算，或用基准量、折算量和折纯量计算，具体取值按国家或行业有关规定进行。

（3）对同时生产多种产品的情况，应分别按其实际能耗计算；如无法分开，或折算成标准产品统一计算，或按产量分摊。

（4）产品产值应为净产值（价值量），如果采用总产值，则应加以注明，必须注意，产值计算的价格应采用国家规定的不变价格。

（5）产品单位综合能耗的计算，详见 GB/T 2589—2008《综合能耗计算通则》。产品可比单位产量综合能耗是为在同行业中实现同类产品能耗可比，对影响产品能耗的各种因素，用折算成标准产品、能耗统计计算的办法等加以考虑所计算出来的产品单位综合能耗。

产品能耗定额是指在一定生产技术和生产组织的条件下，生产一定数量和质量的产品所规定的消耗能源数量。产品能耗定额应具有先进性和合理性。不同产品的能耗定额不同。同种产品的能耗定额理应相同，但由于企业的生产技术、经济条件、组织条件不同，不可能所有的企业都执行同一能耗定额标准。大致情况相同的企业产品，应执行同一能耗定额。条件差异很大的企业产品能耗定额，应根据上级定额要求，结合自身情况制定。但必须采取各种措施，逐步实现国家规定的同一产品能耗定额标准。国家、地区、部门和企业所制订的产品能耗定额，应有一定的稳定性，以便于贯彻执行。但也要根据情况的变化，特别是科学技术的进步，及时进行适当的修改。产品能耗定额是制定节能计划的依据，也是能源管理的一项重要基础工作。先进合理的产品能耗定额，能取得更好的节能效果。

**二、产品能耗的监测和评价**

产品能耗是能源经济活动的重要指标，是能源管理的核心，它直接反映企业、行业能源利用效果。因此，必须采用切合实际、合理的方法对产品能耗进行监测。这里主要采用现场技术测试法、生产统计法、能耗审计法对产品能耗进行监测。

（一）现场技术测试法

现场技术测试法多用于单炉单机单台设备的产品能耗的测试，它是在耗能设备正常运行的条件下，通过能量平衡测试找到最佳工作范围及其相应的“技术定额”值。对于新设计的、现场组装的非标准设备尤其要进行测试，以校验设计的正确性。对于由装备制造厂提供的能耗指标（即产品技术标准规定指标），可视为在装备厂规定的工艺条件、负荷范围内使用的“技术单耗”。但是，由于制造质量和现场安装质量对技术单耗指标影响较大，因此，应该把在规定的工况条件下进行的测试结果，作为耗能设备技术单耗的依据。

（二）生产统计法

生产统计法是通过耗能单位的台账、生产报表数据的统计分析计算产品能耗。它多用于企业产品能耗和行业产品能耗两类的监测。

1. 企业产品能耗

单位产品（工作量）综合能耗的监测是对企业生产某种产品所直接消耗的各种能源和分摊给产品的辅助生产、附属生产系统消耗的各种能源总和的数量进行监测，计算公式为

$$R_D = \frac{R_g + R_0 - R_1}{S} \tag{4-45}$$

式中 $R_D$——单位产品综合能耗量，kg 标准煤；

$R_g$——本期全厂生产综合能耗量，kg 标准煤；

$R_0$——期初半成品、在制品综合能耗量，kg 标准煤；

$R_1$——期末半成品、在制品综合能耗量，kg 标准煤；

$S$——本期合格产品入库量。

全厂生产能耗（$R_g$），包括生产、辅助、附属各系统的消耗的能源及亏损，具体包括以下各项：

（1）从投料到制成品的整个生产过程，直接用于该产品的能源物质、燃料、动力（一次能源和二次能源）。

（2）分摊于该产品的辅助生产（如机修、锅炉、空调等）和附属生产系统（如厂房、仓库和办公室照明、取暖等）消耗的能源。

（3）分摊该产品的线路、变压器损失和保管、运输等损耗的能源。

（4）次品和废品所消耗的能源。

（5）外购的载能工质（如外购水等）。

（6）各种能源的放空损失等。

单位产品（工作量）单项能耗的监测是对企业生产某种单位产品规定消耗的某种能源（如汽油、柴油、电力、燃料油、天然气等）数量的监测，一般以实物量表示。

企业单位产品综合能耗和单位产品单项能耗可分为全厂产品单耗和基本生产产品单耗。全厂产品单耗是指考核期企业生产总能耗与合格产品产量的比值。基本生产产品单耗是指在同行业中扣除不可比因素（如地域差别、温差等）的可比能耗，实际上是同类产品在基本条件相同情况下的单位产品能耗。

2. 行业（社会）单位产品（工作量）能耗

行业（社会）单位产品能耗是反映某一行业在考核期内单位产品能耗水平，用于与上年度生产同一单位产品能耗进行对比，同时也可与行业制定的分等分级能耗指标进行比较，判别企业能耗水平属于何种档次。行业单位产品能耗计算公式为

$$\text{行业单位产品能耗} = \frac{\text{各企业生产某产品能耗总量}}{\text{各企业生产某产品合格品产量}} \tag{4-46}$$

通过测定行业单位产品能耗并定期公布，可监督、引导企业加强管理，采用先进技术，使其产品能耗逐步下降。

（三）能耗审计法

能耗审计法是以企业作为一个考核的整体，用投入产出的方法，测定产品能耗并实行考核、监督。

能耗审计法是企业按照“为谁服务，由谁负担”和“投入产出、能值守恒”的原则，将企业综合能耗总量，全部合理地分摊到所有产品中去，以求出产品单耗。

能源审计法可作为企业一个或数个时期科学管理数据积累，较明确地反映考核期的实际情况，提供企业节能降耗定额制订、考核的依据；可作为企业能源需求规划、计划的依据；除作为考核产品能耗外，对能源输送、转换、辅助系统也可建立考核体系。

能耗审计法按生产产品的全过程或生产的某一工序都可计算产品能耗，且在此基础上寻找耗能的原因，推动节约能源工作。

对产品能耗监测后的考核评价，主要起三个作用：①对能耗定额本身进行考核评价；②对企业的产品能耗进行监督检查；③可将企业的产品能耗与国内外同类产品能耗水平进行对比，以评价企业产品能耗的水平。

对企业实行产品能耗的监测主要是评价企业产品能耗是节约还是超耗，以计算出节能或超耗能的价值。按考核期与上年同期能耗比较的计算节约量方法为

$$\begin{matrix}\text{节约或超耗的}\\\text{能源量}\end{matrix}=\sum(\text{上年同期产品单耗}-\text{本年考核期实际产品单耗})\times\text{考核期产品产量} \tag{4-47}$$

## 三、节能产品的节能监测

（一）节能产品监测内容

节能产品应当是效率高、能耗低、性能较先进的一种新产品，因此其监测内容应符合以下要求：

（1）监测内容应能反映该产品能源利用的水平，如效率测定、单位产品能耗以及减少能量消耗有关的主要项目（如工业锅炉的排烟温度、民用灶具的外表温度等），还必须对其使用的节能效果进行测定，以确定经济效益。

（2）对于辅助形式配件的节能检控仪器、器件、节能材料等，应对其主要节能技术性能和使用性能进行监测，并对其使用的节能效果进行检测，以确定其经济效益。

（二）节能产品的监测方法

进行节能产品的监测，主要采用现场测试的方法，具体有以下几种方法：

（1）对于量大面广的重要耗能设备，如三相异步电动机、工业锅炉、水泵、风机以及空气压缩机等，可以参照国家或地方已有的监测标准进行监测。

（2）参照某些设备能量平衡的国家标准、专业标准、地方标准和行业测算技术规定，对某些节能产品进行节能监测。

（3）依照产品性能测试方法、标准规定的方法对节能产品进行节能监测。

（4）依据由研制单位提出并经审查批准的产品检验及测试方法对节能产品进行节能监测。

（5）用现场测试的方法，实际测算节能产品在规定的使用条件下所产生的节能效果，从

而对节能产品进行节能监测。

（三）对节能产品监测结果的评价

对节能产品进行监测后，应根据“节能产品应节能”的原则进行评价，以判定该产品是否符合节能产品的条件。对节能产品进行监测后的节能效果必须达到或超过已有产品的节能效果指标；监测节能产品的节能技术性能指标应达到或好于已有节能产品的节能技术指标，对于新型的节能产品，其节能技术性能指标应达到国家所规定的标准。

# 第五章　能源建设的不确定性及能源技术方案的评价

不确定性分析是技术经济研究中的重要方法，它主要研究能源建设方案中某些不确定因素对其投资效益的影响。例如，投资超支、建设工期延长、生产能力达不到设计要求、原材料价格上涨、劳务费用增加、市场要求变化、贷款利率变动。由于政治、经济、技术发展市场都带有不确定性，方案中基础数据的误差都会使方案的经济效果偏离其预期值，从而给投资和经营带来风险。因此，为了预测能源建设项目的风险，有必要对其进行不确定性分析。

不确定性分析有很多方法，主要有盈亏平衡分析、敏感性分析、风险分析。前一种方法只用于财务评价，后两种方法可用于财务评价和国民经济评价。风险分析多用于有特殊要求的项目。

## 第一节　能源建设项目

### 一、能源建设项目定义和分类

（一）定义

资源的开发利用需要工具作为载体，人类区别于动物的开始正是在于人类开始制造工具。能源建设项目正是人类为利用能源资源所必需的载体。能源建设项目包括能源的开发、加工、转换、传输等各类基本建设项目。能源基本建设是通过新建、扩建、改建、迁建和恢复性建设等形式所完成的一项固定资产的投资活动。

（二）分类及特征

能源建设项目根据其规模可分为新建、扩建、改建、迁建和恢复性建设等形式。

1. 新建项目

能源基本建设中的新建项目，是指从无到有、平地起家，一切从头开始的建设项目。有些建设项目由于原有基础很小，经重新进行总体设计、扩大建设规模后，新增固定资产价值超过原有固定资产价值3倍以上时，一般也属于新建项目。这类项目的基本特征是：

（1）投资规模大。由于项目平地起家，因此，基础设施的配套建设、土建施工量等工程较大，相应的投资规模也较大。

（2）总体规划性强。新建项目一般易于总体规划，各工序之间、各相邻分厂之间易于按照生产的流程进行建设和设计。由于投资是在一段时间内集中使用的，因此，新技术、新工艺、新装备的整体设计性较好，相互之间较为配套，易于选择、设计适合项目需要的技术体系。同时，在人才的调迁、使用、安排上也易于搞好优化组合。

（3）涉及因素多。

因此，新建项目在能源生产和国民经济发展中的地位都较为重要。而一些重大的能源建设项目，对社会生态环境、区域经济发展更将产生根本的影响。

2. 扩建项目

能源基本建设中的扩建项目一般是指原有企业为扩大原有产品的生产能力和效益，增加新产品的生产能力和效益，在原有企业的基础上通过新增建矿井、车间或其他有关工程，即通常所说的“厂内外延”来进行的。这类项目的基本特征是：

（1）基础设施较为完备，建设工程量较小。由于项目是在原有企业基础上扩建的，因此，原有的道路运输条件、征地搬迁工作均可避免。因此，其工程量一般也较小，建设周期较短，建设速度也较快，易于在短期获得收益。

（2）受原有企业基础工作水平影响较大。由于项目是在原有企业基础上扩建的，因此，原有企业的生产经营环境和条件，包括原材料供应状况、资源分布特点、市场状况、企业管理基础水平、各项技术设施以及职工素质等，都对项目建成后的效益有较大影响。

3. 改建项目

能源基本建设中的改建项目是指原有企业为达到提高生产效率、改进产品质量、调整产品结构、提高技术水平等目的，而对原有设备、工艺流程等进行的一种整体性技术改造。对于那些为提高企业综合生产能力而增加的一些附属和辅助车间或非生产性建设工程，一般也属于改建项目。能源建设的技术改造项目同改、扩建工程是有一定区别的。在实际工作中，一般是从两方面来加以划分：①改、扩建工程只是在原有技术水平上的“外延扩大”；②有些项目尽管采用了先进技术，但其规模、投资以及建成后的影响，都比技术改造项目为大。能源基本建设的改建项目除了具有与扩建项目相同的一些基本特征外，还具有的一个显著特点是受原有企业的整体技术水平和设备配套能力约束性较强。由于改建是一种在一定范围内、一定生产工序上的技术改造工作，因此，它的整体效益在很大程度上与原有企业的技术装备水平、生产工艺特征有很大关联。如何正确解决和妥善处理改建项目与原有技术体系的相互衔接、配套，是搞好这类项目建设的一个重要方面。

4. 迁建项目

能源基本建设中的迁建项目是指那些由于各种原因，企业整体在空间位置上进行转移的一种建设工程。不论其建设规模是维持原状，还是有所扩大都属于迁建的范围。迁建项目的最显著特征是企业的技术状况、产品结构、人才队伍、组织管理都保持在原有水平上，是生产各要素在空间范围内的整体转移，在新址上的各项基础建设则同新建项目无多少差异。

5. 恢复性建设项目

能源基本建设中的恢复性建设，是指企业的固定资产由于自然灾害、战争或其他人为因素所造成的损害而部分或全部报废之后，又投资进行的一种恢复性建设。不管这种建设的规模是否与原来相同，在建设过程中是否同时还进行扩建，都属于恢复性建设的范围。这类项目的显著特点是：整个建设是在原有基础上所进行的一种修补重建，其目的在于恢复其原有的生产水平。因此，在建设过程中，受原有企业的布局结构、资源状况，外部基础设施功能影响较大。

能源建设项目按能源的种类不同，又可分为煤炭建设项目、火电建设项目、水电建设项目、核电建设项目、石油天然气建设项目等。按能源开发利用的次序不同，又可分为能源开发项目、能源传输项目（管道输煤、电网建设、管道输油、铁路专用线等）、能源转换项目、能源加工项目、能源综合利用项目等。按经营特点和服务对象不同，又可分为能源生产项目、非生产性项目以及社会基础设施项目（如城市煤气、城市供电等）。

除按上述方法对能源基本建设项目进行分类外，还可按投资的用途将其划分为生产性建设项目和非生产性建设项目；按项目投资规模的大小，将其划分为大型、中型、小型建设项目。

## 二、能源建设项目的特点

对于能源资源进行利用的能源建设项目具有如下特点：

（1）项目建设选址受地理环境的制约大。能源的生产首先受地质条件制约，建设项目之前需进行地质勘探，只有在资源富集的地方开采挖掘才能获得较高的经济利益。除对原料的需求外，技术经济、安全、环境和社会经济都直接制约了建设项目的选址。例如，水电站的选址除对水能的要求外，还要考虑到河流分段、水文数据、地形地质、淹没损失等因素。核电站的选址要求临近水源且水运便利；主要是因为核电所需的大型设备一般在300～500t，只能通过水运；此外，反应堆冷却也要求大量的工业用水。因此，即使现在内陆多个省份确定兴建核电站，其选址也是在大江大河沿岸。太阳能烟囱电站的选址则严格要求地面高差小，地质条件避开地震带，设备输入、电力输出便利等。

（2）能源建设项目建设周期长、工程量大。能源建设项目施工量大，特别是土方剥离和土建工程占有较大的比重。一些大型能源基地的开发建设，还涉及动员拆迁、人员安置、交通枢纽建设等众多社会经济因素。因此，建设周期一般比较长，特别是新建项目。

（3）能源建设项目投资大、资金回收期长。

（4）能源建设项目受国家能源发展规划制约。

（5）整体性固定资产联系紧密、服务年限较久以及技术设备专用性强。能源建设项目的固定资产之间互相配套，联系紧密。一个能源项目一旦建成将长期地为区域服务，因此设备服务年限久，设备的技术要求也较高。同时能源项目的设备通常为大型设备，只适用于专门的能源生产。

（6）不确定性因素多。

## 三、能源建设项目建设程序

能源建设项目特别是新建项目，由于投资强度高、规模大、技术密集、建设周期长、影响大，因此建设必须按一定程序进行。我国目前对于一个建设项目从规划到建成投产的建设程序如下：

（1）项目建议书。各投资主体根据国家经济发展的长远规划、产业发展政策及各自的行业、地区规划，结合资源、市场、生产力布局等条件，在调查研究、收集资料、地质勘探、初步分析投资效果的基础上，提出项目可行性研究建议书，报各级计划管理部门进行汇总平衡，并按规定分别纳入各级计划的前期准备工作中，进行必要的可行性研究分析。

（2）可行性研究。可行性研究是在项目决策之前所进行的技术经济分析评价。它一般回答并解决的问题有：①项目在技术上是否可行；②项目在经济上是否合理；③项目财务盈利情况如何；④项目人力、物力资源需求怎样；⑤项目建设周期多长；⑥项目投资额及其来源保障等情况怎样。做好可行性研究，需进行必要的准备工作，如资源勘探、工程地质及水文地质勘察、地形测量、工艺技术试验、市场分析调查、技术装备选择以及地震、气象、环境等资料的收集等。在此基础上，再进行必要的项目财务分析和国民经济综合评价，经过多方案的比较选择，推荐最佳方案以供决策，并为编制设计任务书提供依据。

（3）编制设计任务书。设计任务书是明确项目、编制设计文件的主要依据。其内容包括：①建设的目的和依据；②建设规模、产品方案、生产工艺方法；③矿产资源、水文地质、原材料、燃料、动力、供水、运输等协作配合条件；④资源综合利用和“三废”治理要求；⑤建设地点及土地占用估算；⑥防空、防震等社会自然灾害的要求；⑦建设工期；⑧投资控制数额；⑨劳动定员控制数；⑩要求达到的经济效益和技术水平。

（4）择优选定建设地点。根据建设项目设计任务书的要求和区域规划，在地质勘探和技术经济条件调查基础上，落实项目的外部建设条件，择优选定建设地点。

（5）编制设计文件。根据批准的设计任务书和选点报告要求，由具体设计单位来进行。大中型建设项目采用初步设计和施工图设计，重大特殊项目增加技术设计。初步设计的主要内容包括设计指导思想、建设规模、产品方案或纲领、总体布置、工艺流程、设备选型、主要设备清单和材料用量、主要技术经济指标等文字说明。初步设计是编制年度计划的依据，是进行设备订货和施工准备工作的依据，但不能作为施工的依据。技术设计是为了研究和确定初步设计所采用的工艺过程、建筑和结构形式等方面的主要技术问题，补充和修正初步设计，并编制修正总概算而进行的。

（6）施工建设准备。主要工作有：工程、水文地质勘察，收集设计基础资料，组织设计文件的编审，提报物资申请计划，组织大型专用设备和特殊材料订货，落实地方建筑材料的供应，办理征地拆迁手续，落实水、电、路等外部条件和施工力量。

（7）计划安排。建设项目在其初步设计和总概算经过批准，进行综合平衡后，可列入年度计划，合理安排建设所需的各年度投资。

（8）组织施工。施工单位根据设计单位提供的施工图，编制施工图预算和施工组织设计，施工必须按施工图和施工组织设计来进行。

（9）生产准备。根据建设项目的生产技术特点和交工进度，适时做好生产的各项准备工作，以保证项目建成后及时投产。生产准备工作主要有：招收培训生产人员，落实原材料及协作产品，落实燃料、水电气等来源和协作配合条件，组织工具、器具、备品备件的制造和订货，组织生产管理机构，制定必要的管理制度，收集生产技术资料和产品样品等。

（10）竣工验收。项目建成后，应组织验收，交付使用。生产性项目，要经过负荷试运转和试生产考核之后才能正式交付使用。

正是由于能源建设项目具有自身的特点，能源建设必须严格按照基本建设的程序进行管理。

## 第二节　能源建设项目的评价和分析

### 一、对能源建设项目进行不确定性分析的原因

现在基本建设和技术改造项目一般均采取银行贷款和工程承包的办法，以保证工程建设进度虽然加快了，但按常规的投资预算方法并不可能全面认识客观的可变性，即不可能认识工程投资的风险性。

这是因为所采用的都是“未来”的数据，投资总额、建设工期、产品成本、销售收入、原材料价格等都是根据调查和预测的结果推算出来的。而在实际工作中，由于影响各种方案经济效果的政治因素、经济形势、资源条件、技术发展情况等未来的变化具有不确定性，不可避免地会遇到这些数据与实际有较大的出入，如建设工期的延长、投资总额和资金来源的

变化、技术工艺和设备性能的改变、原材料市场价格的上涨、劳务费用增加、市场需求量变化、产品市场价格的下跌、贷款利率变动、政府经济政策的变化等。加上预测方法和工作条件的局限性，方案经济效果评价的成本与收益都将不可避免地存在误差，都可能使一个能源建设项目达不到预期的经济效果，甚至发生亏损。

设计与实际的脱离是因为客观实际是各种随机因素作用的结果，是变化的、动态的。而在设计和计划时，按常规方法是静态的，对统计数据是按算术平均计算并取值的。

就一个企业的新建或改造来说，由于价格的变化，管理水平、施工装备与施工人员的技术水平的差异，以货币表示的投入量是变动的。企业投产后，由于企业生产能力、管理水平、技术条件、工人操作水平以及市场竞争情况的变化，因此产品的成本和产品的售价是变动的，企业赢利额也是变动的。在设计时，由于对外部的条件以及内部的配套工程考虑不周而漏项，在施工中或投产后要补充建设以致投资增加。由于原材料、能源以及施工力量不足，还由于施工管理不善和施工人员的素质同样不可预期等原因，使施工工期延长。施工拖延不仅因企业晚投产而使企业得利晚，而且贷款付息时间增长，相当于增加了投资额，因而恶化了总的经济效益。

为了尽可能地避免决策失误，就要了解各种外部条件发生变化时对能源建设方案经济效果的影响程度，以及投资方案对于外部条件变化的承受能力，尽可能地减小不确定性因素给可行性研究带来的误差，提高可行性分析的可靠程度。

借助于数理方法及一些预测方法，可以得出投入和产出参数以及市场变化的经验概率密度函数。例如，某项原料或材料，由于生产成本的变化以及供应地点远近与运输方式的不同，不同时间、不同供应地运到工地的原材料支付费用就不一样。经过对一些数据的处理统计方法或采用某种预测分析方法可以得到连续的概率函数（如某一平均值和方差的正态分布），或估计出最劣值、最可能出现值、最佳值发生的概率。对产品在市场的销售情况也可做出好、中、差发生的概率。对施工工期也可以统计分析类似工程的实际进度，或采取专家咨询法等预测分析方法，设定可能出现的情况。对有一些投入、产出等参数可能发生情况的估计采取动态的分析方法，规定出衡量准则，就可做出投资决策分析。

## 二、能源建设项目的分析评价

能源建设项目的分析评价可以分为技术评价和经济评价两大部分。

### （一）技术评价

技术评价的主要内容包括生产工艺评价、设备选型评价、软技术转让评价和项目布置评价。

#### 1. 生产工艺的评价

对项目生产工艺的评价除应遵循技术合理性、先进性、适用性、可靠性和安全性外，还应充分考虑工艺对原材料的适应能力，特别是需要进口原材料时更应考察国际市场的供应潜力和国内原材料的替代问题。此外，对各道工序之间的相互衔接、工艺技术的升级应变能力，以及对环境的影响等也要着重考虑。

#### 2. 设备的选型评价

设备选型评价应包括所有的设备，如生产工艺设备、辅助生产设备、研究设备、管理和办公设备、公用设备等，主要考察以下5个方面的内容：

（1）所选设备是否符合工艺流程要求。

(2) 所选设备是否能满足生产规模的需要。

(3) 所选设备能否互相配套、互相衔接。

(4) 所选设备的备品备件是否有保证。

(5) 考察设备时应具体到设备的型号、性能、安装尺寸、操作员的配置等，以使评价准确、翔实。

3. 软技术转让评价

软技术转让的类型主要有以下几种：

(1) 工业产权的软件技术转让（如专利、商标、专门知识的转让）。

(2) 软技术服务性的转让（如工程合同、技术援助）。

(3) 销售软技术的转让（如专营）。

(4) 对不同的软技术转让，应采用不同的评价方法：

1) 对专利转让应着重注意专利的有效时间，出口区域是否有类似专利，能否保障接受方免受第三方对侵权专利的索赔等。

2) 对专门知识的转让则着重考察专门知识的内容，特别是需保密的内容、保密期限和转让方对专门知识所承担的保证等。

4. 项目布置评价

鉴于能源建设项目通常都很大，因此在技术评价中应包括项目布置的评价。项目布置评价目的是保证项目布置（地面布置和建筑物内的布置）能使生产的各环节和各道工序之间实现有机结合，除考察布置的合理性外，还要从节约用地、便于管理、节约投资等方面来加以评价。

(二) 经济评价

能源建设项目的经济评价大致可分为财务评价和国民经济评价两个层次，并在此基础上进行必要的不确定性分析和方案比较。

1. 财务评价

财务评价是根据国家现行财税制度和现行价格，分析、测算项目的效益和费用，考察项目获利能力、清偿能力及外汇效果等财务状况，以判别项目的财务可行性。

借助财务评价的结果，可以了解项目的财务盈利能力、项目投资额及其筹措方式，权衡项目的财政补贴或减免税政策需求等。

财务分析与评价可划分为四个阶段：资料收集与汇总阶段、投入产出估算阶段、测算分析阶段和最终决策阶段。

(1) 资料收集与汇总阶段。这是在项目提出之后，围绕项目建设的目的、意义、要求、建设条件和投资环境以及主要技术要求，一方面要收集整理项目的基础数据资料，如项目投入物和产出物的数量、质量、价格及项目实施进度等。另一方面要收集项目基本财务报表所需的数据和资料，如生产规模及产品品种方案、投资费用、职工人数等。在此基础上，进行资料汇总。

(2) 投入产出估算阶段。这一阶段的任务是进行投资估算、生产成本估算和费用效益估算。投资估算包括固定资产和流动资金两部分。一般国内项目的固定资产投资估算参照概算指标的方法来进行。生产成本估算有两种方法：①按生产费用要素估算；②按产品成本项估算，也即按生产过程的各个环节分别估算。前者方法简便，易于掌握。后者则需先计算出各车间和设施的产品单位成本，然后再汇总为总成本，计算比较复杂但能较好地反映不同生产技术条件下的产品成本。成本估算的内容包括计算基本折旧、流动资金利息、推销费和销售、外购原料、工资等经营成本费用。费用效益估算则是在测算出税金、销售收入、营业外净支出等收益的基础上，与生产总成本进行对比分析，测算出项目的收益状况。

（3）测算分析阶段。测算分析是在编制好的项目基本财务报表基础上进行的。这套报表与企业的日常经营活动财务分析报表有所不同，它是根据预测数据对项目计算期内的生产经营状况所做得一种长期动态分析。企业日常财务报表则是根据历史数据对当前企业经营活动所做的一种静态分析。根据我国项目评价的一般要求，项目财务分析评价的基本报表可分为5种，即财务现金流量表（包括全部投资和国内投资两种）、利润表、财务平衡表、资产负值表（一般国内项目可不做）及财务外汇流量表。

（4）最终决策阶段。决策选择是在财务分析的基础上，对项目的盈亏平衡状况及风险状况所做的进一步分析。并通过多方案筛选，以最终确定项目取舍。对那些未通过选择的项目，则需要重新设计或调整项目进行分析和测算。

2. 国民经济评价

国民经济评价是项目经济分析评价的核心部分。它是从国家整体角度来考察项目的效益和费用，用影子价格、影子工资、影子汇率和社会折现率等国家参数，分析计算项目给国民经济带来的净效益，以评价项目经济上的合理性，并依此来决定项目的取舍。

国民经济评价可以单独进行，也可以在财务评价的基础上经过调整来完成。

对单独进行的国民经济评价，在资料收集工作结束后，首先需要确定的是费用与效益的范围，即明确项目费用与效益的直接与间接内容。在此基础上选定投入物与产出物的价格，对那些投入产出比重较大或国内价格明显不合理的投入物与产出物，应采用影子价格来计算效益与费用。其余投入产出物则可采用现行价格，然后再将各项费用与效益编制成规定的国民经济评价基本报表。借助于这些报表，利用国民经济评价的基本指标便可对能源建设项目进行国民经济评价。

**三、能源建设项目的不确定性因素**

1. 成本

（1）固定成本。一定时期内和一定规模下相对固定的不随产量变化而变化的成本部分，如厂房设备的折旧、管理人员的工资。

（2）变动成本。随产量变化近似成正比变化的成本部分，如原材料费用、直接生产的工人的工资。

（3）混合成本。兼有变动成本和固定成本性质的成本部分，如设备的维护费、修理费等。

2. 需求与销售

需求与销售包括市场需求、销售量、产品价格、销售收入、销售税金等。

3. 投资

（1）固定资本。包括有形资本和无形资本。有形资本如土地、设备、建筑物、车辆等。无形资本如专有技术、专利权、著作权等。

（2）流动资本。指在生产和流通过程中供周转使用的资本，如购买原材料和支付工资的费用。

4. 国民经济参数

国民经济参数包括净现值、回收期、内部收益率、影子价格等。

净现值是按行业基准收益率或设定的折现率将计算期内各年的净现金流量折现到基准年的各现值之和。

回收期是投资返本年限和项目的净收益抵偿全部投资所需要的年限。

内部收益率是项目在计算期内将各年现金流量折现，使净现值累计为零时的折现率，是反映项目盈利能力的动态指标，内部收益率大于或等于行业收益率时方案是可行的。

影子价格是相对于市场交换价格的一种计算价格，反映货物的真实价值和资源最优配置的要求。国民经济评价中使用影子价格是为了消除在市场机制不充分的条件下价格失真、比价不合理等可能导致的评价结论失实。

5. 建设工程指标

建设工程指标包括建设周期、投产期限、产出能力达到设计能力所需的时间等。

## 第三节 不确定性分析方法

### 一、概述

项目评价采用的数据，大部分来自预测和估算，存在一定程度的不确定性。为了估量一些主要因素发生变化时对经济评价指标的影响、预测项目可能承担的风险，需进行不确定性分析。

项目不确定性分析的方法很多，如盈亏平衡分析法、敏感性分析法、乐观悲观法、决策树分析法、概率分析法及蒙特—卡罗（Monte-carlo）模拟法等。联合国工业发展组织出版的《工业可行性研究编制手册》中着重介绍了盈亏平衡分析法、敏感性分析法和概率分析法三种方法。在我国可行性研究实践中也主要是运用这三种方法。盈亏平衡分析法，只用于项目财务评价，而敏感性分析法和概率分析法既用于项目的财务评价，也适用于项目的国民经济评价。

从理论上可以区分风险与不确定性。但从项目经济评价角度来看，试图将它们绝对地分开没有多大意义，实际上也是不必要的。因此，把导致结果不确定的任何决策都理解为具有风险性，并认为这样的决策不可靠、不确定。在这里，所谓风险指的是某种不利事件是有可能发生的。

从理论上讲，风险是指由于随机原因所引起的项目总体的实际价值对预期价值之间的差异。不确定性是指对项目有关的因素或未来情况缺乏足够的情报而无法做出正确的估计，或者没有全面考虑所有因素而造成的预期价值与实际价值之间的差异。风险是与出现不利结果的概率相关联的，出现不利结果的概率（可能性）越大，风险也就越大。

在处理风险或不确定性问题时，如果能够确定与项目盈利密切相关的一些因素的变化会影响投资决策到什么程度，显然对科学地进行投资决策是非常有益的。这种分析就是敏感性分析，敏感性是指由于特定因素变动而引起的评价指标的变动幅度或极限变化。如果一种或几种特定因素在相当大的范围内变化，但不对投资决策产生很大影响，那么可以说拟议中的项目对该种（几种）特定因素是不敏感的；反之，如果有关因素稍有变化就使投资决策发生很大变异，则该项目对那个（些）因素就有高度的敏感性。敏感性强的因素的不确定性将给该项目带来更大的风险。因此，了解在给定投资情况下建设项目的一些最不确定的因素，并知道这些因素对该建设项目的影响程度，就能在更合理的基础上做出建设项目的投资决策。

敏感性分析只能告诉决策者某种因素变动对经济指标的影响，并不能告知发生这种影响的可能性究竟有多大。如果事先能够客观或主观地（有一定的科学依据）给出各种因素发生某种变动的可能性的大小（概率），则无疑对建设项目决策科学化是非常有益的。这种事先给出各因素发生某种变动的概率，并以概率为中介进行的不确定性分析是另一种不确定性分析，即所谓的概率分析。

为减少不确定性对建设项目经济可行性研究的影响，通常认为可以采用盈亏平衡分析、敏感分析和概率分析。

## 二、不确定性分析一般步骤

能源建设项目不确定性分析的一般步骤如下：

（1）鉴别关键变量。虽然未来事物都具有不确定性，但不同事物在不同条件下的不确定程度是不相同的，因此，在开始分析时，首先要从各个自变量及其相关诸因素中，找出不确定程度较大的关键变量或因素。这些变量或因素一般数值较大或变动幅度较大，所以对因变量数值的影响也比较大，是不确定性分析的重点。其中要特别注意销售收入、生产成本、投资支出和建设周期这四个变量及其相关因素。引起它们变化的原因一般为：物品价格上涨、工艺技术改变导致产品数量和质量发生变化，设计能力达不到，投资超出计划，建设期延长等。

（2）估计变化范围或直接进行风险分析。找出关键变量之后，就要估计关键变量的变化范围，确定其边界值或原预测值的变化率，也可直接对关键变量进行风险分析。

（3）求可能值及其概率或直接进行敏感性分析。对每个关键变量，在确定的变化范围内，估计其出现机会较多的各可能值及每个可能值的出现概率。这一步是要将上一步确定的变化范围缩小为几个可能值（它们的概率之和为 1）。而预测值通常是变量未来最可能出现的数值。也可以直接利用上一步所估计的关键变量值。

（4）进行概率分析。用上一步求出的可能值及其发生概率，求关键变量的期望值，并以期望值代替原预测值求因变量的数值。然后将新求出的因变量数值与其原来的数值对比，观察第一阶段确定性分析结果的误差，并把概率分析后的数值作为原数值的修正值。

## 三、能源利用项目不确定性分析示例

### （一）基本情况

#### 1. 某能源利用项目的概况

某能源利用项目是 1967 年由国家批准建设的一个以天然气为原料的大型化工基地，1979 年停建。但部分公用工程、辅助生产设施、生活福利和服务性设施已经建成，现拟恢复建设成大型能源利用基地。

该项目地处长江沿岸，交通运输方便，主要原料—天然气的配气站距厂址仅 1.5km，可由管道输送进厂；工厂用电也有保障；建设大化肥装置，可充分利用老厂现有有利条件，减少新占用土地面积，缩短建设工期，节省投资。

除拟建大化肥项目外，该基地正在建设另一化工装置，该装置与大化肥项目共用基地原建设施，故原建设施的固定资产重估值按适当比例分别分摊计入该装置与大化肥项目的固定资产投资额中。

该项目在贯彻国产化方针的同时，为采用世界先进技术，拟引进必要的技术软件、关键设备、仪器仪表及特殊材料等。

2. 基本数据

（1）生产规模及产品方案。年产合成氨30万t，全部加工成尿素，年产尿素52.58万t。

（2）实施进度及计算期。该项目拟3年建成。投产后第一年生产负荷达设计生产能力的75%，第二年达90%，以后各年达100%。生产期按16年计，整个计算期为19年。

（3）固定资产投资构成及分年使用计划。

1）新增固定资产投资。新增固定资产投资估算为61 434.06万元，其中外汇4565.58万美元，国内配套部分44 541.41万元。

2）利用原有固定资产重估值。利用原有固定资产包括部分公用工程、辅助生产设施、生活福利和服务性设施。分摊计入大化肥项目的原有固定资产重估值为2375万元，计入建设期第一年的固定资产投资数额内。

（4）固定资产投资来源及建设期利息。

1）国内人民币借款共计44 541.41万元，加权平均年利率为4.6%。其中：省内外集资贷款18 500万元，年利率6%；国家"拨改贷"15 000万元，年利率3.6%；地方机动财力11 041.41万元，年利率3.6%。

2）国内外汇借款（地方外汇）4565.58万美元，年利率8.16%。

3）在3年建设期内，外汇和人民币借款均按复利计算建设期利息，共计5848.71万元，计入项目形成固定资产原值中。

（5）流动资金及分年使用计划。流动资金按总成本的25%计，共计3853万元。其中，30%为企业自筹，70%为工行流动资金贷款，年利率7.92%。

（6）工厂定员及工资总额。工厂定员1300人，人均年工资按13 500元计，职工福利基金按全厂定员每人每年15 000元计。全厂年工资总计为1755万元，每年计提的职工福利基金总计为195万元。

（二）不确定性分析

1. 盈亏平衡分析

$$\text{BEP(生产能力利用率)} = \frac{\text{年固定总成本}}{\text{年产品销售收入} - \text{年变动总成本} - \text{年销售税金}} \times 100\%$$

$$= \frac{770307}{23944.93 - 7710.02 - 1269.08} \times 100\% = 51.47\%$$

计算结果表明，生产负荷达到51.47%时，即产量为27.06万t时，企业可达盈亏平衡。另用图解法进行盈亏平衡分析，见图5-1。

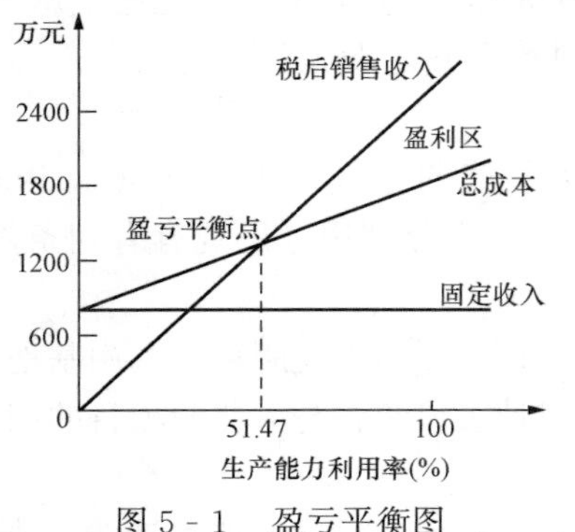


图5-1 盈亏平衡图

2. 敏感性分析

在固定资产投资、尿素销售价格和天然气价格的变动下对全部投资财务内部收益率进行敏感性分析，结果见表5-1。根据敏感性分析结果做出敏感性分析图，见图5-2。

由敏感性分析结果看出，财务内部收益率对产品尿素销售价格的变化最为敏感。当以9%作为财务基准收益率时，产品售价降低约7.5%，即达临界点。此时财务内部收益率等于基准收益率。若产品售价再降低，项目将会由可行转为不可行。

表 5-1　敏感性分析表

| 项　　目 | 财务内部收益率（%） | 项　　目 | 财务内部收益率（%） |
|---|---|---|---|
| 基本方案 | 11.28 | 产品售价降低 10% | 8.30 |
| 天然气价格提高 20% | 9.73 | 固定资产投资增加 10% | 10.13 |
| 天然气价格降低 20% | 12.74 | 固定资产投资减少 10% | 13.39 |
| 产品售价提高 10% | 13.95 | | |

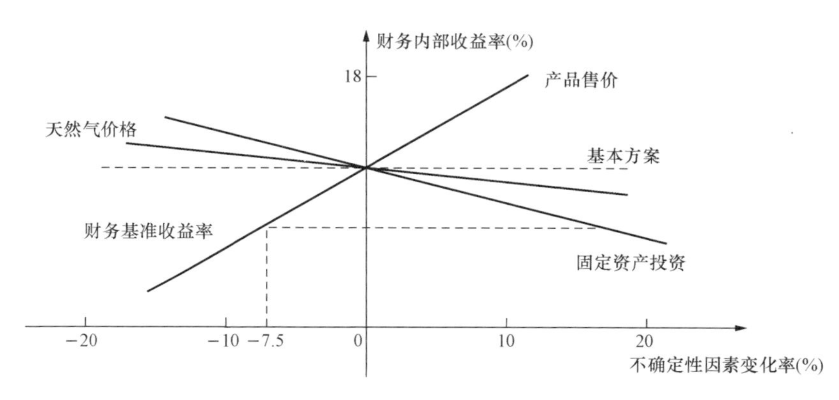


图 5-2　敏感性分析图

（三）不确定性分析结论

根据目前建设银行对化工行业发放的基建贷款差别利率加适量的风险系数确定财务基准收益率为 9%。由财务评价结果可知，当采用 5%的产品税税率时，全部投资内部收益率为 11.28%，大于基准收益率，项目在财务上是可行的。由敏感性分析结果可知，财务内部收益率仅对产品销售价格较为敏感，但从产品供需情况分析，产品售价降低的可能性不大，可以说该项目具有一定的抗风险能力。由财务评价角度可知，该项目应属可行。

但当采用 20%的产品税税率时，全部投资内部收益率降为 6.04%，低于财务基准收益率，该项目就不可行了。因此，对大化肥项目采用何种税收政策就成为项目可行与否的关键所在。

## 第四节　能源技术方案的经济评价

能源技术方案是指在能源生产、加工、转换、消费的过程中为达到确定的目的，形成的整体构思与系统设计。由于能源的种类不同（如煤、石油、电等），生产过程不同（如开发、加工、转换等），技术来源不同（如自主创新、仿制、引进等），技术性质不同（如新工艺推广、旧设备改造等），因此能源技术方案将多种多样。本节仅讨论能源技术方案技术经济评价中的共性问题。

### 一、能源技术方案技术经济评价的内容

按涉及的范围不同，能源技术方案的技术经济评价可以分为两个层次，即宏观技术方案的分析评价和微观技术方案的分析评价。宏观技术方案的分析评价涉及的是国家、地区、部

门、行业的能源技术方案。微观技术方案的分析评价涉及某一企业。由于宏观和微观技术方案的分析评价范围和对象不同，其评价的内容也有差异。

（1）能源宏观技术方案的分析评价主要内容包括技术分析、经济分析、环境分析和社会分析。

1）技术分析。技术分析是从技术上对备选技术方案的现在和未来、使用范围、发展趋势、技术前景等加以估评，对可替代技术的可能性及前景做出预测。

2）经济分析。经济分析是从经济上全面估算各方案的投资和成本，判定技术方案实施对产品产量、市场需求、劳动力就业以及经济结构产生的影响，并以此确定方案的宏观经济效益。

3）环境分析。环境分析是从环境角度来判定和评估技术方案对环境的影响程度，充分估计为消除某些环境危害所需的直接投资或间接投资。

4）社会分析。社会分析是评价方案对社会的影响，如对教育、就业、政治等方面的正面和负面效应。

（2）能源微观技术方案的分析评价主要内容包括技术功能分析、经济分析和相关分析。

1）技术功能分析。技术功能分析是对产品或工艺装备的基本功能进行分析，看方案能否满足需求目标。由于需求目标的多样性（如数量、品种上的需求，技术进步的需求，生产优化的需求，环境的需求等），技术功能分析应针对需求目标，对不同方案建立可比基准，以提供可比的技术数据。

2）经济分析。经济分析是从经济上比较各方案的优劣，通常可以分为两个层次：第一个层次是评价方案自身的财务效益，投入少、产出多的方案为优；第二个层次是分析考察方案所带来的社会经济效益，即从社会耗费和社会产出上考虑比较方案的优劣。对某些方案进行第一个层次分析即可，而对大多数方案常常需要进行两个层次的分析，以达到财务分析和社会经济分析的统一。

3）相关分析。相关分析是考察方案实施与其他因素之间的关系以及带来的相关影响，例如，考察方案所依据的资源条件，看是否有利于发挥现有的资源优势，或能否节约稀缺资源；考察方案对原有生产系统、市场网络的适应性，与上下游产品之间是否匹配；考察方案与国家政策和发展目标是否吻合等。

**二、能源技术方案技术经济评价的一般方法**

由于能源技术方案多种多样，因此技术经济评价的方法也很多，市场上也推出了各种各样的评价软件，但从评价方法上看主要有比较分析评价法、决定型评价法、费用效益评价法、运筹学评价法等。

（1）比较分析评价法。比较分析评价法是一种常用的方法，具体比较内容可根据方案来确定，例如，可以是投资额的比较，即从直接投资、辅助投资、附加投资和相关投资上分析其构成；也可以是成本费用的比较，即从单位产品成本上进行比较。

比较分析评价法的步骤通常包括：

1）选择对比方案；

2）确定对比的指标体系；

3）妥善处理方案中的不可比性；

4）分析对比指标结果；

5）进行综合分析评价。

（2）决定型分析法。决定型分析法的核心是根据评价方案的特定目标和要求，设立若干个评价项目，并定出各个项目的评价标准和分等标准，分项目进行评价后再综合评价来决定方案的优劣。

在具体实施评价时，可以采用加权评分法、图示评价法或检查表法等。其中加权评分法用的最为普遍，其关键是如何恰当地确定各评价项目的权重。

（3）费用效益评价法。费用效益评价法实际上是对方案进行财务评价，即根据国家的财务税收制度和现行价格，分析测算方案的效益和费用，考察方案的获利能力和清偿能力，并以此判别方案的优劣。费用效益评价法在能源建设项目中用得最为普遍。

（4）运筹学评价法。运筹学评价法是运用运筹学的各种方法，通过建立模型和确定目标函数后，利用计算机求解来对技术方案进行评价。它多用在能源规划和管理中，主要方法有线性规划法、动态规划法及动态系统模拟等。

## 三、能源技术方案的分析评价指标

能源技术方案的分析评价指标体系可以分为技术评价部分和经济评价部分。

### 1. 技术评价指标

技术评价指标由于技术类型太多、差异太大、涉及的技术标准也各不相同，因此很难建立统一的指标体系。不论选择何种技术评价指标，其选择的依据均应遵循技术的合理性、先进性、实用性、可靠性和安全性。

（1）技术合理性。技术合理性是指能源技术方案是否符合科学规律，如工艺流程、空间布局、设备选型是否合理，产品规格、生产规模是否相互衔接、配套等。

（2）技术先进性。技术先进性主要有以下几个指标：

1）效率指标（如设备利用系数、单位产品的物耗、能耗和产生率），性能指标（如机械化、自动化程度）；

2）质量指标（如产品合格率、优质品率）；

3）管理指标（如产品设备零部件的标准化、系统化和通用化程度）。

（3）技术实用性。技术实用性是考察能源技术方案对实施环境、条件、技术基础的适应性，看该方案是否能适用国家、地区、行业的技术发展，是否能适应社会的消费水平和消费群体。

（4）技术可靠性。技术可靠性是评价能源技术方案在规定的时间和条件下完成既定目标的能力。

（5）技术安全性。技术安全性是评价能源技术方案实施后是否会对社会、人员、环境产生安全方面的影响。

### 2. 经济评价指标

能源技术方案的经济评价指标则比较具体且日趋完善，已逐步形成了由方案的财务分析和社会经济分析组成，以成本效益分析为核心的评价指标体系。

## 四、能源技术开发方案的分析评价

能源技术开发是指在能源生产、加工、转换、输送过程中为提高效率、扩大生产而对设备、工艺或产品进行的技术开发或科学研究工作。效益需在能源技术开发方案执行后才能显现出来，因此具有一定的风险性，在实施前应进行分析评估。

能源技术开发方案的分析评估通常包括待开发新产品或工艺的功能分析、市场分析、生产条件分析和效益分析。

（1）功能分析。主要判定新开发技术的新功能水平、产品的实用性、安全性及维修评价，对某些产品还应有外观设计的评价。

（2）市场分析。主要针对新技术或产品的市场容量、生命周期竞争对手的状况进行评估。

（3）生产分析。主要分析产品大批量生产的技术经济基础、条件和对环境的影响。

（4）效益分析。主要通过开发过程的投入费用和预期的效益评价能源技术方案的收益情况。

有了上述四个方面的分析就可以从功能分析看出能源技术开发方案的优越性，从市场分析得出其销售的市场前景，从生产分析判定其大规模生产或应用的可能性，根据收益分析则可判定能源技术方案在经济上是否可行。

**五、能源技术引进方案的分析论证**

引进所涉及的面很广，例如购买技术资料（设计、流程、配方、设备制造图纸和工艺检验方法等）、进口样机、聘请专家指导、合作设计、合作制造、为国外产品生产零部件等。对这种技术引进，特别是能源技术的引进，由于所需资金多，风险性较高，通常都需要进行方案的分析论证。论证的内容包括方案总投资的估算、资金来源分析、经济效益评价三个方面。

方案总投资的估算是对引进技术所需资金的总额逐项进行计算，其各项资金费用包括土地费、技术费（应包括技术转让的一切费用，如专有技术费、专利转让费、资料费、培训费、专家费等）、设备费（应包括生产设备、辅助设备、备品备件等）、土建工程及方案实施费、方案投资前的费用（如调研费、论证费等）以及流动资金、利息等。进行方案总投资估算时不能遗漏某项资金，并应按国际市场价格进行决算。由于引进技术的资金来源不外乎是国外借贷和国内筹集，因此在进行资金来源分析，特别是借贷外资时，必须在熟悉国际信贷机构的情况和运作方式的基础上，对市场行情、使用货币的类型、汇价、利率、偿还期限、优惠条件和风险承担等方面作全面地研究和分析。进行经济效益评价时也应针对方案的特殊性补充一些新的评价指标，如补偿贸易偿还方式的偿还能力分析等。

**六、能源技术推广方案的分析论证**

技术推广是将国家、地区、部门或行业制定的技术规定、标准在实际工作中加以普及、实施的重要工作，是加速我国技术进步的一项重要措施。在技术推广（如标准化技术、专业技术推广）过程中，常常要求对生产过程进行重新组合和调整，需要投入一定的人力、物力和财力，因此对能源技术推广方案也需进行评价。

能源技术推广方案的评价主要是经济分析，即推广该项技术所必须投入的费用（如土建费、设备改造费、停工损失费、人员培训费等）以及推广后的收益（如直接节约的材料、燃料、动力费，由于产品质量提高、寿命延长、劳动生产率提高所产生的效益等），根据经济分析的结果即可决定如何实施该项技术推广方案，如一步推广还是逐步分阶段地推广。

# 第六章 能源系统工程

## 第一节 概 述

### 一、基本概念

现实世界是错综复杂和千变万化的，但是用抽象的观点来看，是由一些具体事物以及这些事物之间存在的各种各样的关系所组成。通常人们只研究现实世界的一个很小的部分，并且把它叫做一个系统，一般的讲，将多个元素有机结合成能够执行特定功能、达到特定目的一个整体就叫做系统。

系统大致可以分成三类：自然系统、人造系统、自然系统和人造系统的复合系统。自然系统是由自然界中本身就存在的物体（如星球、江河、生物等）构成，并且按照其本来的客观规律运动和演变。人造系统则是由人类创造或者改造的物体、设施、工程等组成，例如供热系统、输电系统等。随着人类活动领域的扩大和人类科学技术的发展，许多自然系统被局部改造为人造系统，从而成为复合系统。能源系统就是典型的复合系统，它不但涉及各种自然的能源资源（如煤、石油、风力、太阳能、潮汐等），还包括了大量的人类活动（如能源的开采、加工、输运、转换和利用等）以及这些活动对自然环境的影响。

系统工程就是从整体的观点出发来分析各类系统的内部关系及其发展规律。系统工程的理论基础有两大类：①反映各种系统内在规律的专业理论；②反映组织管理客观规律的科学理论，主要是运筹学、信息学、控制论、系统论和计算机科学等。

系统工程是一大综合科学工程技术门类，横跨自然科学、社会科学和工程技术。它有许多分支，如社会系统工程、军事系统工程、教育系统工程等，能源系统工程也是其中之一。

能源系统工程的研究对象是能源系统。能源系统包括能源勘探、开发、生产、加工、转换、运输、分配、储备、使用以及环境保护等多个环节，每个环节又是由国民经济的若干部门组成。例如，能源运输环节涉及铁路、公路、水运等交通运输部门，物质管理部门，电力输送部门等。每个环节彼此制约和互相影响而形成一个复杂的整体，起着为国民经济发展和人民生活需要提供能量和原料等物质基础的作用。显然，能源系统是社会经济大系统中的一个子系统。

由于能源系统所包含的能源工业部门资本密集度高，在国民经济总投资中能源系统的投资占到很大比重。同时，由于重大能源项目的建设周期长、服役期长，能源系统又是一个大时间常数的惯性系统。这些就使得能源系统的改造和发展非常困难，任何关于能源的决策都会给整个国民经济系统带来重大而长远的影响，这就要求人们对能源系统进行战略性的长期动态分析。

### 二、能源系统工程的任务

能源系统工程可以为世界、国家、地区、企业等能源系统作预测、分析、规划、管理、评价等工作，具体说来，可以解决以下各种问题。

1. 能源需求预测

采用能源系统工程中的不同方法，按照历史统计数据、人口发展趋势、国民经济发展速度、生活水平提高程度，可以对全世界及世界上某一个地区、国家、省市做出一定期间内的需求预测，预测的时间可以是今后几年、十几年、几十年等。预测的能源需求可以是能源总需求量、各种能源的分总需求量、需求的年增长率等。需求预测是能源生产、开发和规划的基本依据，是能源系统工程的首要任务。

2. 能源供应预测

能源供应预测就是在现有的资源条件和现有的能源技术条件下，预计在一定时间内可以供应的各种能源总量及其年增长率。从全球的长远观点来看，能源供应预测具有重要意义，它将影响世界各国在能源经济政策和能源技术政策上的决策方针，以及如何应对世界或地区性的能源危机。

3. 能源发展规划

由于能源与各个国家的经济发展息息相关，为了解决这个问题，就要运用能源系统工程的方法来做好能源规划工作，对可能采取的能源开发总方针和可能实现的总目标作分析，同时对各种能源工业的建设规模、投资分配、发展速度作出明确的规定。研究和制定一个国家或地区的能源发展规划，常常需要建立一个相关的国家或地区的能源模型以作为研究的基础。

4. 能源的合理分配和使用

能源的合理分配和使用是能源利用中重要的一环。我国在计划经济年代，农村的生活用能，农村牧、渔业用能，绝大部分依靠生物质能解决，由于农村能源利用率很低，造成了极大的能源浪费。长期以来我国在能源规划、计划、分配和统计中，往往忽视农村能源。能源的规划、计划、分配和统计中主要研究的也是商品能源。这种重城市、轻农村，重工业、轻农业，重生产、轻生活的能源分配方式造成了能源分配的严重不合理和能源的浪费。运用系统工程的方法，就可以找出较好的解决方案，从根本上解决上述问题。

5. 能流分析

在热力工程中，分析一个能源加工或转换设备的热效率时，经常把流经该设备各部分的热量分配情况以各种图线的方式表达出来，这种热力工程中的热流图可以形象地显示各种热工设备中的热量利用和损耗情况，有利于了解、分析和改善设备的热利用效率。类似的也可以在一个能源系统中把能量的流动用各种图线表示出来，以说明系统中的能量分布。因此，能流分析是通过能流图分析能源进入系统扣除各个环节损耗后，各能源流的方向、大小以及分布情况，并在此基础上进行满足某一特定目标的优化处理。

可以把能流图用到一个工厂、企业、地区或国家，用它来形象地显示工厂、企业、地区或国家的有关能源信息，包括能源的构成和发展水平，能量的消耗、流动和转换情况，能源从生产、加工转换、运输直到最终使用的各个过程、用量及有效利用率。

在能源系统分析中，作为分析基础而用的更普遍的能流图又称为能源系统的能流结构网络图。这种图将一个国家、地区、部门或企业内的各种能源从开采到最终消费的整个过程按技术工艺特点划分为若干基本环节，描述在这些环节上的物料流和能量流的变化情况。结构网络图上的基本环节有资源、开采与收集、加工精炼、运输和分配、集中转换、传输、分配与分散转换、用能设施、最终用户或用途、消费部门等。依照实际的物料或能量流动方向，自左至右把上述各个环节内的所有工艺过程用有向连线加以表示，并通过节点相互连接、形成网络，即得到实际能源系统的能流结构网络图，如图 6 - 1 所示。在图 6 - 1 中，连线代表相对应的实际过程，连线的箭头表示实物或能量的转移方向，节点为过程间的相互接口。

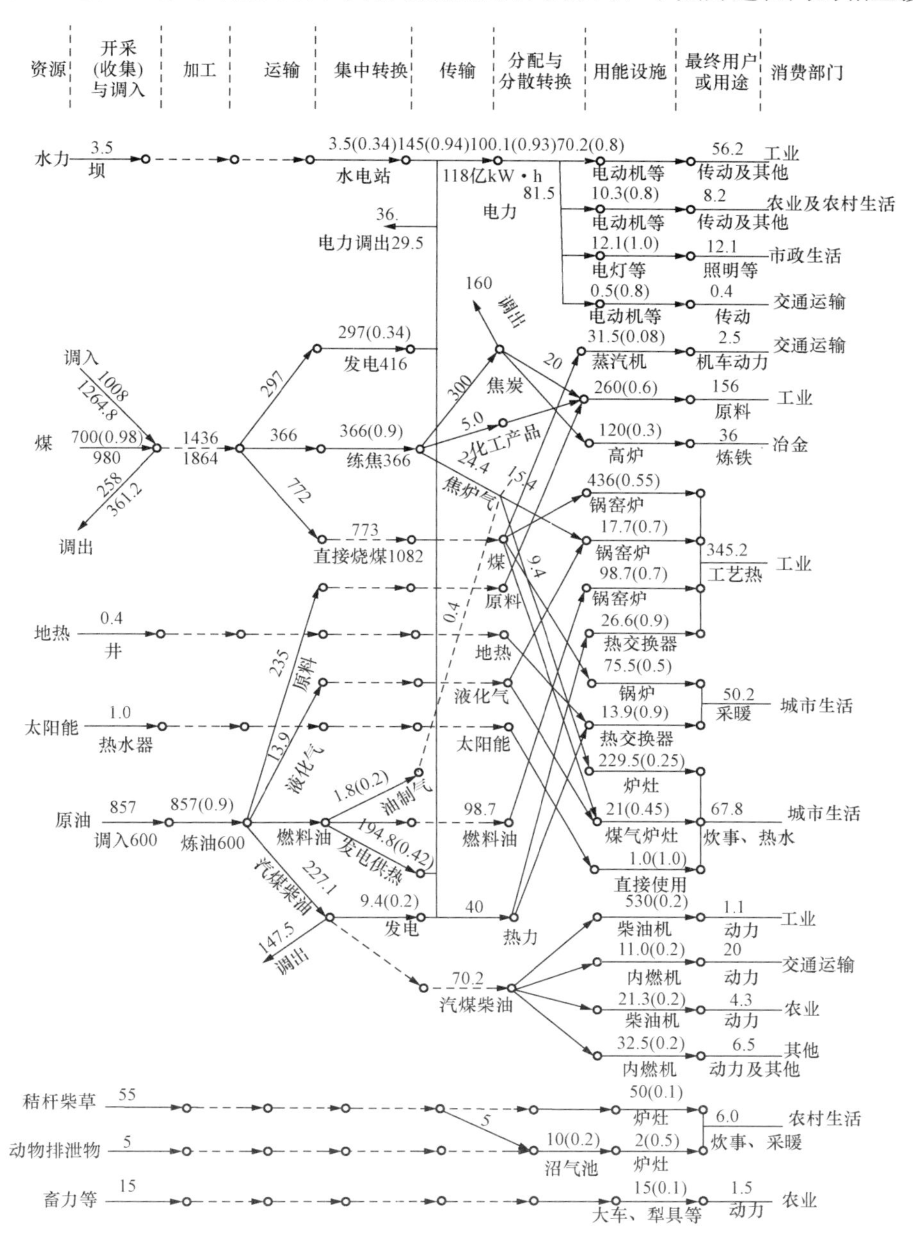


图6-1　某地区能源系统能流结构网络图示例

为了使能流结构网络图用途更广泛，应在图上记录尽可能多的信息，同时又要清晰易读。通常在图上标注的信息量有能量流的数值、相应的工艺效率、工艺过程的名称或主要设施。如有可能，还可注明每个工艺过程上的其他技术经济指标和数据，如成本、投资、“三废”排放量等。

一般能流结构网络图都有从一次能源（水力、原煤、天然气、原油、核能、地热、太阳能、风能、生物质能等）经过生产（或开采，其形式有水坝、矿井、露天矿、气井、油井、热水井，太阳能集热器、风力机等)，或调入或采集而进一步加工（洗煤、炼油、核燃料加工等)，有些再经过发电或转换成其他二次能源（电力、热力、固体燃料、液体燃料、气体燃料等)，再经过输送（输电线、油管、煤粉管、气管、运载工具等）和分配，供给用能设备（热力设备、电力设备、用煤设备、用燃油设备、用成品油设备、用汽设备等）的能源流通线路。

由能流结构网络图，不但能看出能源的构成以及能源从生产经转换到终端使用的各环节的工艺特点及效率；更重要的是，它还是一个国家、地区、部门或企业能源规划的有力工具。通常的做法是将能流结构网络图简化成能源网络单元，以能源系统的总成本费用最少，或节能量最大，或能量损耗最小等指标作目标函数，通过若干约束条件，如能源工业约束、需求约束、环节约束、变量非负约束（即各能源流量必须是非负的）来求得最优的能流分布。能流结构网络图还可对现行政策和规划方案进行评价和分析。能流结构网络图也是发展能源系统数学模型和构造能源数据库的有用依据。

6. 能源、经济和环境的大系统分析

能源系统工程将能源、经济、环境作为一个整体来进行分析研究，既研究能源对经济发展的制约作用以及能源对环境的负面影响；又研究在可持续发展的总目标下，使能源工程更好地为经济的持续发展服务，使能源对环境的污染得到及时治理，从而协调能源、经济、环境三者之间的关系。

## 第二节　能源系统工程的基本方法

能源系统工程中的基本方法有仿真方法、最优化方法和评价方法。

仿真是利用各种数学公式（函数式、微分方程、矩阵等）或图形客观地描述能源系统各要素的活动，以及各要素之间的相互关系，建立相应的数学模型，并通过计算机进行数值计算。它可以用于研究各种可能出现的条件或者人们期望的情况下，系统发展变化的趋势和后果。因而仿真方法可以取代或者减少那些费用昂贵的试验，提供预测和分析的手段。

最优化方法不仅是对能源系统的客观描述和分析，它寻求的是最佳方案，即以仿真模型或初期计划为基础，建立优化分析的数学模型，以达到能源系统整体目标的最优或最令人满意的方案。最优化方法及其计算结果，比人们以常规经验作出的决策要好得多。

评价方法通常用于对各种优化的结果进行分析和对比，判定并研究它们是否能够真正使用，能否获得预期的效果。

上述三种方法通常联合运用，以取得能源系统的整体最佳效果。

在能源系统工程中常用的仿真方法有投入产出分析；在最优化方法中多用线性规划；层次分析则常在评价方法中使用。

### 一、能源投入产出分析法

（一）概述和预备知识

1. 预备知识

能源问题同样是经济问题的一种，随着经济的发展以及能源在经济发展中凸现出越来越重要的作用，人们将分析经济问题的许多方法也用于能源问题的研究，投入产出分析法就是一种。投入产出分析法在定量研究社会总产品再生产过程中的某些经济规律方面越来越得到广泛应用。投入产出分析中的投入，是指生产过程中投入的劳动对象、劳动资料和活劳动的数量，产出是指产品的分配使用方向及其数量。投入产出分析首先将各部门的投入和产出编制成一张棋盘式的投入产出表，然后利用这一模型以及矩阵运算和计算机算法来综合地分析和考察国民经济各部门在产品的生产和消耗之间的综合平衡。投入产出分析法也能够对未来进行预测，还能够对经济结构、经济效益、经济政策和商品价格等问题进行综合分析。

20世纪30年代，美籍俄裔经济学家列昂杰夫在前人工作的基础上，提出了投入产出分析法，他把国民经济所有部门的投入与产出放在一个表格，即投入产出表中联系起来加以考察，把简明有用的矩阵代数与实际编制的投入产出表结合起来，创造性的建立了投入产出数学模型，并且计算了各部门的直接消耗系数。人们可以借助列昂杰夫的数学模型进行经济分析、经济预测、编制经济计划，使得投入产出表从一般的统计表发展成为现代化的经济数学模型。

由于投入产出分析的科学性、先进性和实用性，自20世纪50年代以来世界各国纷纷研究投入产出分析，编制和应用投入产出分析表，许多科学家也继续发展列昂杰夫的成果，使得投入产出分析的内容越来越丰富和深入。

我国是应用投入产出分析较晚的国家，20世纪60年代初期，中国科学院成立了专门的研究小组来研究投入产出分析，并进行这方面的宣传和理论探讨工作。在我国，投入产出分析的应用时间不是很长，但是已经在我国国家、地区、部门和企业等各个方面展开，促进了我国经济管理的现代化，带来了明确的经济效益。

2. 投入产出分析的理论基础

我国投入产出分析的理论基础是马克思的再生产理论。马克思的再生产理论把整个社会生产划分为生产资料的生产（第Ⅰ部类）和消费资料的生产（第Ⅱ部类），与此相适应，把社会总产品按照经济用途划分为生产资料和消费资料。马克思还把社会产品按照价值特征划分为不变资本（$C$）、可变资本（$V$）和剩余价值（$M$）。

3. 投入产出分析在经济中的应用情况

（1）经济分析，为编制中长期计划提供服务。这是投入产出分析最重要的应用之一，由于投入产出表清楚地描述了最终需求的各个部门和生产部门的关系，利用这些数量关系可以分析国民经济中的各种比例关系，并编制中长期计划服务。从目前看，投入产出分析在经济分析和计划中的作用主要有：①分析报告国民经济中的各种重要的比例关系，并可以进一步分析如果计划期最终需求发生变动，整个国民经济的结构将发生什么样的变化；②在编制国民经济发展的中长期计划的草案计算阶段，利用投入产出分析方法进行多方案计算，对各种设想进行论证和估价，调整部门间的比例，以便编制出各部门相互衔接、比例关系得当的经济发展计划；③编制国民经济最优计划。

（2）利用投入产出分析法进行经济预测。这是投入产出分析法应用最广泛的一个方面。当编制了若干年份的投入产出表以后，就可以对它们进行动态预测，掌握各种经济数据的变化规律，从而对整个国民经济或地区、企业的未来发展趋势作出预测。

（3）政策模拟，分析重大决策对经济的影响。在社会化大生产中，各部门之间存在着各种各样直接和间接的关系，一项新的经济政策的实施往往会引起部门之间的连锁反应，如何估价它的影响以便作出相应的决策是一个复杂的问题，投入产出模型在这个方面有较强的功能。

（4）利用投入产出分析法研究一些专门的社会问题。利用投入产出分析法可以研究污染问题、人口问题、就业问题、军备开支问题、投资分配问题、能耗平衡问题等多种社会问题，这些都是投入产出分析的一些新的领域。

（二）投入产出表

1. 概念

列昂杰夫解释说："一个表扼要地概括一个经济系统中所有部门各种投入的来源和所有各类产出的去向，这个表就叫做投入产出表。"

投入产出表的形式有很多，可以分成以下几类：

（1）按照不同的目的可以分成：投入产出报告表、投入产出计划表。

（2）按照表中数据的计量单位可以分成：实物形态投入产出表、价值形态投入产出表。

（3）按照表中所反映的经济内容可以分成：产品投入产出表、劳动投入产出表、固定资产投入产出表、能源投入产出表等。

2. 消耗系数

根据投入产出表的平衡关系建立的数学模型称为投入产出模型，依据平衡关系的横行和纵行可以分别建立行模型和列模型。

在产出方程组中，以流量的形式表示各个部门之间的投入产出关系，这样定义直接消耗系数：第 $j$ 部门生产单位产品所直接消耗第 $i$ 部门的产品的数量，这个系数反映了国民经济各个部门之间的生产技术联系。在实际生产中，各个部门之间的消耗关系是相当复杂的，除了直接消耗各部门的产品外，还要通过中间需求消耗某些产品，这种消耗叫做间接消耗，例如，在炼钢的过程中消耗了电力，这是钢对电力的直接消耗，但是由于炼钢的过程中还消耗了生铁、煤、耐火材料等，在这些物质的生产过程中也消耗了电力，由于这些物质是用于炼钢的，所以它们对电力的使用可以看作是炼钢对电力的间接消耗，称为第一次间接消耗。依次类推，在炼生铁的过程中消耗了铁矿石、焦炭、冶金设备等，在煤的生产过程中消耗了坑木、钢材、机械设备等，在铁矿石这些物质的生产过程中也消耗了电力，这是炼钢对电力的第二次间接消耗；这个过程可以无限制地进行下去，从而可以得到无数次地间接消耗。因此，只有直接消耗不足以充分反映部门之间的完全联系，只有将直接消耗和间接联系起来考虑，才能充分地反映部门之间的联系，将直接消耗和间接消耗的总和称为完全消耗。

3. 投入产出法的应用

投入产出分析法在经济结构的调整、国民经济计划的编制、经济政策评价、经济发展预测等方面有着广泛的应用。

投入产出分析法可以用于分析国民经济中两大部类的比例关系，积累和消费的比例关系，国民经济各部门之间的比例关系；可以用于经济效益的分析；可以用于价格的分析。

投入产出分析法在计划工作中有着很大的作用，它可以用来计算各部门的计划产值，计算计划期内各部门的劳动报酬、社会纯收入和固定资产折旧，用来修订计划，与数学规划结合编制最佳计划。

4. 能源系统投入产出表

投入产出表中如果把能源部门扩大，以适应研究能源系统和国民经济其他部门联系的需求，就叫做能源系统投入产出表。这种表可以以一个国家或地区为对象来编制。

## 二、线性规划法

### （一）基本概念

整体全局最优化是能源系统工程的主要特点之一，这些最优化问题通常都是采用数学规划方法来求解。所谓数学规划方法就是指研究多变量函数在变量受多种约束条件限制下最优化问题求解的运筹方法。数学规划包括线性规划、非线性规划、动态规划等。线性规划是其中最简单的、最基本的一种，其特点在于各待选变量在各自约束条件和目标函数中均具有线性关系，即约束条件和目标函数均为线性等式或线性不等式。

线性规划就是把企业经营活动的内在规律抽象出来，归纳为一些特定的类型，形成简练易懂的数学表达式，帮助人们进行科学的思考，定量的分析问题，从而作出最优的决策。线性规划在国外企业中已经推广应用了几十年，取得了不小的成绩。我国由于管理落后，长期以来没有引用线性规划等经济数学方法，近些年来，不少先进企业开始采用线性规划法并取得了较好的效果，这样，线性规划终于提到了我国企业管理的日程上来。

总的来讲，线性规划是解决企业中合理利用现有资源，以发挥最大效益的问题，具体有两大类：一类是确定了一项任务，研究怎样精打细算，使用最少的人力、财力和物力去完成它；另一类是已有一定量的人力、财力和物力，研究怎样合理安排，使之发挥最大限度地作用，而完成最多的任务。主要有以下几个方面的问题：

1. 生产计划与组织问题

如何组织生产是企业经营的关键环节之一。企业的领导者不仅要了解市场、开发新的产品，而且还要研究如何把企业内部的人力、物力和自然资源合理地组织起来，充分挖掘企业内部的潜力，为社会提供尽可能多的产品和创造最大的利润。它包括生产方法的选择、企业长远发展规划的论证、生产计划的综合平衡、生产计划的制定、生产任务的分配和产业结构的配比等。

2. 运输与布局问题

企业的经营活动是一个投入与产出的有机活动过程，既是一个生产过程，又是一个消费过程。供、产、消贯穿企业活动的整个过程，它们之间的关系是很复杂的，定量研究这些活动关系对于搞好企业的经营管理、提高经济效益都是相当重要的。它包括：从产地到消费的运输问题，生产中的成品、半成品、原材料的调运问题，厂址、供应站的布置问题等。

3. 配料与下料问题

配料是产品生产过程中的一个重要环节，采用不同配方进行配料，不仅会带来产品质量的差异，而且会使原料成本发生很大的变化，这些都将影响企业的综合经济效益。因此，在各个不同的行业，研究在不同要求条件下的最佳配方问题是管理与技术相结合的优化方法，通过最优配方来组织生产，能够合理地使用原材料、降低成本，达到提高企业经济效益的目的。

### （二）建立线性规划的数学模型

1. 确定决策变量

对企业的决策者来说，通常存在可以进行控制的因素，如产量的多少、运输量的多少、配料的比例、下料的方案等，这些因素可以用变量来表示，成为决策变量。

2. 确定目标函数

企业的决策者必须有一个明确的目标，这个目标可以是总运输量最小、成套产品数量最多、利润最大、成本最低等。它是决策变量的函数，成为目标函数。

3. 确定约束条件

实现上述目标，决策者的行为必须受到限制，如运输量要受到供应能力和需求量的限制、机床的加工任务要受到生产能力的限制等，这些变量的限制条件或限制范围，称为约束条件，它是一些限制决策者的条件的数学描述。

4. 线性规划问题的描述

所谓线性规划问题，可以概括为：在约束条件下寻求一组决策变量的值，使目标函数达到最大值或最小值，而模型中无论是目标函数还是约束条件对变量来说都是线性的。线性是指函数中所含变量都是一次项，即都是一次函数。

（三）线性规划的解法

线性规划的解法有图解法、单纯形法和数值解法等，图解法简单直观，但是只能够解决两个变量的问题；数值解法则要求借助于计算机。

1. 图解法

含有两个变量的线性规划模型，可以用在平面上画图的方法——图解法求解。图解法解决线性规划问题简单、方便、直观，对于理解线性规划的基本原理也是很有帮助的。

这里有几个重要的概念：

（1）可行解。满足所有约束条件的一个变量，叫做一个可行解。

（2）可行域。全体可行解构成的集合，称为可行域。

（3）最优解。使目标函数达到最优解的可行解，叫做线性规划的最优解。

一般情况下，一个线性规划问题可能有一个唯一的最优解、多个最优解、无解或者只有无界解。

2. 单纯形法

图解法，对两个变量的线性规划是非常方便的，但是当变量是三个或者超过三个以上时，该法就显得无能为力了。美国数学家 Dantzig 发明的单纯形法则是解决多变量线性规划的一种有效的代数方法。单纯形法的最大特点就是计算简单、方便、宜于推广，这个方法一般只需要用到加、减、乘、除运算。目前，单纯形法的计算机程序十分成熟，已经运用于许多部门，有效地解决了许多实际问题。

为了更好地理解单纯形法的思想，先了解一下有关线性规划解的一些基本性质：

（1）线性规划的约束条件所构成的可行域是一个凸多边形或凸多面体。

（2）在凸多边形或凸多面体中有一些重要的点，与所讨论的问题有着密切的关系，这就是多边形的顶点。在线性规划中，称可行域顶点对应的可行解为基本可行解，可行解顶点之所以重要，在于如果线性规划有最优解，那么它的最优解一定在可行域的顶点达到。

（3）基本可行解。对于一个具有 $m$ 个方程 $n$ 个变量（$n>m$）的线性方程组，如果其系数矩阵中含有一个 $m$ 阶单位矩阵（或对方程组的增广矩阵经过初等行变换简化后，其系数部分出现一个单位矩阵），则称单位矩阵所在列对应的变量为基变量，其他的变量成为非基变量。由线性代数的知识可以知道，当令非基变量取零值时，则立即得到方程组的一组解（也叫一个解），若这组解的所有分量皆大于或等于零的值，则这样得到的解成为基本可行解。一个基本可行解中基变量的个数等于约束方程的个数 $m$，基变量一般是大于零的，而非基变量永远是等于零的。

上面说过，最优解可以在基本可行解中寻找，但是要把所有的基本可行解全部找出来，代入目标函数依次进行比较，也是比较麻烦的，单纯形法的优越性就在于不用找出全部的基本可行解，在得到一个基本可行解 $X^0$ 后，依据这个解可以求出一个新的基本可行解 $X^1$，并且新解比旧解的目标函数值会有所改善，不断重复这个过程，直到求出的解无法再使目标函数得到改善为止。

**三、层次分析法**

由于客观事物关系的复杂性，许多事物是不能用数学简单而明确地表达的，还有许多事物的关系本来就不是数学关系，因此完全用定量的分析方法就难免带有局限性。在目前的系统分析方法中，对于涉及因素多、范围广、关系复杂的大系统，相当多的还要依靠定性分析。这些定性分析中包括专家对专业范围内事物发展变化的推测、对内部和外部关系的定性描述、对事物的定性评价等。因此，如何将专家的主观分析数量化，即将定量分析和定性分析结合起来对客观事物进行分析、评价，就成为系统工程的一个问题，层次分析法正是这样一种将定量分析和定性结合起来的方法。

（一）基本原理

用层次分析法作系统分析，首先要把问题层次化，根据问题的性质和要达到的目标，将问题分解成为不同的组成因素，并按照因素间的相互关联影响以及隶属关系将因素按照不同的层次聚集组合，形成一个多层次的分析结构模型，并最终把系统分析归结为最低层（供决策的方案、措施等），相对于最高层（总目标）的相对重要性权值的确定或相对优劣次序的排序问题。

在排序计算中，每一层次的因素相对于上一层次某一因素的单排序问题又可以简化成一系列相对因素的判断比较。为了将比较判断定量化，层次分析法引入 1－9 比率标度方法，并写成矩阵形式，即构成所谓的判断矩阵。形成判断矩阵后，即可通过计算判断矩阵的最大特征根及其对应的特征向量，计算出某一层元素相对于上一层次各个因素的单排序权值后，用上一层次因素本身的权值加以综合，即可计算出某层因素相对于上一层次整个层次的相对重要性权值，即层次总排序权值。这样，依次由上至下即可计算出最低层因素相对于最高层的相对重要性权值或相对优劣次序的排序值，决策者根据对系统的这种数量关系，进行决策、政策评价、选择方案、制定和修改计划、分配资源、决定需求、预测结果、找到解决冲突的方法等。

（二）步骤

层次分析法大致分为五个步骤：

1. 建立层次结构模型

在深入分析所面临的问题之后，将问题中所包含的因素划分为不同层次，如目标层、准则层、指标层、方案层、措施层等，用框图形式说明层次的递阶结构与因素的从属关系，当某个层次包含的因素较多时，可以将该层次进一步划分为若干个层次。

2. 构造判断矩阵

判断矩阵元素的值反映了人们对各种因素相对重要性（或优劣、偏好、强度等）的认识，一般采用 1－9 比率及其倒数的标度方法。当相互比较因素的重要性能够用具有实际意义的比值说明时，判断矩阵相应元素的值则可以取这个值。

3. 层次单排序及其一致性检验

判断矩阵 **A** 的特征根问题 $\boldsymbol{AW}=\lambda_{\max}W$ 的解 $W$ 经归一化后即为同一层次相应元素对于上一层次某因素相对重要性的排序权值，这一过程称为层次单排序。为进行层次单排序（或判断矩阵）的一致性检验，需要计算一致性指标

$$CI=(\lambda_{\max}-n)/(n-1) \quad (6-1)$$

当随机一致性比率

$$CR=CI/RI<0.10 \quad (6-2)$$

时，认为层次单排序的结果有满意的一致性，否则需要调整判断矩阵的元素取值。

4. 层次总排序

计算同一层次所有因素对于最高层（目标层）相对重要的排序权值，称为层次总排序。这一过程是从最高层次到最低层次逐层进行的。

5. 层次总排序的一致性检验

这一步骤也是从高到低逐层进行的。

（三）应用

层次分析法是分析复杂问题的一种简便方法，它特别适宜于那些难以完全用定量法进行分析的复杂问题。可以运用层次分析法来处理决策和评选问题，也可以将层次分析法用于有限资源的分配等。层次分析法在能源问题中有很多用处，如在各种能源优化规划中确定多目标的权重，对于各种能源开发方案进行评比等。

## 第三节 能源系统的预测和规划

### 一、能源系统预测

对于社会经济系统中各类事态的发展作出预测，不仅是制定社会经济政策的需要，而且也是一种控制社会和经济发展的手段。预测一般是根据过去和现在，运用某些数学方法定性或定量地寻求有关的客观发展规律，借以推测未来的发展情况。预测的方法有很多，最基本的可以分为定性法、定量法和混合法。定性法应用直接而简便，特别是对那些很难单纯以具体数据来描述的系统的发展预测更是如此。定量法基本上依靠建立各种类型的预测数学模型，然后推导出预测结果。这两类方法对短期和中期预测比较有效。对于更为复杂的系统作长期的预测，通常就需要采用定量和定性相结合的混合法。

预测在能源系统中有许多运用，按照其应用不同大致可分为能源需求预测、能源供应预测、能源新技术发展预测、世界能源宏观发展预测四种。

能源是世界紧张物资之一。每个国家、每个地区都必须搞清在今后一段时期内为保证其本身的经济发展所必需的能源量，以及每年的能源需求量，每类能源（每种一次能源和二次能源）的需求量。所以，能源需求预测包括能源需求总量的预测、能源需求构成的预测（即各类能源需求量的预测）和在不同范围内（全国、全地区、本部门等）的需求预测。

能源需求总量预测常用能源消费弹性系数法，它实质上是一种回归分析法。最简单的方法则是所谓“人均能量消费法”，即采用世界上发达国家经济发展与历史经验和发展中国家的发展经验相对比的办法，找出能耗与人均国民生产总值间的关系，再具体用到我国经济发展到一定水平时和人均国民生产总值达到一定标准时来求相应的能源需求。

（一）能源需求预测

在进行能源规划时首先会遇到一个问题：为了满足发展国民经济和提高人民生活水平的需要，究竟需要多少能源呢？这就是说，对能源需求量必须进行预测，它是制定能源规划乃至整个国民经济规划的重要组成部分。

能源需求预测就是从研究一个国家或地区能源消费的历史和现状开始，分析影响能源消费的因素，找出能源消费需求量和这些因素的关系，并根据这些关系对未来能源需求发展趋势作出估计和评价。一般的说，影响能源需求的因素有人口数、国民经济发展速度及其结构、生产技术水平、能源生产和消费构成等。

进行能源需求预测时，可以按照以下几个步骤进行：首先确定预测的具体目标，其次收集并分析有关资料，然后构造能源需求预测模型，最后进行预测及误差分析。

能源需求预测的方法主要有以下几种。

1. 能源弹性系数法

（1）能源消费弹性系数。能源需求预测中的能源消费弹性系数法实际上是回归分析法的特例。要预测某个地区将来某个时期（近期）的能源需求，可以根据某个地区历史上能源消费及其影响因素的统计数据，作回归分析，找出合适的回归方程和回归系数，再用此方程外推。

能源弹性系数反映是能源消费增长率与国民经济增长率之间的关系，其数值为某一时期能源消费量的年平均增长率与同期国民经济年平均增长率之比，即

$$\phi = \frac{\Delta E/E}{\Delta M/M} \tag{6-3}$$

式中　$\phi$——能源弹性系数；

$M$——国民经济综合指标值；

$E$——能源消费量；

$\Delta E$——能源年平均消费增长率；

$\Delta M$——国民经济综合指标的年平均增长率。

国民经济综合指标一般是指工业总产值、工农业总产值、国民收入和社会总产品等。

能源弹性系数法实际上是一个很粗略的宏观经济能源模型，它以综合经济指标 $M$ 表明由各物质生产部门、生产性服务部门、商业部门、消费部门组成的一个综合经济结构的经济发展总量，而以能源消费量 $E$ 表明各种不同的能源种类（煤、油、电等）的消费总量。以往历年的能源弹性系数 $\phi$ 可以利用历年的统计资料得到；对于未来，则可以由 $M$ 和 $E$ 的预测值得到。当然也可以根据计划期基年的能源弹性系数 $\phi$ 和经济发展的总量指标 $M$，反过来预测能源的消费量，即需求量。

能源弹性系数法简单易行，但是过于粗糙，只能提供一个粗略的近似值，因而其预测结果只能看作是一个趋势和参考值。

（2）影响能源弹性系数 $\phi$ 值的因素。$\phi$ 值与国民经济生产总值有关，其主要影响因素有：

1）国民经济各部门结构和产品结构的变化。国民经济各部门结构是指各经济部门在国民经济中所占的比例，如果去年和今年的国民经济部门结构相同，各部门都按照一个增长率在发展，而各部门的生产工艺技术和管理水平都没有变，那么能源需求量也按照同一个比例

在增长，即 $\phi$ 为 1；如果在某一间歇期，耗能的重工业相对发展较快，所占的比例一年比一年大，那么，在国民经济生产总值同样的增长率情况下，由于重工业发展较快，因而能源的需求量也相应增长较快，结果 $\phi$ 值就会变得大于 1，反之亦然。如果达到这个新的比例后，这个比例不再变动，则 $\phi$ 值又会恢复为 1。在各部门中生产产品比例改变，都会影响到 $\phi$ 值。

2）科学技术水平和管理水平。能源生产和使用的科学技术水平以及能源的管理水平会明显地影响到能耗。例如，家庭炊事用燃煤以煤气代替直接燃煤，或者是一个城市用集中供暖或余汽供热来代替分散的小锅炉供热都会起到节能作用，相应地 $\phi$ 值也会下降。工厂在生产过程中采用衔接工艺和提高能源管理水平，都可以使产品能耗下降，那么相应的 $\phi$ 值也会下降，同样，当能源使用效率达到一定值后不再继续提高，则 $\phi$ 值又回到 1。

3）人民生活水平提高。一般来说，随着国民经济的发展，人民的消费水平将更迅速地增长，对物质和精神生活的享受要求将会更多，每元消耗值中所需能耗也将会增加，因此，$\phi$ 值也会变大，这对于发展中国家来说更是如此，对于发达国家，它将趋向饱和，甚至有减缓的趋势。

4）经济管理和政策因素。经济管理和政策因素对 $\phi$ 值的影响也很大，我国有许多项目，由于管理不善，投入大量的资金和能源，但是长期不能生产，形不成新的生产能力，不产生经济效益，使得 $\phi$ 值降低。自 20 世纪 70 年代的能源危机以来，许多国家用经济政策来缓和能源问题，努力促使能源消费量减少，使得 $\phi$ 值减小。

2. 相关法

相关法又叫做回归分析法。由于能源的需求量与经济发展、人口增长均有密切关系，因此可以建立它们之间的回归方程，并检验其相关的显著性，从而可以深入研究到底哪些因素与能源消费量的关系最为密切，由此预测在各种经济、人口或其他因素发展变化的条件下，对能源的需求量。

回归分析法是以概率论与数理统计为基础发展起来的一种应用性很强的科学方法，是现代应用统计学的一种重要分支，在社会经济各部门以及各个学科领域都得到了广泛的运用。

对回归问题的研究最初是起源于生物学，一般来说，回归分析法研究一个变量或一组变量（即自变量）之变动对另一个变量（因变量）之变动的影响程度，其目的在于根据已知的自变量的变异来估计或预测因变量的变异情况。

回归分析法比弹性系数法复杂，但是它可以分析多种因素对能源消费的影响，有助于抓住主要矛盾。

3. 投入产出分析法

前面两种方法反映了宏观经济与能源需求量之间的总量关系，但是没能反映各部门的发展以及结构变化对能源需求的影响。而投入产出分析法可以用来分析和研究国民经济各部门的结构发生变化时，能源消费量的变化，因而能更精细地预测能源消费量。

值得注意的是，投入产出表中技术反映的是目前的生产技术水平（原材料消耗水平），而在预测时要用到 5 年或 10 年后的系数进行预测，显然这本身就是一个相当棘手的问题，目前常用的是估计与专家评价相结合的方法。

4. 部门分析综合预测法

部门分析综合预测法是编制能源规划时常用的预测方法，是大多数计划人员熟悉的。基本思路是，通过各部门能源消耗水平的现状分析，根据计划期内各部门生产发展水平和能耗下降的可能，并依据各部门之间的比例变化来综合预测能源需求量。

部门的划分可以从现有的统计口径出发，并可根据规划中可以提供的国民经济指标体系而定。一般的说，部门划分得越细，预测的准确性越高。分部门的产值增长率可按照计划要求而定，分部门的节能率则应该根据各部门在规划期内可能达到的节能量来计算。一般来说，节能率由两个部分组成：①由于管理水平和技术水平提高所取得的技术节能率；②由于调整工业结构和产品结构少用能源所取得的结构节能率。

（二）能源供应预测

1. 意义

能源供应预测是指预测一定期限内将来的世界、一个国家或一个地区的能源供应情况。预测整个世界较长期的能源供应是一个全球性的战略研究工作，它是难度较大但具有重要意义的一项研究，这项工作国际应用系统分析研究所已完成，取得了有价值的成果。在以市场经济为主的国家，能源供应预测则是对将来一定期限内各种能源的供应和价格作出预估，叫做趋势预测，作为国家制定能源政策的依据，或为各企业作为确定经营方针和政策的参考。在我国，能源预测是一种条件预测。它是研究在我国能源资源、现有能源生产供应能力和运输分配能力等已知条件下，再加上何种投资、技术引进或技术改革、管理经营改革，以及再加上何种有关开发和节能的条件，在一定期限内，可以供应多少不同种类的能源的问题。这类预测和人们一般理解的预测有所不同。后者是指对一种自然发生或发展的事物变化的趋势或演变作纯化预测，就是在不同条件下，作一些最优化的安排，预计事情将如何发展。

2. 能源供应预测的基本方法

能源供应预测通常采用的方法有以下几种：

（1）趋势预测法。对能源供应作趋势预测所用的基本思想是，把能源供应的将来发展当作过去的演变的自然延续。按这种思想作预测的方法很多，通常采用的是指数平滑法和回归分析法。

1）指数平滑法。指数平滑法是对历史数据分轻重缓急来给予不同的处理，认为最近的数据对今后的影响最大，而越陈旧的数据所起作用越小，然后对具有线性趋势的发展过程采用二次平滑法。

2）回归分析法。回归分析法就是首先建立与能源供应有关的各主要因素的回归方程，通过对回归参数的估计与显著性试验，就可以对能源供应的能力进行预测。与能源开发供应有关的主要因素，如目前能源的生产情况、发展趋势、投资、资源条件、在建规模、计划新建能力、技术装备条件等，均可以在回归分析中加以考虑和研究。

指数平滑法的精度不如回归分析法，但它对长期数据处理有明显优点，对一次和二次指数平滑值都可以递推计算，十分方便，且无需储存数据。

（2）投入产出预测法。如果其地区的能源需求量已由各种方法确定，则从该地区的能源生产技术水平和单位能耗，即可列出能源的投入产出表，并由该表推算出实际必需的能源生产量。

（3）最优化预测法。人们在开发、生产、运输各种能源时，总是力图使投资最省、运营费用最小。因此可以模拟这种趋势，利用最优方法来预测能源供应量。

在能源供应预测的最优化方法中，常采用折现后的能源开发投资和运营费用之和作为目标函数，而以资源、需求、能流平衡、劳动力等作为约束条件，对全国或某一地区的能源供应系统进行最优化处理，以求出在各种不同能源需求的情况下，能源供应为最优的可能方案。这种最优化预测方案还可以模拟决策者的意图，对各种供应和需求预测值进行分析比较，以便从中选取较为合理的预测值。

## 二、能源系统规划

能源规划是在经济理论的指导下，在对目前及历史上的能源生产和消费状况进行调查和分析研究的基础上，根据国民经济和社会发展对能源的需求，制定能源发展的长远规划和一定时期内的具体计划。

### （一）目的

（1）确定社会对能源系统的需要和能源系统发展的方向。

（2）合理调整能源部门和其他部门之间的关系以及能源系统内部各部门、各环节的增长速度、比例和结构。

（3）合理、有效地使用能源资源和国家给予能源系统的投资。

### （二）原则

（1）能源规划必须把整个能源系统作为整体来掌握，以便使各部门能协调一致地发展，并服从于整个能源系统要达到的目标。

（2）能源规划应该以长期规划为主。

（3）合理的规划应该充分估价到规划的可执行性，在进行规划时应该把需求与可能的供给相结合。能源系统活动的目标是为了通过它的活动满足国民经济对于能源的需求。这就决定了能源规划应该从需求出发，从预测国民经济系统对于能源的总需求量入手。由于能源系统自身的特定性以及它与国民经济的紧密联系，使得能源系统难以在短时间内进行改造和发展，短时间内不可能使其活动水平（即能源可供给量）有很大提高。这就要求在能源规划中，必须把需求与可能的能源供应能力相结合。

（4）合理的规划应该从多种可能的方案中选择最佳方案。

### （三）内容

能源系统规划从内容上讲有能源开发规划、能源节约规划、能源运输规划等；从地域上讲有国家能源规划、地区能源规划、企业能源规划等。

### （四）注意事项

在进行能源系统规划时首先要明确规划的目标，例如，对能源开发规划而言，其目标可能是在保证满足国家经济发展战略目标所需的能源需求的前提下，以最少的可能的投资，开发我国的能源工业；也可能是在一定的投资限额下使能源生产最大限度地满足国民经济发展所需的能源消费量。由于规划的目标不同，得到的结果也不一样。另外在作能源开发规划时通常还需要对不同种类能源，根据其需求做出开发规划，如规划石油、煤炭、天然气、核能、新能源的发展比例。

其次，要确定规划的期限，即规划是短期的、中期的还是长期的。总的来说，中期规划要和长期规划相结合，在中期规划下面再制定短期规划。长期规划是一种指导性战略规划，应当有一定的灵活性。

（五）步骤

能源规划的步骤通常包括调查研究、建立数学模型、计算模型、规划方案及评价。

调查研究主要是收集数据和信息。在统计制度完善的情况下，只需对所缺资料作补充调查，对重要问题作定性分析，就可以确定所建模型的结构和大小。

通过调查如果已得到规划期内的各种预测数据，就可以着手建立数学模型，如对预测值作分析研究，确定其置信度或其可实现的概率分布。如果缺少必需的预测，就需要先构造相应的预测模型作预测，同时也建立规划本身所需的数学模型，或把预测模型作为规划模型中的一个子模型。

模型建成并经过检查以后，就可在所建的模型上作运算。规划模型大多是优化模型，其运算结果是在一定的目标下，满足多约束条件时的寻优。在运算此类模型时可以作灵敏度分析，即稍稍变动约束条件或有关参数，看其结果如何变化，以观察各种约束条件和各有关参数对优化结果的影响程度，从而可以确定某些约束条件和参数可以放宽的程度，并作为各种备选方案的评比内容。

规划方案是把多种计算结果及其计算条件、采用目标、特定约束条件等同时列出，以备多方案备选。通常对规划方案中的各方案还需附有对该方案的评价，对某些方案中的突出特点也有必要加以详细说明，最后还需有各方案的比较。与此同时，还应当把有关方案的计算软件、所用模型与数据存入数据库、模型库，以便决策时进行查询对比。在某些情况下各备选方案均不理想时，从方案比较中可以分析应修改哪些条件或目标，修改模型，重新做起。

## 第四节　能源管理及信息系统

### 一、管理信息系统

（一）概念

技术的进步，社会活动的复杂化，使得管理越来越离不开信息，信息处理已经成为当今世界上一项最主要的社会活动。信息工作的迅速增长，使得计算机的应用范围越来越广泛，应用的功能也由一般的数据处理走向支持决策，这些导致了管理信息系统的产生。

管理信息系统的概念起源很早，早在20世纪30年代，就已开始强调决策在组织管理中的作用。50年代，西蒙提出了管理依赖于信息和决策的概念等。管理信息系统一词最早出现在1970年，但是直到80年代，管理信息系统的创始人、明尼苏达大学卡尔森管理学院的著名教授Gardon B. Davis才给出一个较为完整的定义："它是一个利用计算机硬件和软件，手工作业，分析、计划、控制和决策模型，以及数据库的用户一机器系统。它能够提供信息支持企业或者组织的运行、管理和决策功能。"这个定义全面说明了管理信息系统的目标、功能和组成，而且反映了管理信息系统当时已经达到的水平，说明了管理信息系统在高、中、低三个层次上支持管理活动。

（二）主要功能

（1）准备和提供统一格式的信息，使得各种统计工作简化，使得信息成本最低。

（2）及时全面地提供不同要求的、不同细度的信息，以期分析解释现象最快，控制及时准确。

（3）全面系统地分析大量的信息，并能很快地查询和综合，为组织的决策提出信息支持。

（4）利用数学方法和各种模型处理信息，以期预测未来和进行科学决策。

（三）总体概念

具有集中统一规划的数据库是管理信息系统成熟的标志，它象征着管理信息系统是经过周密的设计建立的，它标志着信息已经集中成为资源，为各种用户所共享。数据库有它自己功能完善的数据库管理系统，管理着数据的组织、数据的输入、数据的存取权限和存取，使得数据为多种用途服务。

（四）决策步骤

步骤一 认识和分析问题，就是以最大的努力和敏锐的洞察力搞清问题的本质、范围。从而确定系统的目标、功能和环境。目标尽力定量化，或者用定量来表示定性的东西，只有这样才能比较和测量。为了完成给定的目标，系统应该具有一定的功能，并能以较少的功能完成目标的要求；系统各成分均可充分发挥作用来完成这些功能。环境分析就是搞清约束条件，不可避免的干扰就是约束。环境分析为制定行动方案做出准备，最后还应确定怎样才能在最坏的条件下达到目标。

步骤二 制定行动方案，即达到目标的方案。研究在特定环境下怎么完成目标，确定可控变量和不可控变量。这时，有效的方法就是把问题模型化，阐述模型的方法有很多种：

（1）语言描述模型。即用一般语言或者格式语言记述实体的重要材料，这在建立模型的初期是必需的。

（2）实体模型。实体经过简化后的模型，也就是物理模型。

（3）图解模型。即用数字、图、图解等各种符号抽象表现实体状态的模型。

（4）数学模型。这是高度抽象化的模型，也是最优化分析基础的分析模型。

（5）计算机模型。有时数学模型求不出解，可以用计算机模型来模拟，求得近似解。

步骤三 求得决策方案。

综上所述，管理信息系统是个总概念、总方向。它包含一切管理过程中的信息工作，包含一切计算机在管理方面应用的系统，既包括数据的收集保存，又包括处理和支持决策，既包括机器，又包括人。

（五）结构

管理信息系统的结构是指各部件的构成框架，由于对部件的不同理解就构成了不同的结构方式，其中最重要的是概念结构、功能结构、软件结构和硬件结构。

（1）概念结构。从概念上讲，管理信息系统是由四大部件组成，即信息源、信息处理器、信息用户和信息管理者。信息源是信息产生地，信息处理器担负着信息的传输、加工、保存等任务。信息用户是信息的使用者，它应用信息进行决策。信息管理者负责信息系统的设计实现，在实现以后，则负责信息系统的运行和协调。

（2）功能结构。一个管理信息系统从使用者的角度来看，它总有一个目标，具有多种功能，各种功能之间又有多种信息联系，构成一个有机结合的整体，形成一个功能结构。

（3）软件结构。支持管理信息系统的各种功能软件系统和软件模块所组成的系统结构就是管理信息系统的软件结构。

（4）硬件结构。管理信息系统的硬件结构说明硬件的组成和其连接方式，还要说明硬件所能达到的功能，广义而言，还应该包括硬件的物理位置安排，目前就我国的应用情况来看，硬件结构所关心的首要问题是用微机网还是用小型机及终端结构。

## 二、能源管理信息系统

### （一）概念

用计算机来处理能源数据，为能源管理和决策人员提供有关的能源信息和分析结果，这一技术在国外开始于20世纪70年代，这在当时是个重大突破。直到80年代后这项技术已经十分成熟，我国目前的计算机处理能源信息的研究工作集中于开发能源管理信息系统，即为能源计划管理部门或者机构提供信息资源和辅助决策的计算机系统。

能源管理信息系统是一种综合性的人/机系统，由能源数据库和决策模型库组成。

### （二）结构

（1）内容。建立能源管理信息系统首先要对能源信息系统本身进行分析。

我国现实的能源信息系统可以看成是由正规能源信息系统和非正规能源信息系统两个部分组成。正规能源信息系统就是由国家和地方统计局规定的能源统计指标体系和其指导下的行业能源管理部门制定的本行业统一的能源统计制度，这是我国能源信息系统的信息基础；非正规能源信息系统则主要是由地区、部门或者企业自行规定或临时安排采集的能源数据，它常用来作为正规能源信息系统的补充，以适应能源管理、能源规划和能源系统分析的需要。

研制各级能源管理信息系统均以正规能源信息系统为基础，以保证能源数据的可靠性和可获取性；至于非正规能源信息，可以在用户要求而且有保障可靠获取时，根据需要将其纳入能源管理信息系统之中。

从全国的范围来看，正规能源信息系统是以能源平衡表及产品综合能耗为主的能源统计指标体系，其具体内容包括能源开发量、能源库存量及国家储备量、进出口量以及地区调入/调出量、能源加工转换量、能源运输量、能源消费量、能源建设量、单位产品的能耗等。

（2）结构。人们对能源的管理活动，大致可以分成能源管理、能源计划、能源规划三个层次。

能源管理包括能源计量、能源统计、能源报表管理等多项概念。这是能源系统中经常的例行工作。它要求的能源信息量最大，报表形式最为严格，时间间隔最短。这类能源管理工作由普通的能源管理人员即可以完成。

能源计划包括能源工业需求预测、能源计划编制、能源计划完成情况的检查和能源计划修订。这里的能源计划指的是5年计划及年度计划，通常每年进行一次检查、总结和修订。能源计划时间间隔较长，范围较大，但是集结度更高，概括性更强。

能源规划是研究能源系统要达到既定目标所应该采用的发展战略、发展重点、发展方向及重大措施。能源规划的时间跨度在我国一般是10～20年，它的范围大至全国小至企业，依规划要求而定。能源规划要求的信息范围更广，时间间隔更长，集结度比能源计划更高。能源规划是能源管理的高级概念，相当多的数据无法像对能源管理和能源计划那样直接和全面，但是能源管理信息系统对能源规划的拟订还是可以提供很多的支持。

一个先进、实用、经济、高效的能源管理信息系统将为以上三个层次的能源管理和决策提供最有力的工具。

（3）人员组织结构。能源管理信息系统的研制和运行要涉及几类有关人员，即系统分析员、程序分析员、操作员、数据录入员、管理控制员和用户。对于建立在大型电子计算机上的能源管理信息系统，上述人员还可以细分为信息分析员、系统设计员、应用程序员、程序维护员、数据库管理员、计算机操作员、文件库操作员、控制员、信息系统计划员。但是目前我国绝大多数能源管理信息系统都建立在微机上，因此所涉及的工作人员为系统分析员、程序设计员、数据录入员和用户。

1）系统分析员。与用户合作共同明确对能源管理信息系统的功能要求及相应的能源信息需求。设计能源管理信息系统，编写用户规程和系统使用说明书。

2）程序设计员。根据系统分析员的系统设计方案，具体选择操作系统和数据库管理系统，以及系统的相关语言。

3）数据录入员。根据能源管理信息系统的设计研究，将各类能源报表和数据，及时通过键盘或网络送入微机的存储器，数据录入员主要任务是键录各种数据。

4）用户。作为能源管理信息系统的使用者，要负责各种能源数据的采集和汇总工作，为能源数据的输入做好准备，用户同时还是能源数据库管理员、计算机的操作员、输出结构的分析员。

上述各方面的工作人员之间的良好合作是能源管理信息系统顺利研制和正常运行的重要条件。

# 参 考 文 献

[1] 黄素逸．能源科学导论．北京：中国电力出版社，2012.
[2] 黄素逸，高伟．能源概论．北京：高等教育出版社，2004.
[3] 黄素逸，王晓墨．能源与节能技术．2版．北京：中国电力出版社，2008.
[4] 黄素逸，王晓墨．节能概论．武汉：华中科技大学出版社，2008.
[5] 国家电力公司战略规划部．中国能源五十年．北京：中国电力出版社，2001.
[6] 谢克昌．煤化工发展与规划．北京：化学工业出版社，2005.
[7] 倪维斗，李政．基于煤气化的多联产能源系统．北京：清华大学出版社，2008.
[8] 陈砺，王红林，方利国．能源概论．北京：化学工业出版社，2009.
[9] 黄素逸，王献．动力工程测试技术．北京：中国电力出版社，2011.
[10] 黄素逸，周怀春，等．现代热物理测试技术．北京：清华大学出版社，2008.
[11] 邢桂菊，黄素逸．热工实验原理与技术．北京：冶金工业出版社，2007.
[12] 黄素逸．动力工程现代测试技术．武汉：华中科技大学出版社，2001.
[13] 吕崇德．热工参数测量与处理．2版．北京：清华大学出版社，2001.
[14] 龙敏贤，刘铁军．能源管理工程．广州：华南理工大学出版社，2000.
[15] 罗珉．现代管理学．2版．成都：西南财经大学出版社，2005.
[16] 吴申元．现代企业制度概论．北京：首都经济贸易大学出版社，2009.
[17] 伍爱．现代企业管理学．广州：暨南大学出版社，2009.
[18] 顾念祖，刘雅琴．能源经济与管理．北京：中国电力出版社，1999.
[19] 安学锋．现代工业企业管理学．北京：经济管理出版社，2002.
[20] 马义飞．生产与运作管理．北京：北京交通大学出版社，2010.
[21] 任有中．能源工程管理．北京：中国电力出版社，2004.
[22] 彭朋宇．节能监测．武汉：武汉工业大学出版社，1991.
[23] 邬适融．现代企业管理—理念、方法、技术．2版．北京：清华大学出版社，2009.
[24] 黄素逸，龙妍．能源经济学．北京：中国电力出版社，2009.
[25] 王柏轩，等．技术经济学．上海：复旦大学出版社，2007.
[26] 石勇民，等．工程经济学．北京：人民交通出版社，2008.
[27] 刘晓君，等．技术经济学．北京：科学出版社，2008.
[28] 王加璇．热力发电厂：系统设计与运行．北京：中国电力出版社，1997.
[29] 任泽霈，蔡睿贤．热工手册．北京：机械工业出版社，2002.
[30] 陈文敏．煤的发热量和计算公式．修订本．北京：机械工业出版社，1989.
[31] 王光华，等．化工技术经济学．北京：科学出版社，2007.
[32] 刘晓君，等．技术经济学．北京：科学出版社，2008.
[33] 储满．钢铁冶金原燃料及辅助材料．北京：冶金工业出版社，2010.
[34] 黄素逸，林秀诚，叶志瑾．采暖空调制冷手册．北京：机械工业出版社，1996.
[35] 华一新．有色冶金概论．北京：冶金工业出版社，2007.
[36] 朱祖泽．现代铜冶金学．北京：科学出版社，2003.
[37] 王绍文．冶金工业节能与余热利用技术指南．北京：冶金工业出版社，2010.
[38] 杨永杰．钢铁冶金的节能与环保．北京：冶金工业出版社，2009.
[39] 宋红丽．钢铁行业节能减排思路与对策．工业技术经济，2007，11（2）：82-84.

[40] 李坚利，周慧群．水泥生产工艺．武汉：武汉理工大学出版社，2006.
[41] 刘长发．关于"十二五"建材工业发展思路．建材发展导向，2010，6.
[42] 张雪斌．冶金工业节能监测．北京：冶金工业出版社，1996.
[43] 王善拔，刘运江，罗云峰．水泥行业节能减排的技术途径．水泥技术，2010，2.
[44] 王立久．建筑材料学．北京：中国水利水电出版社，2009.
[45] 周达飞，唐颂超．材料概论．北京：中国轻工业出版社，2006.
[46] 黄素逸，刘伟．高等工程传热学．北京：中国电力出版社，2006.
[47] 田瑞，闫素英．能源与动力工程概论．北京：电子工业出版社，2008.
[48] 王芸，马立云．浅谈平板玻璃行业节能．中国玻璃，2006.
[49] 沈本贤．石油炼制工艺学．北京：中国石化出版社，2009.
[50] 魏寿彭，丁巨元．石油化工概论．北京：化学工业出版社，2011.
[51] 孙兆林．催化重整．北京：中国石化出版社，2006.
[52] 中国华电集团公司．火力发电厂节能评价体系．北京：中国水利水电出版社，2007.
[53] 董青，王兴武，等．火力发电厂节能评价指标体系研究．中国电力教育，2011，9：56-57.
[54] 曾鸣，马军杰，等．智能电网背景下我国电网侧低碳化发展路径研究．华东电力，2011，39（1）：32-35.
[55] 郎莺，董茹英．基于节能监测的造纸行业节能潜力分析．实用节能技术，2007.
[56] 孔令波，刘焕彬，等．造纸过程节能潜力分析与节能技术应用．中国造纸，2011，30（8）.
[57] 李玉刚，刘焕彬，等．造纸企业节能降耗措施及案例分析．造纸科学与技术，2007，26（6）.
[58] 邱立友．发酵工程与设备．北京：中国农业出版社，2007.
[59] 蒋莉萍，张运洲．电网发展有关问题探讨．中国能源，2008，30（12）：31-34.
[60] 陈砺，王红林，方利国．能源概论．北京：化学工业出版社，2009.
[61] 姜子刚，赵旭东．节能技术．北京：中国标准出版社，2010.